工业和信息化普通高等教育“十三五”规划教材

普通高等学校计算机教育“十三五”规划教材

COMPUTER

大学计算机应用基础

(Windows 10+Office 2016)

Fundamentals of Computer (Windows 10+Office 2016)

■ 耿强 主编

■ 樊宇 李坤 副主编

■ 刘艳 贾东东 邵野 徐立国 编著

人民邮电出版社

北京

图书在版编目（CIP）数据

大学计算机应用基础 : Windows 10+Office 2016 / 耿强主编 ; 刘艳等编著. -- 北京 : 人民邮电出版社, 2020.9（2023.9重印）
普通高等学校计算机教育“十三五”规划教材
ISBN 978-7-115-54612-8

Ⅰ. ①大… Ⅱ. ①耿… ②刘… Ⅲ. ①Windows操作系统－高等学校－教材②办公自动化－应用软件－高等学校－教材 Ⅳ. ①TP316.7②TP317.1

中国版本图书馆CIP数据核字(2020)第144188号

内容提要

本书采用模块化的编写方式，以实际项目应用为导向，整合课程主要知识点，结合项目的讲解方式，全面系统地介绍了计算机基础知识及其基本操作。

全书共分为7个模块，从计算机基本概念、Windows 10 操作系统、Word 2016 文字处理软件、Excel 2016 电子表格制作软件、PowerPoint 2016 演示文稿制作软件、计算机网络与信息安全和多媒体技术基础7个方面来组织内容。

为加强对大学生计算机实际操作与项目应用能力的培养与训练，我们还编写了与本书配套的《大学计算机应用基础实践教程（Windows 10+Office 2016）》。

本书既适用于应用型本科院校的教学，也适用于高职高专院校相关专业计算机基础课程的教学。本书还可作为计算机等级考试培训教材，或供 Windows 操作系统和 Office 办公软件的初学者使用。

◆ 主　　编　耿　强
　副 主 编　樊　宇　李　坤
　编　　著　刘　艳　贾东东　邵　野　徐立国
　责任编辑　邹文波
　责任印制　王　郁　陈　犇
◆ 人民邮电出版社出版发行　　北京市丰台区成寿寺路 11 号
　邮编　100164　　电子邮件　315@ptpress.com.cn
　网址　https://www.ptpress.com.cn
　三河市祥达印刷包装有限公司印刷
◆ 开本：787×1092　1/16
　印张：21　　2020 年 9 月第 1 版
　字数：516 千字　　2023 年 9 月河北第12次印刷

定价：59.80 元

读者服务热线：(010) 81055256　印装质量热线：(010) 81055316
反盗版热线：(010) 81055315
广告经营许可证：京东市监广登字 20170147 号

前 言

本书是结合全国计算机一级考试最新考试大纲编写而成的，可作为应用型本科院校和高职高专院校各专业计算机应用基础课程的教材。

本书针对高校应用型、项目化教学要求的实际情况，通过精选计算机相关技术与实践项目，面向企业岗位需求，努力使大学生较好地掌握计算机基础知识和基本操作。通过对本书内容的学习，大学生能够掌握 Windows 10 操作系统和 Office 2016 办公软件的使用，并初步掌握计算机网络与信息安全、多媒体技术基础知识，为以后应用计算机技术解决实际问题奠定较好的基础。

本书内容主要包括计算机基本概念、Windows 10 操作系统、Word 2016 文字处理软件、Excel 2016 电子表格制作软件、PowerPoint 2016 演示文稿制作软件、计算机网络与信息安全、多媒体技术基础等。另外，与本书配套的《大学计算机应用基础实践教程（Windows 10+ Office 2016）》，采用项目伴随式的方法引入案例，实践性、针对性强，便于大学生巩固所学知识、全面提高实践操作能力。

本书针对“海南省高校应用型试点转型专业建设”的要求，结合海口经济学院相关专业转型建设的经验，总结编写而成。同时，本书还是海南省高等学校教育教学改革研究项目“基于海南自贸试验区（港）背景下的应用型本科高校信息类人才培养体系创新研究”（Hnjg2019-88）的研究成果之一。

本书采用模块化编写思路，结合行业、企业岗位需求，整合相关课程和知识点，努力实现从理论知识、实践操作、学生整体专业素养等方面进行立体化教学培养，力求达到提升大学生计算机基础素质、培养读者较强的计算机基础应用能力的效果。

本书由耿强担任主编，樊宇、李坤担任副主编，参与编写的还有刘艳、贾东东、邵野、徐立国。

虽然本书编写本着严谨细致的要求，但由于编者水平有限，书中难免有疏漏与不妥之处，敬请读者提出宝贵意见和建议。

编者

2020 年 5 月

目　录

模块 1
计算机基本概念

能力目标：

- 熟悉计算机的基础概念；
- 熟练掌握计算机中的数制和常用编码；
- 熟悉大数据与云计算相关知识；
- 熟练掌握微型计算机系统的组成。

计算机是 20 世纪人类最伟大的发明之一。随着计算机技术的发展，计算机的应用已经渗透到社会的各个领域，它使人们的工作和生活发生了翻天覆地的变化，它已成为现代人生活中不可或缺的部分。现代社会是信息化的社会，学习和掌握计算机知识，熟练操作计算机已成为人们在当今社会工作和生活的必备技能之一。

从 1946 年第一代数字电子计算机诞生到今天，我们感受到的计算机科学之美无处不在，它改变了人们的工作及生活方式，改变了人类历史和整个世界。互联网、移动互联网、物联网，为整个世界带来了新的生机与活力，尤其是为我国带来了新的机遇与挑战。为实现中华民族伟大复兴的梦想，为积极推动“互联网+”行动计划，每一位大学生必须具备较好的 IT 素质及基本的计算机操作技能。本模块所介绍的内容是大学生必须具备的 IT 素质知识，涉及较前沿的大数据、云计算方面的基础知识，同时介绍了计算机硬件及软件方面的基础知识。

任务 1.1　计算机概述与新技术

1.1.1　任务目标

- 了解计算机的发展简史与分类；
- 理解计算机的特点；
- 理解并掌握计算机的数制及编码基础理论；
- 了解计算机的应用领域；
- 了解计算机新技术，并简单了解其工作原理。

1.1.2　任务描述

同学小李的父母购置了一套新房，马上准备装修新家。了解到目前很多家庭都在使用具有人工识别和远程控制功能的智能家居，小李的父母也打算将新家装修成具有“智能”特点的家居风格。因此，他们让正在读大学的小李先了解一下智能家居的相关情况，以便后期帮助他们一起打造智能、便捷、高品质的家居生活。

1.1.3 任务分析

智能家居是以住宅为平台，利用综合布线技术、网络通信技术、安全防范技术、自动控制技术、音视频技术将家居生活有关的设施集成，构建高效的住宅设施与家庭日常事务的管理系统，提升家居安全性、便利性、舒适性、艺术性，以营造一个环保节能的居住环境。要了解智能家居方面的知识，我们首先要了解什么是智能家电，以及智能家电的工作状态。本任务分解为如下 5 个小任务。

（1）智能家电的概念。

（2）智能家电与传统家电的区别。

（3）智能家电的特点与功能。

（4）智能家居的技术特点。

（5）智能家居系统的设计原则。

1.1.4 任务实现

1. 智能家电的概念

智能家电就是将微处理器、传感器技术、网络通信技术引入家电设备后形成的家电产品，具有自动感知住宅空间状态、家电自身状态和家电服务状态的功能，能够自动控制及接收住宅用户在住宅内或远程的控制指令。同时，智能家电作为智能家居的组成部分，能够与住宅内的其他家电和家居设施互联成为系统，实现智能家居功能。

2. 智能家电与传统家电的区别

（1）感知内容。传统家电主要感知时间、温度等；智能家电能感知人的情感、动作及行为习惯，然后根据这些感知自动智能化地执行任务。

（2）技术处理。传统家电主要执行简单的家电功能；而智能家电的运作过程依赖于物联网、互联网及电子芯片等现代技术的应用。

（3）服务需求。传统家电对应的是满足人们生活中的一些基本需求，而人们对智能家电的需求期望值更高。

3. 智能家电的特点与功能

（1）网络化。智能家电通过家庭局域网连接到一起，或者通过家庭网关接口同制造商的服务站点相连，最终实现“万物互联”和信息共享。

（2）智能化。智能家电可以根据周围环境的不同自动做出响应，不需要人为干预。

（3）兼容性强。住宅内的智能家电可能来自不同的厂商，为了智能家电的统一管理，智能家电平台必须具有开放性和兼容性。

（4）节能化。智能家电可以根据周围的环境自动调整工作时间、工作状态，因此可以更加节能。

（5）易用性高。目前，智能家电复杂的操作流程已由内嵌在智能家电中的控制器解决，因此用户操作起来非常简单。

智能家电并不是单指某一个家电，而是一个技术系统。随着人类应用需求和家电智能化的不断发展，其内容将会更加丰富。智能家电一般具有以下几项基本功能。

（1）通信功能；

（2）消费电子产品的智能控制功能；

（3）交互式智能控制功能；

（4）安防控制功能；

（5）健康与医疗功能。

4. 智能家居的技术特点

智能家居网络随着集成技术、通信技术、互操作能力和布线标准的发展而不断改进。它涉及对家庭网络内所有的智能家电、设备和系统的操作、管理，以及集成技术的应用。其技术特点表现如下。

（1）通过家庭智能网关及其系统软件建立智能家居平台系统

家庭智能网关是智能家居局域网的核心部分，主要完成家庭内部网络中各种通信协议之间的转换和信息共享，以及与外部通信网络之间的数据交换，同时家庭智能网关还负责智能家电的管理和控制。

（2）统一的平台

智能家居网络将家庭智能化的功能集成在一个统一的平台，这样既能实现家庭内部网络与外部网络之间的数据交互，又能够识别指令是合法指令，还是“黑客”的非法入侵。

（3）通过外部扩展模块实现与智能家电的互联

家庭智能网关通过有线或无线的方式，按照特定的通信协议，借助外部扩展模块控制智能家电。

（4）嵌入式系统的应用

随着新功能的增加和性能的提升，智能家电从由单片机控制提升到由具有网络功能的嵌入式操作系统控制，单片机控制与嵌入式操作系统控制的有机结合形成了完整的嵌入式系统。

5. 智能家居系统的设计原则

一个智能家居系统的成功与否，取决于该系统的设计和配置是否经济合理并且能否成功运行，系统的使用、管理和维护是否方便，系统或产品的技术是否成熟适用，即能否以最少的投入、最简便的实现途径来换取最大的功效，实现便捷、高质量的生活。因此，智能家居系统在设计时要遵循以下原则。

（1）实用便利

智能家居最基本的目标是为人们提供一个舒适、安全、方便和高效的生活环境。对智能家居产品来说，最重要的是以实用为核心，摒弃那些华而不实、只能充作摆设的功能，产品以实用性、易用性和人性化为主。设计智能家居系统时一定要充分考虑用户体验，注重操作的便利性和直观性，最好能采用图形图像化的控制界面，让操作“所见即所得”。

（2）标准性

智能家居系统方案的设计应依照国家和地区的有关标准进行，确保系统的扩充性和扩展性。在系统传输上应采用标准的网络技术，保证不同厂商之间的系统可以兼容与互联。系统的前端设备应是多功能的、开放的、可以扩展的设备。

（3）方便性

智能家电安装、调试与维护的工作量非常大，需要投入大量的人力、物力，这是目前该行业发展的瓶颈。因此，在设计智能家居系统时，就应考虑安装与维护的方便性，最好能通过网络使用户实现对系统的控制，同时也可使工程人员远程检查系统的工作状况，对系统出现的故障进行诊断，以提高智能设备的响应速度，降低维护成本。

（4）轻巧型

实用优秀的智能家居系统的设计应具备简单、实用和灵巧的特点。

1.1.5 任务小结

通过本任务，我们了解了智能家居的基本概念、智能家居的技术特点及智能家居系统的设计原则，还了解了智能家居的关键设备——智能家电的相关知识。这些理论知识有助于小李同学在进行智能家居装修时有针对性地选择智能家电产品，并从全局把握智能家居系统设计的基本思路。

1.1.6 基础知识

1.1.6.1 计算机的发展简史

1623 年，德国图宾根大学教授威廉·契克卡德（Wilhelm Schickard）为天文学家约翰尼斯·开普勒（Johannes Kepler）制作了一部机械计算器，这是世界上已知的第一部机械式计算器。这部机械式计算器运用了改良自时钟的齿轮技术，利用 11 个完整的、6 个不完整的链轮进行加法运算，并能借助对数表进行乘除运算。这部机械式计算器在后来的战乱中被毁，契克卡德也因战乱而逝。直到 1960 年，契克卡德家乡的人们才根据契克卡德的手稿，复制了这部计算器。

1642 年，法国数学家布莱士·帕斯卡（Blaise Pascal）制作了加法器，这部机器后来被人们称为帕斯卡机械式计算机，它首次确立了计算机器的概念。帕斯卡加法器是一种由一系列齿轮组成的装置，外壳用黄铜材料制成，是一个长 20in（1in≈25.4mm）、宽 4in、高 3in 的长方体盒子，面板上有一列显示数字的小窗口，旋紧发条后才能转动，用专用的铁笔来拨动转轮以输入数字。这种机器能够做 6 位数的加法和减法。帕斯卡先后制造了大约 50 台计算机器，今天在法国国立工艺博物馆中还保存着两台帕斯卡亲手制造的加法器。

1674 年，德国哲学家、数学家戈特弗里德·威廉·莱布尼茨（Gottfried Wilhelm Leibniz）改进了帕斯卡的计算机器，使之成为一种能够进行连续运算的机器，并且提出了“二进制”数的概念。

1725 年，法国纺织机械师布乔（B. Bouchon）提出了“穿孔纸带”的构想。

1805 年，法国机械师杰卡德（J. Jacquard）根据布乔“穿孔纸带”的构想完成了“自动提花编织机”的设计制作。虽然这是一台用于纺织工业的机器，但是它设计精巧，被当时刚刚毕业于剑桥大学的查尔斯·巴贝奇（Charles Babbage）看中。他利用这个原理，在 1822 年制造出了人类历史上第一台可以编程的计算机——差分机。差分机可以处理 3 个不同的 5 位数，计算精度达到 6 位小数。

1834 年，查尔斯·巴贝奇提出了分析机的概念，这种机器分为 3 个部分：堆栈、运算器、控制器。他的助手，英国著名诗人乔治·戈登·拜伦（George Gordon Byron）的独生女阿达·奥古斯塔（Ada Augusta）为分析机编制了人类历史上第一批计算机程序。

1847 年，英国数学家、逻辑学家乔治·布尔（George Boole）发表著作《逻辑的数学分析》。

1854 年，乔治·布尔发表《思维规律的研究》和《逻辑的数学分析》，并创立了一门全新的学科——布尔代数，为后来出现的数字计算机的开关电路设计提供了重要的数学方法和理论基础。

1936 年，英国数学家、逻辑学家艾伦·麦席森·图灵（Alan Mathison Turing）发表论文《论可计算数及其在判定问题中的应用》，首次阐明了现代计算机原理，从理论上证明了现代通用计算机存在的可能性。图灵把人在计算时所做的工作分解成简单的动作，与人的计算类似，计算机需要做到以下几点。

① 具备存储器，用于存储计算结果；

② 一种语言，表示运算和数字；

③ 扫描；

④ 计算意向，即在计算过程中下一步打算做什么；

⑤ 执行下一步计算。

具体到一步计算，其步骤如下。

① 改变数字可计算符号；

② 扫描区改变，如往左进位和往右添位等；

③ 改变计算意向等。

整个计算过程采用了二进位制，这就是后来人们所称的“图灵机”。图灵被称为计算机科学之父、人工智能之父。图灵对人工智能的发展有诸多贡献，他提出了一种用于判定计算机是否智能的测试方法，即图灵测试。此外，图灵提出的著名的图灵机模型为现代计算机的逻辑工作方式奠定了基础。

1937 年，美国电话电报公司（AT&T）贝尔实验室研究人员乔治·斯蒂比兹（George Stibitz）制造了电磁式数字计算机“Model-K”。

1938 年，美国数学家、信息论的创始人克劳德·艾尔伍德·香农（Claude Elwood Shannon）发表了著名论文《继电器与开关电路的符号分析》。他首次用布尔代数对开关电路进行了相关的分析，并证明了可以通过继电器电路来实现布尔代数的逻辑运算，同时明确地给出了实现加、减、乘、除等运算的电子电路的设计方法。这篇论文成为开关电路理论的开端。

1939 年，美国艾奥瓦州立大学数学和物理学教授约翰·文森特·阿塔纳索夫（John Vincent Atanasoff）制造了后来举世闻名的 ABC 计算机的第一台样机，并提出了计算机设计的以下 3 条原则。

① 以二进制的逻辑基础来实现数字运算，以保证精度；

② 利用电子技术来实现控制、逻辑运算和算术运算，以保证计算速度；

③ 采用把计算功能和二进制数更新存储功能相分离的结构。

1973 年 10 月，约翰·文森特·阿塔纳索夫最终被认为是电子计算机的真正发明人，是被遗忘的计算机之父。

1944 年，由国际商业机器（IBM）公司出资，美国人霍德华·艾肯（Howard Hathaway Aiken）负责研制的马克 1 号计算机在哈佛大学正式运行，它装备了 15 万个元件和长达 800km 的电线，每分钟能够进行 200 次以上运算。数学家格雷斯·霍波（Grace Hopper）为它编制了计算程序，并声称该计算机可以进行微分方程的求解。

至此，人类通过 300 多年的不懈努力，终于步入了电子计算机时代。

根据计算机所采用逻辑器件的不同，计算机的发展过程通常可以分为 4 代，如表 1-1 所示。

表 1-1　　　　计算机时代的划分

计算机时代	第　一　代	第　二　代	第　三　代	第　四　代
时间	1946—1958 年	1959—1963 年	1964—1970 年	1971 年至今
逻辑元件	电子管	晶体管	中、小规模集成电路	大规模、超大规模集成电路
特征	体积庞大、耗电量大、可靠性差，运算速度每秒仅几千次，内存容量仅几 KB	体积大大缩小、可靠性增强、寿命延长，运算速度为每秒几十万次，内存容量扩大到几十 KB	体积进一步缩小，寿命更长，运算速度为每秒几十万至几百万次	体积更小，寿命更长，运算速度为每秒几千万至千万亿次以上
系统与语言	无操作系统 机器语言	操作系统 汇编语言 高级语言	操作系统 高级语言	网络操作系统 关系数据库 第四代语言
应用范围	科学计算	科学计算、数据处理、自动控制	科学计算、数据处理、自动控制、文字处理、图形处理	在第三代的基础上增加了网络、天气预报和多媒体技术等

1．第一代计算机：电子管计算机（1946—1958 年）

世界上第一台电子管数字计算机于 1946 年 2 月在美国研制成功，如图 1-1 所示。它的名字叫电子数字积分计算机（The Electronic Numerical Integrator and Computer，ENIAC）。

图 1-1　ENIAC

电子管计算机是在第二次世界大战的硝烟中开始研制的。当时为了给美国军械试验提供准确而及时的弹道火力表，迫切需要一种高速的计算工具。1942 年，美国物理学家莫希利（W. Mauchly）提出试制第一台电子计算机的最初设想——高速电子管计算装置的使用，期望用电子管代替继电器，以提高机器的计算速度。于是，在美国军方的大力支持下，以宾夕法尼亚大学莫尔电机工程学院的莫希利和埃克特（Eckert）为首的研制小组成立了，他们于 1943 年开始研制，并于 1946 年研制成功。

在研制工作的中期，著名美籍匈牙利数学家约翰·冯·诺依曼（John von Neumann）在参与研制 ENIAC 的基础上，于 1945 年提出了重大的改进理论：一是把十进位制改成二进位制，这样可以充分发挥电子元件高速运算的优越性；二是把程序和数据一起存储在计算机内，这样就可以使全部运算成为真正的自动化过程。

在此基础上，整个计算机的结构分成 5 个部分：运算器、控制器、存储器、输入设备和输出设备。冯·诺依曼提出的理论解决了计算机运算自动化的问题和速度匹配的问题，对后来计算机的发展起到了决定性的作用。直至今天，绝大多数的计算机仍采用冯·诺依曼方式工作。由于冯·诺依曼在计算机科学方面的贡献，他被人们称为现代计算机之父。

ENIAC 长 30.48m，高 2.44m，占地面积为 170m^2，拥有 30 个操作台，相当于 10 间普通房间的大小，重达 30t，耗电量为 150kW · h，当时造价为 48 万美元。它使用约 18 000 个电子管（见图 1-2）、70 000 个电阻、10 000 个电容器、1 500 个继电器、6 000 多个开关，每秒可以执行 5 000 次加法或 400 次乘法运算，是当时已有的继电器计算机运算速度的 1 000 倍、手工计算速度的 20 万倍。ENIAC 工作时，常常因为电子管被烧坏而不得不停机检修，电子管平均每 7min 就要烧坏一个，必须不停地更换。尽管如此，在人类计算工具发展史上，它仍然是一座不朽的里程碑。

图 1-2 电子管

电子管元件有许多明显的缺点。例如，在运行时产生的热量太多、可靠性较差、运算速度不快、价格昂贵、体积庞大，这些都使计算机的发展受到限制。第一代计算机的主要特点如下。

① 采用电子管作为逻辑元件；

② 内存储器使用水银延迟线、静电存储管等，容量非常小，仅 1 000～4 000B；

③ 外存储器采用纸带、卡片、磁带和磁鼓等；

④ 没有操作系统，使用机器语言；

⑤ 体积大、速度慢、可靠性差。

2. 第二代计算机：晶体管计算机（1959—1963 年）

以晶体管为主要元件制造的计算机，称为晶体管计算机。1959—1963 年，晶体管计算机的发展与应用进入了成熟阶段，因此，人们将之称为第二代计算机时代，即晶体管计算机时代。从印刷电路板到单元电路和随机存储器，从运算理论到程序设计语言，技术的不断革新使晶体管电子计算机日臻完善。

第二代计算机的程序语言从机器语言发展到汇编语言。接着，高级语言 FORTRAN 和 COBOL 相继被开发出来并被广泛使用。同时，磁盘和磁带开始作为辅助存储器使用。第二代计算机的体积减小、价格下降、应用领域不断扩大，计算机产业得以迅速发展。第二代计算机主要在商业、大学教学和政府机关中使用。

第二代计算机的主要特点如下。

① 采用晶体管作为逻辑元件；

② 使用磁芯作为主存储器（内存），辅助存储器（外存）采用磁盘和磁带，存储量增加，可靠性提高；

③ 输入输出方式有了很大改进；

④ 开始使用操作系统，使用汇编语言及高级语言；

⑤ 体积减小、重量减轻、速度加快、可靠性增强。

总之，晶体管不仅能实现电子管的功能，还具有尺寸小、重量轻、寿命长、效率高、发热少、功耗低等优点。使用了晶体管以后，电子线路的结构大大改观，制造高速电子计算机的设想也就更容易实现了。

3. 第三代计算机：中、小规模集成电路计算机（1964—1970 年）

第三代计算机是采用中、小规模集成电路制造的电子计算机，其出现以 IBM System/360 系列计算机的发布为标志。

1964 年 4 月 7 日，IBM 公司发布了 IBM System/360 系列计算机，声称“这是公司历史上发布的最重要的产品”。

IBM System/360 系列计算机的开发总投资为 5.5 亿美元，其中硬件投资 2 亿美元，软件投资 3.5 亿美元。IBM System/360 系列计算机共有 6 个型号的大、中、小型计算机和 44 种新式的配套设备。从功能较弱的 360/51 型小型机，到功能超过 51 型 500 倍的 360/91 型大型机，形成了庞大的 IBM System/360 计算机系列。

IBM System/360 系列计算机以其通用化、系列化和标准化的特点，对全世界计算机产业的发展产生了巨大而深远的影响，被认为是划时代的杰作。

第三代计算机的主要特点如下。

① 采用中、小规模集成电路作为逻辑元件；

② 使用内存储器，用半导体存储器替代了磁芯存储器，存储容量和存取速度有了大幅提高；

③ 输入设备出现了键盘，使用户可以直接访问计算机；

④ 输出设备出现了显示器，可以向用户提供即时响应；

⑤ 使用了操作系统，使计算机在中心程序的控制协调下可以同时运行多个不同的程序。

4. 第四代计算机：大规模、超大规模集成电路计算机（1971 年至今）

第四代计算机以英特尔（Intel）公司研制的第一代微处理器 Intel 4004 为标志，这个时期的计算机最为显著的特征是使用了大规模集成电路和超大规模集成电路。微处理器是指将运算器、控制器、寄存器及其他逻辑单元集成在一块小的芯片上。微处理器的出现，使计算机在外观、处理能力、价格、实用性及应用范围等方面发生了巨大的变化。

1971 年 11 月 15 日，英特尔公司发布了其第一个微处理器 Intel 4004，如图 1-3 所示。Intel 4004 微处理器包含 2 300 个晶体管，采用 10μm 的 PMOS 技术生产，字长为 4 位，时钟频率为 108kHz，每秒可执行 6 万条指令。

图 1-3　Intel 4004 微处理器

1978 年，英特尔公司研制出 Intel 8086 微处理器（16 位处理器）。

1979 年，英特尔公司研制出 Intel 8088 微处理器（准 16 位处理器）。

1981 年 8 月 12 日，IBM 公司使用 Intel 8088 微处理芯片和微软操作系统研制出 IBM 个人计算机（Personal Computer，PC），同时，发布了 MS-DOS 1.0 和 PC-DOS 1.0 操作系统。IBM 公司推出的个人计算机主要用于家庭、办公室和学校。

1982 年，Intel 286（又称 80286）微处理器推出，成为英特尔公司推出的最后一个 16 位处理器，可运行英特尔公司前一代产品所编写的所有软件。Intel 286 微处理器使用了 13 400 个晶体管，运行频率为 6MHz、8MHz、10MHz 和 12.5MHz。

1985 年，Intel 386 微处理器问世。Intel 386 微处理器是 32 位芯片，含有 27.5 万个晶体管，每秒可执行 600 万条指令。

1989 年，Intel 486（又称 80486）微处理器问世。这款经过 4 年开发和 3 亿美元资金投入的芯片，首次突破了 100 万个晶体管的界限，集成了 120 万个晶体管，使用 1μm 的制造工艺。Intel 80486 微处理器的时钟频率从 25MHz 逐步提高到 33MHz 以上。

1993 年 3 月 22 日，奔腾处理器（Pentium）问世。奔腾处理器含有 300 万个晶体管，早期核心频率为 60MHz～66MHz，每秒可执行 1 亿条指令，采用 0.8μm 制造技术生产。

1997 年 5 月 7 日，英特尔公司发布了奔腾Ⅱ处理器。

1999 年 7 月，英特尔公司发布了奔腾Ⅲ处理器。奔腾Ⅲ处理器是 $1in^2$ 的正方形硅，含有 950 万个晶体管，采用 0.25μm 工艺生产。

2002 年 1 月，奔腾Ⅳ处理器推出，可实现每秒 22 亿个周期运算。它采用 0.13μm 制造技术生产，含有 5 500 万个晶体管。

2005 年 5 月，英特尔公司第一个主流双核处理器（奔腾 D 处理器）诞生。该处理器含有 2.3 亿个晶体管，采用 90nm 制造技术生产。

2006 年 7 月，Core 2（酷睿 2）双核处理器诞生。该处理器含有 2.9 亿个晶体管。Core 2 处理器分为 Solo（单核，只限笔记本电脑）、Duo（双核）、Quad（四核）及 Extreme（极致版）型号。其中，Core 2 Extreme QX6800 处理器的主频达 2.93GHz，总线频率达 1 066MHz，二级缓存容量达 8MB，采用了先进的 65nm 制造技术，将两个 X6800 双核 Core 2 处理器集成在一块芯片上，其外形如图 1-4 所示。

图 1-4 Core2 64 位四核处理器

2009 年后，英特尔公司推出 Core 2 Yorkfield 四核心处理器 Q9550，采用了更先进的 45 nm 制造技术，主频达 2.83GHz，总线频率达到了 1 333MHz，二级缓存容量达到了 12MB。

2008 年 11 月，英特尔公司推出了 64 位元四核的 Core i7（酷睿 i7）处理器，沿用 x86-64 指令集，并以 Nehalem 微架构为基础，取代了 Core 2 系列处理器。Core i7 处理器提升了高性能计算和虚拟化性能，主要面向高端处理需要。

Core i7 是面向中高端用户的 CPU 家族标识，已从第一代发展至目前的第六代，其相关系列处理器的主要特点如下。

第一代：基于 Nehalem、Westmere 微架构，有 2～4 个核心，2008 年推出，采用 32nm～45nm 工艺新架构，晶体管数量为 7.31 亿～11.7 亿个，接口为 LGA1156，包含 Bloomfield（2008 年）、Lynnfield（2009 年）、Clarksfield（2009 年）、Arrandale（2010 年）、Gulftown（2010 年）等子系列处理器。

第二代：基于 Sandy Bridge 微架构，2011 年推出，有 2～6 个核心，采用 32nm 工艺新架构，晶体管数量为 11.6 亿～22.7 亿个，接口为 LGA 1155。

第三代：基于 Ivy Bridge 微架构，2012 年推出，有 2～4 个核心，采用 22nm 工艺新架构，晶体管数量为 14.8 亿个，接口为 LGA 1156。

第四代：基于 Haswell 微架构，2013 年推出，有 2～8 个核心，采用 22nm 工艺新架构，晶体管数量为 9.6 亿～26 亿个，接口为 LGA 1150。

第五代：基于 Broadwell 微架构，2015 年推出，有 2～4 个核心，采用 14nm 工艺新架构，晶体管数量为 13 亿个以上，接口为 LGA 1150。

第六代：基于 Skylake 微架构，2015 年推出，有 4～8 个核心，采用 10nm～14nm 工艺新架构，接口为 LGA 1151，支持 DDR4 和低电压的 DDR3L 的双通道内存。

2009 年 9 月，英特尔公司推出了 Core i5（酷睿 i5）处理器，它是 Core i7 处理器的衍生中低阶版本。与 Core i7 处理器支持三通道内存不同，Core i5 处理器只集成双通道 DDR3 内存控制器。每一个核心拥有各自独立的二级缓存 256KB，Core i5 系列处理器分别采用了 45nm 或 32nm 制造技术，分别采用了 2 个或 4 个核心；三级缓存分别采用了 3MB、6MB 和 8MB 3 种不同的容量，以适应不同用户的需要。

2010 年年初，英特尔公司推出了 Core i3（酷睿 i3）。这是首款 CPU+GPU 产品，基于 Westmere 微架构，采用了先进的 22nm～32nm 制造技术，有 2 个核心，支援超线程技术，三级缓存采用 2 个核心共享 4MB。

2011 年 2 月，英特尔公司发布了 4 款第二代酷睿 i 系列处理器和六核心旗舰 Core i7-3990X

处理器。新版的 Core i3 处理器采用了最新的且与新版 Core i5、新版 Core i7 系列处理器相同的 Sandy Bridge 微架构，但三级缓存降至 3MB；新版 Core i5-2390T 采用了 32nm 制造技术，有 2 个核心 4 个线程，每个核心拥有二级缓存 256MB，共享三级缓存 3MB，支持双通道 DDR3 内存，功耗为 35W；新版 Core i7-3990X 极致版采用了 32nm 制造技术，有 6 个核心 12 个线程，每个核心有二级缓存 256KB，共享三级缓存 15MB，支持四通道 DDR3 内存，功耗为 130W，总线频率达到了 1 600MHz。

2012 年 2 月，英特尔公司发布了基于 Ivy Bridge 微架构的第三代 Core i7- 3770 处理器，它采用 22nm 制造技术，有 4 个核心、8 个线程，每个核心有二级缓存 256KB，共享三级缓存 8MB，支持双通道 DDR3 内存，功耗为 77W。

2015 年 8 月，英特尔公司发布了基于 Skylake 微架构的第六代 Core i7-6700K 处理器。官方称之为“Intel 史上最好的处理器”，其运算性能提升了 2.5 倍，图形性能提升了 30 倍，续航时间也提升了 3 倍。Core i7-6700K 基于 Skylake 微架构设计，采用 14nm 制造技术，其 LGA 1151 接口需搭配 100 系列主板，4 核 8 线程设计，默认主频为 4.0GHz，通过睿频加速后可达 4.2GHz，三级缓存 8MB，支持 DDR3/DDR4 两种规格，集成了 HD 530 核心显卡。

微型计算机严格地说仅是计算机中的一类，尽管微型计算机对人类社会的发展产生了极其深远的影响，但是微型计算机由于其内部的体系结构与其他计算机存在较大差别，仍然无法完全取代其他类型的计算机。利用大规模集成电路制造出的多种逻辑芯片，可以组装出大型计算机、巨型计算机，它们的运算速度更快、存储容量更大、处理能力更强，这些企业级的计算机一般要放到温度可控制的机房里，因此很难被普通公众看到。

巨型计算机（超级计算机）是当代计算机的一个重要发展方向，它的研制水平标志着一个国家工业发展的总体水平，象征着一个国家的科技实力。它一般用来解决尖端和重大科学技术领域的问题，例如，核物理、空气动力学、航空和空间技术、石油地质勘探、天气预报等领域都离不开巨型计算机。巨型计算机一般指运算速度在亿次/秒以上，价格在数千万元以上的计算机。我国的银河-Ⅱ并行处理计算机、美国的克雷-Ⅱ（CRAY-II）等都是运算速度达十亿次/秒的巨型计算机。

2013 年 6 月，世界超级计算机 500 强组织在德国莱比锡举行的“2013 国际超级计算大会”上，正式发布了第四十一届世界超级计算机 500 强排名。由国防科技大学研制的“天河二号”超级计算机，以峰值计算速度每秒 5.49 亿亿次、持续计算速度每秒 3.39 亿亿次双精度浮点运算的优异性能位居榜首。这是继 2010 年“天河一号”首次夺冠之后，我国的超级计算机再次夺冠，直至 2015 年 11 月，“天河二号”超级计算机共 6 次蝉联冠军。其外形如图 1-5 所示。

图 1-5 “天河二号”超级计算机

“天河二号”超级计算机由 170 个机柜组成，包括 125 个计算机柜、8 个服务机柜、13 个通信机柜和 24 个存储机柜，占地面积为 720m^2，内存总容量为 1 400 万亿 B，存储总容量为 12 400 万亿 B，最大运行功耗为 17.8MW。相比此前排名世界第一的美国“泰坦”超级计算机，“天河二号”的计算速度是“泰坦”的 2 倍，计算密度是“泰坦”的 2.5 倍，能效比相当。与该校此前研制的“天河一号”相比，两者占地面积相当，“天河二号”的计算性能和计算密度均提升了 10 倍以上，能效比提升了 2 倍，执行相同计算任务的耗电量只有“天河一号”的 1/3。“天河二号”运算 1 小时，相当于 13 亿人同时用普通个人计算器计算 1 000 年。

2016 年 6 月 20 日，世界超级计算机 500 强榜单公布，使用中国自主芯片制造的“神威·太湖之光”超级计算机取代了“天河二号”荣登榜首。由中国国家超级计算无锡中心研制的“神威·太湖之光”，其浮点运算速度为每秒 9.3 亿亿次，拥有 10 649 600 个计算核心，包括 40 960 个节点，其运算速度为此前处在该榜单首位的“天河二号”超级计算机的 2 倍以上，大约是目前排名第三的美国超级计算机的 5 倍。其外形如图 1-6 所示。

图 1-6　“神威·太湖之光”超级计算机

当代计算机正随着半导体器件及软件技术的发展而发展，其计算速度越来越快，功能不断增强和扩大，而且价格更便宜，使用更方便，因此应用也越来越广泛，正向着巨型化、微型化、多媒体和网络化的方向发展。

第四代计算机的主要特点如下。

① 使用大规模、超大规模集成电路作为逻辑元件；

② 主存储器采用半导体存储器，辅助存储器采用大容量的软、硬磁盘，并开始引入光盘；

③ 外部设备有了很大发展，采用光学字符阅读器（Optical Character Reader，OCR）、扫描仪、激光打印机和各种绘图仪等；

④ 操作系统不断发展和完善，数据库管理系统进一步发展，计算机广泛应用于图形、图像、音频及视频等领域；

⑤ 数据通信、计算机网络已有很大发展，微型计算机异军突起，遍及全球。计算机的体积、重量、功耗进一步减小，运算速度高达几百万亿次/秒至亿亿次/秒，其存储容量、可靠性等都有了大幅度提升。

1.1.6.2　计算机的特点

计算机不同于以往任何计算工具，在短短的几十年中获得了飞速发展，这是因为计算机具有以下几个特点。

1. 运算速度快

现代计算机的运算速度一般都能达到数十万次/秒，有的速度更快，达到了几千万亿次/秒。计算机的高速运算能力可以应用在航天航空、天气预报和地质勘测等需要进行大量运算的科研工作中。

2. 计算精度高

计算机具有很高的计算精度，一般可达几十位，甚至几百位以上的有效数字精度。计算机的高精度计算使它能被运用于航天航空、核物理等领域的数值计算中。

3. 存储功能强

计算机可配备容量很大的存储设备，它类似于人脑，能够把程序、文字、声音、图形、图像等信息存储起来，在需要这些信息时可随时调用。

4. 具有逻辑判断能力

计算机在执行过程中，能根据上一步的执行结果，运用逻辑判断方法自动确定下一步要执行的命令。正因为具有这种逻辑判断能力，计算机不仅能解决数值计算问题，而且能解决非数值计算问题，如信息检索和图像识别等。

5. 在程序控制下自动进行处理

计算机的内部操作运算，都是可以自动控制的。用户只要把运行程序输入计算机，计算机就能在程序的控制下自动运行，完成全部预定任务，而无须人工干预。这一特点是原有的普通计算工具所不具备的。

1.1.6.3 计算机的分类

1. 按工作原理分类

计算机按工作原理可分为模拟计算机和数字计算机两类。

模拟计算机的主要特点是参与运算的数值由不间断的连续量表示，其运算过程是连续的。模拟计算机由于受元器件质量的影响，其计算精度较低，应用范围较窄，目前已很少生产。

数字计算机的主要特点是参与运算的数值用二进制表示，其运算过程按数字位进行计算，数字计算机由于具有逻辑判断等功能，以近似人类大脑的“思维”方式进行工作，所以又被称为“电脑”。本书后续提到的计算机若无特殊说明均指数字计算机。

2. 按用途分类

计算机按用途又可分为专用计算机和通用计算机两类。

专用计算机与通用计算机在效率、速度、配置、结构复杂度、造价和适应性等方面都有所区别。

专用计算机针对某类问题能显示出最有效、快速和经济的特性，但它的适应性较差，不适于其他方面的应用，这是专用计算机的局限性。在导弹和火箭上使用的计算机绝大多数是专用计算机。

通用计算机适应性很强，应用面很广，但其运行效率、速度和经济性会因应用对象的不同受到不同程度的影响。

3. 按规模、速度和功能等分类

通用计算机按其规模、速度和功能等又可分为巨型机、大型机、中型机、小型机、微型机及工作站。这些计算机之间的基本区别通常在于其体积大小、结构复杂度、功率消耗、性能、数据存储容量、指令系统、设备和软件配置等方面。

（1）巨型机（超级计算机）

巨型机是指每秒能执行几亿次以上运算的计算机。它的数据存储容量大、规模大、结构复杂、价格昂贵，主要用于大型科学计算。我国自主研制的“银河”计算机和“曙光 4000A”系列计算机及“神威·太湖之光”计算机等均属于超级计算机。

（2）大、中型机

大、中型机是指运算速度约为每秒几千万次的计算机，通常用在国家级科研机构、银行及重点理工科类院校的实验室。

（3）小型机

小型机是指运算速度约为每秒几百万次的计算机，通常用在科研与设计机构及普通高校等单位。

（4）微型机

微型机也称个人计算机，是目前应用最广泛的机型，如使用奔腾Ⅲ、奔腾Ⅳ等 CPU 组装而成的桌面型或笔记本型计算机都属于微型机。

（5）工作站

工作站主要用于图形、图像处理和计算机辅助设计。它是介于小型机与微型机之间的一种高档计算机，如苹果（Apple）公司的图形工作站。

1.1.6.4　计算机中的数制和常用编码

1．计算机内部数制的设置依据

数据是计算机处理的对象。在计算机内部，各种信息都必须经过数字化编码后才能被传送、存储和处理，而计算机采用什么数制，是学习计算机原理时首先遇到的一个重要问题。

由于技术原因，计算机内部一律采用二进制，而人们在编程时经常采用十进制，有时为了方便还会采用八进制和十六进制。

计算机内部采用二进制表示信息，其主要原因有以下 4 点。

（1）电路简单

计算机内部采用的是逻辑电路，逻辑电路通常只有两种状态。例如，开关的接通或断开、电路的导通或截止、磁性材料的正向磁化或反向磁化等。这两种状态正好可以用二进制中的 0 和 1 表示。

（2）工作可靠

电路的两种截然不同的状态用两个数据表示，数字传输和处理不容易出错，因而电路更加可靠。

（3）运算简单

二进制运算法则简单。例如，求和法则有 3 个，求积法则也只有 3 个。

（4）逻辑运算强

计算机工作原理是建立在逻辑运算基础上的，逻辑代数是逻辑运算的理论依据。二进制只有两个数码，正好代表逻辑代数中的“真”与“假”。

2．计算机常用的几种数制及其转换

数制包含基数和位权两个基本要素。

数码是一组用来表示某种数制的符号，如 1、2、3、A、B。

基数是数制所用的数码个数，用 R 表示，称 R 进制，其进位规律是“逢 R 进 1”。例如，十进制的基数是 10，逢 10 进 1。

位权是数码在不同位置上的权值。在某进制中，处于不同数位的数码代表不同的数值，某一个数位的数值是由这位数码的值乘这个位置的固定常数得到的，这个固定常数称为“位权”。例如，十进制的个位的位权是“1”，百位的位权是“100”。

（1）常用数制简介

① 十进制

十进制数的数码用 10 个不同的数字符号 0、1……8、9 来表示，由于它有 10 个数码，因此基数为 10。数码处于不同位置时表示的大小是不同的，如 7 845.231 这个数中的 8 就表示 $8\times10^2=800$，这里把 10^n 称作位权，简称为“权”。十进制的运算规则是逢 10 进 1。十进制数又可以表示成按权展开的多项式。

例如：$7\,845.231=7\times10^3+8\times10^2+4\times10^1+5\times10^0+2\times10^{-1}+3\times10^{-2}+1\times10^{-3}$

② 二进制

计算机中的数据是以二进制形式存储的，二进制数的数码用 0 和 1 来表示。二进制的基数为 2，权为 2^n。二进制数的运算规则是逢 2 进 1。二进制数又可以表示成按权展开的多项式。

例如：$11010.101=1\times2^4+1\times2^3+0\times2^2+1\times2^1+0\times2^0+1\times2^{-1}+0\times2^{-2}+1\times2^{-3}$

③ 八进制和十六进制

八进制数的数码用 0、1……6、7 来表示。八进制数的基数为 8，权为 8^n。八进制数的运算规则是逢 8 进 1。

十六进制数的数码用 0、1……9、A、B、C、D、E、F 来表示。十六进制数的基数为 16，权为 16^n。十六进制数的运算规则是逢 16 进 1。其中，符号 A 对应十进制中的 10，B 表示十进制中的 11……F 表示十进制中的 15。

表 1-2 所示为常用数制的表示方法。

表 1-2 常用数制的表示方法

二进制（B）	十进制（D）	八进制（O）	十六进制（H）
0	0	0	0
1	1	1	1
10	2	2	2
11	3	3	3
100	4	4	4
101	5	5	5
110	6	6	6
111	7	7	7
1000	8	10	8
1001	9	11	9
1010	10	12	A
1011	11	13	B
1100	12	14	C
1101	13	15	D
1110	14	16	E
1111	15	17	F
10000	16	20	10

在表示不同的数制时，可采用以下 3 种格式。

第一种：$11010011_{(2)}$、$345_{(8)}$、$79.34_{(10)}$、$3BE_{(16)}$。

第二种：$(101011)_2$、$(347)_8$、$(43.93)_{10}$、$(AF4)_{16}$。

第三种：10110.101B、343O、395D、3C6H。

这里的字母 B、O、D、H 分别表示二进制、八进制、十进制和十六进制。

一般约定十进制数的后缀 D 或下标可省略，即无后缀的数字为十进制数字。

（2）数制转换

数制转换指将一个数从一种数制表示法转换成另一种数制表示法。

① 将 R 进制数转换为十进制数

将 R 进制数转换为十进制数可采用多项式替代法，即将 R 进制数按权展开，再在十进制的数制系统内进行计算，所得结果就是该 R 进制数的十进制数形式。

A. 将二进制数转换为十进制数

例如，将$(101011.101)_2=(?\ )_{10}$。

按权展开如下：

$$(101011.101)_2=1\times2^5+0\times2^4+1\times2^3+0\times2^2+1\times2^1+1\times2^0+1\times2^{-1}+0\times2^{-2}+1\times2^{-3}$$
$$=(43.625)_{10}$$

B. 将八进制数转换为十进制数

例如，将$(127.504)_8=(?\ )_{10}$。

按权展开如下：

$$(127.504)_8=1\times8^2+2\times8^1+7\times8^0+5\times8^{-1}+0\times8^{-2}+4\times8^{-3}$$
$$=(87.632\ 812\ 5)_{10}$$

C. 将十六进制数转换为十进制数

例如，将$(12FF.B5)_{16}=(?\ )_{10}$。

按权展开如下：

$$(12FF.B5)_{16}=1\times16^3+2\times16^2+15\times16^1+15\times16^0+11\times16^{-1}+5\times16^{-2}$$
$$=4\ 096+512+240+15+0.687\ 5+0.019\ 531\ 25$$
$$=(4\ 863.707\ 031\ 25)_{10}$$

② 将十进制数转换为 R 进制数

将十进制数转换成 R 进制数可采用基数除乘法，即整数部分的转换采用基数除法，小数部分的转换采用基数乘法，然后将转换结果连接起来，就能得到转换之后的结果。

下面以十进制数转换成二进制数为例说明转换 R 进制数的方法。

例如，将$(43.625)_{10}=(?\ )_2$。

整数部分：43，采用基数除法，基数为 2，因此，此例应采用“除 2 取余法”。

小数部分：0.625，采用基数乘法，基数为 2，因此，此例应采用“乘 2 取整法”。

其转换过程如图 1-7 所示。

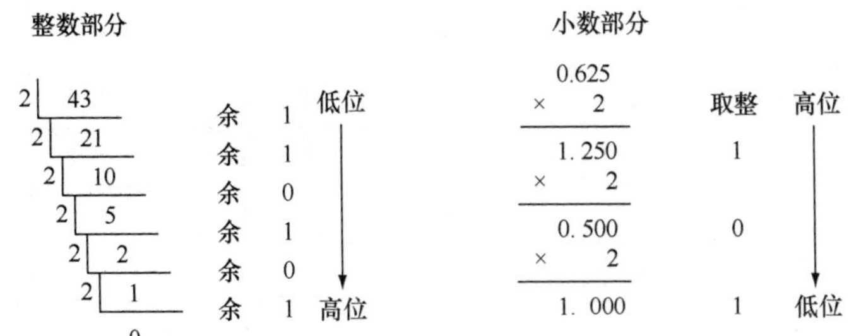

图 1-7　十进制数转换为二进制数的计算过程

整数部分转换结果：从高位到低位 101011。

小数部分转换结果：从高位到低位 101。

连接之后的结果：101011.101。

因此，$(43.625)_{10}=(101011.101)_2$

3. 常用的信息编码

由于计算机需要处理各种数据，而它只能识别二进制数，故字符要用若干位二进制编码来表示。

（1）ASCII

ASCII（American Standard Code for Information Interchange）是美国信息交换标准代码的简称。ASCII 占一个字节，有 7 位 ASCII 和 8 位 ASCII 两种，7 位 ASCII 称为标准 ASCII，8 位 ASCII 称为扩充 ASCII。7 位 ASCII 是目前计算机中使用最普遍的字符编码。每个字符用 7 位二进制编码表示，在计算机中用一个字节（8 位）来表示一个 ASCII，其第八位除在传输中作奇偶校验用外，一般保持为 0。

ASCII 是由 128 个字符组成的字符集，其中编码值 0～31（0000000～0011111）不对应任何可印刷字符，常称为控制字符，用于计算机中的通信控制或对计算机设备的功能控制；编码值 32（0100000）是空格字符 SP；编码值 127（1111111）是删除控制字符 DEL；其余 94 个字符称为可印刷字符。表 1-3 所示为 ASCII 字符编码表。

表 1-3　ASCII 字符编码表

$d_6d_5d_4$ 高 3 位 / 低 4 位 $d_3d_2d_1d_0$	000	001	010	011	100	101	110	111
0000	NUL	DLE	SP	0	@	P	`	p
0001	SOH	DC1	!	1	A	Q	a	q
0010	STX	DC2	"	2	B	R	b	r
0011	ETX	DC3	#	3	C	S	c	s
0100	EOT	DC4	$	4	D	T	d	t
0101	ENQ	NAK	%	5	E	U	e	u
0110	ACK	SYN	&	6	F	V	f	v
0111	BEL	ETB	′	7	G	W	g	w
1000	BS	CAN	(	8	H	X	h	x
1001	HT	EM	)	9	I	Y	i	y
1010	LF	SUB	*	:	J	Z	j	z
1011	VT	ESC	+	;	K	[	k	{
1100	FF	FS	,	<	L	\	l	|
1101	CR	GS	–	=	M	]	m	}
1110	SO	RS	.	>	N	^	n	~
1111	SI	US	/	?	O	_	o	DEL

（2）GB 2312—1980 编码

1980 年，我国颁布了汉字编码的国家标准，即 GB 2312—1980 字符集，全称为《信息交换用汉字编码字符集》基本集，是中国国家标准的简体中文字符集。它收录了较常使用的汉字，基本满足了汉字的计算机处理需要。

GB 2312—1980 收录了简化汉字及一般符号、序号、数字、拉丁字母、日文假名、希腊字母、俄文字母、汉语拼音符号、汉语注音字母，共 7 445 个图形字符。GB 2312—1980 共收录 6 763 个汉字，其中一级汉字 3 755 个，二级汉字 3 008 个；还收录了拉丁字母、希腊字母、日文平假名及片假名字母、俄语西里尔字母在内的 682 个全角字符。

GB 2312—1980 对所收汉字进行了“分区”处理，每区含有 94 个汉字/符号。这种表示方式也称为区位码。它是用双字节表示的，两个字节中前面的字节为第一字节，后面的字节为第二字节。习惯上称第一字节为“高位字节”，而称第二字节为“低位字节”。“高位字节”使用了 0xA1～0xF7（把 01～87 区的区号加上 0xA0），“低位字节”使用了 0xA1～0xFE（把 01～94 加上 0xA0）。

（3）GBK 编码

GBK 全称《汉字内码扩展规范》（GBK 即“国标”和“扩展”汉语拼音的第一个字母），由全国信息技术标准化技术委员会于 1995 年 12 月 1 日制定，原国家技术监督局（现更名为国家质量监督检疫总局）标准化司、原电子工业部（现已更名为工业和信息化部）科技与质量监督司于 1995 年 12 月 15 日联合以技监标函〔1995〕229 号文件的形式，将它确定为技术规范指导性文件。这一版的 GBK 规范为 1.0 版。GBK 字符集是 GB 2312—1980 的扩展（K），GBK1.0 收录了 21 886 个符号，它分为汉字区和图形符号区，汉字区包括 21 003 个字符。GBK 字符集主要扩展了对繁体中文字的支持。

（4）GB 18030—2000 编码

2000 年 3 月 17 日，我国发布了新的汉字编码国家标准，其全称是 GB 18030—2000《信息交换用汉字编码字符集基本集的扩充》，规定了于 2001 年 8 月 31 日后在中国市场上发布的软件必须符合本标准。GB 18030—2000 字符集标准经过广泛参与和论证，由来自国内外知名信息技术行业的公司、信息产业部和原国家质量技术监督局联合实施。

GB 18030—2000 字符集标准的字符总编码空间超过 150 万个编码位，收录了 27 484 个汉字。

（5）ANSI 编码

不同的国家和地区制定了不同的编码标准，由此产生了 GB 2312、Big5 等编码标准。这些使用 1～4 个字节来代表一个字符的各种汉字延伸编码方式，称为 ANSI 编码。在简体中文 Windows 操作系统中，ANSI 编码代表 GBK 编码；在繁体中文 Windows 操作系统中，ANSI 编码代表 BIG5 编码。

GBK bug 现象。例如，Windows 记事本默认以 ANSI 编码保存文本文档，而这种编码中存在的 bug 导致了乱码现象。如果保存时选择 Unicode、Unicode（Big Endian）、UTF-8 编码，文档就会正常显示了。此外，假如以 ANSI 编码保存含有某些特殊符号的文本文档，再次打开文档，这些特殊符号会变成英文问号，即出现所谓的乱码现象。

（6）Unicode 编码

Unicode 编码也称为统一码、万国码、单一码，是由 Unicode 联盟于 1990 年开始研发，于 1994 年正式公布的字符编码系统，支持现今世界上各种不同语言的书面文本的交换、处理及显示。Unicode 字符集编码是通用多八位编码字符集（Universal Multiple-Octet Coded Character Set）的简称，是支持超过 650 种语言的国际字符集。Unicode 编码允许在同一服务器上混合使用不同语言组的不同语言。Unicode 编码是一种在计算机上使用的字符编码。它为每种语言中的每个字符设定了统一且唯一的二进制编码，以满足跨语言、跨平台进行文本转换、处理的要求。Unicode 编码已发布了多个版本，截至 2020 年已发布了 Unicode 13.0。

① UTF-8 编码

UTF-8 是 Unicode 编码的其中一个使用方式。UTF 是 Unicode Translation Format 的首字母缩写，即把 Unicode 转换成某种格式。

UTF-8 便于不同的计算机之间使用网络传输不同语言和编码的文字，它使双字节的 Unicode 能够在现存的处理单字节的系统上正确传输。

UTF-8 使用可变长度字节来存储 Unicode 字符，例如 ASCII 字母继续使用单字节来存储，重音文字、希腊字母或西里尔字母等使用双字节来存储，而常用的汉字就要使用三字节，辅助平面字符则使用四字节。

② UTF-16 编码

UTF-16 编码以 16 位无符号整数为单位。Unicode 的 UTF-16 编码就是其对应的 16 位无符号整数。

③ UTF-32 编码

UTF-32 编码以 32 位无符号整数为单位。Unicode 的 UTF-32 编码就是其对应的 32 位无符号整数。

（7）BCD 码

BCD 码用 4 位二进制数表示 1 位十进制数，例如，BCD 码 1000001001101001 按 4 位一组分别转换，得到十进制数 8 269，每位 BCD 码中的 4 位二进制码都是有权的，从左到右权值依次是 8、4、2、1，故其又被称为 8421 码。这种二-十进制编码是一种有权码。1 位 BCD 码的最小数是 0000，最大数是 1001。

BCD 码的特点是保留了十进制的权，而数字用 0 和 1 的组合来表示。

最常用的 BCD 码是 8421 码。8421 码即用 4 位二进制数来表示 1 位十进制数，且逢 10 进 1。

例如：（0110）BCD =（6）D，（00010101）BCD =（15）D。

BCD 码不能与二进制数混淆。

例如：（01000111）BCD=（47）D

（01000111）B=（71）D

1.1.6.5　计算机的应用领域

计算机是近代科学技术迅速发展的产物，在科学研究、工业生产、国防军事、教育和国民经济等各个领域得到了广泛应用。下面简单叙述计算机的主要应用领域。

1．科学计算

科学计算也称为数值计算，是指利用计算机来完成科学研究和工程技术中提出的数学问题的计算。在现代科学技术工作中，科学计算问题是大量的和复杂的。计算机具有高速计算、大存储容量和连续运算的功能，可以处理人工无法解决的各种复杂的计算问题。

2．数据处理

对数据进行的收集、存储、整理、分类、统计、加工、利用、传播等一系列操作统称为数据处理。数据处理是计算机的主要用途之一，数据处理领域的工作量大、涉及面宽，决定了计算机应用的主导方向。

在数据处理领域中，管理信息系统（Management Information System，MIS）逐渐成熟，它以数据库技术为工具，可实现一个部门的全面管理，从而有效提高工作效率。MIS 将数据处理与经济管理模型的优化计算和仿真结合起来，具有决策、控制和预测功能。MIS 在引入人工智能之后就形成了决策支持系统（Decision Support System，DSS），它充分运用运筹学、管理学、人工智能、数据库技术及计算机科学技术的最新成果，进一步发展和完善了 MIS。

如果将计算机技术、通信技术、系统科学及行为科学等应用于办公事务的处理，就形成了办公自动化（Office Automation，OA）系统。

目前，数据处理已广泛地应用于办公自动化、企事业单位计算机辅助管理与决策、情报检索、图书管理、电影电视动画设计、会计电算化等各领域和行业。

3. 计算机过程控制

计算机过程控制是指利用计算机及时采集、检测数据，按最优值迅速地对控制对象进行自动调节或自动控制。计算机过程控制是计算机应用的一个很重要的领域，被控对象可以是一台机床、一条生产线、一个车间，甚至整个工厂。计算机与执行机构相配合，使被控对象按照预定算法保持最佳工作状态。适合在工业环境中使用的计算机称为工业控制计算机，这种计算机具有数据采集和控制功能，能在恶劣的环境中可靠地运行。

此外，计算机过程控制在军事、航空、航天和核能利用等领域中也有广泛的应用。

4. 计算机辅助技术

计算机辅助设计（Computer Aided Design，CAD）是指利用计算机系统辅助设计人员进行工程或产品的设计，以实现最佳设计效果的一种技术，CAD 技术已被广泛地应用于飞机、汽车、机械、电子、建筑和轻工等领域。例如，在电子计算机的设计过程中，设计人员可以利用 CAD 技术进行体系结构模拟、逻辑模拟、插件划分、自动布线等，从而大大提高了设计工作的自动化程度。又如，在建筑设计过程中，设计人员可以利用 CAD 技术进行力学计算、结构计算、建筑图纸绘制等，这样不但提升了设计速度，而且大大提高了设计质量。

计算机辅助制造（Computer Aided Manufacturing，CAM）是指利用计算机进行生产设备的管理、控制和操作。CAM 技术与 CAD 技术密切相关，CAD 技术侧重于设计，CAM 技术侧重于产品的生产过程。采用 CAM 技术能提高产品质量、降低生产成本、改善工作条件、缩短产品的生产周期。

计算机辅助教学（Computer Aided Instruction，CAI）是指利用计算机系统帮助教师进行课程内容的教学和测验，可以使用工具或高级语言来开发制作多媒体课件及其他辅助教学资源，引导学生循序渐进地学习，使学生轻松自如地学到所需的知识。CAI 技术的主要特色是交互教育、个别指导和因人施教。

5. 计算机网络与应用

计算机技术与现代通信技术的结合构成了计算机网络，在计算机网络的基础上又建立了信息高速公路，这对各国的经济发展、信息资源的开发利用及人们的工作和生活方式等都产生了巨大的影响。

6. 人工智能

人工智能（Artificial Intelligence，AI）是指用计算机模拟人类的智能活动，诸如感知、判断、理解、学习、问题求解和图像识别等，即让计算机具有类似于人类的“思维”能力。它是计算机应用研究的前沿学科。人工智能应用的领域主要有图像识别、语言识别和合成、专家系统、机器人等，在军事、化学、气象、地质、医疗等领域也有广泛的应用。例如，用于医学方面的计算机能模拟高水平医学专家进行疾病诊疗。

7. 电子商务

电子商务（E-Business）是指在因特网上进行的网上商务活动，始于 20 世纪 90 年代后期，现已迅速发展，全球已有许多企业先后开展了“电子商务”活动。它涉及企业和个人各种形式的、基于数字化信息处理和传输的商业交易，其中的数字化信息包括文字、语音和图像等。从广义上讲，电子商务既包括电子邮件（E-mail）、电子数据交换（Electronic Data Interchange，EDI）、电子资金转账（Electronic Funds Transfer，EFT）、快速反应（Quick Response，QR）系统、电子表单和信用卡交易等与电子商务相关的一系列应用，又包括支持电子商务的信息基础设施。从狭义上讲，电子商务主要指企业—企业（B2B）、企业—消费者（B2C）之间的电子交易。

电子商务的主要功能包括网上广告和宣传、订货、付款、货物递交和客户服务等，还包括市场调查分析、财务核算及生产安排等。电子商务以其高效率、低支出、高收益和全球性的优点，很快受到了各国政府和企业的广泛重视。

8. 大数据

大数据（Big Data）是相关的数据集合而成的海量数据的总称。大数据是无法在一定时间范围内用常规软件工具进行捕捉、管理和处理的，是需要新的处理模式才能适应的海量、高增长率和多样化的信息资产。

在维基百科中大数据的定义如下：所涉及的资料量规模巨大到无法通过目前的主流软件工具，在合理时间内达到获取、管理、处理并整理成为帮助企业经营决策更积极目的的资讯。

《大数据时代》一书的作者、牛津大学网络学院互联网治理与监管专业教授、大数据权威咨询顾问维克托·迈尔·舍恩伯格（Viktor Mayer Schōnberger）博士认为，大数据有 3 个主要特点：全体、混杂和相关关系。

（1）全体，即收集和分析更多的有关研究问题的数据。抓住尽可能多的相关数据，才会看到更多的细节。

（2）混杂，即接受混杂。不追求那种所谓的好数据、高质量的数据，保持数据的自然性。

（3）相关关系。由于数据更为混杂，因果关系转向相关关系。应该关注是什么，而不是关注为什么。

大数据具有以下特征：数据量大、速度快、类型繁多、价值密度低、时效性强。

大数据的计量单位主要是 PB、EB 或 ZB。

大数据时代已经来临，大数据技术可以广泛地应用于各行各业，将人们收集到的海量数据进行分析处理，实现信息的有效利用及价值的升华。大数据技术针对大量、动态、能持续的数据，运用新系统、新工具、新模型的挖掘，从而获得具有洞察力和新价值的东西。

9. 云计算

云计算（Cloud Computing）是分布式计算（Distributed Computing）、并行计算（Parallel Computing）、效用计算（Utility Computing）、网络存储（Network Storage Technologies）、虚拟化（Virtualization）、负载均衡（Load Balance）、热备份冗余（Hot Standby Redundancy）等传统计算机和网络技术发展融合的产物。

云计算是指将计算任务分布在由大量计算机组成的资源池中，使得用户能够按需获取计算力、存储空间及信息服务。

云计算是一种计算方式，计算资源是动态易扩展的，而且是虚拟化的，往往通过互联网提供。用户不需要了解“云”中基础设施的细节，不必具有相应的专业知识，也无须直接进行控制。

云计算的软件是运行在云平台上，并具有在线租赁服务形式、按用量可伸缩性占用资源、按需要个性化定制等特性的软件。

“云”是网络、互联网的一种比喻说法，用来抽象地表示互联网和底层基础设施。云计算能够让用户体验到每秒 10 万亿次的运算速度，能够模拟核爆炸、预测气候变化和市场发展趋势等。

1.1.7　拓展训练

通过本任务的学习，同学们是不是对计算机的新技术产生了浓厚的学习兴趣？那么，请大家联系实际思考一下，有哪些计算机新技术正逐步进入我们的日常生活呢？

任务 1.2　计算机配置

1.2.1　任务目标

- 掌握计算机软、硬件系统的基本组成；
- 掌握不同硬件设备的性能指标；
- 熟悉计算机软件的分类；
- 理解计算机的工作原理和运行机制。

1.2.2　任务描述

海口经济学院毕业生小王到一家网络公司实习，担任设备管理员，其主要工作职责是保障公司计算机的正常运行。公司马上要购入一批新的计算机，由小王负责安装调试，小王需要抓紧时间了解一下办公环境下计算机的安装与调试知识。

1.2.3　任务分析

公司新购置的计算机一般已经安装好了操作系统软件，而不同的公司还需要结合工作的实际情况安装不同的应用软件。不论什么公司，安全管理软件、办公软件和通信软件等都是办公环境下必备的工具，另外还需将办公环境组建成一个小型局域网，便于后期工作交流。因此，本任务可分解为以下 4 个小任务。

（1）安全管理软件的安装。

（2）办公软件的安装。

（3）通信软件的安装。

（4）办公室网络的组建。

1.2.4　任务实现

公司新购置的计算机一般已经统一安装好了操作系统软件，如果需要修改、更新操作系统软件，本书模块 2 将进行详细操作介绍。在调试好操作系统软件之后，接下来就需要为员工安装常用的应用软件。

1. 安全管理软件的安装

为了保护系统安全，首先安装安全管理软件。目前较常用的免费安全管理软件是 360 杀毒软件，用户可以根据个人习惯选择不同的安全管理软件。

（1）首先在 360 官方网站下载 360 杀毒软件离线安装包，如图 1-8 所示。

图 1-8　360 官方软件下载页面

（2）下载完成后，双击安装包即可打开安装界面。用户可以将软件安装到界面中指定的默认目录，也可以单击“更改目录”按钮重新选择安装目录。安装界面如图 1-9 所示。

图 1-9　360 杀毒软件安装界面

（3）单击“立即安装”按钮，开始安装，默认系统操作。软件安装完成后的界面如图 1-10 所示。

（4）为了进一步保护个人计算机，用户可以采用同样的操作方法安装 360 安全卫士。安装完成后的界面如图 1-11 所示。

图 1-10　360 杀毒软件安装完成后的界面

图 1-11　360 安全卫士安装完后的界面

（5）单击“立即体检”按钮，软件即刻开始扫描系统，自动修补系统漏洞。扫描过程如图 1-12 所示。

图 1-12　360 安全卫士扫描过程

2. 办公软件的安装

（1）检查 C 盘的剩余空间。Office 2016 会自动安装在 C 盘，占用几个 GB 的空间，因此，安装前请先行查看 C 盘的存储空间是否适合安装此软件。

（2）查看自己的操作系统是多少位的。Office 2016 提供了 64 位和 32 位的安装程序，在安装软件之前应确保安装的软件版本的位数跟操作系统的位数一致，否则无法成功安装。

（3）打开购买的 Office 2016 软件，双击“setup.exe”文件开始安装软件，安装过程如图 1-13 所示。

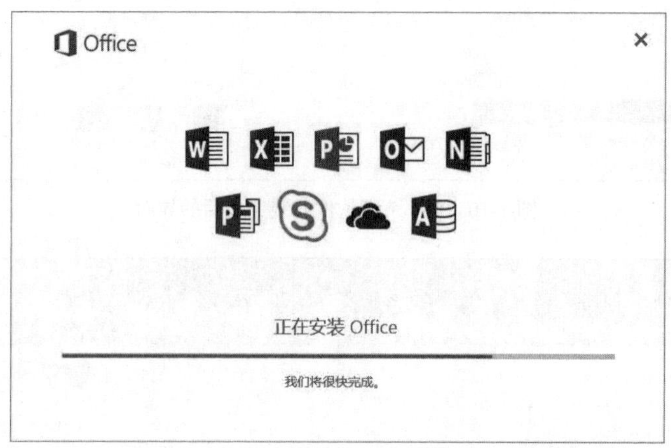

图 1-13　Office 2016 安装过程

（4）默认安装完成后，软件需要进一步激活。以 Word 2016 软件为例，从“开始”菜单的“程序”中找到安装好的 Word 程序并单击打开，软件自动提示需要激活 Office 软件。激活窗口如图 1-14 所示。

（5）单击“输入产品密钥”，打开“输入您的产品密钥”对话框，如图 1-15 所示。

图 1-14　激活窗口

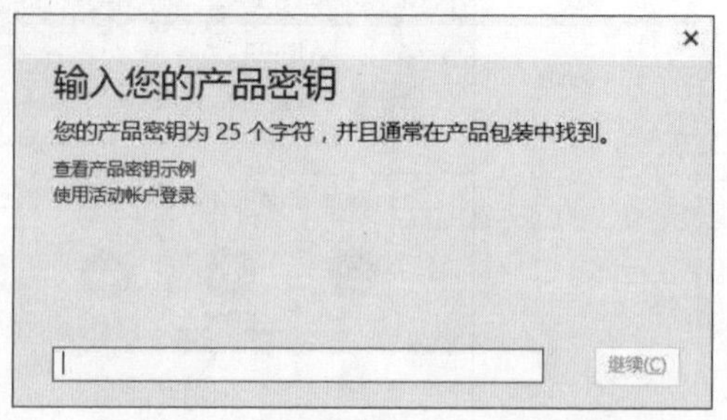

图 1-15　“输入您的产品密钥”对话框

（6）输入安装文件夹中指定的密钥，然后单击“继续”按钮，即可完成激活。激活成功界面如图 1-16 所示。

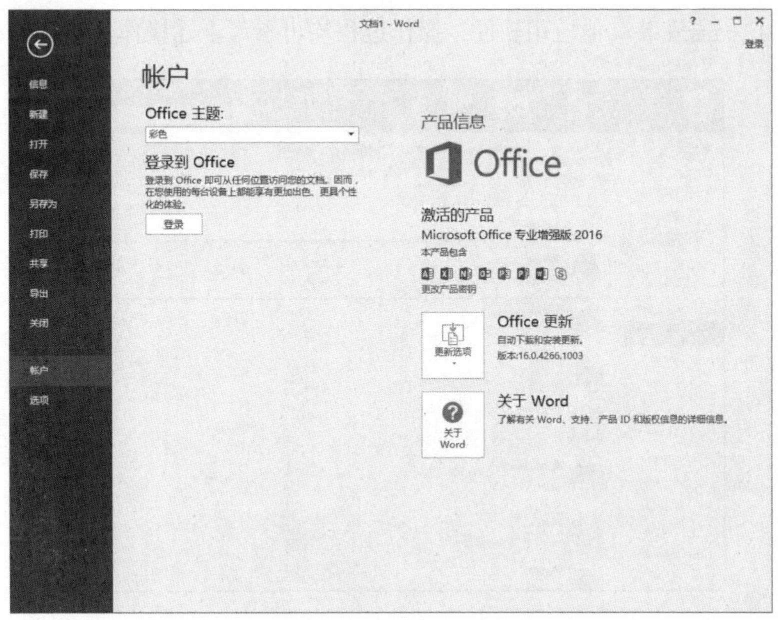

图 1-16　激活成功界面

3. 通信软件的安装

为了满足后期办公时同事之间相互交流合作的需要，一般办公环境下还需要安装通信软件，在此我们以常用的腾讯 QQ 软件的安装为例。

（1）打开已安装的 360 安全卫士，单击“软件管家”打开 360 软件管家界面，如图 1-17 所示。

图 1-17　360 安全卫士软件管家界面

（2）在 360 软件管家左侧的列表中选择“聊天工具”，单击右侧列表中的“腾讯 QQ”，然后单击最右侧的“一键安装”按钮，如图 1-18 所示。

（3）在弹出的窗口中单击“继续安装”按钮，系统将自动下载腾讯 QQ 安装包，双击下载好的腾讯 QQ 安装包，即可像前面几款软件一样，一步步完成安装。

（4）如用户仍需安装其他应用软件，操作过程均可参考上述操作步骤。

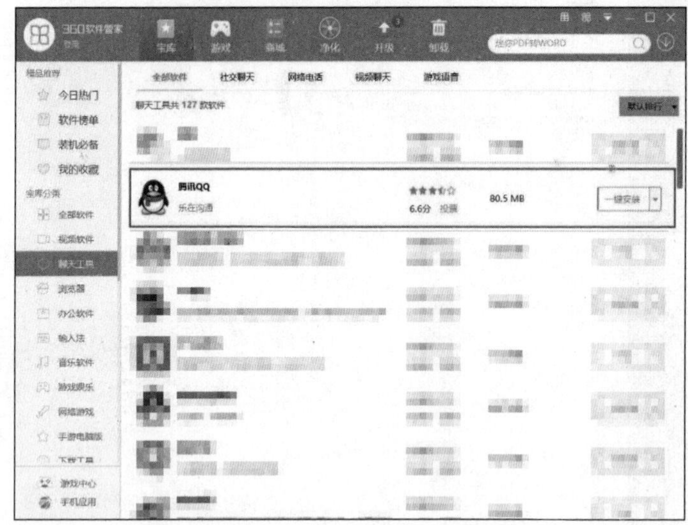

图 1-18　“聊天工具”软件列表

至此，小王基本完成了软件的安装工作，完成后的计算机桌面如图 1-19 所示。

图 1-19　软件安装完成后的桌面效果

4. 办公室网络的组建

为了方便公司员工办公与资源共享，小王决定将公司新购置的计算机组建成小型的办公网络。组建办公网络需要路由器与交换机，将这两项设备连接好后即可开始设置办公室计算机的连接。路由器和交换机的知识在本书模块 6 中有详细介绍，在此，先初步介绍办公室计算机连接的基本思路。

（1）接通路由器电源，在浏览器中输入网关地址，进入路由器设置界面，设置外网接入方式及内网网段与无线信号等信息，操作效果如图 1-20 所示（因不同高校和家庭的实际网址不同，这里的设置仅供参考）。

（2）接通交换机电源，用网线把路由器与交换机连接起来，然后将所有计算机与交换机连接起来。连接操作如图 1-21 所示，这里的设置仅供参考。

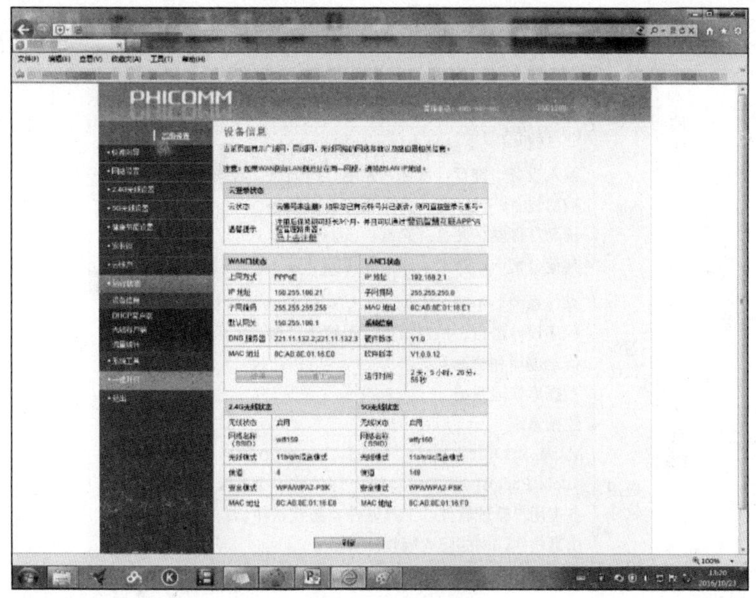

图 1-20　路由器设置窗口

（3）连接好计算机后，将每台计算机的 IP 地址设置为统一网段。打开“网上邻居”，单击“网络任务”窗格中的“查看工作组计算机”链接就可以看到局域网中的其他计算机名称。今后，用户便可以在一台计算机中设置共享文件夹，员工将需要共享的文件放在此文件夹中，即可实现资源共享。通过此小型局域网，员工也可设置打印机和传真机的共享，实现局域网中的共享打印和传真等相关操作。

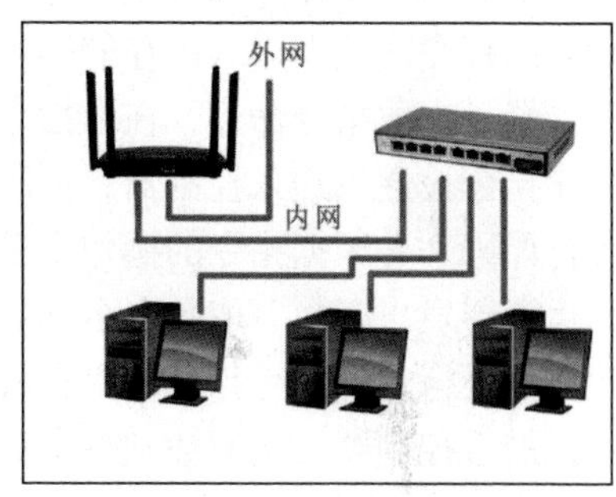

图 1-21　计算机互联效果图

1.2.5　任务小结

通过本任务，小王了解了办公环境下计算机应用软件的安装与调试操作，了解了办公室局域网的基本组建思路。通过后续模块的进一步学习，小王可以轻松实现对办公室计算机的控制、维护和调试。

1.2.6　基础知识

计算机系统由硬件系统和软件系统两大部分组成。硬件系统泛指计算机系统中看得见、摸得着的实际物理设备。只有硬件的计算机又称为“裸机”，裸机是无法运行的，还需要软件的支持。软件系统是指实现算法的程序及其文档。计算机是依靠硬件和软件的协同工作来执行给定任务的。微型计算机系统的基本组成如图 1-22 所示。

1.2.6.1　计算机的硬件系统

硬件是指组成计算机的各种物理设备，它包括计算机的主机和外部设备，具体由 5 个功能部件组成，即运算器、控制器、存储器、输入设备和输出设备。这 5 个部件相互配合、协同工作，其结构如图 1-23 所示。

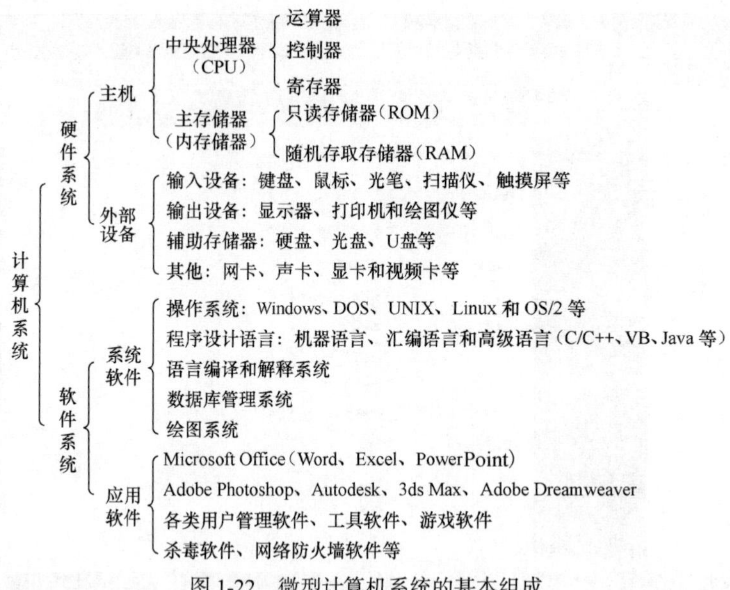

图 1-22　微型计算机系统的基本组成

计算机的工作流程可概括为：首先由输入设备接收外界信息（程序或数据），控制器发出指令将程序或数据送入内存储器，然后向内存储器发出取指令命令，在取指令命令下，程序指令被逐条送入控制器；控制器对指令进行译码，并根据指令的操作要求向存储器和运算器发出存数、取数命令和运算命令，运算器进行计算并把计算结果存放在存储器内；最后控制器发出取数和输出命令，输出设备输出计算结果。

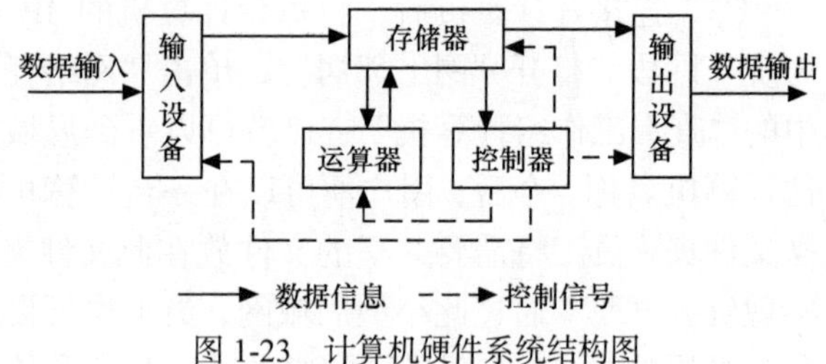

图 1-23　计算机硬件系统结构图

计算机的 5 个组成部件的功能及其特点如下。

1. 运算器

运算器又称算术逻辑单元（Arithmetic Logic Unit，ALU）。它是完成各种算术运算和逻辑运算的装置，能实现加、减、乘、除等算术运算，也能实现与、或、非、异或、比较等逻辑运算。

2. 控制器

控制器负责从存储器中取出指令，并对指令进行译码；根据指令的要求，按时间的先后顺序，负责向其他部件发出控制信号，保证各部件协调一致地工作，一步一步地完成各种操作。控制器主要由指令寄存器、指令译码器、程序计数器和操作控制器等组成。

硬件系统的核心是中央处理器（Central Processing Unit，CPU），它主要由控制器、运算器、寄存器及其他逻辑部件组成。采用超大规模集成电路工艺制成的中央处理器芯片，又称微处理器芯片。

3. 存储器

存储器是计算机记忆或暂存数据的部件。计算机中的全部信息，包括用户输入的数据，经过初步加工的中间数据及最后处理结果都存放在存储器中。计算机的各种程序也都存放在存储器中。

存储器有两种，分别叫作内存储器和外存储器。内存储器分为只读存储器和随机存取存储器（可擦写存储器）两种。其中，随机存取存储器简称为内存。

4. 输入设备

输入设备可以将数据、程序、文字、符号、图像、声音等输送到计算机中。输入设备是重要的人机接口，负责将输入的信息（包括数据和指令）转换成计算机能识别的二进制代码并送入存储器保存。常用的输入设备有键盘、鼠标、数字化仪、光笔、光电阅读器、图像扫描仪及各种传感器。

5. 输出设备

输出设备可以将计算机的运算结果或中间结果打印或显示出来，或者以其他可以被人们识别的方式输出。常用的输出设备有显示器、打印机、绘图仪等。

1.2.6.2 计算机的软件系统

软件指控制计算机各部件协调工作并完成各种功能的程序和数据的集合。微型计算机系统的软件分为系统软件和应用软件两大类。

系统软件是指用于控制和协调计算机硬件及外部设备，能够支持应用软件开发和运行的系统。系统软件是为使用计算机而提供的基本软件，一般是由计算机生产厂家或第三方软件厂家开发的。常用的系统软件有操作系统、语言编译和解释系统、程序设计语言数据库管理系统、网络及通信软件、各类服务程序和工具软件等。

应用软件是指人们为了解决某些具体问题而开发出来的用户软件，如 Word、Excel、PowerPoint、Authorware、Photoshop、AutoCAD、Flash、财务管理软件、教学软件、数据库应用系统、各种用户程序等。

系统软件依赖于计算机硬件，而应用软件则更接近用户业务的数字化管理。

下面简单介绍计算机中几种常用的系统软件。

1. 操作系统

操作系统（Operating System，OS）是最基本、最重要的系统软件。它负责管理计算机系统的各种硬件资源（如 CPU、内存空间、磁盘空间和外部设备等）及软件资源。操作系统负责解释用户对计算机的管理命令，把它转换为计算机的实际操作；同时，它为其他系统软件或应用软件提供理想的运行环境。操作系统性能的好坏，直接影响着计算机性能。优秀的操作系统，可以很好地管理硬件资源，充分地支持先进的硬件技术，高效率地运行其他软件，并为用户提供一定的安全保障。例如，微软公司的 MS-DOS 磁盘操作系统及 Windows 98/2000/XP/Vista/7/8/10 操作系统、UNIX 多用户操作系统等。

2. 语言编译和解释系统

有两类翻译系统可以将高级语言所写的程序翻译为机器语言程序，一类叫“编译系统”，另一类叫“解释系统”。

编译系统把高级语言所写的程序作为一个整体进行处理，经编译、连接形成一个完整的可执行程序，其过程如图 1-24 所示。这种方法的缺点是编译、连接较费时，程序调试不方便，但经过编译后的可执行程序运行速度快。FORTRAN、Delphi、C 语言等都采用这种编译方法。

解释系统则对高级语言源程序逐句解释执行，其过程如图 1-25 所示。这种方法的特点是程序设计的灵活性强，但程序的运行效率较低。Basic 程序的运行环境属于解释系统。

图 1-24　用编译系统将高级语言翻译成机器语言

图 1-25　用解释系统将高级语言翻译成机器语言

3. 程序设计语言

程序设计语言分为机器语言、汇编语言和高级语言。

（1）机器语言

机器语言（Machine Language）是指计算机能直接识别的语言，它是由“1”和“0”组成的一组代码指令。

（2）汇编语言

汇编语言（Assembly Language）由一组与机器语言指令一一对应的符号指令（助记符）和简单语法组成。

（3）高级语言

高级语言（High-Level Programming language）的表达格式比较接近人类交流的语言，对计算机硬件的依赖性弱，是适用于各种计算机环境的程序设计语言，如 C/ C + +、Visual Basic、Java、C#语言等。

4. 数据库管理系统

日常的许多业务处理都属于对数据组进行管理，所以计算机制造商开发了许多数据库管理系统（Database Management System，DBMS）。常用的数据库管理系统有 SQL Server、Sybase、Informix、Oracle 等。

1.2.6.3　计算机的性能指标

用途不同，对计算机的性能指标要求也有所不同，例如，对于以科学计算为主的计算机，其对主机的运算速度要求很高；对于以大型数据库处理为主的计算机，其对主机的内存容量、存取速度和外存储器的读写速度要求较高；对于以网络传输为主的计算机，则要求其有很快的 I/O 响应速度，因此应当有高速的 I/O 总线和相应的 I/O 接口。

1. 运算速度

计算机的运算速度是指计算机每秒执行的指令数，单位为每秒百万条整数指令（MIPS）或每秒百万条浮点指令（MFPOPS），这需要用基准程序来测试。影响计算机运算速度的主要因素有如下几个。

（1）CPU 的主频

CPU 的主频指计算机的时钟频率，它在很大程度上决定了计算机的运算速度。例如，英特尔公司的 CPU 主频可高达 4.0GHz。

（2）CPU 的字长

CPU 的字长已经由 Intel 4004 的 4 位发展到现在的 32 位和 64 位。

（3）指令系统的合理性

每种计算机都设计了一套指令，一般有数十条到上百条，如加、浮点加、逻辑与、跳转等，它们组成了指令系统。

2. 存储器的指标

（1）存取速度

内存储器完成一次读（取）或写（入）操作所需的时间称为存储器的存取时间或访问时

间。连续两次读（或写）所需的最短时间称为存取周期。对于半导体存储器来说，其存取周期从几纳秒到几百纳秒（$1ns=1\times10^{-9}s$）。

（2）存储容量

存储容量指计算机内存储器的大小。存储容量一般用字节（Byte）来度量，常见的存储单位有 B（字节）、KB（千字节）、MB（兆字节）、GB（吉字节）、TB（太字节）、PB（拍字节）、EB（艾字节）、ZB（泽字节）、YB（尧字节）等。它们之间的运算关系如下：

1B=8bit（比特）；

$1KB=2^{10}B=1\ 024B$；

$1MB=2^{10}KB=1\ 024KB$；

$1GB=2^{10}MB=1\ 024MB$；

$1TB=2^{10}GB=1\ 024GB$；

$1PB=2^{10}TB=1\ 024TB$；

$1EB=2^{10}PB=1\ 024PB$；

$1ZB=2^{10}EB=1\ 024EB$；

$1YB=2^{10}ZB=1\ 024ZB$。

现在流行的 Intel Core i7 机型其内存的基本配置一般为 8GB～16GB。加大内存容量，对于运行大型应用软件或多个程序十分必要。

3. I/O 的速度

主机 I/O 的速度，取决于总线的设计，对于慢速设备（如键盘和打印机）影响不是很大，但对于高速设备的影响则十分明显。

1.2.6.4 微型计算机的硬件

从微型计算机的外观看，它由主机、显示器、键盘、鼠标等几部分组成，如图 1-26 所示。

1. 主机

主机是对机箱和机箱中的所有配件的统称，它包括主板、电源、CPU、内存、显卡、声卡、硬盘和光驱等硬件，如图 1-27 所示。

图 1-26 微型计算机的基本组成

主机背面 主机内部 主机正面

图 1-27 主机硬件系统图

2. 主板

主板是机箱内最大的一块集成电路板，是整个计算机系统的连接纽带。一般来说，主板由以下几个部分组成：CPU 插槽、内存插槽、高速缓存存储器、系统总线及扩展总线、软硬盘插槽、时钟、CMOS 集成芯片、BIOS 控制芯片、电源接口及有关外设接口等。

图 1-28 所示的主板为华硕 Sabertooth Z170 Mark 1 主板，该主板是为支持 Intel Core i7 6700K 处理器专门设计的，整体全装甲覆盖，封闭式 M.2 插槽设计。它配备 LGA1151 插槽，

采用 8pin 供电，主板本身则由 24pin 的 ATX 插头供电。在规格上，它支持 DDR4 DIMM 内存，最高支持 64GB 容量的 DDR4 2133/2400MHz 内存，设有 8 个 SATA III 6GB/s 接口、1 个 M.2 接口、2 个 SATA Express 接口、2 个前置 USB 3.0 接口、2 个 USB 3.1（1 个 Type-A 和 1 个 Type-C）接口，4 个 USB 2.0（Type-C）接口。它还有一键刷 BIOS 更新（USB BIOS Flashback）、双千兆以太网口、7.1 声道音频插孔、SPDIF 音频口、HDMI 输出口、DP 输出口、3 条 PCI-E 3.0 x16 插槽和 3 条 PCI-E 3.0 x1 插槽。Sabertooth Z170 Mark 1 提供了 8+4 相供电设计，设有 TUF 组件，包括合金电感（MicroFine Alloy Choke）等。

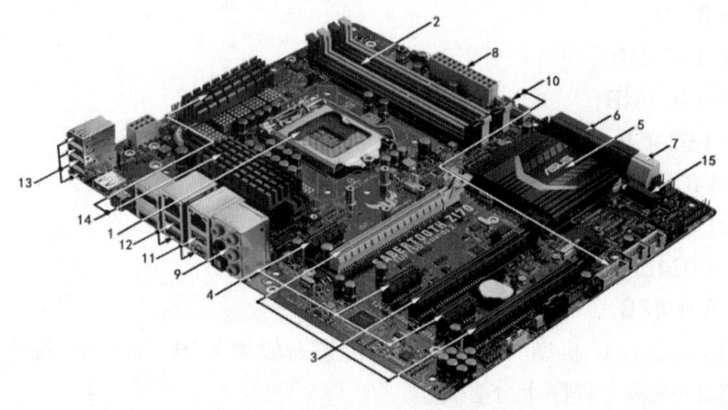

1—LGA1151 CPU 插槽　2—DDR4 内存插槽　3—PCI-E 3.0 x16 插槽　4—PCI-E 3.0 x1 插槽
5—Intel Z170 芯片组　6—SATA Express 接口　7—SATA III 6GB/s 接口　8—电源插槽
9—SPDIF 音频口　10—前置 USB 3.0 接口　11—USB 3.1 接口　12—USB 3.0 接口
13—USB 2.0 接口　14—散热模块　15—M.2 插槽

图 1-28　主板

（1）芯片组

芯片组（Chipset）是主板的核心组成部分，其性能的优劣，决定了主板性能的好坏与等级的高低，还直接影响整个计算机系统性能。

芯片组一般由北桥芯片和南桥芯片等组成。传统的北桥芯片一般距离内存插槽和 CPU 插槽较近，主要负责支持 CPU 的类型、主板的系统总线频率、内存类型与容量和性能、显卡插槽规格；南桥芯片距离标准 PCI 插槽和 SATA 接口较近，主要负责 I/O 总线之间的通信，具体包括支持扩展槽的种类与数量、扩展接口的类型和数量（如 PCI-E x1 插槽、SATAIII 接口、RAID 功能、USB 3.1/3.0 2.0 接口、IEEE 1394 接口、串口、并口、笔记本电脑的 VGA 输出接口）等。

华硕 Sabertooth Z170 Mark 1 主板使用的芯片组是 Intel Z170 芯片组，北桥芯片支持 DDR4 2133/2400MHz 双通道内存及 3 个 PCI-E 3.0 x16，支持组建三显卡 CrossFire/SLI，南桥芯片有 2 个 SATA Express、支持 6 个 SATA III 6GB/s 接口设备及 USB 3.1 接口，其性能比前一代芯片组有了较大的提升。

现代的芯片组由于加入了 3D 加速显示（集成显示芯片）、声音解码、网卡芯片等功能，因此，它还决定着计算机系统的显示性能、音频播放性能和网络性能等。

2004 年，芯片组技术经过重大变革，用 PCI-Express 总线技术取代了传统的 PCI 和 AGP，极大地提高了设备带宽，从而带来一场计算机技术的革命；另一方面，芯片组技术也在向着高整合性方向发展，现在的芯片组产品已经整合了音频、网络、SATA、RAID 等功能，大大降低了用户的购买成本。

（2）CPU 插槽

普通主板仅有一个 CPU 插槽，服务器主板则有 2 个、4 个、8 个，甚至更多的 CPU 插槽。华硕 Sabertooth Z170 Mark 1 主板的 CPU 插槽为 LGA1151 插槽，支持 Intel Core i7 6700K 等第六代处理器。

（3）内存插槽

一般主板仅有 2 个内存插槽，高档主板有 4 个以上的内存插槽且支持高档内存。不同的芯片组支持不同的内存规格。华硕 Sabertooth Z170 Mark 1 主板支持的是 DDR4 双通道内存。

（4）PCI 系列插槽

早期主板均有 1 个 AGP 插槽和多个 PCI 插槽，其中，AGP 插槽（AGP 8X 带宽为 2.1GB/s）用来插入 AGP 显卡，PCI 插槽用于插入声卡、网卡、视频采集卡等接口设备。目前，AGP 插槽已逐渐被 PCI-E x16 插槽取代，其支持的显卡比 AGP 显卡速度更快、效果更好。

① PCI-E 3.0 插槽。PCI-E 是由英特尔公司推出的总线和接口标准，其版本有 1.0、2.0 和 3.0。它可以灵活地使用 1～32 条通道，按 PCI-E 标准，PCI-E 插槽一共有 5 种：x1、x4、x8、x16 和 x32，最常见的是理论速度为 x1、x8 和 x16 的 3 种插槽，搭配采用物理外观是 x1 或 x16 的两种插槽。最新的 PCI-E 3.0 理论带宽相对于 PCI-E 2.0 提升了一倍，每通道单向带宽达 1 000MB/s。PCI-E 3.0 x1 使用 1 个通道传输数据，其插槽较短，用 1 个通道双向带宽可达 1 000×2×1 = 2 000MB/s；PCI-E 3.0 x16 则使用 16 个通道传输数据，其插槽较长，用 16 个通道双向带宽可达 1 000×2×16 = 32 000MB/s。PCI-E 接口支持热插拔，能满足现在和将来一段时间内出现的低速设备和高速设备的需求。

② 标准 PCI 插槽。它指互联外部设备总线接口，其标准总线时钟频率为 33MHz，提供 133MB/s 的传输速率，目前用于插入网卡、声卡等接口设备。

（5）ATA 接口与 SATA 接口

这两种接口主要用于硬盘、光驱等设备的接入。

① ATA 接口。目前主要使用 ATA 133，其传输速率为 133MB/s，写入速率约 70MB/s。

② SATA 接口。这是面向未来设计的新一代硬盘接口技术，使用时无须安装 Serial ATA 驱动程序，对于各种操作系统的支持是完全透明的。Serial ATA 采用点对点传输架构，取消了主从 ID 的设定。

SATA 1.0：即 SATA 1.5Gbit/s，是第一代 SATA 接口，运行速度为 1.5Gbit/s。这个接口支持高达 150MB/s 的带宽吞吐量。

SATA 2.0：即 SATA 3Gbit/s，是第二代 SATA 接口，运行速度为 3.0Gbit/s。这个接口支持高达 300MB/s 的带宽吞吐量。

SATA 3.0：即 SATA 6Gbit/s，是第三代 SATA 接口，运行速度为 6.0Gbit/s。这个接口支持高达 600MB/s 的带宽吞吐量。它向后兼容 SATA 3Gbit/s 接口。现主流硬盘已全面支持 SATA 2.0/3.0 接口技术。

SATA Express：该标准将 SATA 软件架构和 PCI-E 高速界面结合在一起，它是 PCI-E 物理层上的 SATA 链接层，保持了对 SATA 3/6Gbit/s 等旧版规范的兼容。传输带宽最初预计的范围是 8G～16Gbit/s，目前已经确定会达到 10Gbit/s，实际传输速度将达到 1GB/s，比 SATA 6Gbit/s 要快近 70%。

③ E-SATA 接口。E-SATA 是一种外置的 SATA 规范，即通过特殊设计的接口能够很方便地与普通 SATA 硬盘相连，使用的依然是主板的 SATA 总线资源，其速率远远超过主流的

USB 2.0 和 IEEE 1394 等外部传输技术的速率。E-SATA 的理论传输速度可达到 1.5Gbit/s 或 3Gbit/s，远远高于 USB 2.0 的 480Mbit/s 和 IEEE 1394 的 400Mbit/s。

（6）USB 接口

USB 接口即通用串行总线接口。USB 接口是 1995 年由英特尔、康柏、Digital、微软和 NEC 等公司共同设计的。

① USB 1.1 接口：最高传输速率为 12Mbit/s。

② USB 2.0 接口：最高传输速率为 480Mbit/s（60MB/s）。

③ USB 3.0 接口：最高传输速率为 5Gbit/s（640MB/s）。

④ USB 3.1 接口：最高传输速率为 10Gbit/s（1.25GB/s）。

目前已有使用 USB 3.1 接口的移动硬盘、U 盘等设备。

（7）IEEE 1394 接口

IEEE 1394 是提供给高速外部设备的串行总线接口标准，此接口标准由 IEEE（美国电气和电子工程师协会）开发，设计传输速率为 100Mbit/s、200Mbit/s、400Mbit/s 和 800Mbit/s。目前，数码摄像机等设备多使用该接口。

3. 中央处理器

目前中央处理器主要的生产厂家有英特尔、AMD、IBM 等公司，随着技术的更新和产品的发展，CPU 主频由原来的 4.77MHz 发展到现在的 4GHz 以上。

自 1993 年英特尔公司推出奔腾系列以来，CPU 技术日新月异。英特尔公司从奔腾、奔腾Ⅱ、奔腾Ⅲ系列到奔腾Ⅳ系列，AMD 公司从 K6、K6-2、K6-Ⅲ、K7 到 64 位 CPU 等，CPU 的技术更新周期越来越短，技术工艺越来越精湛。

目前，CPU 发展的主要趋势是：由传统的 32 位处理器向 64 位处理器过渡；制造工艺由 0.13μm 工艺向 90nm、65nm、45nm、32nm、22nm、14nm 工艺普及，并已开始向 10nm 技术进军；CPU 由传统的单核 CPU 向 2 核、4 核、8 核、16 核、32 核等多核 CPU 发展。

衡量 CPU 性能的指标主要有 CPU 工艺、主频和外频等。一般主频和外频值越大，CPU 的性能就越好。

4. 内存

内存储器按存储信息的功能可分为只读存储器（Read Only Memory，ROM）和随机存取存储器（Random Access Memory，RAM）。通常，人们将随机存取存储器称为主存或内存，主要用于存放当前执行的程序和操作的数据。

（1）只读存储器

只读存储器是一种只能读出不能随便写入的存储器，ROM 中通常存放一些固定不变、无须修改而且经常使用的程序，如系统加电自检、引导和基本输入/输出系统（Basic Input Output System，BIOS）等程序，由厂家固化在 ROM 中。ROM 中的内容不会随计算机断电而消失。目前，常用的 ROM 是可擦除可编程只读存储器（Erasable Programmable Read Only Memory，EPROM）。用户可通过编程器将数据或程序写入 EPROM 中。

（2）随机存取存储器

随机存取存储器是一种可读写的存储器，通常所说的内存条就是指 RAM，它是程序和数据的临时存放地和中转站，即从外部设备输入/输出的信息都要通过它与 CPU 交换。在 RAM 中存放的内容可随时供 CPU 读写，但这些内容会随着计算机断电而消失。RAM 又分为动态随机存取存储器（Dymamic Random Access Memory，DRAM）和静态随机存取存储器

（Static Random Access Memory，SRAM）两种。DRAM 存储容量较大，但读取速度较慢，需要定时刷新；而 SRAM 的存储容量较小，读取速度比 DRAM 快 2～3 倍。

目前，计算机中主要使用的内存条如图 1-29 所示。

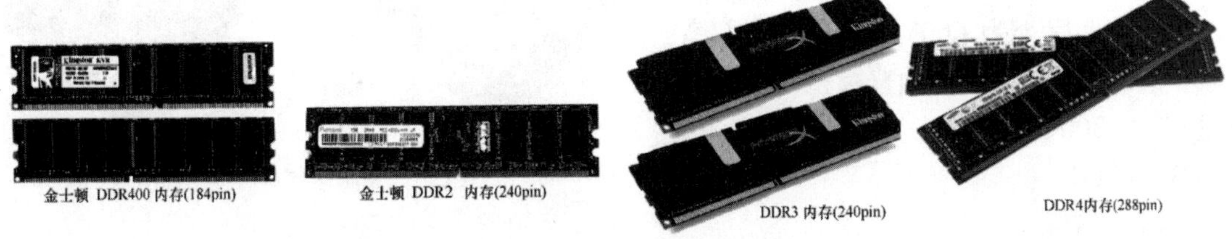

图 1-29　DDR、DDR2、DDR3、DDR400 内存

双倍数据传输率（Double Date Rate，DDR）内存分类如下。

① DDR 内存即 DDR SDRAM 内存（双倍速率 SDRAM 内存）。DDR SDRAM 最早由三星公司于 1996 年开发。DDR 内存有 184 个针脚、一个缺槽，与 SDRAM 内存不兼容。

② DDR2 内存采取 4bit 预取能力设计，拥有 2 倍于上一代 DDR 内存的预读取能力，每个时钟能够以 4 倍于外部总线的速率读/写数据，并且能够以内部控制总线速率的 4 倍运行。DDR2 内存针脚数为 240。

③ DDR3 内存采取 8bit 预取能力设计，起跳工作频率在 1 066MHz，具有更高的外部数据传输率，更先进的地址/命令与控制总线的拓扑架构，在保证性能的同时将能耗进一步降低，进一步发挥出 CPU 的性能。其工作电压为 1.5V，节能版工作电压为 1.35V。DDR3 内存针脚数为 240。

④ DDR400 内存采取 16bit 预取机制，同样内核频率下的理论速度是 DDR3 的两倍。它具有更可靠的传输规范，数据可靠性进一步提升。其工作电压降为 1.2V，更节能。DDR3 内存针脚数为 288。

5. 高速缓冲存储器

随着技术的发展，CPU 的速度不断提高，但内存的存取速度明显慢于 CPU 的速度，严重影响了计算机的运算速度。高速缓冲存储器（Cache）在逻辑上位于 CPU 和内存之间，用来加快 CPU 和内存之间的数据交换效率，解决它们之间速度不匹配的问题。

Cache 的工作原理是：将当前急需执行及使用频繁的程序段和要处理的数据复制到 Cache 中，CPU 读写时，首先访问 Cache，如果没有相关数据，再从内存中读取数据，并把与该数据相关的内容复制到 Cache，为下一次存取做准备，这样就大大提高了 CPU 的访问速度和命中率。

6. 外存储器

外存储器简称外存，又称为辅助存储器。目前常用的外存有硬盘、光盘、U 盘等。外存主要用于存放暂时不用或需要永久保存的数据和程序。CPU 不能直接访问外存，外存的内容必须调入内存，才能被 CPU 读取。

（1）硬盘

硬盘如图 1-30 所示，它将磁盘片完全密封在驱动器内，盘片不可更换。大多数硬盘的盘片转速达到 7 200r/min，因此存取速度很快，而且容量已从原来的几兆字节发展到现在的几十吉字节，甚至上百吉字节。目前，移动硬盘正被广泛地使用，由于其数据存储量大、携带方便而受到用户的青睐。

硬盘接口主要有 ATA、SATA、SATA2（其传输速度理论上为 3Gbit/s，实际上为 300MB/s）、SATA3（其传输速度理论上为 6Gbit/s，实际上为 600MB/s）、SCSI 等。其中，SATA 接口硬盘为普及型硬盘，其容量已达 300GB 以上，高配置容量可达 1TB～12TB。

图 1-30　硬盘及硬盘内部结构图

（2）软盘

软盘是一种需要插入软盘驱动器（简称软驱）内才可读写数据的存储器。常见的软盘大小为 3.5in，容量为 1.44MB。软盘的缺点是容量小、数据保存时间不长且盘片容易发霉和损伤，存储数据不可靠，现已被淘汰。

（3）可移动存储设备

用集成电路制成的可移动盘，一般称为“U 盘”，如图 1-31（a）所示，用闪存作为存储介质，可反复存取数据，不需要另外的硬件驱动设备，使用时只要将其插入计算机的 USB 插口中即可。

U 盘可即插即用，通用性强；体积小，方便携带；容量较大，目前常用的 U 盘容量均在 8GB 以上，大容量的已达 1TB；读写速度较快；有的 U 盘带写保护开关，能防病毒，安全可靠。

移动硬盘，如图 1-31（b）所示，其容量更大，目前主流移动硬盘的容量达 1TB～2TB，大容量的移动硬盘已达到 30TB，其接口由 USB 2.0 提升至 USB 3.1。移动硬盘能保存更多的数据且携带方便。

（4）光驱与光盘

① CD-ROM 驱动器

自 1985 年飞利浦公司和索尼公司发布在光盘上记录计算机数据的黄皮书以来，CD-ROM 驱动器便在计算机领域得到了广泛的应用，其外观如图 1-32 所示。

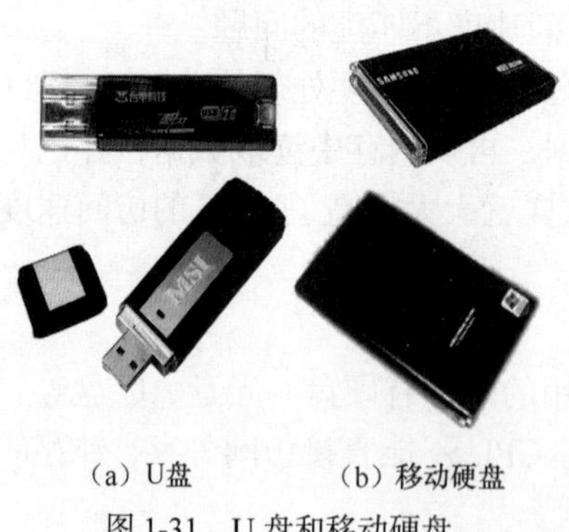

（a）U盘　　（b）移动硬盘

图 1-31　U 盘和移动硬盘

图 1-32　CD-ROM 驱动器

1991 年，MPC 1.0 规范的制定带来了光盘出版行业的繁荣，预示着一个全新的存储时代的开始。1993 年，双倍速光驱出现，CD-ROM 驱动器开始成为国内计算机用户的配置。

CD-ROM 驱动器的进步最直接的体现就是传输速率的进步，即光驱读盘方式的进步。

52 倍速光驱其理论数据传输速率为 150kbit/s×52。

CD-ROM 的标准容量是 650MB，最高可达 850MB，其存取速度慢于硬盘。

光盘有 3 种类型：只读型光盘（CD-ROM）、只写一次性光盘（CD-R）和可擦写型光盘（CD-RW）。

② 数字视频/万能光盘驱动器

现在光盘中常用的还有 DVD-ROM，它的容量一般为 4.70GB，读取的速度更快，具有多种存储格式，数据可通过数字视频/万能光盘（Digital Video/Versatile Disc，DVD）驱动器读取。

CD-ROM 和 DVD-ROM 都是利用盘片上的坑（pit）来记录数据的，并且从内圈到外圈沿着同一条螺旋状的信息轨道，类似盘旋状的蚊香。当激光头读取数据时，激光会寻找并照射在信息轨道上，通过光盘介质的坑洞状态确定信号的电平，然后反射到 CD-ROM 驱动器的感光二极管，经过一连串运算之后就可以读出数据。CD-ROM 的最小信息坑洞直径是 0.83μm、最小轨距是 1.6μm，使用波长为 780nm 的红外线光照射。而 DVD-ROM 由于容量更大，因此盘片上的坑洞直径稍小一点，大约为 0.4μm，最小轨距则是 0.74μm，这种更细小的信息坑和轨距需要更小的激光点才能读取数据，因此 DVD-ROM 驱动器的红外线光波长为 635nm～650nm。

无论是 CD-ROM 还是 DVD-ROM，都正在淡出市场，正在被 BD-R 取代。

③ 蓝光驱动器

蓝光光盘（Blu-Ray Disc，BD）存储技术是以索尼公司为首的蓝光光碟联盟（Blu-Ray Disc Association，BDA）主导的新一代大容量光盘存储技术。蓝光光碟联盟囊括了世界光存储技术巨头，主要成员包括索尼、飞利浦、松下、先锋、LG 电子、三星、惠普、三菱、夏普、TDK、汤姆逊、戴尔、日立 13 家公司。

蓝光光盘技术采用波长为 405nm 的蓝紫色激光，通过广角镜头上比率为 0.85 的数字光圈，使聚焦的光点尺寸进一步缩小，光盘盘片的轨道间距减小至 0.32μm，而其记录单元的最小直径是 0.14μm，单碟单层的容量高达 25GB，单碟双层的容量可达 50GB，足以满足存储高清晰影片的需要。

蓝光驱动器（Blu-ray Drive）兼容 DVD 驱动器，其记录速率规格主要有 2X、4X、6X。

7. 输入设备

输入设备的功能是将程序和原始数据转换为计算机能够识别的形式并输送到计算机的内存中。输入设备的种类很多，如键盘、鼠标等。

（1）键盘

键盘是计算机中最基本、也是最重要的输入设备，其外观如图 1-33 所示。键盘也经历了不断的变革和创新才成为现在的样子。从早期的机械式键盘到现在的电容式键盘，从 83 键键盘到 101（102）键键盘，再到现在的 104 键的 Windows 键盘，以及手写键盘和无线键盘，都说明了计算机技术日新月异的发展。

（2）鼠标

鼠标的标准称呼应该是“鼠标器”，英文名为“Mouse”。

鼠标是利用其本身的平面移动来控制和显示屏幕上指针的位置，并向主机输送用户所选信号的一种手持式的常用输入设备，被广泛用于图形用户界面的环境中，可以实现良好的人机交互。现在市面上的鼠标种类很多，按其结构可分为机械式鼠标、光电式鼠标和光机式鼠标。常用鼠标如图 1-34 所示。

图 1-33　键盘

图 1-34　常用鼠标

8. 输出设备

输出设备的功能是将内存中经 CPU 处理过的信息以人们能接受的形式输送出来。输出设备的种类也很多，如显示器、打印机等。

（1）显示器

显示器是计算机不可缺少的输出设备，如图 1-35 所示。用户通过它可以很方便地查看输入计算机的程序、数据和图形等信息，以及经过计算机处理后得到的中间结果、最后结果等，它是实现人机交互的主要工具。

液晶显示器

CRT显示器

图 1-35　显示器

显示器主要分为 3 种：以阴极射线管为核心的阴极射线显示器（CRT）、用液晶显示材料制成的液晶显示器（LCD）以及用有机发光二极管制成的 OLED 显示器。其中，CRT 显示器已淡出市场，LCD 显示器已成为目前主流的显示器。

显示器的尺寸用最大对角线表示，以英寸（in）为单位，目前台式机使用的显示器的尺寸一般是 19～27in 及以上，笔记本电脑的显示器一般为 9～15.6in。

在软件环境下，目前常用的显示器分辨率为 1 440Px×900Px，即显示器在水平方向显示 1 440 个像素，在垂直方向显示 900 个像素，整个屏幕能显示 1 440×900=1 296 000 个像素。

液晶显示器技术已完全成熟，其制造成本大幅度下降，具有显示效果好、耗电量低、体积小、重量轻、对人体无辐射等一系列优点，目前已全面普及。

（2）打印机

打印机一般分为针式打印机、喷墨打印机和激光打印机等。相对来说，针式打印机打印速度慢、噪声大，已渐渐被后来的喷墨打印机和激光打印机取代，但针式打印机在票据打印领域仍具有独有的优势。

自 2001 年后，喷墨打印机在技术上取得了长足的进步，首先是打印质量的提高，特别是照片级打印机的出现，深受无数家庭用户的青睐；其次是打印速度的提高，在小型办公环境中，某些商用喷墨打机型的标称打印速度已经高达 20 页/min（黑白打印方式）。因此，速度已经不再是喷墨打印机进入商用市场的瓶颈。喷墨打印机如图 1-36 所示。

喷墨打印机的输出范围也明显扩大，不仅能输出文档和照片，还能打印无边距海报、信封、T 恤和光盘封面等。这些丰富有趣的应用无疑成为其吸引家庭用户的重要因素之一。其次是输入端同数码相机的结合，伴随着数码相机销售量的急剧增长，目前的数码照片打印机不仅可以支持多种存储介质，并且可以脱离计算机独立工作，再配合彩色液晶显示屏，其在易用性方面得到了极大的提升，特别是有的数码照片打印机集卷纸输入、照片剪裁等功能于一身，使家庭冲洗照片更加专业化、自动化。喷墨打印机尤其适合在广告设计与制作领域使用。

图 1-36　喷墨打印机

喷墨打印机的类型极多，其生产厂商也较多。根据需要，现在厂商推出了一系列不同型号、不同价位的产品，便宜的仅几百元，而专业的喷墨打印机的价格从几千元到上万元不等，大幅面写真机则需要几十万元。图 1-37 所示为大幅面写真机。

激光打印机由于其故障率低、输出速度快、可使用普通复印纸打印，仍然是现代办公的首选设备。其外观如图 1-38 所示。

图 1-37　大幅面写真机

图 1-38　激光打印机

1.2.7　拓展训练

通过本次任务的学习，同学们初步了解了计算机的相关配置。请大家结合个人实际情况，讨论一下：在不同的行业，是否还有不同的计算机硬件配置呢？

课后思考与练习

1. 简述计算机的特点。
2. 简述计算机系统的组成及工作原理。
3. 常用的系统软件有哪些？
4. 从外观上看，计算机由哪几部分组成？
5. 计算机采用二进制表示数据有哪些优点？
6. 请将二进制数 101101、1001101、10111011.1011 转换为十进制数。
7. 请将十进制数 135.65 分别转换为二进制数、八进制数及十六进制数。
8. 简述高速缓存存储器的作用。
9. 请简述 ASCII 的功能及特点。
10. GBK 编码有何特点？它与 ANSI 编码有何关系？

11. 请简述计算机之父艾伦·麦席森·图灵的生平及贡献。

12. 什么是大数据？请简述现实世界中大数据应用的案例。

13. 什么是云计算？云计算给人类社会带来了哪些改变？

14. 根据自己的需求，做一个台式机或笔记本电脑的购置方案，要求从主板、CPU、内存、硬盘、显示配置，以及操作系统与用户软件等方面进行选配，并说明选配理由。

模块 2
Windows 10 操作系统

能力目标：

- 掌握 Windows 10 操作系统的安装；
- 掌握控制面板的使用；
- 熟练掌握文件与文件夹的操作；
- 掌握磁盘管理与 DOS 命令。

Windows 10 是美国微软公司研发的跨平台及设备应用的操作系统。该操作系统的桌面版在 2015 年 7 月 29 日正式发布并开启下载。在正式版本发布后的一年内，所有符合条件的 Windows 7、Windows 8 用户都可以免费升级到 Windows 10。所有升级到 Windows 10 的设备，微软公司都将为其提供永久生命周期的支持。Windows 10 是微软发布的最后一个 Windows 版本，下一代 Windows 将以 Update 形式出现。Windows 10 发布了 7 个发行版本，分别面向不同用户和设备。微软公司将 Windows 10 作为统一品牌名，覆盖所有品类和尺寸的 Windows 设备，包括台式机、笔记本电脑、平板电脑、手机等，实现“Windows one”。

任务 2.1　系统安装及控制面板的使用

2.1.1　任务目标

- 认识 Windows 10 操作系统；
- 掌握 Windows 10 操作系统的安装方法；
- 掌握获取和安装驱动程序方法；
- 掌握控制面板中基本功能的使用方法。

2.1.2　任务描述

学校采购了一批计算机硬件并已将其组装完成，现在需要管理员针对实验室的需求为其安装操作系统，并对操作系统进行初始配置，以保证每台计算机能正常使用。

2.1.3　任务分析

Windows 10 操作系统在易用性和安全性方面有了极大的提升，除了对云服务、智能移动设备、自然人机交互等新技术进行融合外，还提供对固态硬盘、生物识别、高分辨率屏幕等硬件的支持。本任务分解为以下 4 个小任务。

（1）设置主板启动项。

（2）安装操作系统。

（3）安装驱动程序。

（4）显示桌面图标。

2.1.4　任务实现

1. 设置主板启动项

（1）启动计算机，连续按【Del】键或【F2】键，进入主板的 BIOS 设置界面，如图 2-1 所示。不同品牌的计算机主板进入 BIOS 的快捷键不同。

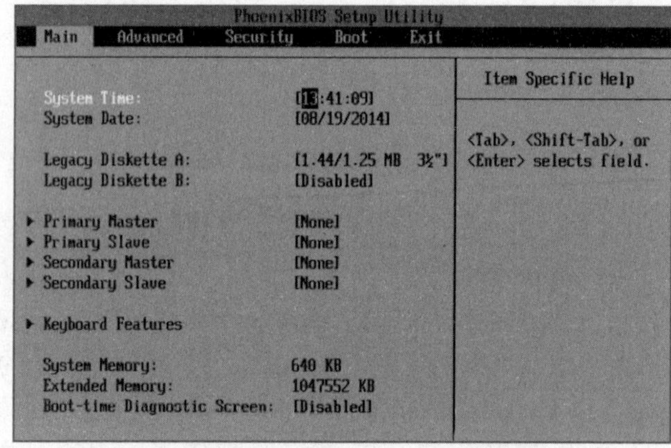

图 2-1　主板 BIOS 的设置界面

（2）更改启动项，按左右方向键切换至“Boot”选项，然后使用【+】键将“CD-ROM Drive”移动到第一位，如图 2-2 所示。

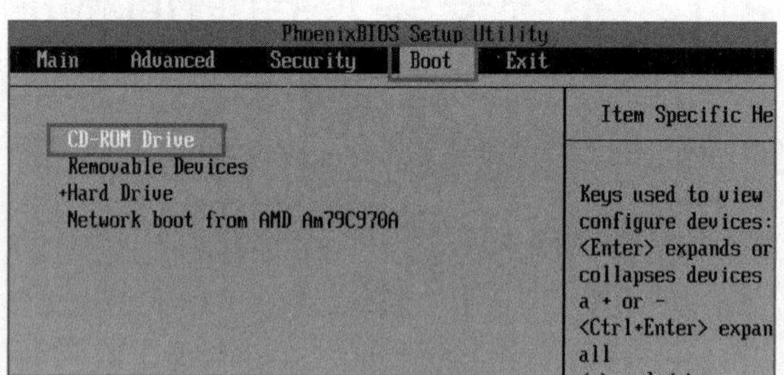

图 2-2　设置从光盘启动

（3）保存 BIOS 设置，按左右方向键切换至“Exit”选项，选择第一项并保存，退出 BIOS 设置界面，如图 2-3 所示。

2. 安装操作系统

（1）重启计算机，将 Windows 10 系统光盘放进计算机的光盘驱动器中，进入安装程序的初始界面，如图 2-4 所示。

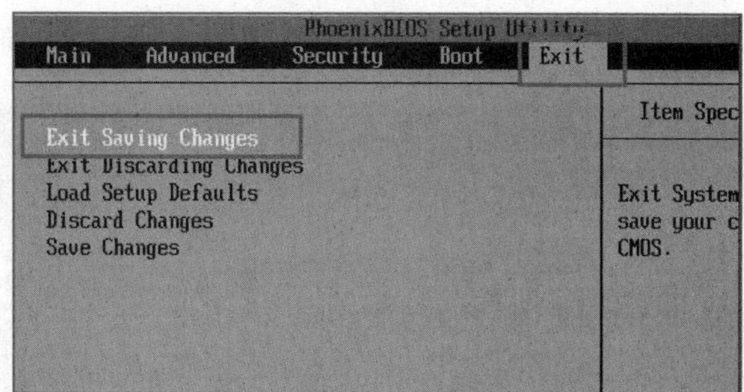

图 2-3　保存设置

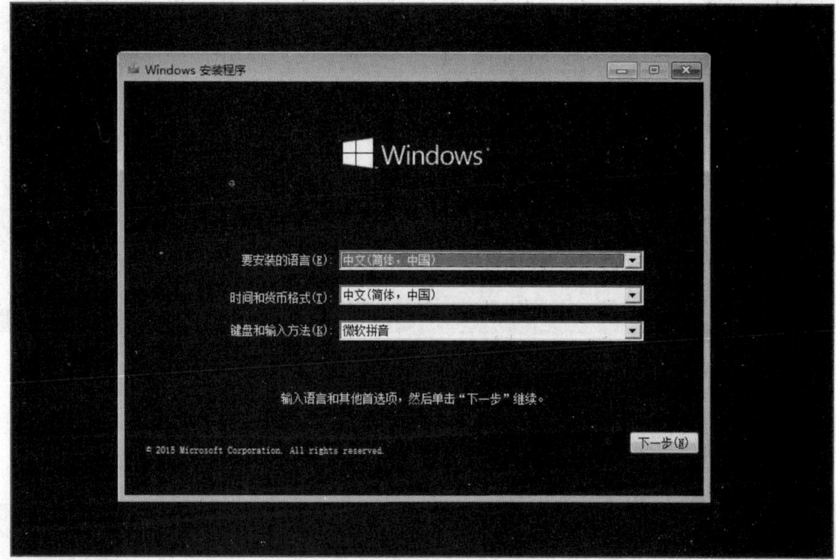

图 2-4　系统安装初始界面

（2）单击"下一步"按钮，进入 Windows 10 操作系统的开始安装界面，如图 2-5 所示。

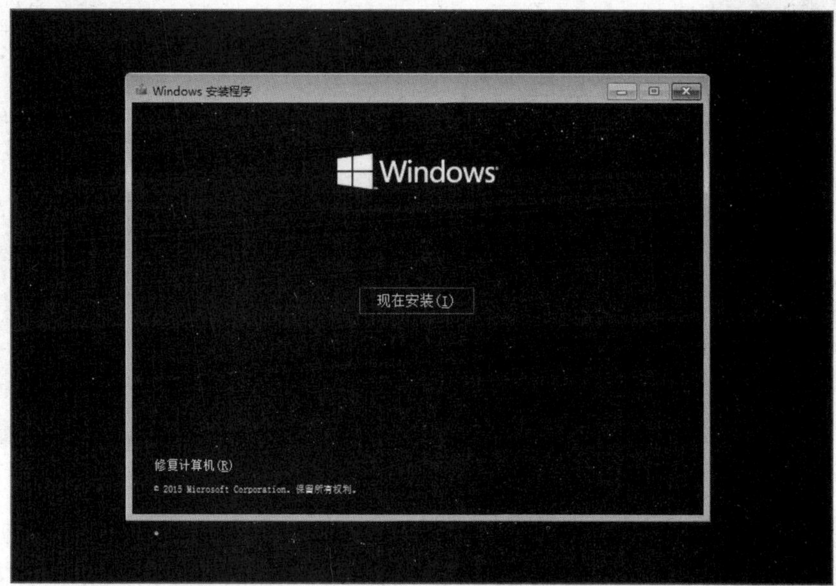

图 2-5　开始安装界面

（3）单击“现在安装”按钮，进入“许可条款”界面，如图 2-6 所示。

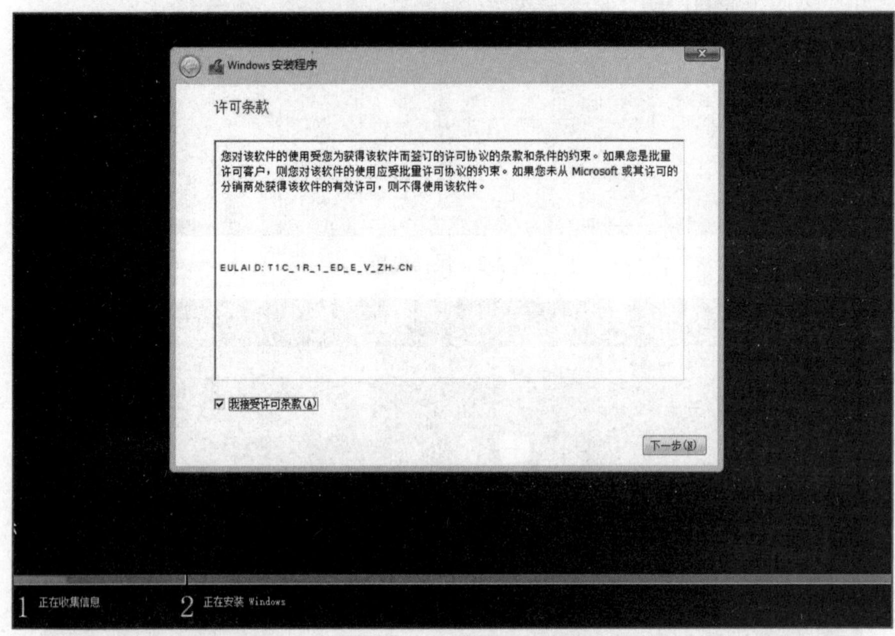

图 2-6　“许可条款”界面

（4）选择“我接受许可条款”复选框，单击“下一步”按钮，进入选择类型界面，如图 2-7 所示。

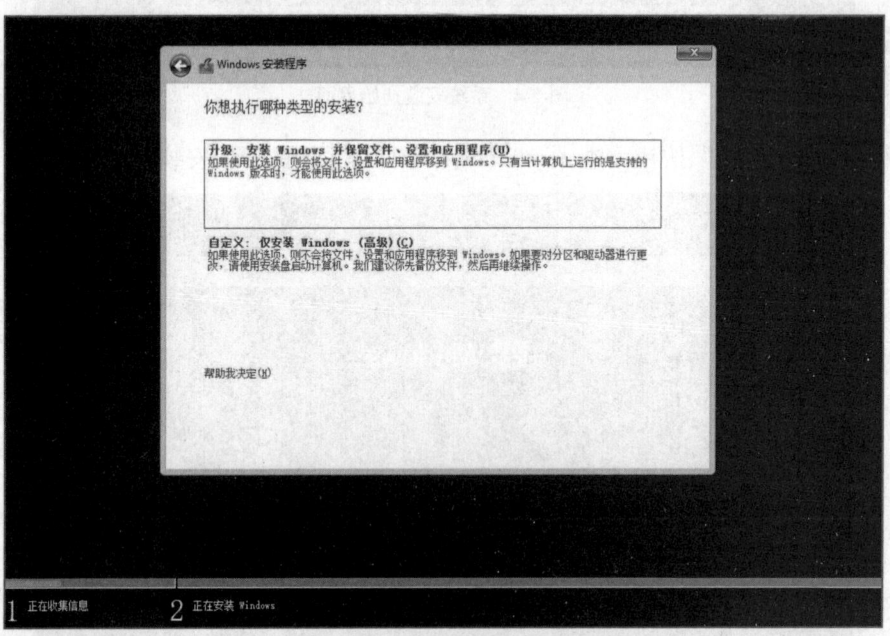

图 2-7　选择类型界面

（5）选择“自定义：仅安装 Windows（高级）”选项，进入磁盘分区选择界面，如图 2-8 所示，选择一个磁盘分区作为系统磁盘，单击“下一步”按钮，进入系统正式安装界面，如图 2-9 所示。

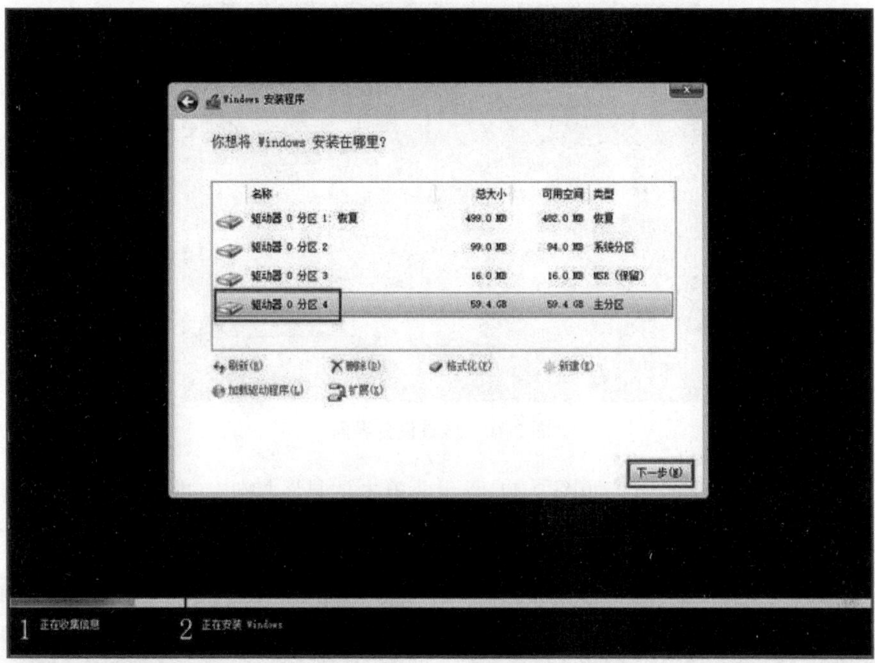

图 2-8　磁盘分区选择界面

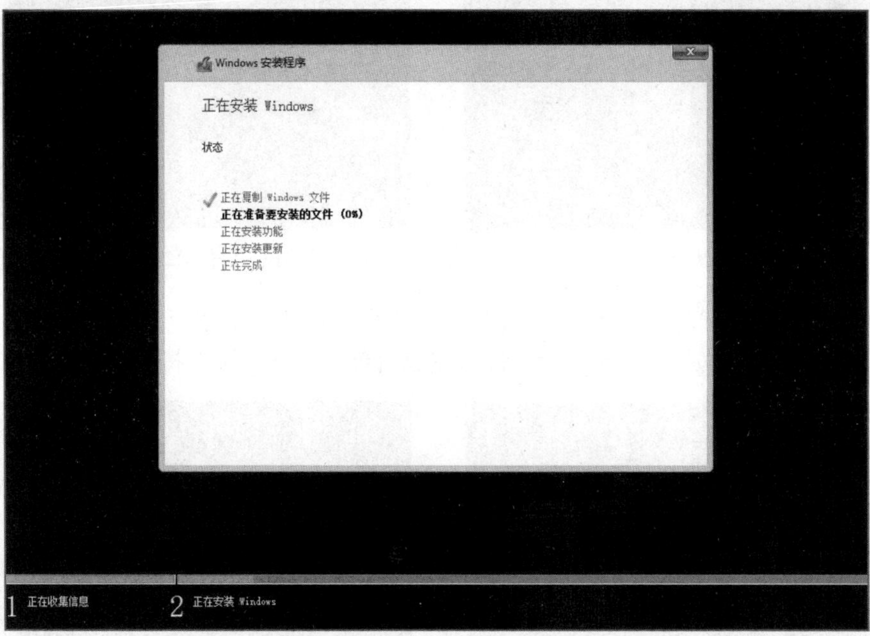

图 2-9　系统正式安装界面

（6）安装结束后，重启计算机，连续按【Del】键或【F2】键，进入主板的 BIOS 设置界面，更改启动项，将“Hard Drive”移动到第一位，保存并退出 BIOS 设置界面。重新启动计算机，此时计算机不会再次进入安装界面。

（7）系统安装完成后，重启计算机，第一次进入操作系统需要进行系统基本设置。

（8）首先进行 Windows 10 区域设置，选择你所在的区域“中国”，单击“是”按钮，如图 2-10 所示。

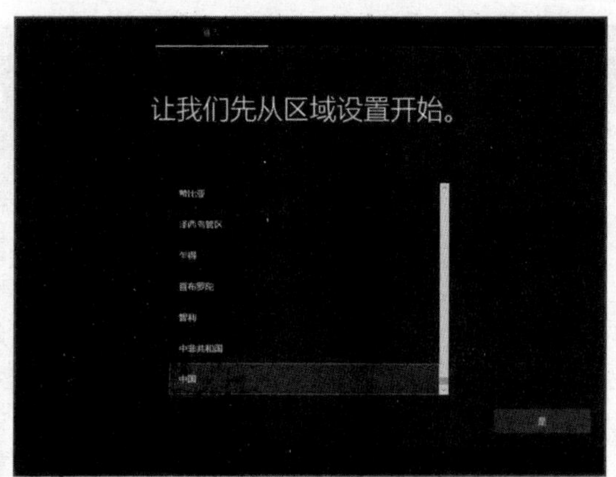

图 2-10　区域设置界面

（9）选择相关的键盘布局，如图 2-11 所示，单击“是”按钮，进入“是否想要添加第二种键盘布局？”界面，单击“跳过”按钮即可，如图 2-12 所示。

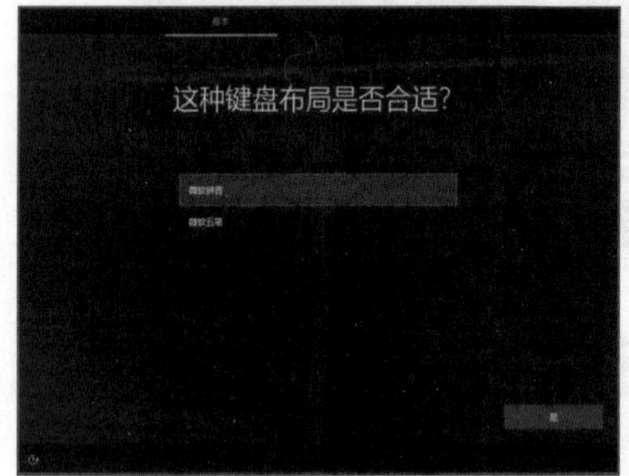

图 2-11　键盘布局界面

图 2-12　添加第二种键盘布局界面

（10）进入创建账户界面，如图 2-13 所示，为系统创建一个用户，输入用户名，如果有需要，可以设置密码，如图 2-14 所示。设置完成后单击“下一步”按钮。

图 2-13　创建账户界面

图 2-14　输入密码界面

（11）进入系统设置过程，需要等待几分钟，如图 2-15 所示。

（12）所有基本设置完成后，计算机会自动进入操作系统界面，如图 2-16 所示。

图 2-15　系统设置过程界面

图 2-16　Windows 10 系统界面

3. 安装驱动程序

安装驱动程序有 3 种方法：一是使用计算机硬件生产商提供的驱动盘安装；二是使用 Windows 10 系统自带的系统更新安装；三是使用第三方软件安装。本书主要介绍使用第三方软件安装驱动程序的方法。

（1）打开搜索引擎，搜索关键字“驱动人生”，进入“驱动人生”官网，选择“驱动人生 8”，单击“下载”按钮，如图 2-17 所示。

（2）打开下载的“驱动人生”软件，单击“立即安装”按钮，如图 2-18 所示。

图 2-17 “驱动人生”下载界面

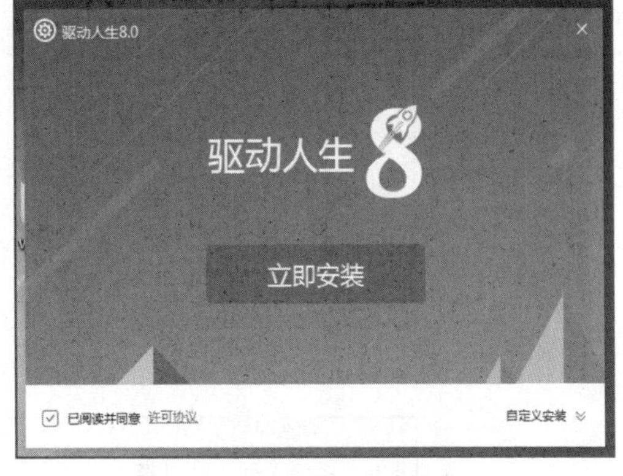

图 2-18 “驱动人生”安装界面

（3）安装完毕，单击“立即体验”按钮，进入“驱动人生”主界面，切换到“驱动管理”界面，单击“立即扫描”按钮，如图 2-19 所示。扫描完成后，单击“意见修复”按钮，等待安装完毕，重新启动计算机即可。

4. 显示桌面图标

进入 Windows 10 系统，桌面默认只显示“回收站”图标。如果要显示其他系统图标，则可在桌面空白处单击鼠标右键，在弹出的快捷菜单中选择“个性化”命令，在“设置”界面中选择“主题”选项，如图 2-20 所示，然后在界面的最右侧选择“桌面图标设置”选项，弹出“桌面图标设置”对话框，在“桌面图标”列表框中选择“计算机”“回收站”“用户的文件”“控制面板”“网络”复选框，单击“确定”按钮，如图 2-21 所示。此时桌面显示出系统常用的桌面图标，如图 2-22 所示。

图 2-19　驱动管理界面

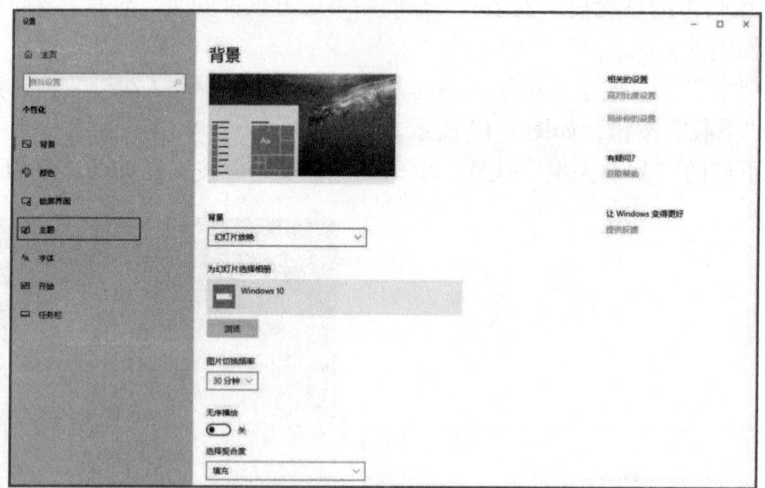

图 2-20　选择“主题”

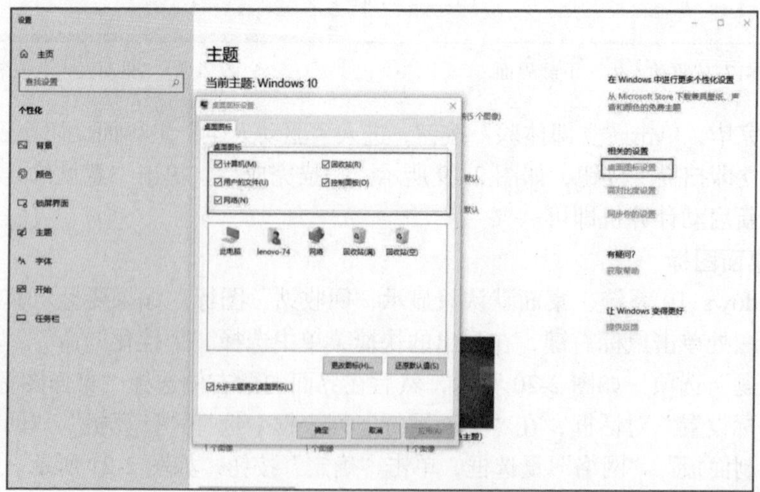

图 2-21　选择“桌面图标”

图 2-22　显示桌面图标

2.1.5　任务小结

通过本任务，我们学习了如何设置主板启动项，了解了如何将 CD-ROM 作为启动项，为安装操作系统做准备；还学习了安装 Windows 10 操作系统的方法、安装计算机硬件驱动程序的方法，以及显示桌面常用的系统图标的方法，掌握了一些有助于自己安装操作系统的提示和技巧。

2.1.6　基础知识

2.1.6.1　操作系统的基本知识

1. 操作系统的概念

操作系统（Operating System，OS）是最基本、最重要的系统软件，它负责管理计算机系统的各种硬件资源及软件资源。操作系统负责解释用户对计算机的管理命令，并把它转换成计算机的实际操作；同时，它为其他系统软件或应用软件提供理想的运行环境。操作系统性能的好坏直接影响着计算机性能的发挥。优秀的操作系统，可以很好地管理硬件资源，充分地支持先进的硬件技术，高效地运行其他软件，并为用户提供一定的安全保障。

2. 操作系统的发展

计算机诞生之初并没有操作系统，它是伴随计算机技术及其应用的发展，而逐步形成和完善起来的。操作系统的发展主要经历了以下 6 个阶段。

（1）手工操作（无操作系统）阶段：从 1946 年第一代数字电子计算机诞生至 20 世纪 50 年代中期。

本阶段尚无计算机操作系统，计算机工作采用手工操作方式。其过程如下。

首先，程序员将对应于程序和数据的已穿孔的纸带（或卡片）装入输入机，然后启动输入机把程序和数据输入计算机内存，接着通过控制台开关启动程序针对数据运行；计算完毕后，打印机输出计算结果；最后用户取走结果并卸下纸带（或卡片）。

手工操作方式下用户独占全机，资源利用率低，而且 CPU 等待人工操作，效率极低。为了解决这些问题，批处理系统应运而生。

（2）单道批处理系统阶段：20 世纪 50 年代中期后。

这一阶段实现了在计算机操作系统的控制下，将个人需要运行的作业事先输入磁带，交给系统操作员进行统一处理，用户则在指定的时间收取运行结果；系统操作员收到用户作业后，并不马上输入作业，而是要等到一定时间或作业达到一定数量之后才进行成批输入、分批处理。单道批处理系统的特点是任何时刻至多有一个作业在主存中运行、用户脱机使用计算机、作业成批处理。

（3）多道批处理系统阶段：20 世纪 60 年代。

在单道批处理系统的基础上，引入多道程序设计技术后形成了多道批处理系统。

单道批处理系统中 CPU 和输入/输出设备是串行执行的，CPU 的速度远高于输入/输出设备的运行速度，这导致 CPU 一直等待输入/输出设备而无法做其他工作，CPU 的工作效率极低。在多道批处理系统中，系统内可同时容纳多个作业，将这些作业放在外存中组成一个后备作业队列，系统按一定的调度原则每次从后备作业队列中选取一个或多个作业进入内存运行，运行作业结束、退出运行和后备作业进入运行等均由系统自动管理，在系统中形成了一个自动转接的、连续的作业流，CPU 可以在不同的作业之间进行切换，从而提高了工作效率。

（4）分时操作系统阶段：20 世纪 60 年代中期后。

由于 CPU 的速度不断提高，为了进一步提高计算机的作业效率，方便用户使用计算机，出现了分时操作系统。分时操作系统允许在一台计算机上同时连接多个用户终端，把处理机的运行时间分成多个很短的时间片，并按时间片轮流方式把处理机分配给各联机作业使用；每个用户可在自己的终端上联机使用计算机，好像自己独占计算机一样；若某个作业在分配给它的时间片内不能完成其计算，则该作业暂时中断，把处理机让给另一作业使用，等到下一轮再继续运行该作业；而每个用户可以通过自己的终端向系统发出各种操作控制命令，在充分的人机交互情况下完成作业的运行。

综上所述，分时操作系统具有以下特点。

① 多路性。若干个用户同时使用一台计算机。从微观上看，各用户轮流使用计算机；从宏观上看，各用户并行工作。

② 交互性。用户可根据系统对请求的响应结果，进一步向系统提出新的请求。这种能使用户与系统进行人机对话的工作方式，明显有别于批处理系统，因而，分时系统又被称为交互式系统。

③ 独立性。用户之间可以相互独立操作、互不干扰。系统保证各用户程序运行的完整性，不会发生相互混淆或破坏的现象。

④ 及时性。系统可对用户的输入及时做出响应。分时系统性能的主要指标之一是响应时间，它是指从终端发出命令到系统予以应答所需的时间。

多用户分时系统是当今计算机操作系统中使用最普遍的一类操作系统。

（5）实时操作系统阶段：20 世纪 70 年代。

在这一阶段，计算机被广泛地应用于工业控制等领域，该领域要求计算机必须在规定的时间内对相关的操作做出响应，否则有可能造成不可预料的后果，这样就出现了实时操作系统。实时操作系统是指在规定的时间内完成特定功能的操作系统。有的实时操作系统是为特定的应用设计的，也有一些是为通用目的设计的。从某种程度上说，大部分通用目的的操作系统，如微软的 Windows NT 等是有实时系统特征的。虽然它不是严格的实时系统，但它同样可以解决一部分实时应用问题。

（6）现代操作系统阶段：20 世纪 80 年代后。

随着个人计算机的诞生与蓬勃发展，以及网络的出现与互联网（Internet）的迅速普及，计算机技术向网络化、分布式处理、巨型化和智能化方向发展。从 20 世纪 80 年代开始，进入了现代操作系统阶段，形成了个人计算机操作系统、网络操作系统和分布式操作系统等。

① 个人计算机操作系统。个人计算机上的操作系统是联机交互的单用户多任务操作系统，它提供的联机交互功能与通用分时系统提供的功能很相似。个人计算机操作系统功能强、价格便宜，能满足一般用户操作、学习、游戏等方面的需求。个人计算机操作系统目前广泛采用图形界面人机交互的工作方式，界面友好、操作灵活方便。

② 网络操作系统。网络操作系统是通过通信设施，将地理上分散的、具有自治功能的多个计算机系统互联起来，实现信息交换、资源共享、互操作和协作处理的系统。

网络操作系统在原来各自的计算机操作系统上，按照网络体系结构的各个协议标准增加网络管理模块，其中包括通信、资源共享、系统安全和各种网络应用服务。

③ 分布式操作系统。分布式操作系统是通过通信网络，将地理上分散的、具有自治功能的数据处理系统或计算机系统互联起来，实现信息交换、资源共享和协作完成任务的系统。分布式操作系统有如下特点。

分布式操作系统要求实现系统内操作的统一性。

分布式操作系统负责全系统的资源分配和调度、任务划分、信息传输和控制协调工作，并为用户提供一个统一的界面。

用户通过统一的界面，实现需要的操作和使用系统资源，而操作在哪一台计算机上执行或使用哪台计算机的资源，则是由操作系统控制完成的，用户无需知道。

分布式操作系统尤其强调分布式计算和处理，因此对于多机合作、系统重构和容错能力等有更高的要求，该系统有更短的响应时间、更大的吞吐量和更高的可靠性。

3. 操作系统的功能

操作系统的主要功能是资源管理、程序控制和人机交互等。计算机系统的资源可分为设备资源和信息资源两大类。设备资源指的是组成计算机的硬件设备，如 CPU、主存储器、磁盘存储器、打印机、磁带存储器、显示器、键盘和鼠标等。信息资源指的是存放于计算机内的各种数据，如文件、程序库、知识库、系统软件和应用软件等。

操作系统有以下五大基本功能。

（1）处理器管理。它是操作系统资源管理功能的重要内容。在一个允许多道程序同时执行的系统里，操作系统会根据一定的策略将处理器交替地分配给系统内等待运行的程序。一道等待运行的程序只有在获得了处理器后才能运行。

（2）作业管理。作业是指用户请求计算机完成一项完整的工作任务。作业一般包括用户程序、初始数据和作业控制说明书。作业管理的任务主要是为用户提供一个使用计算机的界面，以使其方便地运行自己的作业；还要对所有进入系统的作业进行调度和控制，尽可能高效地利用整个系统的资源。

程序是指为完成某种任务或功能而编写的代码。要运行程序时，操作系统为之创建作业，该作业处于等待运行阶段；当作业被选中时，操作系统为之创建进程，此时，作业就变成了进程；创建进程后，程序进入运行阶段；进程结束时即作业运行结束。所谓进程是指程序的一次执行过程。

（3）存储器管理。源程序经过编译后，得到一组目标模块，操作系统利用链接程序将这组目标模块按设定的方式进行链接并形成装入模块，然后由装入程序将装入模块以某种方式装入内存；接着为程序及其使用的数据分配存储空间，以保证不同的程序间互不干扰；根据程序运行需要，可进一步提供虚拟存储功能。

（4）设备管理。操作系统提供 CPU 与设备间的缓冲管理，根据用户提出使用设备的请求进行设备分配，提供设备驱动，还能随时接收设备的请求，实现 CPU 和设备控制器之间的通信及虚拟设备支持等。

（5）文件管理。操作系统还负责用户文件和系统文件的存储、检索、共享和保护，为用户提供灵活方便的文件操作。

4. 操作系统的种类

操作系统从 20 世纪 60 年代出现以来，其技术不断进步、功能不断扩展，种类也越来越丰富，分类的方式也越多种多样，下面从几个不同的角度对其进行分类。

（1）按照应用领域，操作系统可以分为桌面操作系统、服务器操作系统、嵌入式操作系统。

（2）按照源代码开放程度，操作系统可以分为开源操作系统（如 Linux、FreeBSD）和闭源操作系统（如 Mac os X、Windows）。

（3）按照所支持的用户数，操作系统可以分为单用户操作系统（如 MS-DOS）和多用户操作系统（如 Linux、UNIX）。

（4）按照所支持的硬件结构，操作系统可以分为网络操作系统（如 Windows NT、Netware）、多媒体操作系统和分布式操作系统。

（5）按照操作系统环境，操作系统可以分为批处理操作系统、分时操作系统和实时操作系统。

2.1.6.2 Windows 10 的桌面组成

启动计算机并登录 Windows 10 操作系统后看到的整个屏幕界面称为桌面，如图 2-23 所示。它如同办公桌的桌面一样，主要用于显示窗口、对话框、图标和菜单等对象，它是用户操作计算机的基本界面，由若干图标和任务栏组成，也可以根据用户的需求显示一些常用的应用程序和文件的快捷方式，方便用户快速启动和使用。

图 2-23　桌面

1. 图标

桌面图标由图片和文字组成。每一个图标代表一个对象，可以是文件、文件夹和应用程序的软件标识等。用户可以将经常使用的应用程序或文件放在桌面或在桌面创建快捷方式，以便快捷方便地进入相应的工作环境。

用户可以对桌面的图标进行大小和位置的调整，具体操作如下。

（1）Windows 10 提供大、中、小 3 种图标显示方式，在桌面空白处单击鼠标右键，在弹出的快捷菜单中选择“查看”级联菜单中的相关命令即可实现，如图 2-24 所示。在“查看”级联菜单中如果取消“显示桌面图标”命令的选择，则桌面的图标会全部消失；如果取消“自动排列图标”命令的选择，则可以使用鼠标拖动图标至桌面任意位置。

（2）如果想要桌面的图标有序排列，用户可以在桌面空白处单击鼠标右键，在弹出的快捷菜单中选择“排序方式”级联菜单中的“名称”“大小”“项目类型”或“修改日期”命令进行排列，如图 2-25 所示。

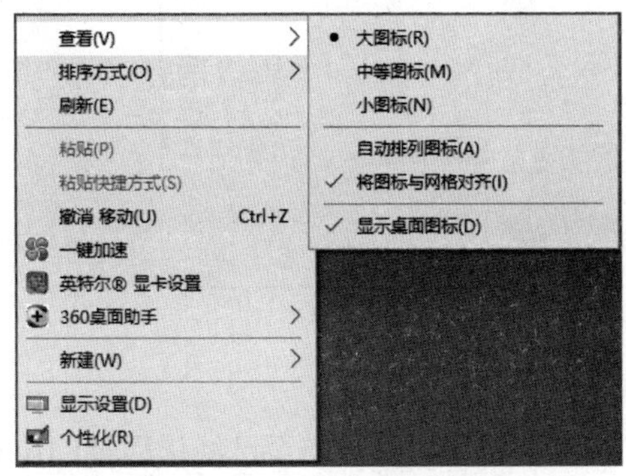

图 2-24　“查看”级联菜单

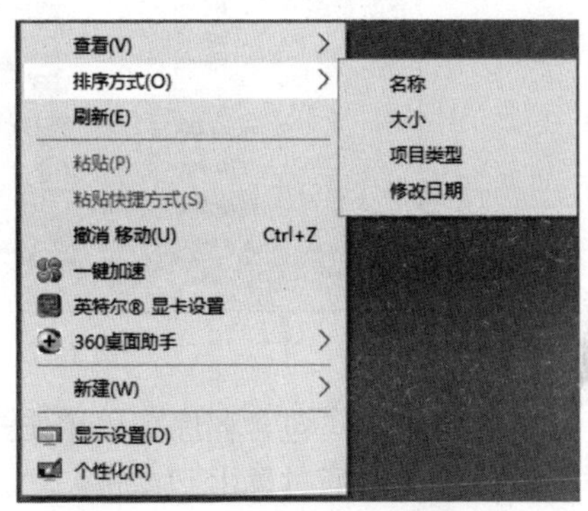

图 2-25　“排序方式”级联菜单

2. 任务栏

任务栏位于桌面的最下方，是一条水平的长条，如图 2-26 所示。

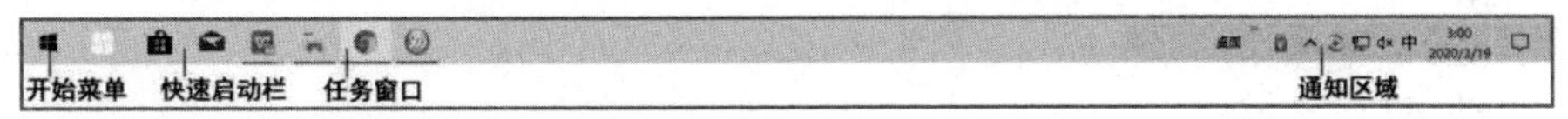

图 2-26　任务栏

（1）开始菜单：位于任务栏的最左侧，它是运行 Windows 10 应用程序的入口，是执行程序最常用的方式。

（2）快速启动栏：由一些程序按钮组成，单击按钮可以快速启动对应的程序。

（3）任务窗口：用于显示正在执行的程序和打开的窗口，单击对应的图标可以快速切换活动窗口。

（4）通知区域：此区域用来显示当前输入法的状态、时钟和正在后台运行的程序等。

2.1.6.3　窗口的组成及操作

1. 窗口的组成

窗口是 Windows 10 操作系统的基本对象，它可以以不同的形式管理各类项目。用户可以通过窗口查看文件夹等资源，也可以通过各种应用程序窗口进行创建文档等操作，还可以通过浏览器窗口浏览网页。不同的窗口具有不同的功能，但其基本的组成形态和操作都是类似的。Windows 10 窗口的组成如图 2-27 所示。

（1）窗口图标：显示当前窗口的标志。

（2）标题栏：位于窗口的顶部，用于显示窗口的名称，即标题。若要移动整个窗口，用户可以拖动标题栏。

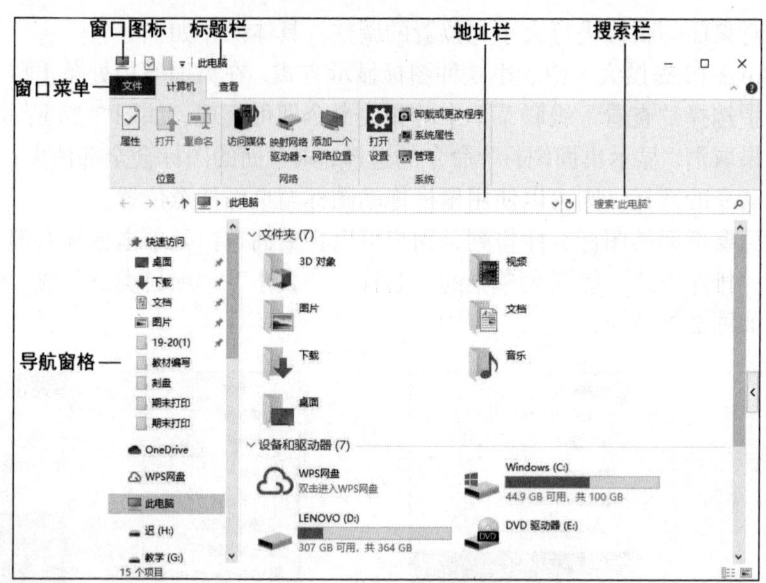

图 2-27　Windows 10 窗口的组成

（3）窗口菜单：包含程序中可单击进行选择的项目。

（4）地址栏：通过单击“前进”“后退”“向上”按钮，可导航至已经访问过的位置，框内显示当前访问的窗口位置。

（5）搜索栏：位于地址栏的右侧，用户可以在此输入任何想要查询的搜索项，如果用户找不到某个文件所在的位置，可以使用搜索栏快速找到所需的文件。

（6）导航窗格：可以快速切换不同窗口。

2. 窗口的基本操作

（1）移动窗口

将鼠标指针移动到窗口的标题栏，按住鼠标左键不放，移动鼠标指针到指定的位置，松开鼠标左键，窗口就被移动到指定位置。

（2）改变窗口的大小

将鼠标指针对准窗口的边框或角，当鼠标指针变成双箭头时，按住鼠标左键并拖曳鼠标，即可改变窗口的大小。

（3）最大化、最小化、还原和关闭窗口

Windows 10 窗口的右上角有“最小化”“最大化”（或“还原”）和“关闭”按钮。

窗口最小化：单击“最小化”按钮，窗口缩小为一个图标，成为任务栏上的一个按钮。

窗口最大化：单击“最大化”按钮，窗口扩大到铺满整个屏幕，此时“最大化”按钮变成“还原”按钮。

窗口还原：当窗口最大化时具有“还原”按钮，单击它可以使窗口还原成原来的大小。

窗口关闭：单击“关闭”按钮，窗口在屏幕上消失，图标也从任务栏上消失。

（4）滚动窗口的内容

当窗口中的内容比较多，而窗口太小不能同时显示所有内容时，窗口的右边会自动出现一个垂直滚动条，或者在窗口的下边会自动出现一个水平滚动条。将鼠标指针放在滚动条上，按住鼠标左键不放，上下或左右拖动滚动条，可以滚动窗口中的内容。另外，单击滚动条上的上箭头或下箭头，可以向上滚动或向下滚动窗口内容一行。

（5）切换窗口

当打开多个窗口时，单击任务栏上的窗口图标，或者按【Alt+Esc】和【Alt+Tab】组合键，可以切换到相应的窗口。

（6）排列窗口

窗口的排列有层叠、横向平铺和纵向平铺 3 种方式。在“任务栏”的空白处单击鼠标右键，可在弹出的快捷菜单中选择相应的排列方式。

2.1.6.4 控制面板的使用

控制面板是用户对计算机系统进行配置和管理的重要工具。用户可以使用“控制面板”进行个性化设置、多用户管理、添加/删除程序、查看硬件设备、网络配置等操作。这些设置几乎包括了有关 Windows 10 外观和工作方式的所有方面。

1. 控制面板的打开

打开“开始”菜单，在所列的程序列表中找到“Windows 系统”下的“控制面板”，单击该命令就可以打开图 2-28 所示的“控制面板”窗口。

图 2-28 “控制面板”窗口

2. 程序

在“控制面板”窗口中选择“程序”选项，打开“程序”窗口。在此窗口中，用户可以选择“程序和功能”选项，以对已安装的程序进行“卸载或更改”，如图 2-29 所示，也可以选择“启用或关闭 Windows 功能”选项安装或卸载 Windows 10 的系统组件，如“打印和文件服务”等。

3. 时钟和区域

（1）更改系统日期和时间

在“控制面板”窗口中，选择“时钟和区域”选项，在弹出的窗口中选择“日期和时间”选项，弹出“时间和日期”对话框，如图 2-30 所示。单击“日期和时间”选项卡，然后单击“更改日期和时间”按钮。更改完日期和时间设置后，单击“确定”按钮。

（2）更改区域设置

若要更改区域，在“控制面板”窗口中，选择“时钟和区域”选项，在弹出的窗口中选择“区域”选项。在“区域”对话框中单击“管理”选项卡，单击“更改系统区域设置”按钮，弹出“区域设置”对话框，如图 2-31 所示，在“当前系统区域设置”下拉列表中选择所在区域，然后单击“确定”按钮。

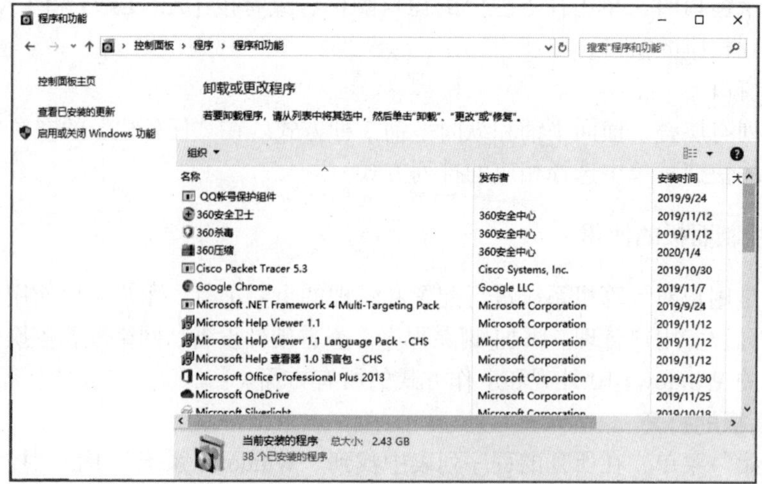

图 2-29 “程序和功能”窗口

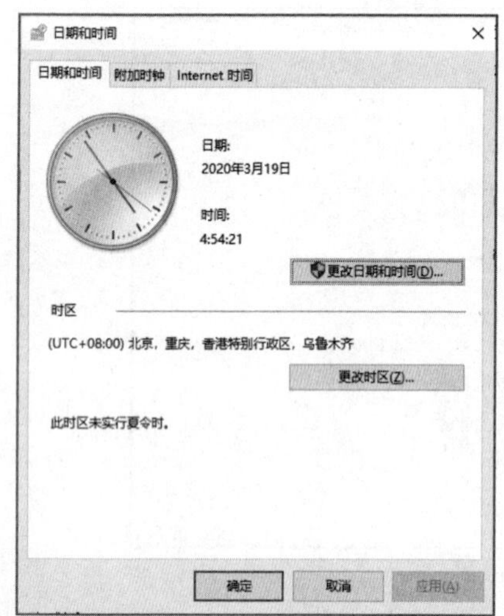

图 2-30 “日期和时间”对话框

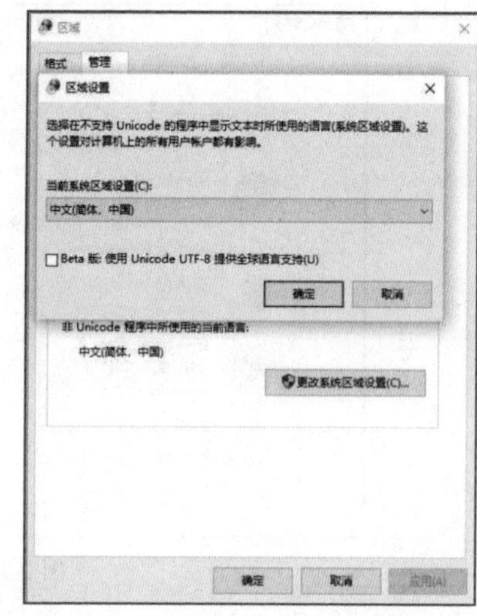

图 2-31 “区域设置”对话框

4. 硬件和声音

（1）添加删除/卸载硬件

Windows 10 集成了大多数设备的驱动程序，所以在 Windows 10 中安装硬件设备并不复杂。目前大多数厂商生产的硬件或移动设备都支持即插即用。用户只需要将设备连接到计算机，Windows 10 将自动安装合适的驱动程序。如果驱动程序不可用，用户需要手动安装驱动程序。其具体方法是在“控制面板”窗口中选择“硬件和声音”选项，在弹出的窗口中选择“设备管理器”，选择“操作”菜单中的“添加过时硬件”选项，如图 2-32 所示。在弹出的“添加硬件”对话框中按提示完成其余的步骤。如需卸载硬件，用户应将鼠标指针放至该设备上单击鼠标右键，在弹出的快捷菜单中选择“卸载”命令，即可完成硬件的卸载。

（2）添加/删除打印机

打印机是计算机重要的外部设备之一，从早期的针式打印机到喷墨打印机，再到现在的彩色激光打印机，打印机技术不断发展。下面介绍如何在 Windows 10 中安装及使用打印机。

在“控制面板”窗口中，选择“硬件和声音”中的“设备和打印机”选项，在弹出的窗口中选择“添加打印机”选项。用户可以选择添加本地打印机或网络打印机等。此处以添加本地打印机为例，单击“下一步”按钮。

在“添加打印机”窗口中，选择“使用现有的端口”单选项并在其右侧的下拉列表中选择建议的打印机端口，然后单击“下一步”按钮，如图 2-33 所示。

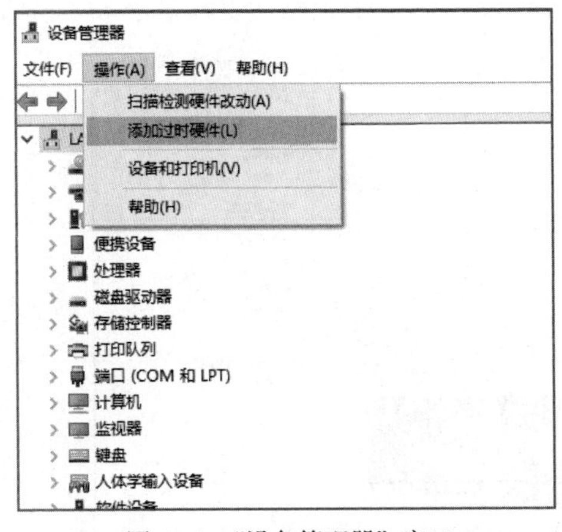

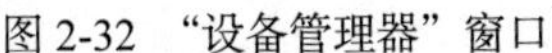

图 2-32　“设备管理器”窗口

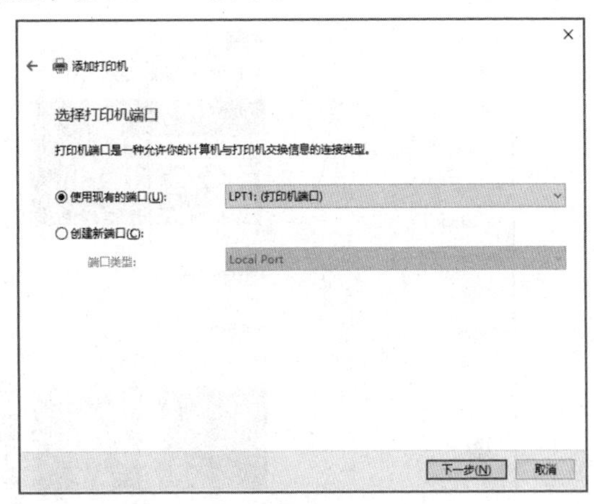

图 2-33　“添加打印机”窗口

在“安装打印机驱动程序”窗口中，选择打印机制造商和型号，然后单击“下一步”按钮。

按提示完成其余步骤，单击“完成”按钮。安装完毕后，“设备和打印机”窗口中会显示已安装好的打印机，如图 2-34 所示。

若要删除打印机，则在“设备和打印机”窗口中将鼠标指针放至要删除的打印机，单击鼠标右键，在弹出的快捷菜单中选择“删除设备”命令，然后单击“是”按钮。

（3）更改系统声音

用户可以通过“更改系统声音”设置来改变 Windows 10 发生事件或执行操作时的声音。其具体操作方法是在“控制面板”窗口中，选择“硬件和声音”选项，在弹出的窗口中选择“更改系统声音”选项。在“声音方案”下拉列表中，选择要使用的方案，然后单击“确定”按钮，如图 2-35 所示。

图 2-34　“设备和打印机”窗口

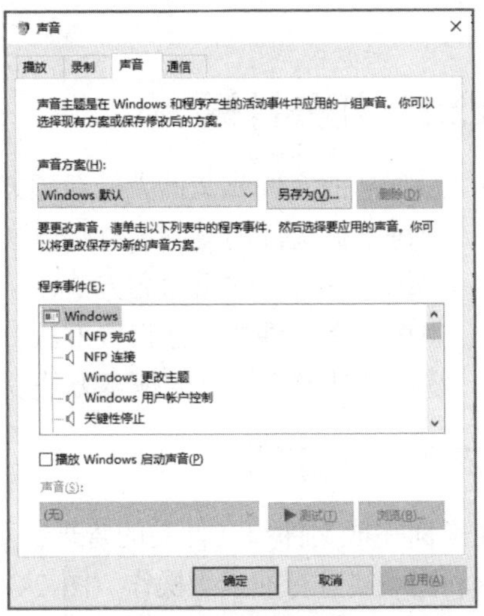

图 2-35　“声音”对话框

5. 外观与个性化

（1）更改主题

在“控制面板”窗口中选择“外观和个性化”选项，在弹出的窗口中选择“个性化”，如图 2-36 所示。用户可以根据需要选择喜欢的主题。

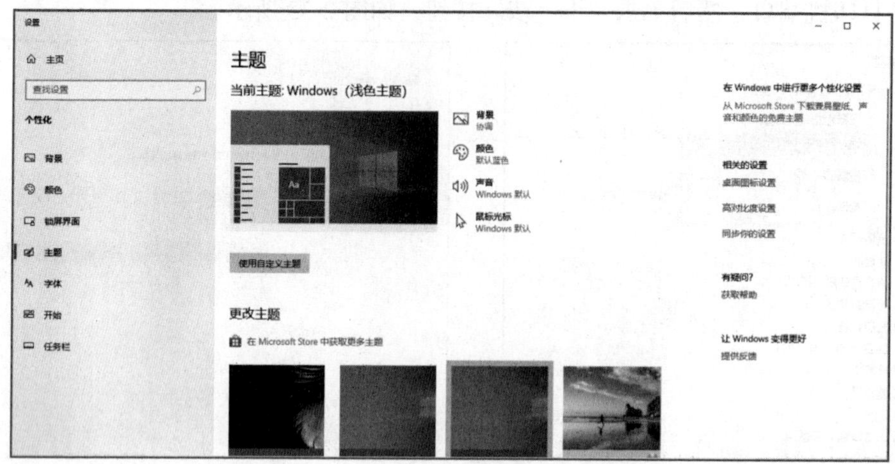

图 2-36 “个性化”窗口

（2）更改其他

在“个性化”窗口中，用户可以选择“背景”“颜色”“锁屏界面”“主题”“字体”“开始”“任务栏”等选项，如图 2-36 所示。用户可以根据自己的喜好选择并设置个性化的外观。

2.1.7 拓展训练

1. 从网上下载一首自己喜欢的音乐作为自己的 Windows 10 系统的启动声音。
2. 用自己生活的照片作为 Windows 10 系统的锁屏界面，并以幻灯片形式进行放映。

任务 2.2 Windows 10 资源管理器

2.2.1 任务目标

- 熟练掌握文件或文件夹的新建方法；
- 熟练掌握文件的复制、移动方法；
- 熟练掌握文件的重命名方法；
- 熟练掌握文件的属性设置方法；
- 掌握文件或文件夹的搜索方法。

2.2.2 任务描述

文件与文件夹的管理

在桌面完成文件与文件夹的管理，如新建、复制、移动、重命名、设置只读和隐藏或进行搜索等操作。图 2-37 所示为文件与文件夹管理的最终效果。

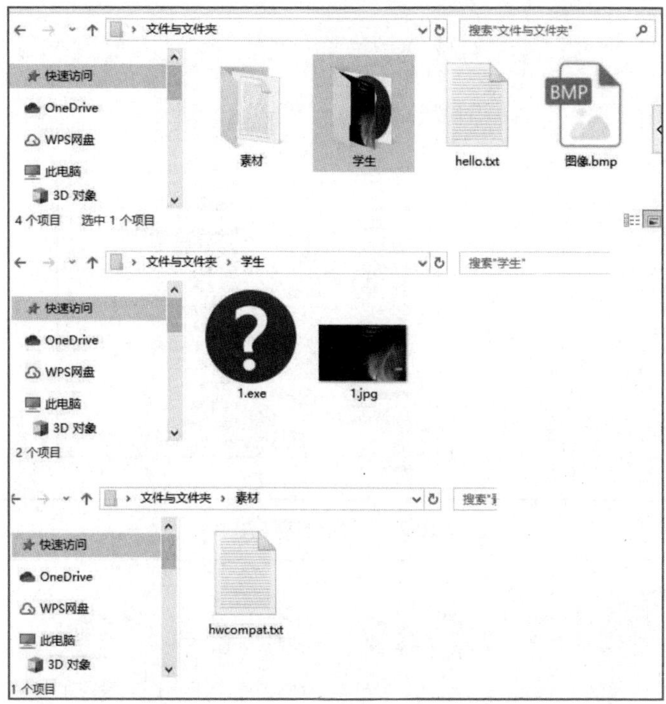

图 2-37　最终效果

2.2.3　任务分析

Windows 10 操作系统中的应用程序是由不同类型、不同名字的文件和文件夹组成的，文件用来存放各种信息，文件夹用来管理文件。如果需要管理操作系统，用户必须掌握文件与文件夹的基本操作。本任务分解为以下 5 个小任务。

（1）文件夹或文件的新建。

（2）文件的搜索。

（3）文件的复制、移动。

（4）文件的重命名。

（5）文件的属性设置。

2.2.4　任务实现

1. 文件夹或文件的新建

（1）新建文件夹

打开桌面上名字为“文件与文件夹”的文件夹，在空白区域单击鼠标右键，在弹出的快捷菜单中选择“新建”命令中的“文件夹”，如图 2-38 所示，将文件夹命名为“素材”。

使用相同的方法在该文件夹内新建名为“学生”的文件夹。

（2）新建文件

在文件夹内的空白区域单击鼠标右键，在弹出的快捷菜单中选择“新建”命令中的“文本文档”，如图 2-39 所示，将文件命名为“hello”。

使用相同的方法在该文件夹内新建名为“图像”的 BMP 图片文件。

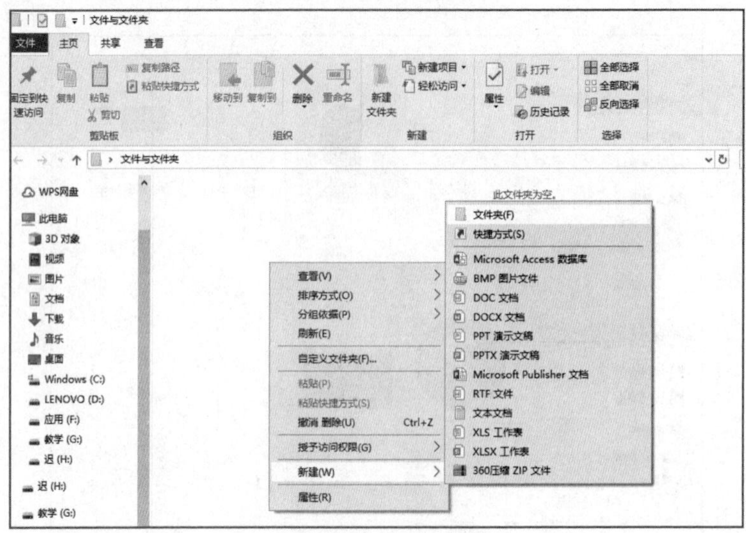

图 2-38　新建文件夹

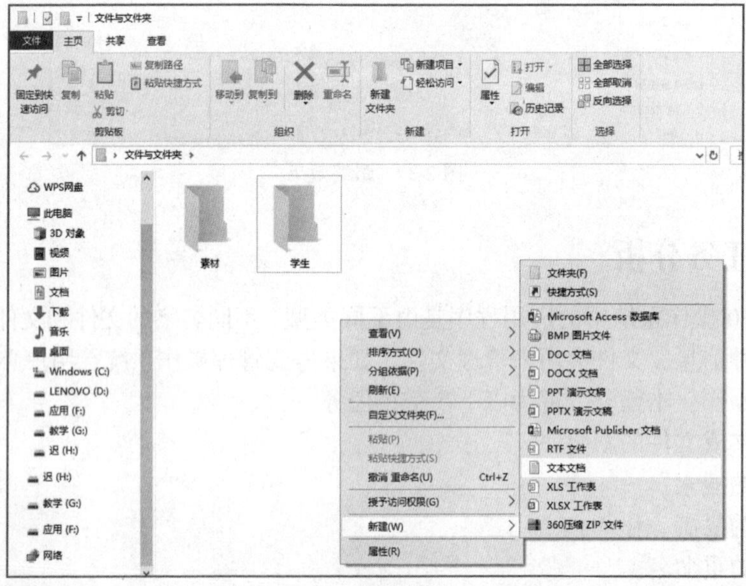

图 2-39　新建文件

2. 文件的搜索

在桌面上双击“此电脑”图标，打开对应的窗口，在搜索栏中输入“*.txt”，窗口工作区中将列出搜索结果，如图 2-40 所示。

使用相同的方法，分别在搜索栏中输入“*.exe”和“*.jpg”，搜索相应的文件。

3. 文件的复制、移动

（1）复制

在搜索结果列表中选择任意一个扩展名为“.txt”的文件，单击鼠标右键，在弹出的快捷菜单中选择“复制”命令，打开“素材”文件夹，在空白区域单击鼠标右键，选择快捷菜单中的“粘贴”命令，如图 2-41 所示。

使用相同的方法，分别将搜索到的扩展名为“.exe”和“.jpg”的文件各复制一份到“素材”文件夹中。

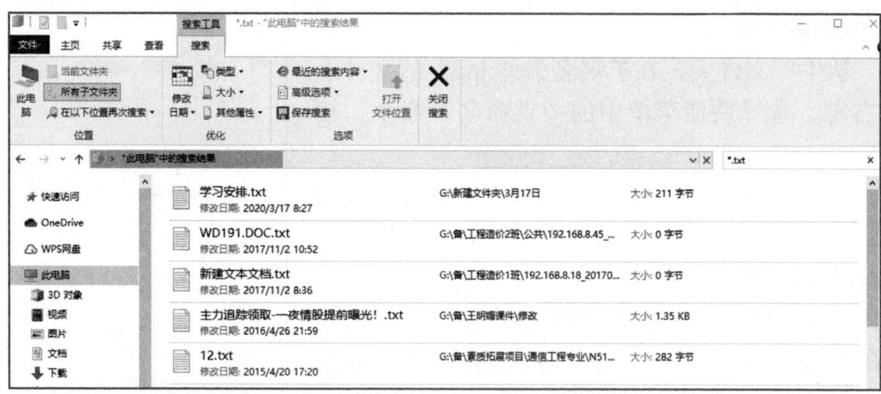

图 2-40　搜索结果

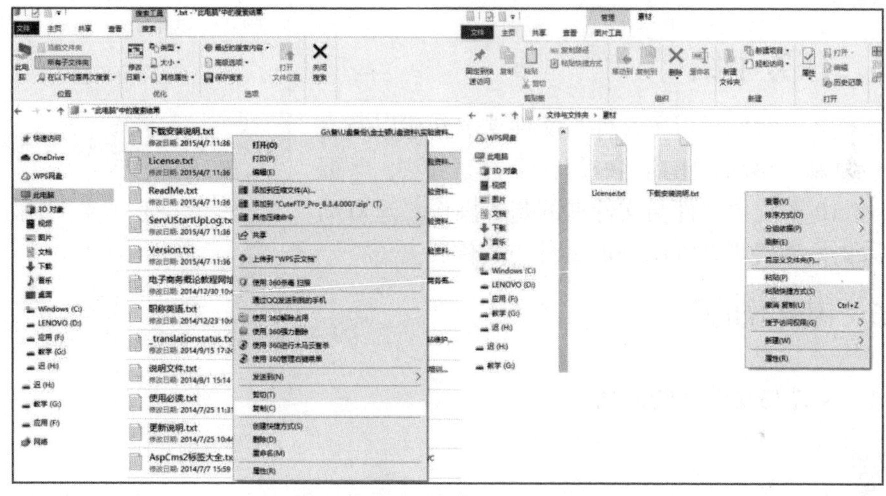

图 2-41　复制文件

（2）移动

在“素材”文件夹中，选择扩展名为“.exe”和“.jpg”的文件，单击鼠标右键，在弹出的快捷菜单中选择“剪切”命令，打开“学生”文件夹，在空白区域单击鼠标右键，选择快捷菜单中的“粘贴”命令，将两个文件移动到“学生”文件夹中，如图 2-42 所示。

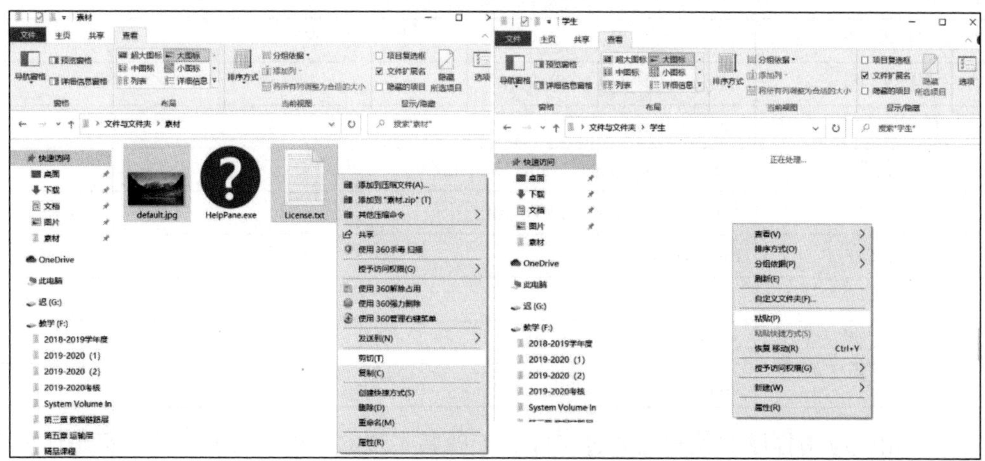

图 2-42　移动文件

4. 文件的重命名

打开“学生”文件夹，在扩展名为“.jpg”的文件上单击鼠标右键，选择快捷菜单中的“重命名”命令，输入“1”。

使用相同的方法，将扩展名为“.exe”的文件名改为“1.exe”。

5. 文件的属性设置

在“文件与文件夹”中选择“hello.txt”文件，单击鼠标右键，在快捷菜单中选择“属性”命令，打开“hello.txt属性”对话框，选择“只读”复选框，单击“确定”按钮，如图 2-43 所示。

图 2-43　设置文件属性

2.2.5　任务小结

通过本任务，我们学习了文件与文件夹的新建以及文件的搜索、复制、移动、重命名、属性设置等方法，掌握了 Windows 10 系统中文件与文件夹的基本操作，这有助于我们日后更好地管理计算机中的文件与文件夹。

2.2.6　基础知识

2.2.6.1　文件与文件夹的概念

1. 文件

文件是一组相关信息（文字、图像等）的有序集合。在 Windows 10 中，所有文件都由一个图标和一个文件名进行标识。通常文件名由主文件名和扩展名两部分组成，中间用间隔符“.”隔开。文件名的组成形式一般为：主文件名.扩展名。扩展名用来表示文件的类型，如文件名“hello.jpg”表示该文件为一个图像压缩文件。常见的文件类型与对应扩展名如表 2-1 所示。

表 2-1　文件类型与对应扩展名

文件类型	扩展名
文档文件	txt、docx、wps、rtf、pdf
压缩文件	rar、zip、arj
声音文件	mp3、wav、wma、ram、au、aif
视频文件	avi、mpg、mov、mkv、rm
可执行文件	exe、com
系统文件	int、sys、dll、adt
源程序文件	c、bas、cpp
图像文件	bmp、jpg、png、gif

文件与相应应用程序的关联是通过文件的扩展名实现的，扩展名表示的一定是该文件的类型。

文件名的命名规则如下。

（1）文件名由字母、数字、汉字和其他字符组成，最多可包含 255 个字符，文件名可以包含多个空格和多个间隔符“.”，但不能包含\、/、：、*、?、<、>、|等符号。

（2）文件名不区分字母大小写。同一文件夹下的“abc.doc”和“Abc.doc”指同一个文件。

（3）查找和显示时可以使用通配符“?”和“*”。其中，通配符“?”表示任意一个字符，“*”表示任意多个字符。例如，“*.jpg”表示所有扩展名为“.jpg”的文件；“?a.bmp”表示主文件名由两个字符组成，其中第二个字符为“a”的文件。

2．文件夹

文件夹是用来对文件进行分类、保存和管理的逻辑区域，用户可以将相同类型的文件存放在同一个文件夹中。一个文件夹中可以包含多个称为子文件夹的文件夹。文件夹中可以创建任何数量的子文件夹，每个子文件夹又可以容纳任何数量的文件和其他子文件夹。文件夹的命名规则和文件基本相似，不同的是文件夹没有扩展名。

2.2.6.2　资源管理器的基本操作

资源管理器是 Windows 10 用来管理文件和文件夹的系统工具，用户通过它可以管理和组织系统中的各种软硬件资源，查看各类资源使用的情况，如进行文件和文件夹的复制、剪切、删除、属性设置等操作。

1．启动资源管理器

启动资源管理的方法有以下 3 种。

① 在“开始”按钮上单击鼠标右键，从弹出的快捷菜单中选择“文件资源管理器”命令启动。

② 选择“开始”菜单中所有程序列表里的“Windows 系统”下的“文件资源管理器”命令启动。

③ 使用【Win+E】组合键打开。

打开的“文件资源管理器”窗口如图 2-44 所示。

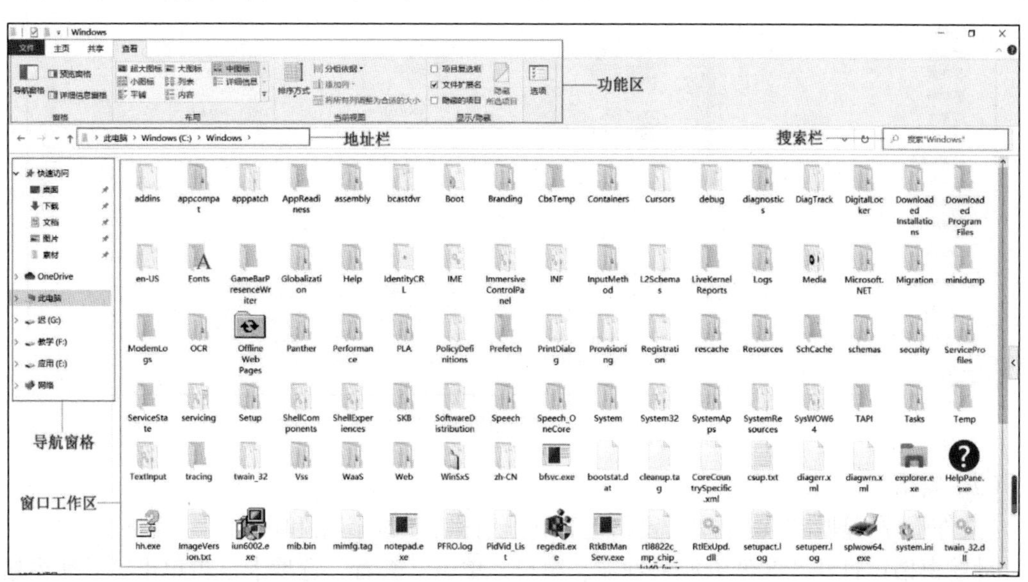

图 2-44　“文件资源管理器”窗口

2. 资源管理器的窗口组成

如图 2-44 所示，“文件资源管理器”窗口由地址栏、功能区、窗口工作区、搜索栏和导航窗格组成。

（1）地址栏：用来显示当前打开的文件夹路径，每个路径都由不同的按钮链接而成，单击这些按钮可以在相应的文件夹之间切换。

（2）功能区：Windows 10 的文件资源管理器采用了微软 Office 的功能区概念，将相同类别的操作放在同一个选项卡中，选项卡中按照功能又划分为不同的功能区。

（3）窗口工作区：用于显示当前窗口的内容及执行某项操作后的内容，内容较多时，窗口右侧会显示滚动条，用户可以通过移动滚动条浏览更多内容。

（4）搜索栏：在搜索栏中输入对象名称，用户可以在计算机中快速搜索出对应的文件或文件夹。

（5）导航窗格：该窗格中显示了以属性目录结构展示的文件夹，涵盖了计算机中所有的资源，打开每个文件夹可以在其下面看到它所有的下一级文件夹，方便用户切换不同文件夹并查看该文件夹下的内容。

3. 资源管理器的基本操作

（1）快速访问

用户打开“文件资源管理器”窗口，默认显示的是“快速访问”界面，在窗口工作区的上半部分显示的是“常用文件夹”列表，是用户经常访问的文件夹，下半部分显示的是“最近使用的文件”列表，是用户最近经常打开的文件，如图 2-45 所示。这两个列表可以让用户快速打开经常操作的文件夹和文件，而不需要通过计算机磁盘查找。

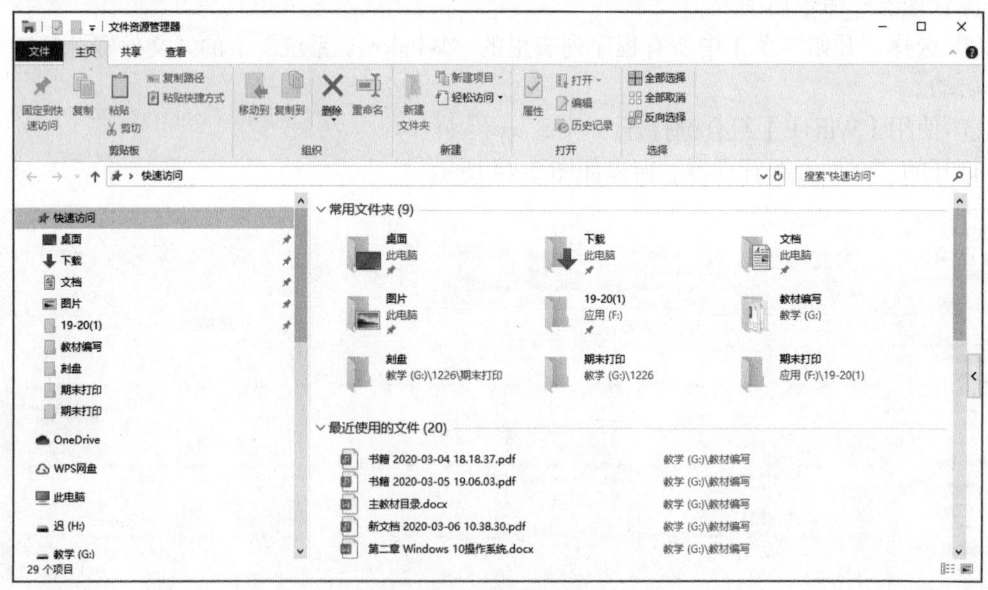

图 2-45　“快速访问”界面

（2）窗格

“文件资源管理器”窗口中的窗格包含导航窗格、预览窗格和详细信息窗格。

导航窗格：打开“文件资源管理器”窗口，单击“查看”选项卡，再单击“导航窗格”按钮下侧的下拉按钮，在下拉列表中选择“显示所有文件夹”选项，则展开其中选定的项目中的所有文件夹，如在“此电脑”上选择该选项，则展开“此电脑”中所有的文件夹。

预览窗格：单击“预览窗格”按钮，在窗口工作区中选择任意文件，可以在右侧的预览窗格中显示该文件的信息，如选择一张图片，预览窗格中将显示该图片的具体内容。

详细信息窗格：单击“详细信息窗格”按钮，在窗口工作区中选择对象，可以在右侧的详细信息窗格中显示该对象的信息，如选择磁盘，则显示该磁盘的名称、大小、已用空间大小、可用空间大小和文件系统等信息。

（3）布局

打开“文件资源管理器”窗口，单击“查看”选项卡，在布局列表框中选择一种布局，可以让窗口工作区中的对象按照该布局方式进行排列，布局包括超大图标、大图标、中图标、小图标、列表、详细信息、平铺和内容。

2.2.6.3　文件与文件夹操作

文件与文件夹操作

1. 新建文件或文件夹

（1）新建文件夹

在桌面或计算机文件夹窗口的任意空白处，单击鼠标右键，在弹出的快捷菜单中选择“新建”级联菜单下的“文件夹”命令，如图 2-46 所示，将新建一个名为“新建文件夹”的文件夹，用户可以输入新文件夹的名称，然后按【Enter】键确定。

（2）新建文件

在桌面或计算机文件夹窗口的任意空白处，单击鼠标右键，在弹出的快捷菜单中选择“新建”级联菜单下的任意一个类型的文件命令，如选择“DOC 文档”，将新建一个名为“新建 DOC 文档.doc”的文件，用户可以输入新文件的名称，然后按【Enter】键确定。

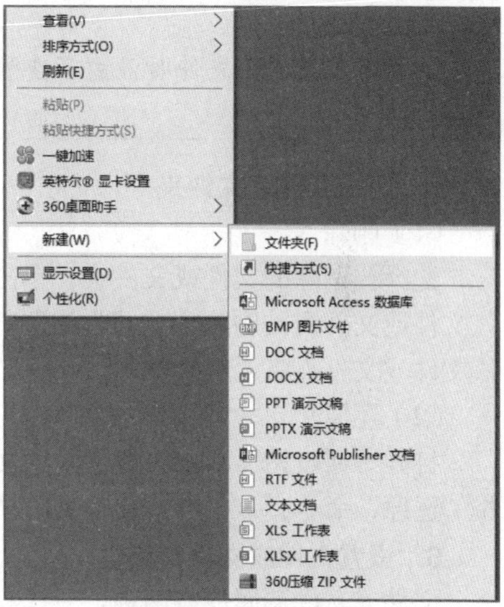

图 2-46　新建文件夹

2. 选择文件或文件夹

在 Windows 10 中，对文件和文件夹进行操作之前，一定要先选择文件或文件夹对象。

（1）选择一个文件或文件夹

直接单击要选择的文件或文件夹。

（2）选择多个文件或文件夹

若要选择一组连续的文件或文件夹，单击第一个对象，按住【Shift】键，然后单击最后一个对象。

若要选择相邻的多个文件或文件夹，按住鼠标左键并进行拖曳，在要选择的所有对象外构建一个框。

若要选择不连续的文件或文件夹，按住【Ctrl】键，然后依次单击要选择的对象。

若要选择窗口中的所有文件或文件夹，使用【Ctrl+A】组合键。

3. 复制与移动文件或文件夹

（1）复制

复制文件或文件夹时，是为原始文件或文件夹创建副本，然后可以独立于原始文件或文件夹对副本进行修改。如果将文件或文件夹复制、粘贴到计算机的其他位置，最好为其设置不同的名称，以便记住哪个是新文件，哪个是原始文件。

复制的具体操作方法有两种：一是选择该文件或文件夹，然后单击鼠标右键，在弹出的快捷菜单中选择“复制”命令，打开用来存储副本的位置，在该位置中的空白区域单击鼠标右键，在弹出的快捷菜单中选择“粘贴”命令；二是使用【Ctrl+C】组合键复制，【Ctrl+V】组合键粘贴。

（2）移动

移动文件或文件夹时，是将计算机上某位置的文件或文件夹中的内容移动到一个新的位置存放。移动后，原始位置上的文件或文件夹将不再存在。

移动的具体操作方法有两种：一是选择该文件或文件夹，然后单击鼠标右键，在弹出的快捷菜单中选择“剪切”命令，打开用来存储的新位置，在该位置中的空白区域单击鼠标右键，在弹出的快捷菜单中选择“粘贴”命令；二是使用【Ctrl+X】组合键剪切，【Ctrl+V】组合键粘贴。

4. 重命名文件或文件夹

选择要重命名的文件或文件夹，单击鼠标右键，在弹出的快捷菜单中选择“重命名”命令，输入新的名称，然后按【Enter】键确定。

重命名文件时注意不要随意更改或删除文件的扩展名。

5. 删除文件或文件夹

（1）删除

选择要删除的文件或文件夹，单击鼠标右键，在弹出的快捷菜单中选择“删除”命令，该文件或文件夹被删除到“回收站”中。如果在选择“删除”命令的同时按【Shift】键，则该文件或文件夹将永久性删除。

（2）还原

打开“回收站”，选择要恢复的文件或文件夹，单击鼠标右键，在弹出的快捷菜单中选择“还原”命令，该文件或文件夹将被还原到它在计算机上的原始位置。

6. 设置文件或文件夹属性

文件或文件夹属性有两种，只读和隐藏。

（1）只读

只读指该对象只能读取信息不能更改信息。选择要设置“只读”的文件或文件夹，单击鼠标右键，在弹出的快捷菜单中选择“属性”命令，在弹出的对话框中选择“只读”复选框，单击“确定”按钮，如图 2-47 所示。

（2）隐藏

选择要设置“隐藏”的文件或文件夹，单击鼠标右键，在弹出的快捷菜单中选择“属性”命令，在弹出的对话框中选择“隐藏”复选框，单击“确定”按钮，如图 2-48 所示。

7. 搜索文件或文件夹

在“文件资源管理器”窗口中，用户可以用搜索功能在当前文件夹中或当前位置快速查找文件或文件夹，只需要在搜索栏中输入文件或文件夹的名称即可。用户在搜索时若不记得

图 2-47　设置“只读”属性

图 2-48　设置“隐藏”属性

文件或文件夹名称，可以使用以下两个通配符。

（1）?：表示任意一个字符，如在搜索栏中输入“?学生.doc”，则表示搜索名称第二、第三个字符为“学生”的 Word 文档。

（2）*：表示任意多个字符，如在搜索栏中输入“*.txt”，则表示搜索任意名称的文本文档。

2.2.6.4　磁盘管理与操作

磁盘是用来存储文件、文件夹和系统信息的重要物理介质，用户频繁地进行文件和文件夹的相关操作，如复制、移动、删除等，或频繁地在磁盘中安装和卸载程序，会导致磁盘出现读写错误，碎片、无用的文件占用磁盘空间等情况，因此需要对磁盘进行相关管理与操作。磁盘管理与操作包括磁盘清理、碎片整理、磁盘格式化和系统还原等。

1. 磁盘清理

在 Windows 10 系统运行一段时间后，系统和应用程序会产生许多垃圾文件。如果长时间不清理，垃圾文件会影响文件的读写速度，甚至影响硬盘的使用寿命。为了释放硬盘的空间，磁盘清理会查找并删除计算机上确定不需要的临时文件。其操作方法是选择“开始”菜单中所有程序列表里的“Windows 管理工具”下的“磁盘清理”命令，打开图 2-49 所示的对话框，在“驱动器”下拉列表中选择要清理的驱动器，单击“确定”按钮。

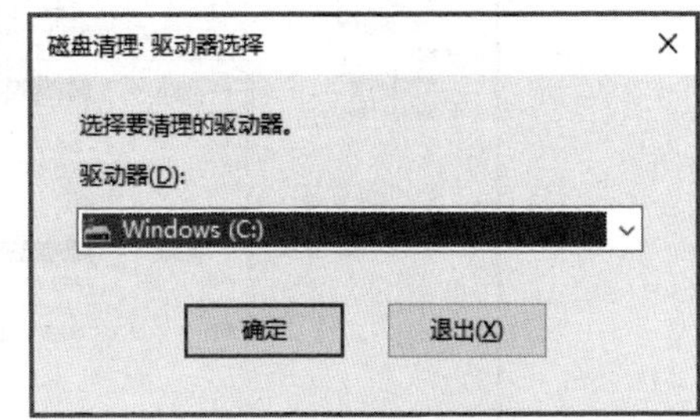

图 2-49　磁盘清理

2. 碎片整理

碎片会降低计算机的执行速度，对磁盘进行碎片整理可以提高计算机的速度和性能。可移动存储设备也可能产生碎片。磁盘碎片整理程序可以重新排列碎片数据，以便磁盘和驱动器更高效地工作。磁盘碎片整理程序可以按计划自动运行，用户也可以手动分析磁盘和驱动器并对其进行碎片整理。手动操作的方法如下。

（1）选择“开始”菜单中所有程序列表里的“Windows 管理工具”下的“碎片整理和优化驱动器”命令，打开“优化驱动器”对话框，如图 2-50 所示。

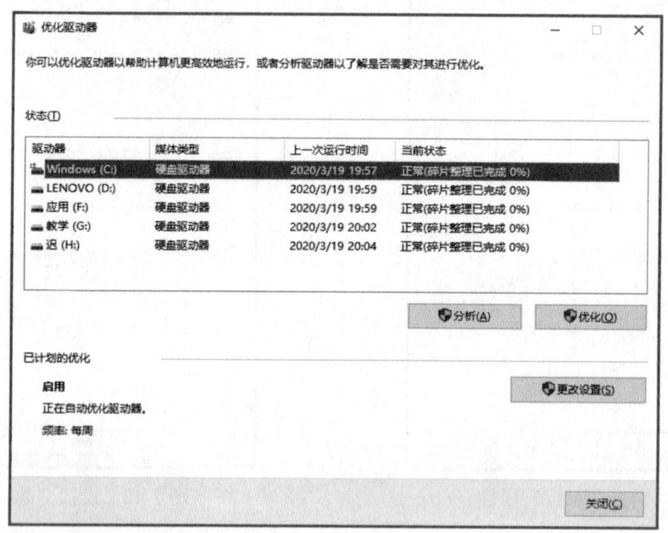

图 2-50　优化驱动器

（2）在“状态”列表框中选择要进行碎片整理的驱动器，单击“分析”按钮，系统会自动分析该磁盘，然后自动整理碎片。

3. 磁盘格式化

磁盘如果遇到一些特殊情况，如中病毒或木马时需要格式化，格式化前需要先备份磁盘上的所有数据，然后再开始操作。其具体操作方法是选择“开始”菜单中所有程序列表里的“Windows 管理工具”下的“计算机管理”命令，打开图 2-51 所示的“计算机管理”窗口，在左窗格的“存储”下，选择“磁盘管理”选项。选择要格式化的卷，单击鼠标右键，在弹出的快捷菜单中选择“格式化”命令。

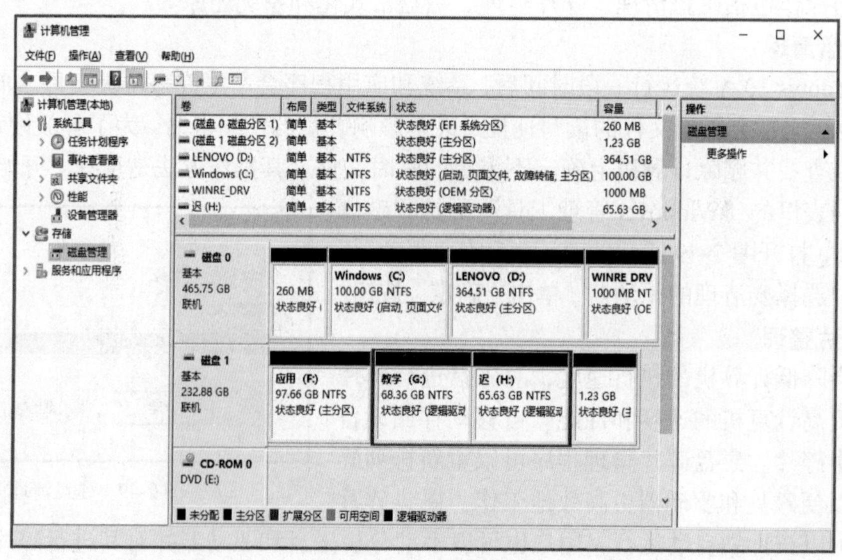

图 2-51　格式化磁盘

4. 系统还原

系统还原可以将计算机的系统文件及时还原到早期的还原点，该还原点通常是计算机在最理想的状态下设立的。此方法可以在不影响个人文件的情况下，撤销对计算机所进行的系统修改，系统还原前要进行备份。设置还原点的方法是打开“控制面板”窗口，选择“系统和安全”中的“系统”选项，在打开的窗口左侧选择“高级系统设置”选项，打开“系统属性”对话框，单击“系统保护”中的“系统还原”按钮，如图 2-52 所示。

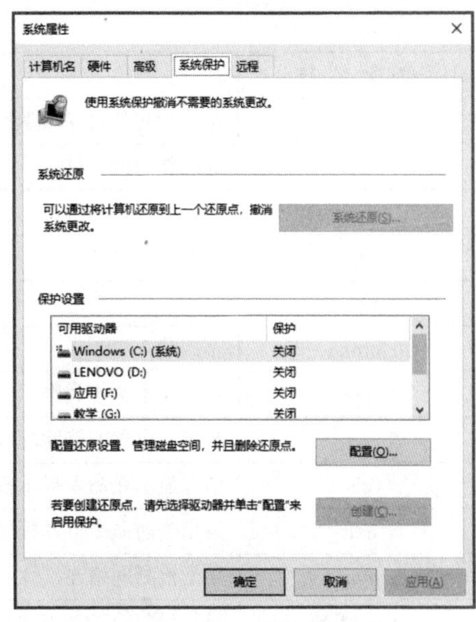

图 2-52　系统还原

2.2.6.5　在 Windows 10 下执行常用 DOS 命令

Windows 操作系统是在 DOS 操作系统的基础上发展起来的，Windows 10 操作系统提供了无须使用 Windows 图形界面，直接利用 DOS 命令进行操作的机制。DOS 通过命令行方式对计算机进行管理与操作。要进行命令行方式的操作，首先要切换到 MS-DOS 模式。其方法如下。

将鼠标指针放在“开始”按钮上，单击鼠标右键，在弹出的快捷菜单中选择“运行”命令，或者使用【Win+R】组合键，打开“运行”对话框，在框内输入“cmd”，单击“确定”按钮，即可打开图 2-53 所示的窗口，在其中可以输入 DOS 命令进行相关操作。

在 Windows 10 下执行常用 DOS 命令

Windows 10 操作系统中常用的 DOS 命令，如表 2-2 所示。

图 2-53　DOS 命令提示符窗口

表 2-2　常用的 DOS 命令

命令名称	说明
dir	显示一个目录中的文件和子目录
md	创建一个目录

续表

命令名称	说明
cd	进入指定的目录或返回上一级
del	删除指定的文件
rename	更改文件的名称
copy	复制
move	移动
format	格式化
type	显示文本文件类型
set	显示、设置或删除环境变量
cls	清除显示在命令提示符窗口中的所有信息
exit	退出当前命令解释程序并返回系统
ping	用于检测网络连接性
ipconfig	显示当前的 TCP/IP 网络配置信息
shutdown	允许关闭或重新启动本地或远程计算机
……	……

2.2.7 拓展训练

在桌面新建一个以自己名字命名的文件夹；在该文件夹中新建一个名为“AAA”的 Word 文档和一个名为“压缩”的压缩文件，设置“AAA”文件为只读，“压缩”文件为隐藏；在计算机中搜索一个 jpg 文件，将其复制到以自己名字命名的文件夹中。

课后思考与练习

1. Windows 10 桌面由哪些基本元素组成？
2. 如何添加或删除应用程序？
3. 文件命名规则有哪些？
4. 如何显示桌面系统图标？
5. Windows 10 操作系统中常用的 DOS 命令有哪些？
6. “磁盘清理”的主要作用是什么？
7. 什么是操作系统？
8. 操作系统的主要功能是什么？
9. 文件或文件夹的属性有哪些？它们分别有什么作用？
10. 如何将主板的启动项设置为光盘启动？

模块 3 Word 2016 文字处理软件

能力目标：

- 熟练掌握 Word 2016 软件的启动、关闭和退出，Word 文件的新建、保存等；
- 熟练掌握 Word 2016 软件功能区的使用方法；
- 熟练掌握 Word 2016 软件的文本输入与编辑、文字和段落格式设置、页面格式设置和版式设计；
- 熟练掌握 Word 2016 软件中艺术字、图形、图片和文本框的使用；
- 熟练掌握 Word 2016 软件中表格的插入与编辑；
- 熟练掌握 Word 2016 软件中样式、页眉页脚、分隔符、目录的使用；
- 熟练掌握 Word 2016 软件中邮件合并的使用。

Office 2016 是微软公司开发的一个庞大的办公软件集合，其中包括了 Word、Excel、PowerPoint、OneNote、Outlook、Skype、Project、Visio 及 Publisher 等组件和服务。Office 2016 For Mac 于 2015 年 3 月 18 日发布，Office 2016 For Office 365 订阅升级版于 2015 年 8 月 30 日发布，Office 2016 For Windows 零售版、For iOS 版均于 2015 年 9 月 22 日正式发布。

任务 3.1 设计一份关于“技能大赛”报名的会议通知

3.1.1 任务目标

利用 Word 2016 软件进行指定文本内容的录入，录入完成后对文档进行文字和段落格式设置、页面格式设置和版式设计等操作。

3.1.2 任务描述

设计技能大赛报名通知

为了丰富学生的课余生活，使学生适应新技术的发展，锻炼学生的实践动手能力，激发学生对学习计算机的兴趣，网络学院决定于 2020 年 5 月举办计算机技能竞赛，网络学院办公室拟定了一份竞赛通知，通知样本如图 3-1 所示。

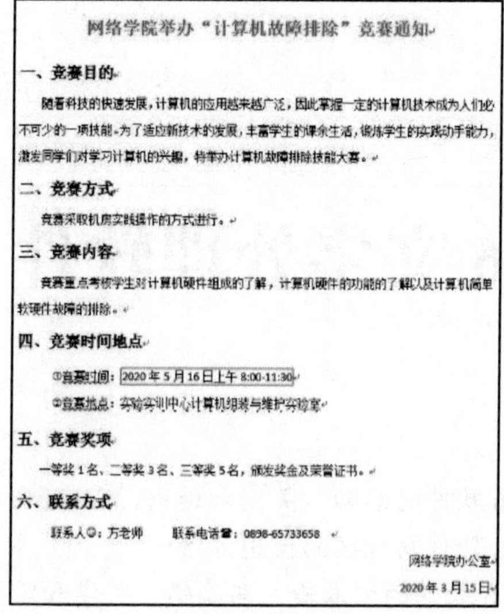

网络学院举办“计算机故障排除”竞赛通知

一、竞赛目的

随着科技的快速发展，计算机的应用越来越广泛，因此掌握一定的计算机技术成为人们必不可少的一项技能。为了适应新技术的发展，丰富学生的课余生活，锻炼学生的实践动手能力，激发同学们对学习计算机的兴趣，特举办计算机故障排除技能大赛。

二、竞赛方式

竞赛采取机房实践操作的方式进行。

三、竞赛内容

竞赛重点考核学生对计算机硬件组成的了解，计算机硬件的功能的了解以及计算机简单软硬件故障的排除。

四、竞赛时间地点

①竞赛时间：2020 年 5 月 16 日上午 8:00-11:30

②竞赛地点：实验实训中心计算机组装与维护实验室

五、竞赛奖项

一等奖 1 名、二等奖 3 名、三等奖 5 名，颁发奖金及荣誉证书。

六、联系方式

联系人☺：方老师　　联系电话☎：0898-65733658

网络学院办公室

2020 年 3 月 15 日

图 3-1 “技能大赛报名通知”样本

3.1.3 任务分析

要想完成该任务，首先我们需要创建一个新的空白文档，录入指定的文本内容，录入完成后保存文档，然后对文档进行文字和段落格式设置以及页面格式设置和版式设计。因此，本任务分解为以下 9 个小任务。

（1）新建空白文档，并将其命名为“技能大赛报名通知”。

（2）录入指定文本内容。

（3）设置页面格式：纸张大小为“A4”，纸张方向为“纵向”，上下页边距均为“2.5 厘米”，左右页边距均为“3 厘米”。

（4）设置文字格式：主标题字体为“宋体”，字号为“三号”，字体效果为“加粗”，字体颜色为“绿色”；段落小标题字体为“宋体”，字号为“四号”，字体效果为“加粗”；正文字体为“宋体”，字号为“五号”。

（5）设置段落格式：主标题段前、段后间距均为“0.5 行”，居中对齐；段落小标题段前、段后间距均为“0 行”，左对齐；正文内容首行缩进 2 字符，行间距为“1.5 倍行距”。

（6）设置竞赛时间地点文本内容的格式：为“竞赛时间”“竞赛地点”文本添加红色波浪线，为“2020 年 5 月 16 日上午 8:00-11:30”文本添加红色 1 磅方框，为“实验实训中心计算机组装与维护实验室”文本添加着重号。

（7）插入特殊符号：在“联系人”文本后插入“☺”，“联系电话”文本后插入“☎”。

（8）设置通知落款格式：“网络学院办公室”与“2020 年 3 月 15 日”右对齐。

（9）保存文档。

3.1.4 任务实现

1. 新建空白文档并命名为“技能大赛报名通知”

（1）启动 Word 2016

选择“开始”程序中的“Word 2016”，启动界面如图 3-2 所示。

（2）Word 2016 启动后，单击“空白文档”，新建一个空白文档，其工作界面如图 3-3 所示。

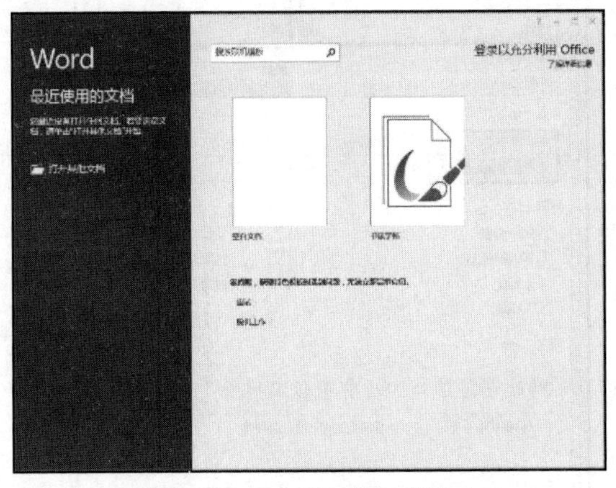

图 3-2　Word 2016 的启动界面

图 3-3　Word 2016 的工作界面

（3）单击“文件”选项卡，选择“另存为”选项，打开“另存为”对话框，保存位置选择“桌面”，在“文件名”文本框中输入“技能大赛报名通知”，如图 3-4 所示，单击“保存”按钮，完成文档的命名与保存。

2. 录入指定文本内容

切换输入法，从页面起始位置开始输入所有文字。录入文字是 Word 文档最基础的操作，所有学生应至少掌握一种输入法，并且达到基本的文字录入速度。文字录入完成后的界面如图 3-5 所示。

图 3-4　“另存为”对话框

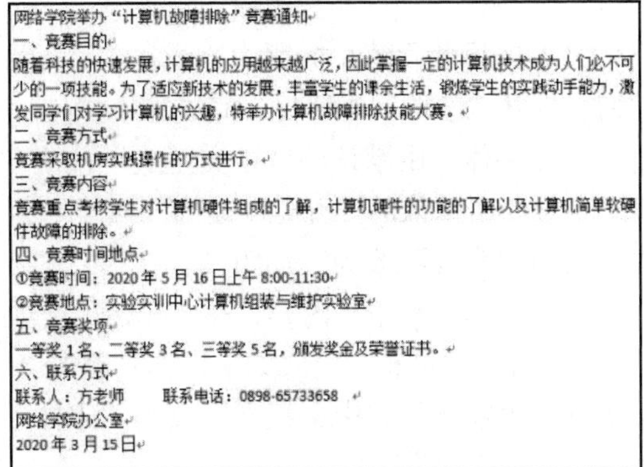

网络学院举办“计算机故障排除”竞赛通知
一、竞赛目的
随着科技的快速发展，计算机的应用越来越广泛，因此掌握一定的计算机技术成为人们必不可少的一项技能。为了适应新技术的发展，丰富学生的课余生活，锻炼学生的实践动手能力，激发同学们对学习计算机的兴趣，特举办计算机故障排除技能大赛。
二、竞赛方式
竞赛采取机房实践操作的方式进行。
三、竞赛内容
竞赛重点考核学生对计算机硬件组成的了解，计算机硬件的功能的了解以及计算机简单软硬件故障的排除。
四、竞赛时间地点
①竞赛时间：2020 年 5 月 16 日上午 8:00-11:30
②竞赛地点：实验实训中心计算机组装与维护实验室
五、竞赛奖项
一等奖 1 名、二等奖 3 名、三等奖 5 名，颁发奖金及荣誉证书。
六、联系方式
联系人：方老师　　联系电话：0898-65733658
网络学院办公室
2020 年 3 月 15 日

图 3-5　文字录入完成后的界面

3. 设置页面格式

在“布局”选项卡下的“页面设置”功能组中单击“纸张大小”按钮，选择“A4”选项；单击“纸张方向”按钮，选择“纵向”选项；单击“页边距”按钮，选择“自定义边距”选项，弹出“页面设置”对话框，按任务要求修改页边距的参数值，如图 3-6 所示。

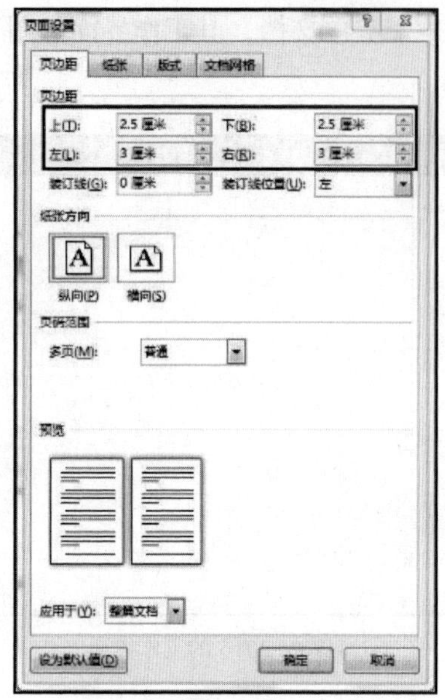

图 3-6 “页面设置”对话框

图 3-7 “字体”对话框

4. 设置文字格式

（1）选择主标题内容，在“开始”选项卡下的“字体”功能组中单击“功能组”按钮，打开“字体”对话框，完成如下操作：单击“中文字体”下拉列表框右侧的下拉按钮，将“中文字体”由默认的“中文正文”改为“宋体”；单击“字号”列表框下侧的滚动条，将“字号”由默认的“五号”改为“三号”；单击“字形”列表框下侧的滚动条，将“字形”由默认的“常规”改为“加粗”；单击“字体颜色”下拉列表框右侧的下拉按钮，将“字体颜色”由默认的“自动”改为“绿色”标准色；单击“确定”按钮，完成操作。具体设置如图 3-7 所示。

（2）选择各段落小标题内容，在“开始”选项卡下的“字体”功能组中单击“功能组”按钮，打开“字体”对话框，完成如下操作：单击“中文字体”下拉列表框右侧的下拉按钮，将“中文字体”由默认的“中文正文”改为“宋体”；单击“字号”列表框下侧的滚动条，将“字号”由默认的“五号”改为“四号”；单击“字形”列表框下侧的滚动条，将“字形”由默认的“常规”改为“加粗”。

（3）选择所有正文内容，在“开始”选项卡下的“字体”功能组中单击“功能组”按钮，打开“字体”对话框，完成如下操作：单击“中文字体”下拉列表框右侧的下拉按钮，将“中文字体”由默认的“中文正文”改为“宋体”；单击“字号”列表框下侧的滚动条，将“字号”改为“五号”。

5. 设置段落格式

（1）选择主标题内容，在“开始”选项卡下的“段落”功能组中完成如下操作：单击“居中”按钮；单击“功能组”按钮，打开“段落”对话框，将“段前”“段后”间距均设置为“0.5 行”，单击“确定”按钮，完成操作。具体设置如图 3-8 所示。

（2）选择各段落小标题内容，在“开始”选项卡下的“段落”功能组中完成如下操作：单击“左对齐按钮”；单击“功能组”按钮，打开“段落”对话框，将“段前”“段后”间距均设置为“0 行”，单击“确定”按钮，完成操作。

（3）选择所有正文内容，在“开始”选项卡下的“段落”功能组中完成如下操作：单击“功能组”按钮，打开“段落”对话框，在“缩进”区域设置“特殊格式”为“首行缩进”，“缩进值”为“2 字符”；在“间距”区域设置“行距”为“1.5 倍行距”；单击“确定”按钮，完成操作。具体设置如图 3-9 所示。

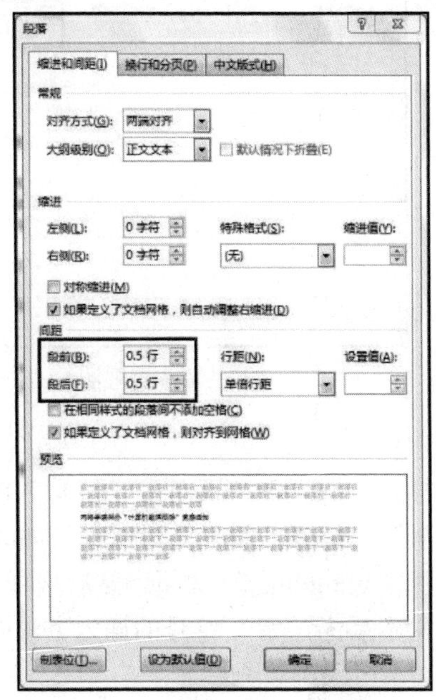

图 3-8　设置主标题段落格式

图 3-9　设置正文段落格式

6. 设置竞赛时间地点文本内容的格式

（1）选择“竞赛时间”“竞赛地点”文本，在“开始”选项卡下的“字体”功能组中单击“功能组”按钮，打开“字体”对话框，在“所有文字”区域的“下划线线型”下拉列表中选择“波浪线”选项，在“下划线颜色”下拉列表中选择“红色”标准色，单击“确定”按钮，完成操作。具体设置如图 3-10 所示。

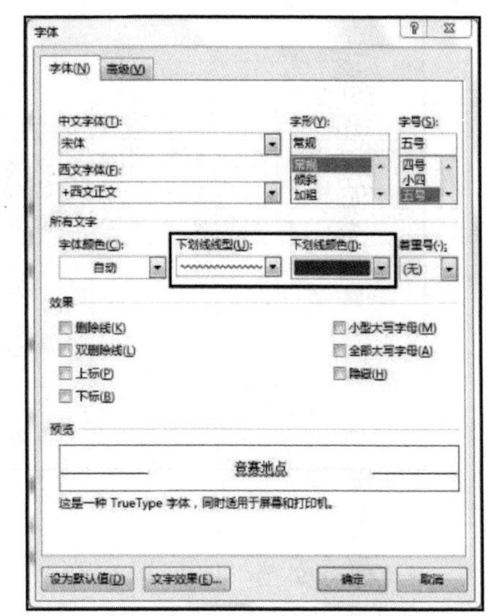

图 3-10　添加下划线

（2）选择“2020 年 5 月 16 日上午 8:00-11:30”文本，在“开始”选项卡下的“段落”功能组中单击“边框”按钮右侧的“下拉列表”按钮，在下拉列表中选择“边框和底纹”选项，打开“边框和底纹”对话框，设置边框类型为“方框”，默认样式，颜色为“红色”标准色，宽度为“1.0 磅”，应用于“文字”，单击“确定”按钮，完成操作。具体设置如图 3-11 所示。

（3）选择“实验实训中心计算机组装与维护实验室”文本，在“开始”选项卡下的“字体”功能组中单击“功能组”按钮，打开“字体”对话框，在“所有文字”区域的“着重号”下拉列表中选择“着重号”选项，单击“确定”按钮，完成操作。具体设置如图 3-12 所示。

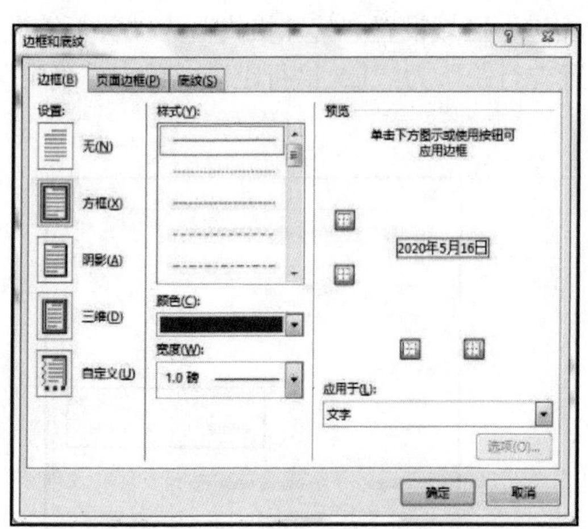

图 3-11　设置文字边框

图 3-12　添加着重号

7. **插入特殊符号**

将鼠标光标移动到“联系人”文本后面，单击“插入”选项卡，再单击“符号”功能组的“符号”按钮，在弹出的下拉列表中选择“其他符号”，打开“符号”对话框，如图 3-13 所示，在“符号”选项卡的“字体”下拉列表框中选择“Wingdings”选项，然后选择“☺”符号，单击“插入”按钮，完成操作。“联系电话”文本后的“☎”符号的插入方法同上，此处不再赘述。

8. **设置通知落款格式**

选择通知落款内容，在“开始”选项卡下的“段落”功能组中单击“右对齐”按钮，如图 3-14 所示。

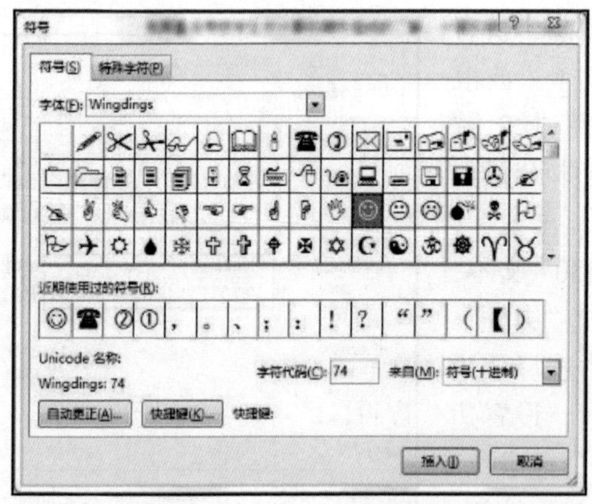

图 3-13　插入特殊符号

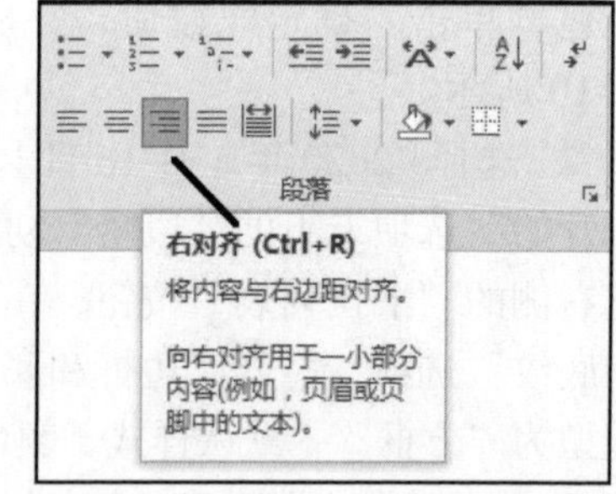

图 3-14　设置通知落款格式

9. **保存文档**

所有操作完成后，检查没有问题，单击快速工具栏中的“保存”按钮，对文档进行保存。

3.1.5　任务小结

通过完成本任务，我们学习了 Word 2016 软件的使用，包含 Word 2016 软件的启动、文本的录入与编辑、文字和段落格式的设置以及页面格式的设置和版式设计。通过实践操作，我们了解了 Word 2016 软件在文字处理方面的强大功能。

3.1.6 基础知识

3.1.6.1 Word 2016 的启动与退出

Word 2016 是用于文字处理的软件，它是微软公司的 Office 2016 办公软件的其中一个组件，通常用于文档的创建和排版，例如，创建通知、计划、总结、报告等文档，各种表格、图文混合排版，还可以进行长文档的处理，如排版论文、书籍等。

1. 启动软件

Word 2016 的启动界面如图 3-2 所示。在启动界面，可以打开最近使用的文档，可以直接创建空白文档或利用模板创建文档。

启动 Word 2016 的方法有很多，常用的有以下 3 种。

方法一：选择“开始”→“所有程序”→“Word 2016”命令，可以启动软件。

方法二：如果计算机桌面上有 Word 2016 的快捷方式，双击可以启动软件。

方法三：按【Win+R】组合键，启动运行窗口，输入“Winword”命令，单击“确定”按钮，可以启动软件。

2. 工作界面

通常情况下，我们在启动界面会单击“空白文档”进入工作界面。工作界面包含标题栏、快速访问工具栏、选项卡、功能区、文档编辑区、水平滚动条、垂直滚动条、状态栏等，工作界面如图 3-3 所示。

（1）标题栏

标题栏主要显示当前编辑的文档名称和窗口标题。

（2）快速访问工具栏

快速访问工具栏中放置的是用户经常使用的一些工具按钮，合理地设置工具栏中的按钮可以极大地提高办公效率。不同的用户可以根据需要增加或删除工具栏中的按钮。我们以添加工具按钮为例，单击快速访问工具栏的“自定义快速访问工具栏”“下拉列表”按钮，弹出下拉列表，在下拉列表中选择需要添加的功能，单击选择的功能前面会出现一个“✓”，快速访问工具栏处会出现相应的按钮，如图 3-15 所示。如果需要添加的功能不在“自定义快速访问工具栏”下拉列表中，可以选择“其他命令”选项，打开“Word 选项”对话框，然后对“快速访问工具栏”进行功能的添加或删除，如图 3-16 所示。

（3）选项卡

选项卡显示的是 Word 2016 的菜单，每个选项卡对应一个功能区。Word 2016 中所有的功能都可以通过选项卡及其对应的功能区来完成。

（4）功能区

功能区与选项卡相对应，功能区是由一个个功能组组成的，是 Word 2016 的核心操作区域。

（5）文档编辑区

文档编辑区是文档的工作区域，在该区域可以编辑文本、插入表格和图形图像等，所有的文档编辑都在文档编辑区内进行。在文档编辑区中，不断闪烁的“|”是光标插入点，其作用是标记新输入字符的位置。

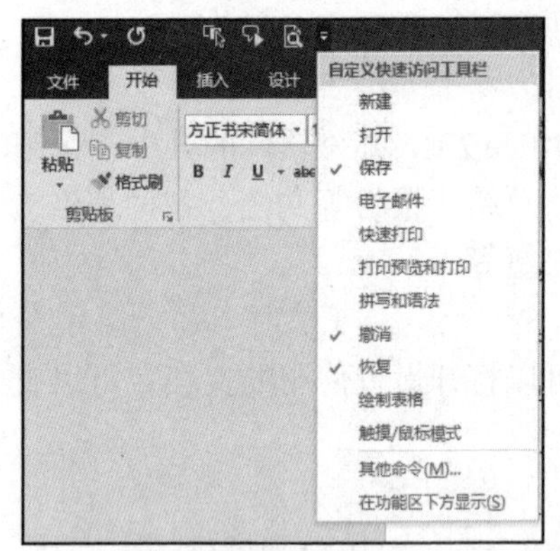

图 3-15　为快速访问工具栏添加工具

图 3-16　为快速访问工具栏添加其他命令

（6）水平、垂直滚动条

Word 文档有水平、垂直两个滚动条，当窗口不能完全显示文档内容时就会自动出现滚动条，滚动条中的方形滑块显示当前阅览内容在整个文档中的相对位置。滚动条两端的箭头可以上下、左右滚动文本内容，滑动鼠标的滚轮可以上下滚动文本内容，拖动滚动条中的滑块也可以滚动文本内容。

（7）状态栏

状态栏位于文档窗口的最底部，显示的是窗口查看内容的当前状态及其他信息，如图 3-17 所示。

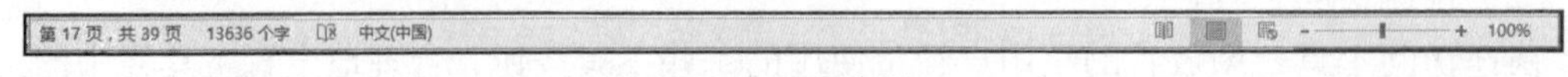

图 3-17　状态栏

3．退出文档

当 Word 文档所有的操作都完成后，我们需要退出文档。退出文档有以下 3 种常用方法。

方法一：单击“文件”选项卡，选择“关闭”选项。

方法二：在文档窗口的右上角单击“关闭”按钮。

方法三：使用【Alt+F4】组合键，快速退出文档。

3.1.6.2　Word 2016 的基本操作

1．新建文档

想要使用 Word 2016，首先要学会新建文档，常用的新建文档的方法有以下 3 种。

方法一：创建空白文档。

启动 Word 2016 后，在启动界面，用户可以单击“空白文档”，新建一个空白文档；在 Word 2016 的工作界面，单击“文件”选项卡，选择“新建”选项，选择空白文档，可以新建一个空白文档。

方法二：使用本机上的模板新建文档。

Word 2016 软件中有预设的模板文档，用户可以通过选择模板来新建文档。在启动界面，用户可以选择模板新建文档；在工作界面，单击“文件”选项卡，选择“新建”选项，可以选择模板新建文档。

方法三：使用联机模式。

微软公司提供了很多精美的专业模板，在联机模式下，用户可以在“搜索联机模板”搜索框输入想要的模板类型，然后单击“搜索”按钮，单击搜索到的模板即可新建文档。

2. 打开文档

Word 2016 提供了多种打开已有文档的方法，常用的方法有以下 3 种。

方法一：直接打开文档。

正常情况下，双击要打开的文档的图标，即可打开文档；或者将鼠标指针放至将要打开的文档图标上，单击鼠标右键，在快捷菜单中选择“打开”命令，也可打开文档；或者将鼠标指针放至要打开的文档的图标上，单击鼠标右键，在快捷菜单中选择“打开方式”级联菜单中的“Word 2016”命令，即可用 Word 2016 软件打开文档。

方法二：以副本方式打开文档。

为了保护原文档的内容，可以选择以副本方式打开文档。以副本方式打开文档的本质就是创建一个和原文档内容完全一致的新文档。其具体操作步骤如下。

（1）单击“文件”选项卡，选择“打开”选项。

（2）在“打开”区域，双击“这台电脑”选项或单击“浏览”选项，如图 3-18 所示。

（3）在“打开”对话框中选择要建立副本的文档，单击“打开”按钮右侧的下拉按钮，在下拉列表中选择“以副本方式打开”选项，如图 3-19 所示，即可创建一个“副本”文档。

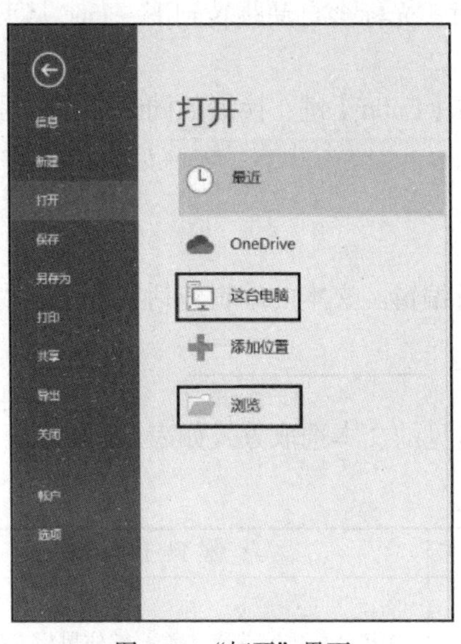

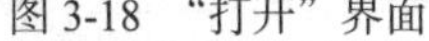
图 3-18　“打开”界面

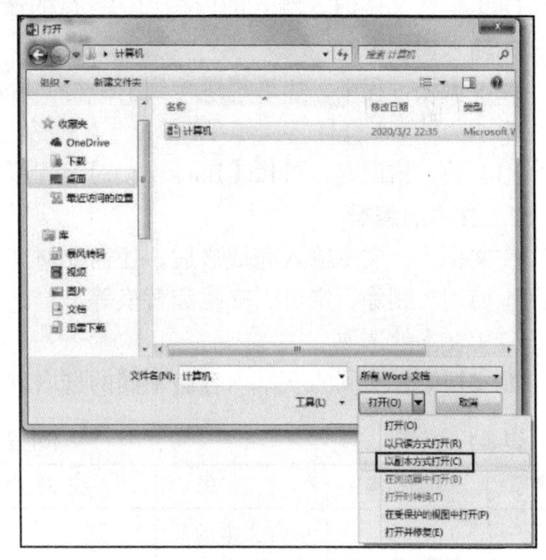

图 3-19　以“副本方式打开”文档

方法三：快速打开文档。

单击“文件”选项卡，选择“打开”选项，在“打开”区域单击“最近”选项，在右侧可以看到最近打开的文档，单击文件可以快速打开文档。

3. 保存文档

当对文档的所有操作都完成之后，保存文档是非常重要的一步。在操作中，用户要养成随时保存的习惯，以免因为计算机故障造成损失。常用的保存文档的方法有以下 2 种。

方法一：使用“保存”操作。

（1）在快速访问工具栏中单击“保存”按钮。

（2）单击“文件”选项卡，选择“保存”选项。

（3）使用【Ctrl+S】组合键。

方法二：使用“另存为”操作。

对已经存在的文档，单击“文件”选项卡，选择“另存为”选项，在“另存为”区域双击“这台电脑”或单击“浏览”选项，在打开的“另存为”对话框中为文档重新设置保存路径、文件名或文件类型，如图 3-20 所示。

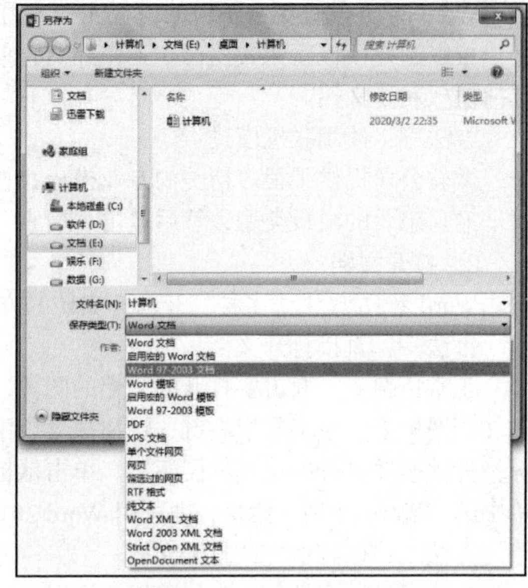

图 3-20 “另存为”对话框

3.1.6.3 文本的输入与编辑

1. 文本的输入

文本的类型有文字、日期时间、符号和特殊符号等。文本的输入都是从光标插入点开始的，闪烁的垂直光标“|”就是插入点，输入过程中光标不断向右移动。用户在输入文本时要注意以下几点。

（1）输入文本时，输入的内容到达一行的最右端时，光标会自动跳转到下一行，从下一行开始输入内容。

（2）输入过程中，如果想跳转到下一行，可直接按【Enter】键，换行的同时会在行尾留下一个“↵”回车符号。

（3）输入错误时，可按【Backspace】键删除字符。

2. 文本的编辑

在文档中，文本输入完成之后，还需要对文本进行编辑。文本的编辑包括文本的选取、复制、剪切、删除、定位、查找和替换等。

（1）文本的选取

在文档中，不同的文本内容有不同的选取方式，常见的文本选取方式如表 3-1 所示。

表 3-1 文本的选取

序号	功　能	方　法	注 意 事 项	具 体 操 作
1	鼠标拖曳选取连续文本	确定文本的起始位置，利用鼠标拖曳进行连续文本的选取	按住鼠标左键拖曳	确定文本开始选取位置，按住鼠标左键将指针拖曳至文本选取结束位置
2	鼠标拖曳选取不连续文本	使用快捷键进行不连续文本的选取	【Ctrl】键	按住鼠标左键拖曳选取第一部分文本，按住【Ctrl】键，按住鼠标左键拖曳完成第二部分文本的选取，重复上述步骤，直至完成所有文本的选取

续表

序号	功 能	方 法	注 意 事 项	具 体 操 作
3	整行文本选取	选取整行的文本内容	鼠标指针	鼠标指针移动至需选取文本行的最左侧，当鼠标指针变成“↗”时，单击即可完成该行文本的选取
4	整段文本选取	选取整段的文本内容	鼠标指针	鼠标指针移动至需选取段落的最左侧，当鼠标指针变成“↗”时，双击即可完成该段文本的选取
5	长篇文本的选取	使用【Shift】键的快速选中功能	【Shift】键	单击文本的起始位置，鼠标指针移动至文本选取结束位置，按住【Shift】键的同时单击鼠标左键，即可完成长篇文本的选取
6	全部文本选取	快捷键选取	【Ctrl+A】组合键	按【Ctrl+A】组合键选取全部文本
7	光标前后文本的选取	快捷键选取	【Ctrl+Shift+Home】组合键 【Ctrl+Shift+End】组合键	定位光标，按【Ctrl+Shift+Home】组合键选取光标前的文本；按【Ctrl+Shift+End】组合键选取光标后的文本

（2）文本的复制

文本的复制是指将文档中某部分内容复制到文档的另一个位置，获得原文本的一个副本，两段文本同时存在。实现文本的复制有以下 3 种方法。

方法一：选取要复制的文本，在“开始”选项卡中单击“剪贴板”功能组中的“复制”按钮，再将光标定位到要粘贴文本的位置，单击“剪贴板”功能组中的“粘贴”按钮，将剪贴板中的文本粘贴到目标位置，完成文本的复制。

方法二：选取要复制的文本，按【Ctrl+C】组合键进行复制，再将光标定位到要粘贴文本的位置，按【Ctrl+V】组合键进行文本的粘贴。

方法三：选取要复制的文本，按住【Ctrl】键的同时按住鼠标左键拖曳文本到要粘贴的位置也可以完成文本的复制。

（3）文本的剪切

剪切文本是指将文档中的文字从一个位置移动到另一个位置，原来位置的文字将被删除。实现文本的剪切有以下 3 种方法。

方法一：选取要剪切的文本，在“开始”选项卡中单击“剪贴板”功能组中的“剪切”按钮，再将光标定位到要粘贴文本的位置，单击“剪贴板”功能组中的“粘贴”按钮，将剪贴板中的文本粘贴到目标位置，即完成文本的剪切。

方法二：选取要剪切的文本，按【Ctrl+X】组合键进行剪切，再将光标定位在要粘贴文本的位置，按【Ctrl+V】组合键进行文本粘贴。

方法三：选取要剪切的文本，当鼠标指针变为“↖”形状时，拖曳文本到目标位置，即可完成文本的剪切。

（4）文本的删除

删除文本是指将文档中选择的文字删除，实现文本的删除有以下 2 种方法。

方法一：选取要删除的文本，按【Delete】键即可删除。

方法二：在光标闪烁的位置，按【Delete】键可删除光标后的字符；按【Backspace】键可删除光标前的字符。

（5）文本的定位

当文档的文本内容较多时，除了可以拖动垂直滚动条上的滑块实现文档的翻页，还可以使用 Word 2016 的定位功能来查看。定位功能可以通过指定页、节、行、书签、批注等快速定位到文档的指定位置。其具体操作方法如下。

① 单击“开始”选项卡，在“编辑”功能组中单击“查找”按钮右侧的下拉按钮，在下拉列表中选择“转到”选项，如图 3-21 所示；或者使用【Ctrl+G】组合键打开“查找和替换”对话框，如图 3-22 所示。

② 在“定位”界面中的“定位目标”列表框中选择合适的定位目标，即可定位到文档的指定位置。

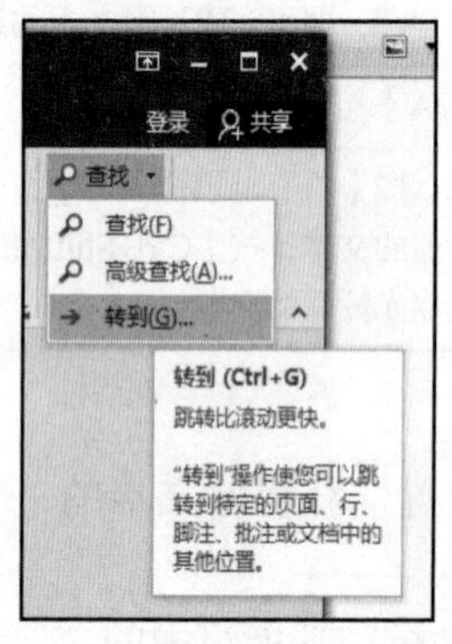

图 3-21　选择“转到”选项

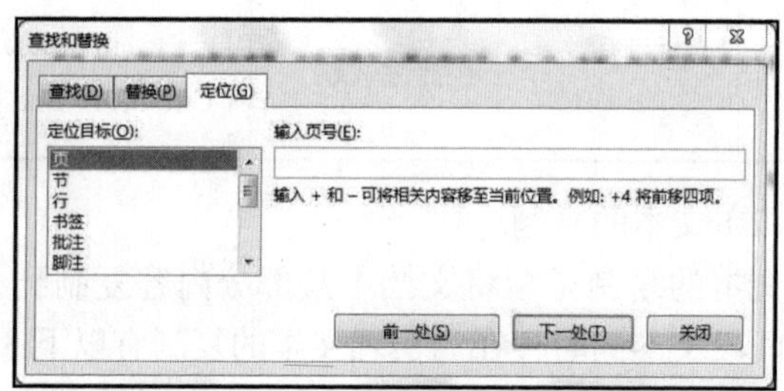

图 3-22　“查找和替换”对话框

（6）文本的查找和替换

利用查找和替换功能能够对文档中的内容进行快速查找，并可以对查找到的内容进行替换。

① 查找

单击“开始”选项卡，在“编辑”功能组中单击“查找”按钮，在窗口的左侧出现“导航窗格”，在搜索框中输入字符，单击“🔍”按钮，在文档中对输入的字符进行查找，查找结果显示在“导航窗格”的搜索框的下方；单击“查找”按钮右侧的下拉按钮，在下拉列表中选择“高级查找”选项，打开“查找和替换”对话框的“查找”选项卡，在“查找内容”文本框中输入想要查找的内容，单击“查找下一处”按钮进行查找。单击“更多”按钮，使对话框完全显示，可以在“搜索选项”区域对文档搜索进行设置。查找时，可以使用通配符“？”和“*”。“？”表示任意一个字符，“*”表示任意多个字符，如图 3-23 所示。

② 替换

单击“开始”选项卡，在“编辑”功能组中单击“替换”按钮，打开“查找和替换”对话框的“替换选项卡”，在“查找内容”文本框中输入替换前的文本内容，在“替换为”文本框中输入替换后的文本内容，单击“更多”按钮，可以对替换后的内容进行其他参数的设置。设置完成后，单击“替换”或“全部替换”按钮开始替换，如图 3-24 所示。

在“查找和替换”对话框中单击“格式”按钮，可以在下拉列表中选择相应的选项来设置查找或替换的格式。

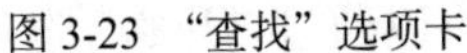
图 3-23　“查找”选项卡

图 3-24　“替换”选项卡

3.1.6.4　文字和段落格式的设置

1．设置文字格式

文字是文档中最基本的元素，文字外观的设置直接影响人们阅读文档的效果，因此文字格式的设置是非常重要的。常用的文字格式的设置包括字体、字形、字号、字体颜色、效果等。文字格式设置可以通过“开始”选项卡下的“字体”功能组或“字体”对话框完成。“字体”功能组的功能介绍如图 3-25 所示。

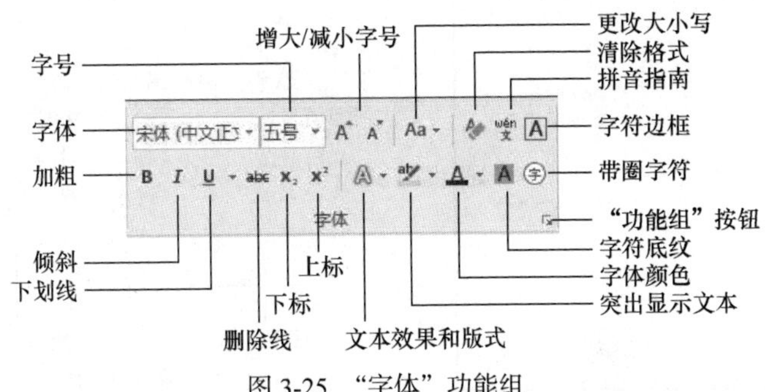

图 3-25　“字体”功能组

（1）“字体”指的是某种语言字符的样式，用户可以根据需要设置字体。

（2）“字号”指的是字符的大小。字号有两个单位标准：“磅”值和“号”值。

（3）“A▲”是“增大字号”按钮，随着单击该按钮，字号逐步增大；“A▼”是“减小字号”按钮。

（4）“Aa”是“更改大小写”按钮，单击其右侧的下拉按钮，可设置多种组合样式。

（5）“A”是“清除格式”按钮，可以清除所有格式。

（6）“wén 文”是“拼音指南”按钮，可以在选取的文字上方添加拼音以标明发音。

（7）“A”是“字符边框”按钮，可以给选取的文字添加黑色边框。

（8）“字形”设置区域，从左到右依次为“加粗”“倾斜”和“下划线”3 个按钮。单击“下划线”右侧的下拉按钮还可以设置下划线的线型、颜色。

（9）“~~abc~~”是“删除线”按钮，效果是在文本中间画一条线。

（10）“X_2”是“下标”按钮，常用于编辑数学公式。

（11）“X^2”是“上标”按钮，常用于编辑数学公式。

（12）“A”是“文本效果和版式”按钮，可以为文本内容添加多种文本效果。

（13）“ab”是“突出显示文本”按钮，效果是以用户选择的亮色突出显示文本内容。

（14）“A -”是“字体颜色”按钮，单击其右侧的下拉按钮，在下拉列表中有多种颜色供用户选择。

（15）“A”是“字符底纹”按钮，可以为文本添加灰色的底纹效果。

（16）“㊢”是“带圈字符”按钮，可以为字符添加圆圈或边框，以示强调。

“字体”对话框如图 3-26 所示。单击“高级”选项卡，还可以对字符间距等相关参数进行设置。

2. 设置段落格式

段落指的是一句或多句包含相同主题的句子。段落格式包含很多方面，常用的段落格式包括对齐方式、字符缩进、段落间距、行间距等。段落格式可以通过“开始”选项卡中的“段落”功能组或“段落”对话框进行设置。“段落”功能组的功能介绍如图 3-27 所示。

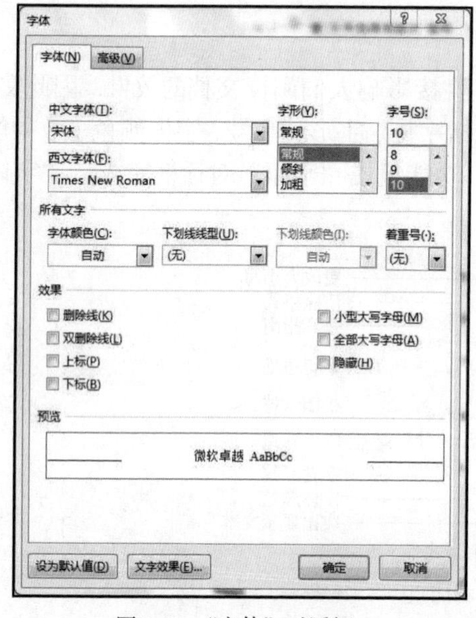

图 3-26 “字体”对话框

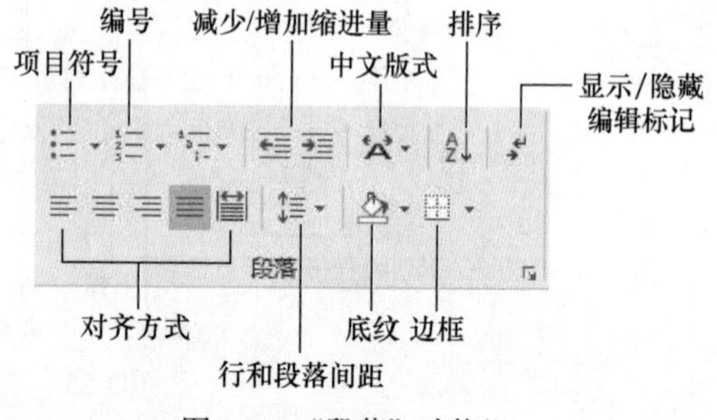

图 3-27 “段落”功能组

（1）“项目符号”“编号”可以为选取的段落添加项目符号或编号。

（2）“减少/增加缩进量”可以减少或增加所选段落的缩进值。

（3）“中文版式”包含“纵横混排”“合并字符”“双行合一”等选项。

（4）“排序”可以对所选内容按照一个或多个关键字及指定类型排序。

（5）“显示/隐藏编辑标记”可以显示或隐藏段落标记或其他格式符号。

（6）“对齐方式”包含 5 种，分别为“左对齐”“居中”“右对齐”“两端对齐”“分散对齐”。

（7）“行和段落间距”可以调整所选取段落的行或段落之间的间隔距离。

（8）“底纹”可以设置所选文字的背景颜色。

（9）“边框”可以设置所选文字的边框类型。

"段落"对话框如图 3-28 所示。

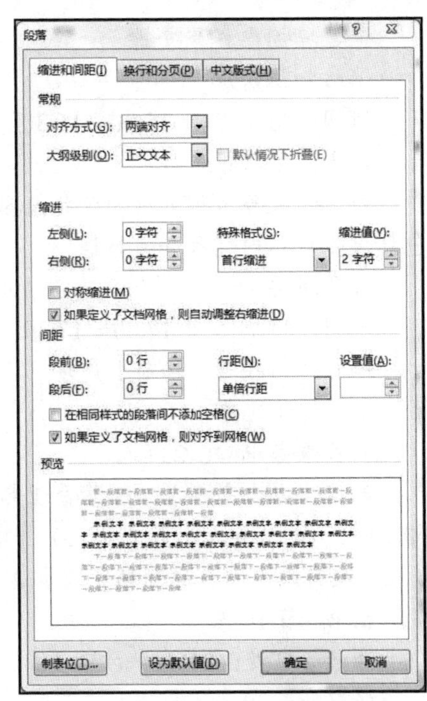

图 3-28　"段落"对话框

3.1.6.5　页面设置和版式设计

1．页面设置

一篇设计精美的文档，除了设置文字和段落格式外，还需要对页面进行设置，常用的页面设置包括纸张大小、纸张方向和页边距等。"页面设置"功能组如图 3-29 所示。

（1）"页边距"是页面的正文区域和纸张边线之间的空白距离。页边距太小会影响文档的修订，太大又会影响文档的美观且浪费纸张。

（2）"纸张大小"是选择需要使用的纸型，可以选择使用 Word 内置的文档页面纸型，也可以自定义纸张的大小。

（3）"纸张方向"分为"纵向"和"横向"两种。

2．分栏

当文档中的某一段文字较长、不便阅读时，可以使用分栏功能，使页面看起来更具特色和观赏性。分栏的具体操作如下：单击"布局"选项卡，在"页面设置"功能组中单击"分栏"按钮，在下拉列表中选择相应的分栏参数即可，如图 3-30 所示。

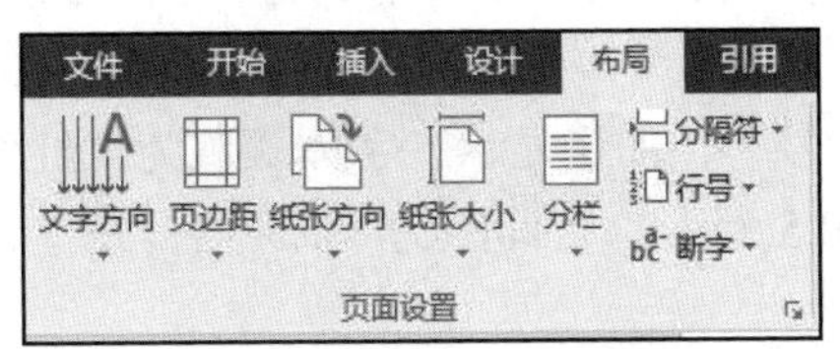

图 3-29　"页面设置"功能组

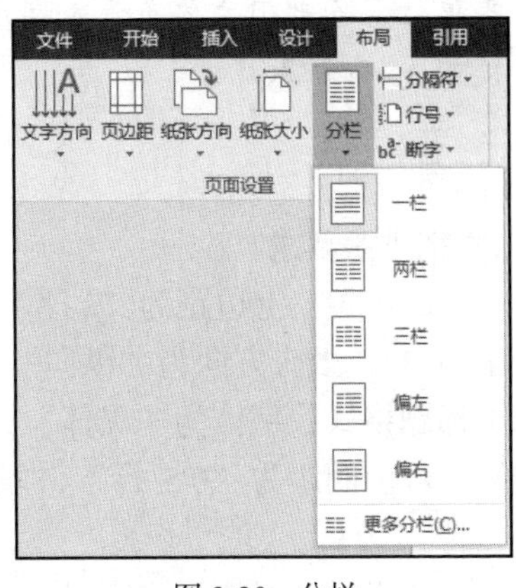

图 3-30　分栏

3.1.7　拓展训练

新建一个 Word 文档，将其命名为"关于组织开展消防培训的通知"。

1．录入内容

关于组织开展消防培训的通知

为进一步落实我校消防工作责任制，提高师生和各重点工种人员的消防安全意识和自救逃生技能，保障学校师生和各重点工种人员的人身财产安全，在"11·9"全国消防日来临之际，学校决定组织开展一次消防培训。现将相关事宜通知如下。

一、培训内容及安排

消防知识讲座

时间：11 月 5 日 15:00—16:30

地点：第三报告厅

内容：义务消防员应知应会内容及职责；消防工作管理人员职责；消防工作台账建设，包括设立台账内容及如何归档。

灭火演练

时间：11 月 5 日 17:00—17:30

地点：田径运动场前小广场

二、培训对象

教育服务中心：237 人

包括：办公室 6 人、经营管理部 60 人、食堂管理部 120 人、宿管中心 20 人、水电管理部 10 人（电工 6 人、木工 4 人）、培训管理部 10 人、物业管理部 9 人（环卫工 5 人、花工 4 人）及行政中心、运动场管理员 2 人

图书馆：10 人

资产管理处：20 人

保卫处：20 人

各单位、各部门消防责任人、消防安全管理人、消防档案管理员、未参加过消防培训的教职员工、全体义务（兼职）消防员（每个学院不少于 25 人）。

三、培训要求

请各单位、各部门主要负责人高度重视，认真组织，指定专人负责，做好人员安排与考勤，并提前 15 分钟入场。

校保卫处

2020 年 11 月 1 日

2. 文档排版要求

（1）页面设置：上边距为“2 厘米”，下边距为“1.5 厘米”，左右边距均为“2 厘米”，纸张大小为 B5，纸张方向为“纵向”。

（2）标题格式：字体为“黑体”，字号为“二号”，加粗显示，字体颜色为“红色”，加着重号；段前间距为“0.5 行”，段后间距为“0.5 行”，行间距为“1.5 倍行距”，居中对齐。

（3）正文格式：字体为“仿宋”，字号为“四号”；行间距为“固定值”“20 磅”，首行缩进“2 个字符”。段落间距为段前“0.3 行”，段后“0.3 行”。

（4）子标题格式：加粗显示，加“波浪线”型下划线，字体颜色为“蓝色”。

（5）第一子标题下的内容加红色项目符号“★”，第二子标题下的内容加紫色项目符号“➢”。

（6）落款内容：字体为“仿宋”，字号为“四号”，行间距为“固定值”“20 磅”，右对齐。

3. 编辑后的文档效果

文档效果如图 3-31 所示。

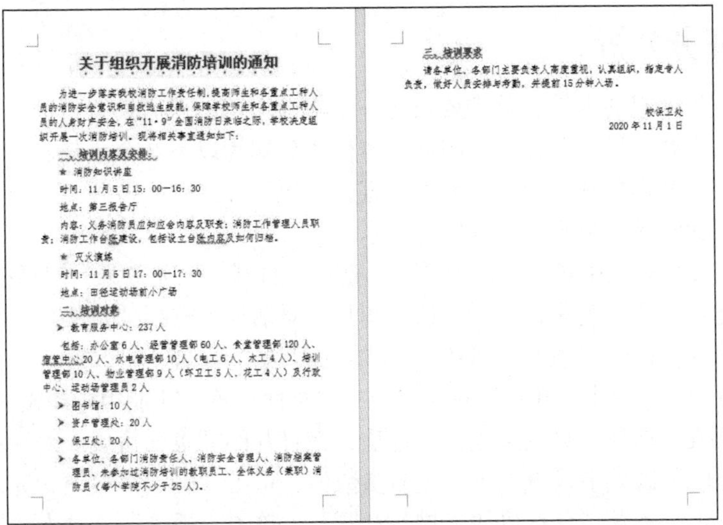

关于组织开展消防培训的通知

为进一步落实我校消防工作责任制，提高师生和各重点工种人员的消防安全意识和自救逃生技能，保障学校师生和各重点工种人员的人身财产安全，在“11·9”全国消防日来临之际，学校决定组织开展一次消防培训，现将相关事宜通知如下：

二、培训内容及安排

★ 消防知识讲座

时间：11 月 5 日 15：00—16：30

地点：第三报告厅

内容：义务消防员应知应会内容及职责；消防工作管理人员职责；消防工作台账建设，包括设立台账内容及如何归档。

★ 灭火演练

时间：11 月 5 日 17：00—17：30

地点：田径运动场前小广场

二、培训对象

➢ 教育服务中心：237 人

包括：办公室 6 人、经营管理部 60 人、食堂管理部 120 人、宿管中心 20 人、水电管理部 10 人（电工 6 人、木工 4 人）、培训管理部 10 人、物业管理部 9 人（环卫工 5 人、花工 4 人）及行政中心、运动场管理员 2 人

➢ 图书馆：10 人

➢ 资产管理处：20 人

➢ 保卫处：20 人

➢ 各单位、各部门消防责任人、消防安全管理人、消防档案管理员、未参加过消防培训的教职员工、全体义务（兼职）消防员（每个学院不少于 25 人）。

三、培训要求

请各单位、各部门主要负责人高度重视，认真组织，指定专人负责，做好人员安排与考勤，并提前 15 分钟入场。

校保卫处

2020 年 11 月 1 日

图 3-31　“关于组织开展消防培训的通知”样文

任务 3.2　制作“技能大赛”宣传海报

3.2.1　任务目标

利用 Word 2016 软件对“技能大赛宣传海报”进行格式设置与排版。

3.2.2　任务描述

为了丰富学生的课余生活，锻炼学生的实践动手能力，网络学院已经通知于 2020 年 5 月举办计算机技能竞赛，为了让更多学生了解这个竞赛，让更多的学生报名参与这个竞赛，现需制作“技能大赛”宣传海报，效果如图 3-32 所示。

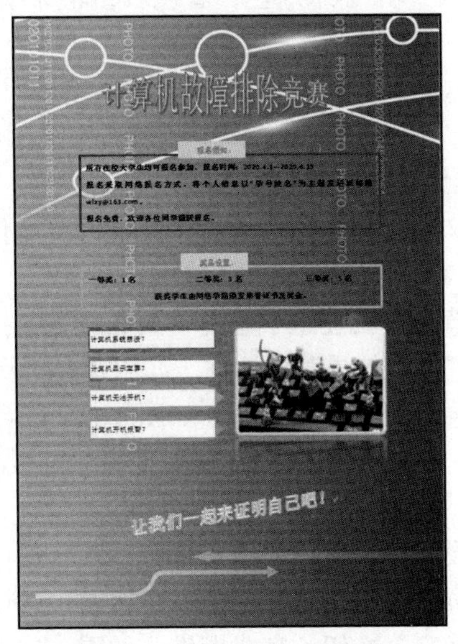

图 3-32　“技能大赛”宣传海报

3.2.3 任务分析

想要完成宣传海报的设计，首先要新建一个空白文档，然后设置页面、添加艺术字、添加文本框、录入内容、导入图片等，因此，本任务分解为以下 8 个小任务。

（1）新建空白文档并命名为“技能大赛宣传海报”。

（2）设置页面背景：单击“设计”选项卡，在“页面背景”功能组中单击“页面颜色”按钮，在打开的下拉列表中选择“填充效果”选项，打开“填充效果”对话框，单击“图片”选项卡中的“选择图片”按钮，打开“插入图片”对话框，选择“从文件 浏览”选项，找到素材图片的路径，单击“插入”按钮，完成页面背景的设置。

（3）设置页边距：单击“布局”选项卡，在“页面设置”功能组中单击“页边距”按钮，在打开的下拉列表中选择“自定义边距”选项，在打开的“页面设置”对话框的“页边距”选项卡的“页边距”区域中设置上下、左右参数值，单击“确定”按钮，完成操作。

（4）添加艺术字标题“计算机故障排除竞赛”：单击“插入”选项卡，在“文本”功能组中单击“艺术字”按钮，在下拉列表中选择“填充-红色，着色 2，轮廓-着色 2”主题的艺术字，输入“计算机故障排除竞赛”；单击“绘图工具”/“格式”选项卡，在“艺术字样式”功能组中单击“文本填充”按钮右侧的下拉按钮，在下拉列表中选择“黄色”标准色；单击“文本效果”按钮，在下拉列表中选择“转换”→“弯曲”→“停止”，完成操作。

（5）添加文本框：单击“插入”选项卡，在“文本”功能组中单击“文本框”按钮，选择合适的选项并绘制文本框，设置文本框的填充色及边框的粗细与颜色，输入内容，设置内容格式；单击“插入”选项卡，在“插图”功能组中单击“形状”按钮，在下拉列表中选择“矩形”选项，设置矩形的填充色与边框，输入内容，调整内容格式。

（6）插入 SmartArt 图形：单击“插入”选项卡，在“插图”功能组中单击“SmartArt”按钮，在“选择 SmartArt 图形”对话框中选择“垂直重点列表”，输入内容，调整格式。

（7）插入图片：单击“插入”选项卡，在“插图”功能组中单击“图片”按钮，打开“插入图片”对话框，选择素材图片并设置格式。

（8）插入艺术字：在文档底部插入“填充-水绿色，着色 1，轮廓-背景 1，清晰阴影-着色 1”主题艺术字并设置格式。

3.2.4 任务实现

1. 新建空白文档并命名为“技能大赛宣传海报”

启动 Word 2016 软件，新建空白文档，将文档命名为“技能大赛宣传海报”。

2. 设置页面背景

单击“设计”选项卡，在“页面背景”功能组中单击“页面颜色”按钮，在打开的下拉列表中选择“填充效果”选项，打开“填充效果”对话框，如图 3-33 所示。单击“图片”选项卡，单击“选择图片”按钮，打开“插入图片”对话框，如图 3-34 所示。选择“从文件 浏览”选项，找到素材图片的路径，单击“插入”按钮，完成页面背景的设置，如图 3-35 所示。

3. 设置页边距

单击“布局”选项卡，在“页面设置”功能组中单击“页边距”按钮，在下拉列表中选择“自定义边距”选项，在打开的“页面设置”对话框的“页边距”选项卡的“页边距”区域中设置上下、左右参数值，单击“确定”按钮，完成操作，如图 3-36 所示。

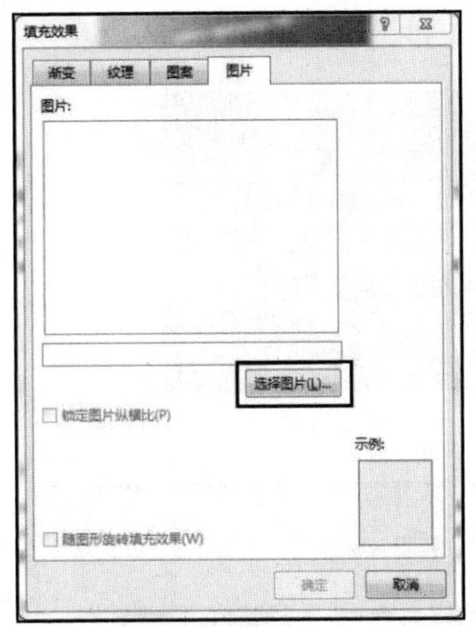

图 3-33 “填充效果”对话框

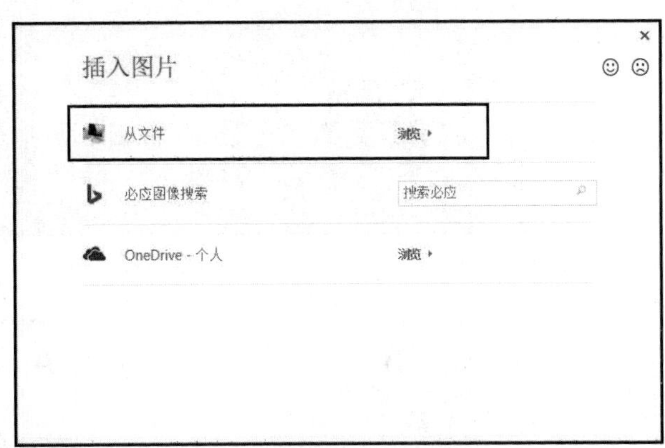

图 3-34 “插入图片”对话框

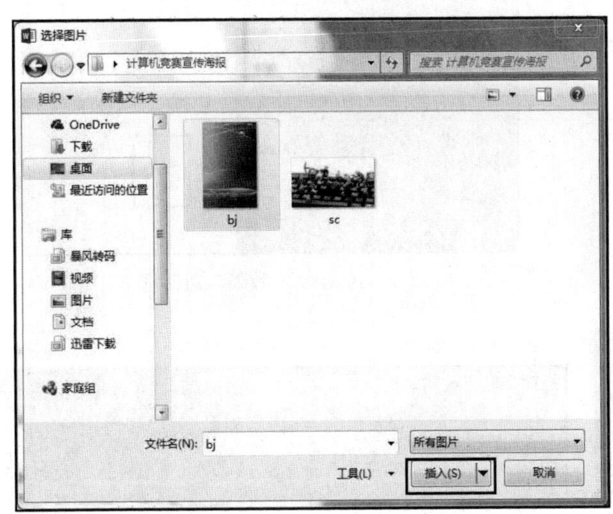

图 3-35 “选择图片”对话框

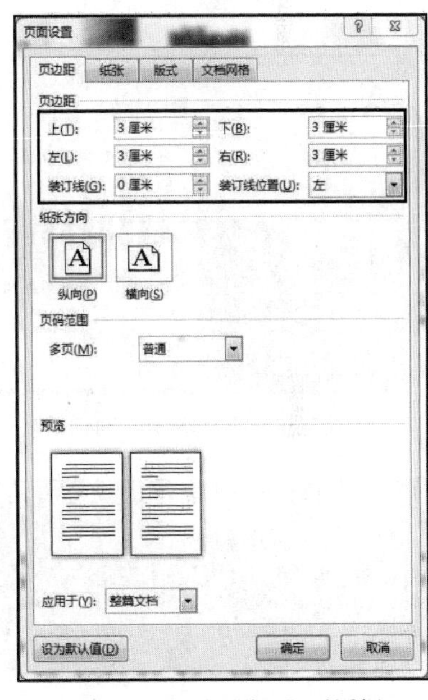

图 3-36 “页面设置”对话框

4. 添加艺术字标题

单击“插入”选项卡，在“文本”功能组中单击“艺术字”按钮，在下拉列表中选择“填充-红色，着色 2，轮廓-着色 2”主题的艺术字，输入“计算机故障排除竞赛”，如图 3-37 所示。单击“绘图工具”/“格式”选项卡，在“艺术字样式”功能组中单击“文本填充”按钮右侧的下拉按钮，在下拉列表中选择“黄色”标准色，如图 3-38 所示。单击“文本效果”按钮，在下拉列表中选择“转换”→“弯曲”→“停止”，如图 3-39 所示。

5. 添加文本框

单击“插入”选项卡，在“文本”功能组中单击“文本框”按钮，选择合适的选项并绘制文本框，设置文本框的填充色及边框的粗细与颜色，输入内容，设置内容格式；单击“插入”选项卡，在“插图”功能组中单击“形状”按钮，在下拉列表中选择“矩形”选项，设置矩形的填充色与边框，输入内容，调整内容格式，如图 3-40、图 3-41 所示。

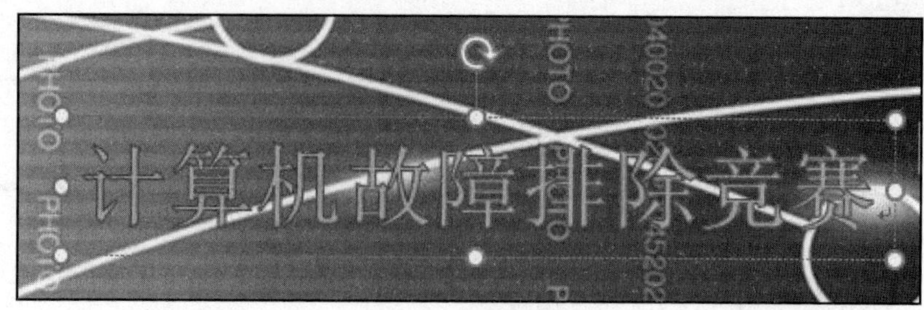

图 3-37　艺术字标题

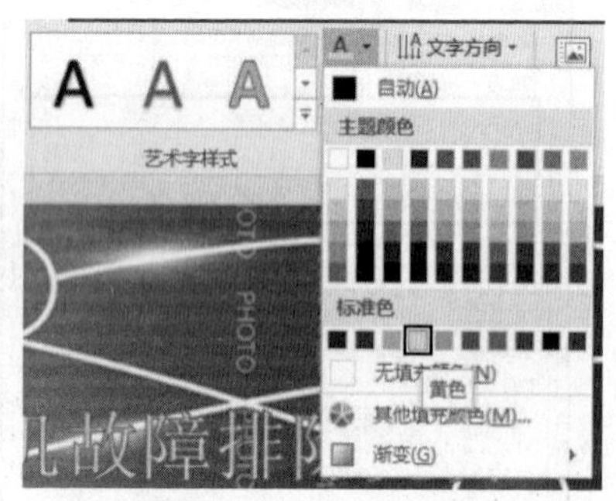

图 3-38　“文本填充”对话框

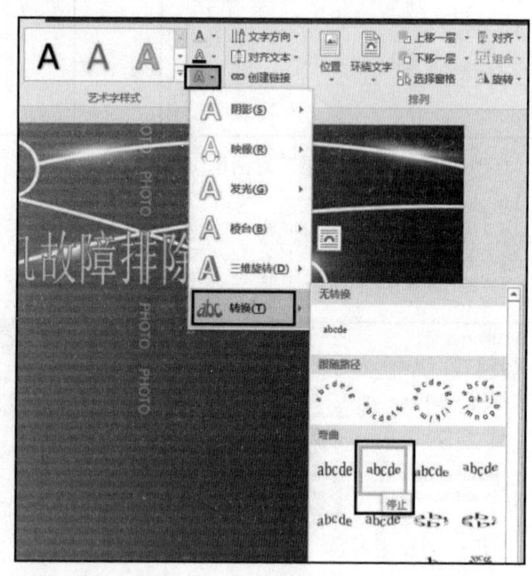

图 3-39　“文本效果”对话框

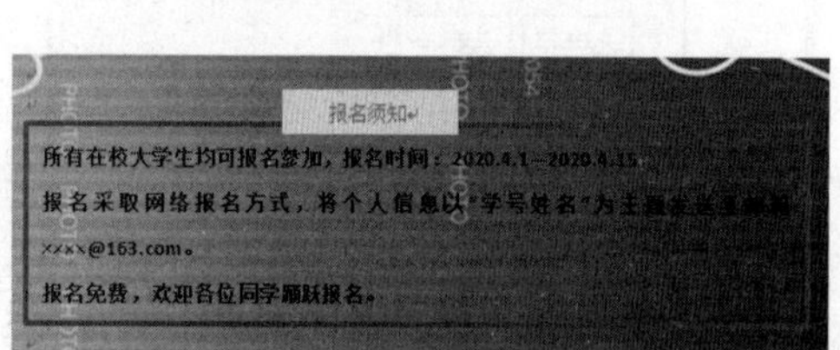

图 3-40　文本框 1

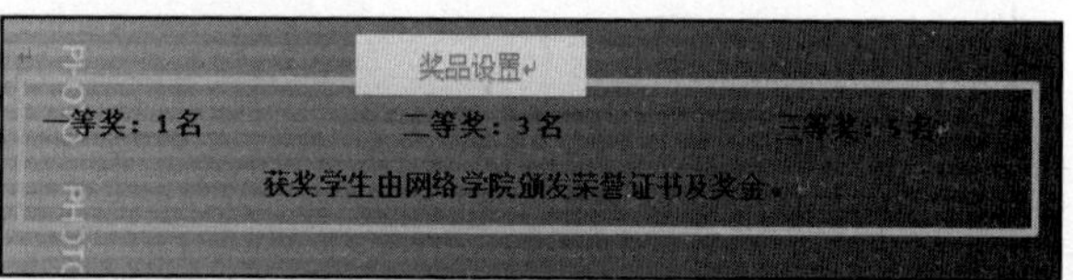

图 3-41　文本框 2

6. 插入 SmartArt 图形

单击“插入”选项卡，在“插图”功能组中单击“SmartArt”按钮，在“选择 SmartArt 图形”对话框中选择“垂直重点列表”，输入内容，调整格式，如图 3-42 所示。

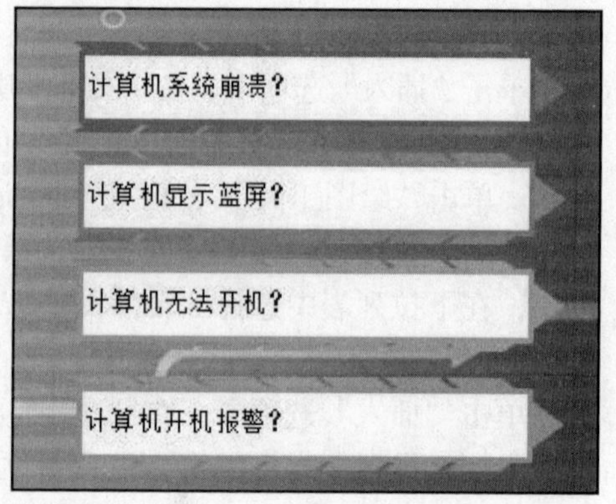

图 3-42　组织结构图

7. 插入图片

单击“插入”选项卡，在“插图”功能组中单击“图片”按钮，打开“插入图片”对话框，选择素材图片，单击“插入”按钮，完成图片的插入，如图 3-43 所示。单击“图片工具”/“格式”选项卡，在“图片样式”功能组中选择“映像棱台，白色”样式，如图 3-44 所示。

图 3-43　“插入图片”对话框

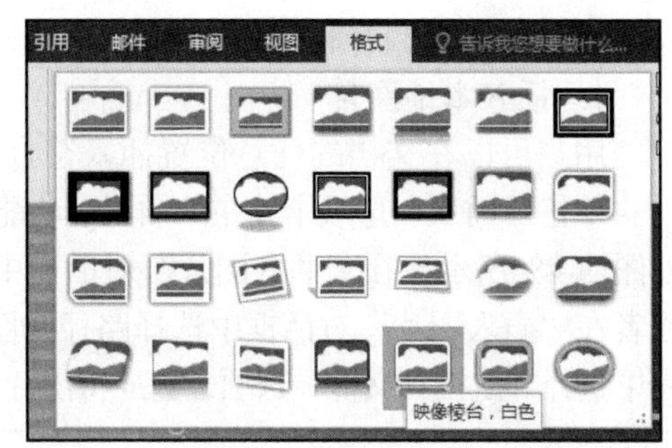

图 3-44　设置图片格式

8. 插入艺术字

在文档底部插入“填充-水绿色，着色 1，轮廓-背景 1，清晰阴影-着色 1”主题艺术字，输入内容“让我们一起来证明自己吧！”，如图 3-45 所示。单击“绘图工具”/“格式”选项卡，在“艺术字样式”功能组中单击“文本填充”右侧的下拉按钮，选择“橙色”标准色，如图 3-46 所示。单击“绘图工具”/“格式”选项卡，在“艺术字样式”功能组中单击“文本效果”按钮，在下拉列表中选择“三维旋转”→“平行”→“离轴 1 右”，如图 3-47 所示。

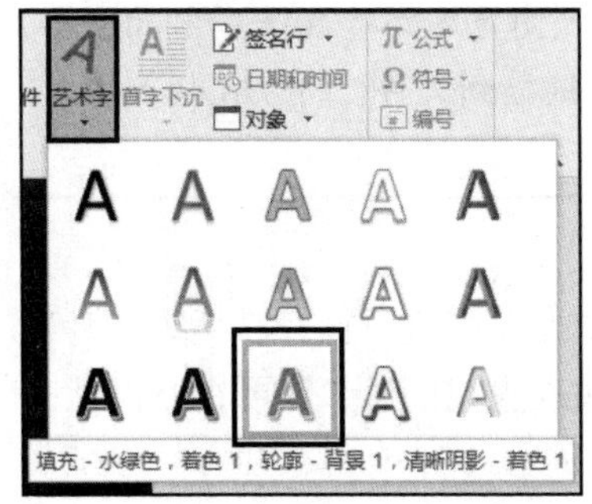

图 3-45　插入艺术字

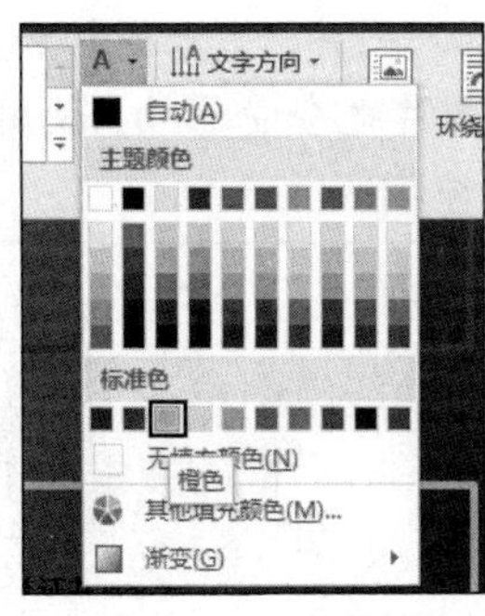

图 3-46　文本填充

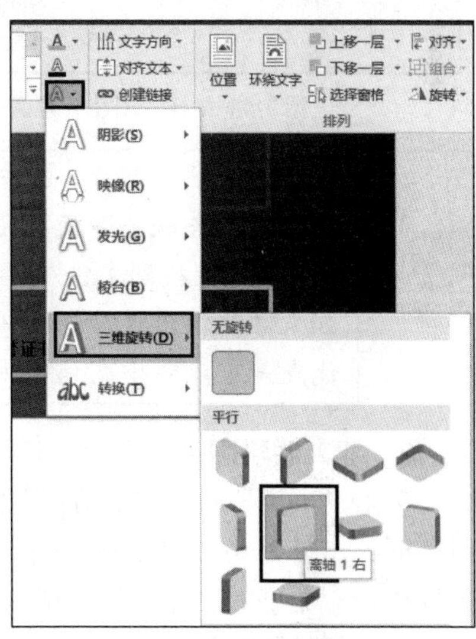

图 3-47　文本效果

3.2.5　任务小结

通过完成技能竞赛宣传海报的设计，我们学习了艺术字、图形、图片、文本框与形状的插入及插入后对其格式进行设置的方法。

3.2.6 基础知识

3.2.6.1 插入图片

Word 2016 支持插入多种格式的图像文件，在文档中插入合适的图片并对其进行格式的设置，可以使文档看起来更加美观。

1. 插入本地图片

用户可以在文档的任意位置插入符合格式的图片，具体操作如下。

单击“插入”选项卡，在“插图”功能组中单击“图片”按钮，打开“插入图片”对话框，如图 3-48 所示。在“插入图片”对话框中选择路径和图片，单击“插入”按钮，完成操作；或者在“插入图片”对话框中选择路径和图片，单击“插入”按钮右侧的下拉按钮，在下拉列表中选择“链接到文件”选项，完成将图片以链接文件的形式插入文档的操作，如图 3-49 所示。

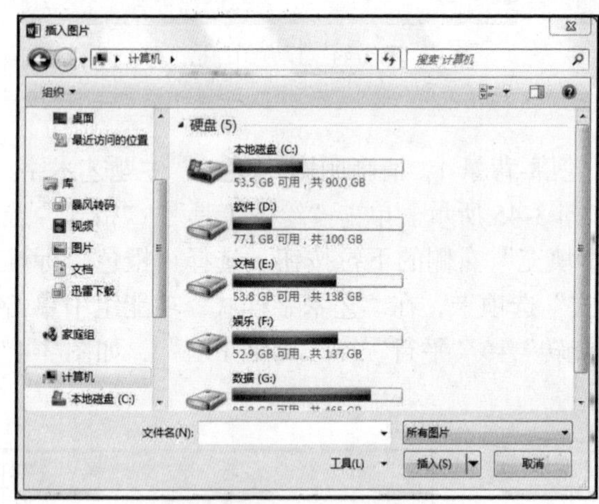

图 3-48 “插入图片”对话框

图 3-49 链接到文件

注意

直接插入图片，图片将嵌入文档中，成为文档的一部分。此时的图片和源图片没有任何关联，即使从磁盘上删掉源图片，文档中的图片也不受影响。

以“链接到文件”方式插入图片时，源图片和插入图片之间存在着一定的联系，如果修改源图片，文档中的图片也会受影响。使用“链接到文件”的方式插入图片，优点是可以减少文档占用的空间。

2. 插入联机图片

单击“插入”选项卡，在“插图”功能组中单击“联机图片”按钮，打开“插入图片”对话框，如图 3-50 所示。在“插入图片”对话框的搜索栏中输入查找信息，即可在联网状态下查找相应类型的图片并将其插入文档，如图 3-51 所示。

3. 插入屏幕截图

处理某些文档时，可能需要在文档中插入计算机屏幕的截图。大多数情况下，用户可以使用第三方软件对屏幕进行截图，其实 Word 2016 软件提供了屏幕截图的功能。其具体操作方法如下。

单击“插入”选项卡，在“插图”功能组中单击“屏幕截图”按钮，下拉列表的“可用的视窗”里保存的是计算机屏幕上目前可以截取的窗口，单击相应的窗口可以直接将其作为截图插入文档；在下拉列表中单击“屏幕剪辑”选项，则可以在计算机屏幕上框选任意区域作为截图插入文档。

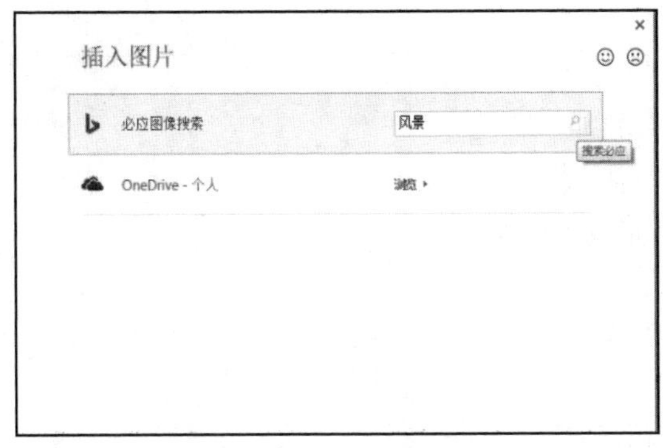

图 3-50　插入联机图片

图 3-51　联网查找图片

4. 设置图片版式

图片的版式是指图片在文档中的位置及文字的环绕方式。设置图片版式的具体操作如下。

选择图片，单击“图片工具”/“格式”选项卡，在“排列”功能组中单击“位置”按钮，在下拉列表中可以选择图片的位置，如图 3-52 所示。

选择图片，单击“图片工具”/“格式”选项卡，在“排列”功能组中单击“环绕文字”按钮，在下拉列表中可以选择图片与文字的环绕方式，如图 3-53 所示。选择图片，在图片的右上角出现“”图标，这个是对图片进行快速设置的“布局选项”图标，在“布局选项”里可以快速设置图片的版式，如图 3-54 所示。

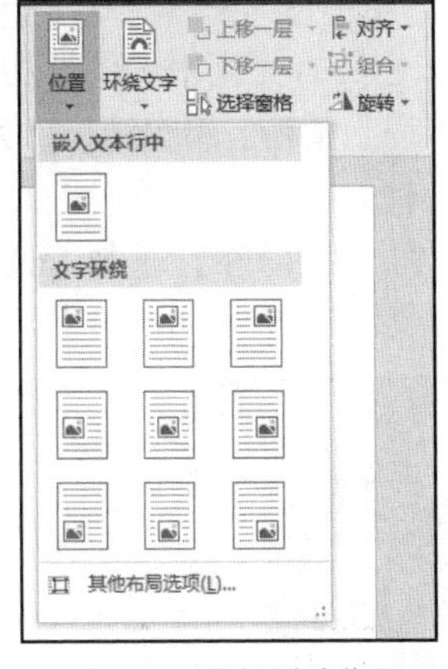

图 3-52　选择图片位置

图 3-53　选择环绕方式

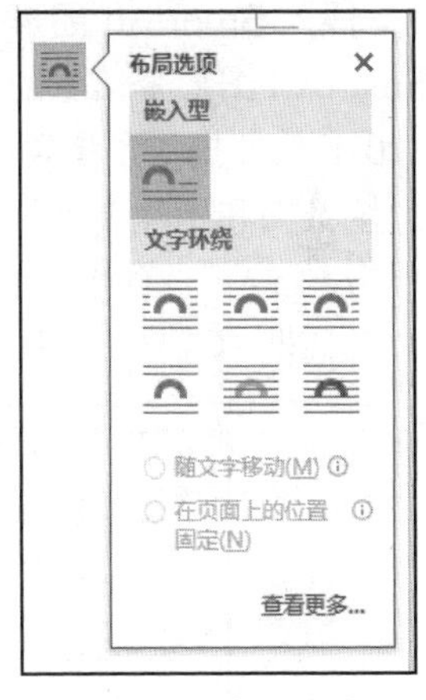

图 3-54　布局选项

5. 设置图片样式

在文档中插入图片之后，除了设置“排列”“大小”等参数之外，还可以对“图片样式”进行设置，以达到美化图片的效果。其具体操作如下。

单击“图片工具”/“格式”选项卡，在“图片样式”功能组中可以对样式的参数进行相应的设置，如图 3-55 所示。

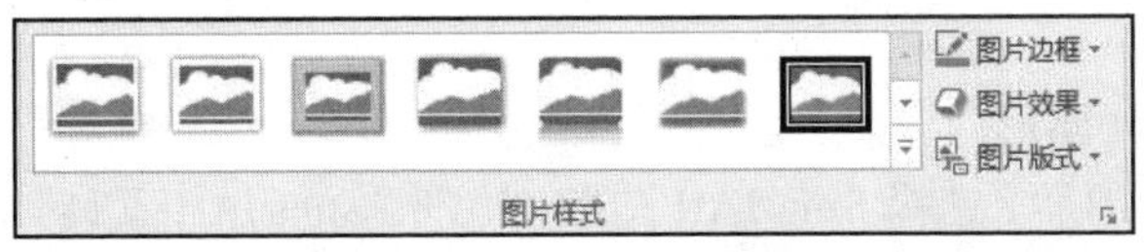

图 3-55　“图片样式”功能组

3.2.6.2 插入自选图形

1. 绘制自选图形

在文档中，用户可以绘制自选图形，利用已有的基本形状组合成其他复杂的形状。自选图形包括直线、矩形等基本图形，还包括各种线条、箭头和流程图符号等。绘制自选图形的方法如下。

单击“插入”选项卡，在“插图”功能组中单击“形状”按钮，下拉列表中的形状都可以直接应用到文档中，如图 3-56 所示。

2. 形状格式

插入文档的形状，还需要对其格式进行设置，格式设置的方法与图片格式设置的方法大同小异，这里就不再赘述了。

3. 形状组合

按住【Ctrl】键，单击选择形状，可同时选择几个形状。在选择的多个形状上，单击鼠标右键，在弹出的快捷菜单中选择“组合”命令，即可将几个形状组合成为一个图形，通过弹出的快捷菜单中的“置于顶层”和“置于底层”命令，可以设置形状之间的层次位置。

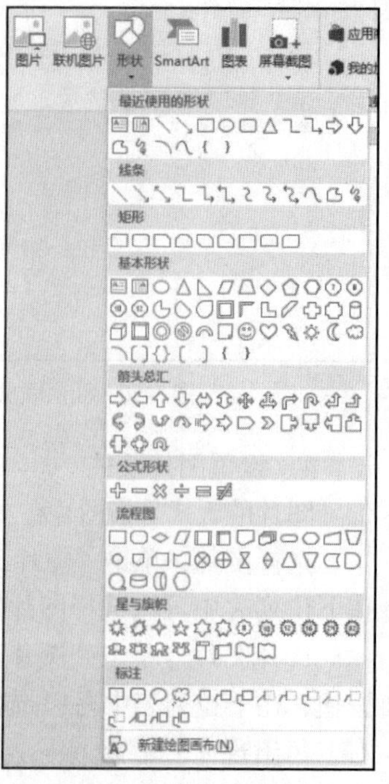

图 3-56 “形状”下拉列表

3.2.6.3 插入 SmartArt 图形

1. 插入 SmartArt 图形

SmartArt 图形是信息的视觉表现形式，相对于常规的图形，它具有更高级的图形功能。Word 2016 软件提供了多种样式的 SmartArt 图形，分为列表、流程、循环、层次结构、关系、矩阵、棱锥图和图片 8 种类型。插入 SmartArt 图形的具体操作如下。

单击“插入”选项卡，在“插图”功能组中单击“SmartArt”按钮，在打开的“选择 SmartArt 图形”对话框中选择一种图形，单击“确定”按钮，完成操作，如图 3-57 所示。

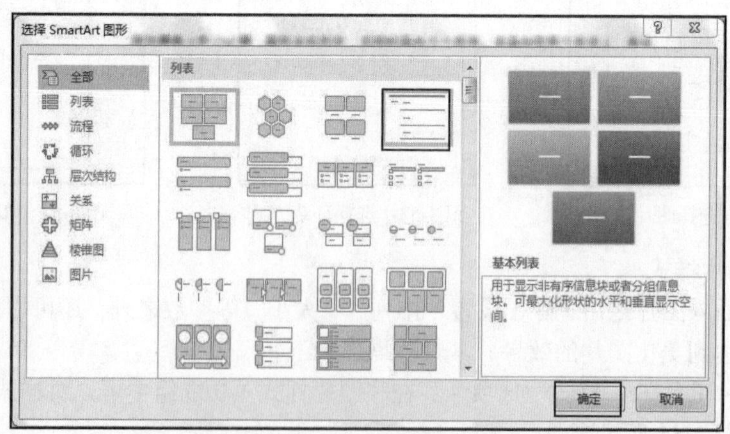

图 3-57 “选择 SmartArt 图形”对话框

2. 编辑 SmartArt 图形

插入 SmartArt 图形后，选择 SmartArt 图形，出现“SmartArt 工具”/“设计”和“SmartArt 工具”/“格式”两个选项卡，这两个选项卡对应的功能区专门用来编辑 SmartArt 图形，两个选项卡分别如图 3-58、图 3-59 所示。

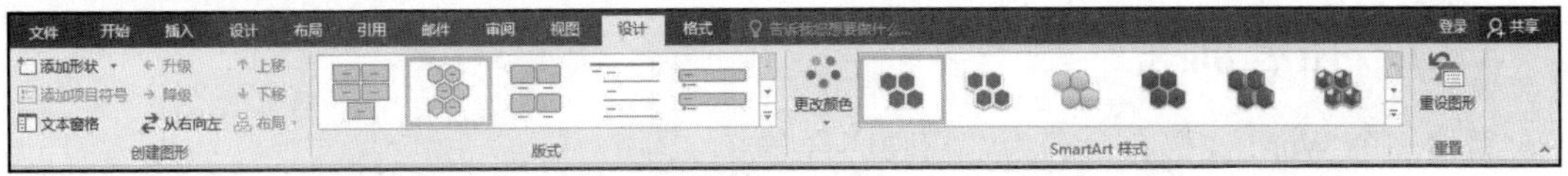

图 3-58　“SmartArt 工具” / “设计” 选项卡

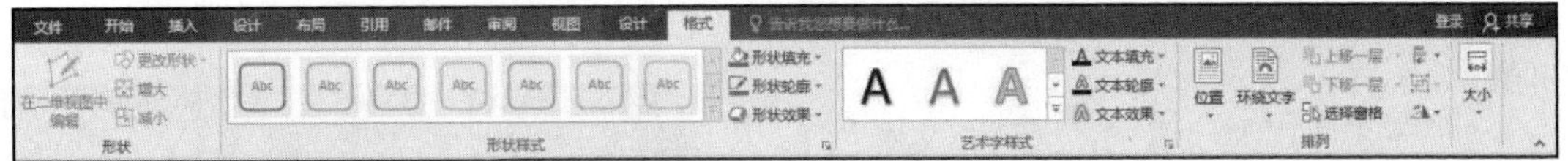

图 3-59　“SmartArt 工具” / “格式” 选项卡

3.2.6.4　插入文本框

文本框是一种可移动、可调大小的文字或图形容器。插入文本框，可以更好地对文档进行排版操作。文本框的使用操作如下。

单击“插入”选项卡，在“文本”功能组中单击“文本框”按钮，下拉列表中的“内置”区域提供了一些带格式的文本框，单击之后可以直接调用；在下拉列表中选择“绘制文本框”选项后，在文档编辑区按住鼠标左键拖曳鼠标指针即可绘制文本框，如图 3-60 所示。绘制完文本框后，单击“绘图工具” / “格式”选项卡，可在其中对文本框的格式进行设置，如图 3-61 所示。在下拉列表中选择“绘制竖排文本框”选项，后续操作与“绘制文本框”相似，此处不再赘述。

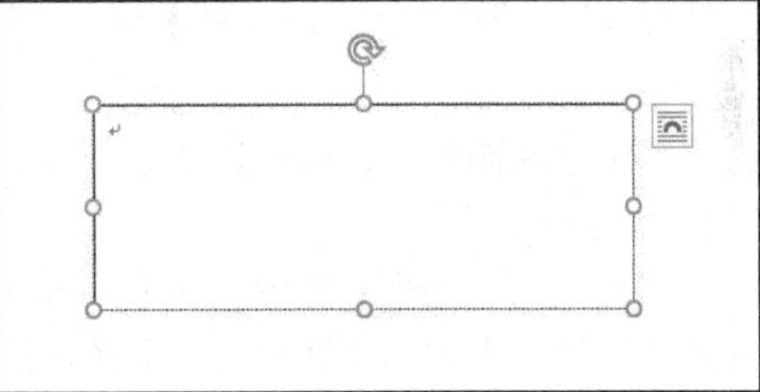

图 3-60　绘制文本框

图 3-61　“绘图工具” / “格式” 选项卡

3.2.6.5　插入艺术字

在文档中不但可以插入普通的文字，还可以插入色彩绚丽、形状美观的艺术字，艺术字可以使文本突出显示，不但美观，还能加深读者的记忆。

1. 快速创建艺术字

（1）单击“插入”选项卡，在“文本”功能组中单击“艺术字”按钮，在打开的下拉列表中选择一种主题，输入内容，便完成了艺术字的插入，如图 3-62 所示。

（2）如果要将已存在的文本转换成艺术字，首先选择该文本，然后单击“插入”选项卡，在“文本”功能组中单击“艺术字”按钮，在打开的下拉列表中选择一种主题即可。

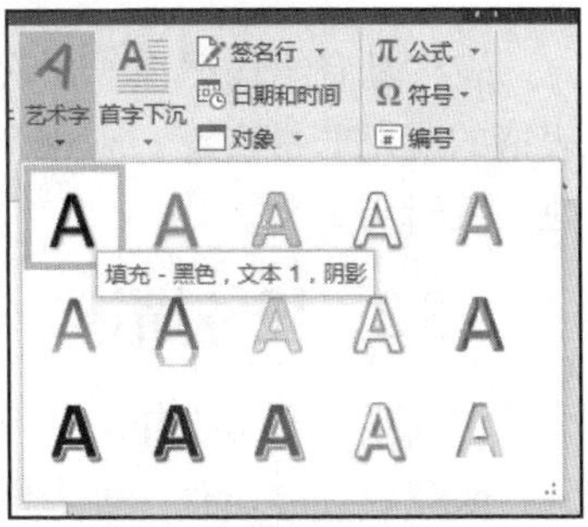

图 3-62　选择艺术字主题

2. 编辑艺术字

单击插入的艺术字，单击“绘图工具” / “格式”选项卡，该选项卡对应的功能区专门帮助用户对艺术字进行格式设置。

3.2.7 拓展训练

新建一个 Word 文档，命名为“招聘广告”。

排版要求如下。

（1）页面设置：纸张大小为“A4”，纸张方向为“纵向”，页面背景预设颜色为“雨后初晴”。

（2）插入样式为“填充：黑色，文本色 1；阴影”的艺术字“招聘”作为标题，字体为“华文行楷”，100 磅，字符间距加宽 10 磅，居中对齐。

（3）插入文本框并放置于标题之下，文本框形状样式为“浅色 1 轮廓，彩色填充-橄榄色，强调颜色 3”，输入内容“以心为灯，愿做生命的守护天使”，格式设置为“宋体”“二号”。

（4）插入素材图片“护士.jpg”，图片样式为“柔化边缘椭圆”，调整大小及位置，设置为“衬于文字下方”。

（5）插入“卷形：水平”形状，输入内容，格式设置为“宋体”“四号”“黄色”。插入文本框，输入内容，去除填充色与轮廓色，输入内容，格式设置为“华文新魏”“三号”“黑色”。

（6）在文档底部插入样式为“填充：黑色，文本色 1；阴影”的艺术字“联系人：张医生　联系电话：18876”，字号为“二号”。

排版后的效果如图 3-63 所示。

图 3-63　招聘广告效果图

任务 3.3　制 作 简 历

3.3.1 任务目标

表格具有结构严谨、层次清晰、效果直观的特点，是数据分析和文本展示的常见形式。表格的应用非常广泛，利用 Word 2016 提供的表格功能可以完成简历的创建、编辑与美化。

制作简历

3.3.2 任务描述

大学生在日常工作和学习中，经常需要制作各种各样的表格，如课程表、成绩表等。还有一种表格的制作，是大学生必须掌握的，那就是个人简历。个人简历样本如图 3-64 所示。

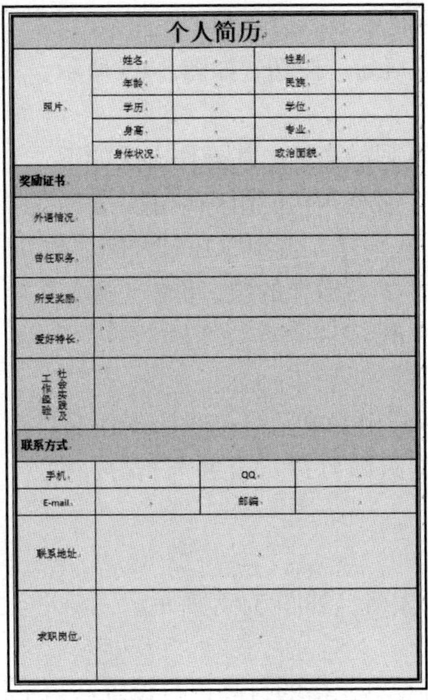

图 3-64　个人简历样本

3.3.3　任务分析

本任务可以分解为以下 9 个小任务。

（1）新建空白文档并命名为“简历”。

（2）设置页面格式：纸张大小为“A4”，纸张方向为“纵向”，上下边距为“2 厘米”，左右边距为“3 厘米”。

（3）插入表格：在文档中插入一个 17 行 5 列的表格。

（4）合并/拆分单元格：根据简历样本，合并/拆分相关单元格。

（5）录入内容：将简历样本的内容录入表格。

（6）调整单元格行高：根据简历效果图设置单元格的行高。

（7）设置单元格边框与底纹：根据简历效果图设置单元格的边框与底纹。

（8）设置字符格式：对录入的字符内容进行字符与段落格式的设置。

（9）保存文档。

3.3.4　任务实现

1. 新建空白文档并命名为“简历”

启动 Word 2016 软件，新建空白文档并命名为“简历”，保存文档。

2. 设置页面格式

将文档纸张大小设置为“A4”，纸张方向设置为“纵向”，上下边距设置为“2 厘米”，左右边距设置为“3 厘米”。其操作方法如下。

打开“简历”文档，单击“布局”选项卡，在“页面设置”功能组中单击“纸张大小”按钮，在下拉列表中选择“A4”选项；单击“纸张方向”按钮，在下拉列表中选择“纵向”选项；单击“页边距”按钮，在下拉列表中选择“自定义边距”选项，在打开的“页面设置”

对话框的“页边距”选项卡中设置上下边距为“2 厘米”，左右边距为“3 厘米”，单击“确定”按钮，如图 3-65 所示。

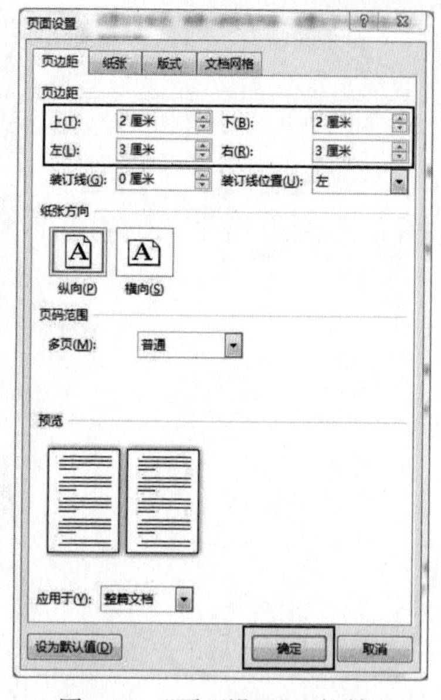

图 3-65 “页面设置”对话框

3. 插入表格

在文档中插入一个 17 行 5 列的表格，其操作方法如下。

单击“插入”选项卡，在“表格”功能组中单击“表格”按钮，在下拉列表中选择“插入表格”选项，在打开的“插入表格”对话框中输入“列数”“行数”的值，单击“确定”按钮，完成操作，如图 3-66 所示。

4. 合并/拆分单元格

根据简历效果图，合并/拆分相关单元格。选中单元格区域，在布局选项卡中合并功能组即可进行合并与拆分，如图 3-67 所示。

5. 录入内容

将简历样本中的内容录入表格，如图 3-68 所示。

6. 调整单元格行高

为了使表格更加美观，需对单元格的行高进行设置：第 1 行 1.2cm，第 2～6 行 0.8cm，第 7、第 13 行 1.2cm，第 8～11 行 1.4cm，第 12 行 2.5cm，第 14、第 15 行 1cm，第 16 行 2.6cm，第 17 行 3.2cm，效果如图 3-69 所示。

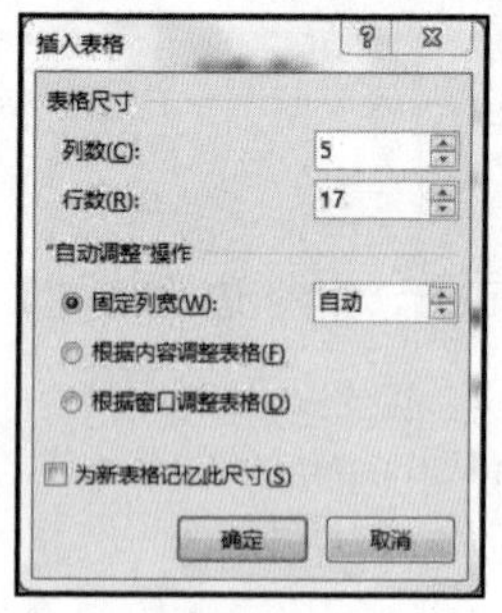

图 3-66 “插入表格”对话框

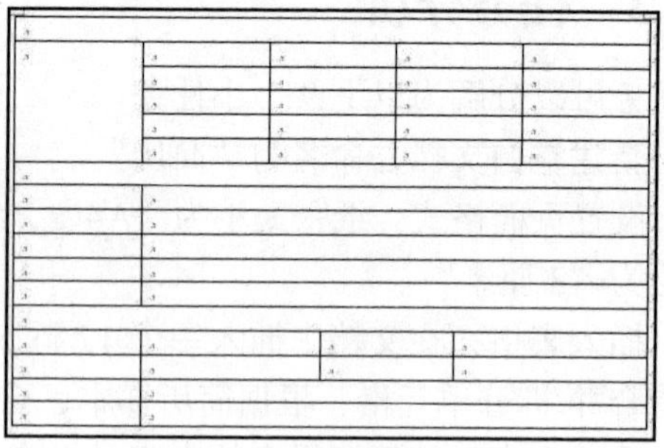

图 3-67 合并/拆分单元格

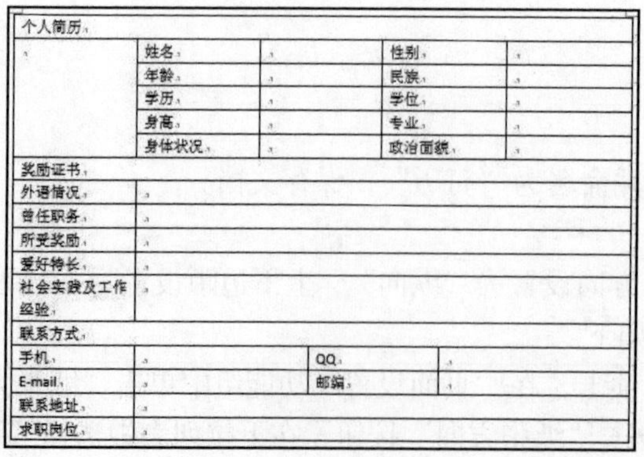

个人简历				
	姓名		性别	
	年龄		民族	
	学历		学位	
	身高		专业	
	身体状况		政治面貌	
奖励证书				
外语情况				
曾任职务				
所受奖励				
爱好特长				
社会实践及工作经验				
联系方式				
手机		QQ		
E-mail		邮编		
联系地址				
求职岗位				

图 3-68 录入内容

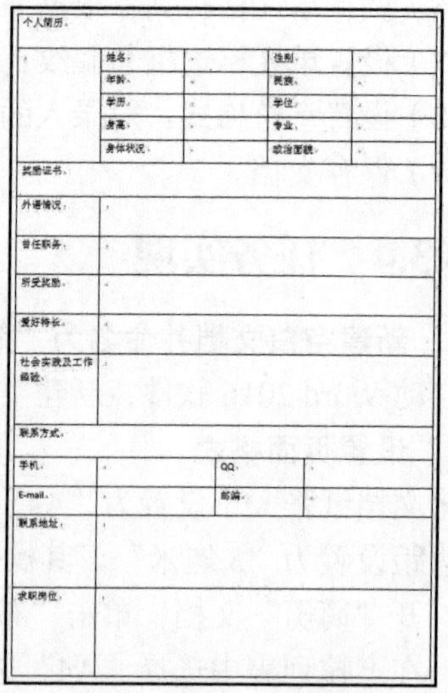

图 3-69 调整行高后的效果

7. 设置单元格边框与底纹

根据简历样本，设置表格的边框与底纹，操作方法如下。

（1）设置边框

选择表格，在“表格工具”/“设计”选项卡中选择框线的线型、粗细、颜色，然后单击“边框”按钮下方的下拉按钮，在下拉列表里选择“外侧框线”，如图 3-70 所示；选择表格，在“表格工具”/“设计”选项卡中重新选择框线的线型、粗细、颜色，然后单击“边框”按钮下方的下拉按钮，在下拉列表里选择“内部框线”，如图 3-71 所示。

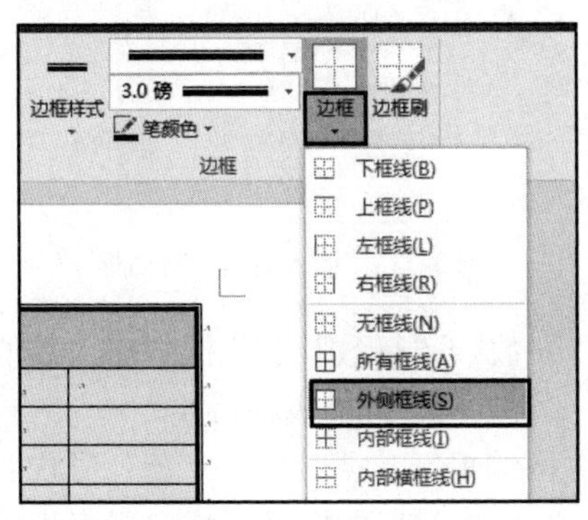

图 3-70　外侧框线

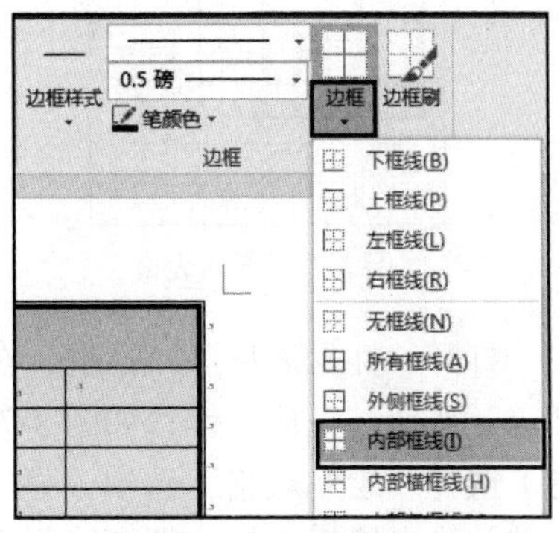

图 3-71　内部框线

（2）设置底纹

选择表格第 1 行，在“表格工具”/“设计”选项卡的“表格样式”功能组中单击“底纹”按钮下方的下拉按钮，在下拉列表的“主题颜色”区域选择“茶色，背景 2，深色 10%”主题。其余单元格的底纹设置同上，具体操作过程不再赘述。第 2～6 行单元格的底纹颜色为“橙色，个性 6，单色 80%”主题，第 7、第 13 行底纹颜色为“橙色，个性 6，淡色 40%”主题，第 8～12 行底纹颜色为“白色，背景 1，深色 15%”主题，第 14～17 行底纹颜色为“水绿色，个性 5，淡色 80%”主题。

8. 设置字符格式

选择“个人简历”文本，将字体设置为“宋体”，字号设置为“二号”，字形设置为“加粗”；选择“奖励证书”与“联系方式”文本，将字体设置为“方正粗黑宋简体”，字号设置为“四号”；选择其余文本，字体设置为“宋体”，字号设置为“五号”。

9. 保存文档

3.3.5　任务小结

通过完成本任务，我们学习了如何在文档中插入表格以及如何对插入的表格进行格式设置，包括设置表格的行高、边框与底纹等。我们还学习了在表格中录入文字，以及对文字进行字符和段落格式的设置。

3.3.6　基础知识

3.3.6.1　插入表格

在文档中插入表格，可以使文档内容看起来更加直接、美观。在 Word 2016 中插入表格的方法如下：单击“插入”选项卡中“表格”功能组的“表格”按钮，利用下拉列表中的 6

个选项都可以在文档中插入表格。

（1）将鼠标指针放至“插入表格”区域，移动鼠标指针时，插入表格的行与列也在变化，如图 3-72 所示，插入一个 7 列 5 行的表格。

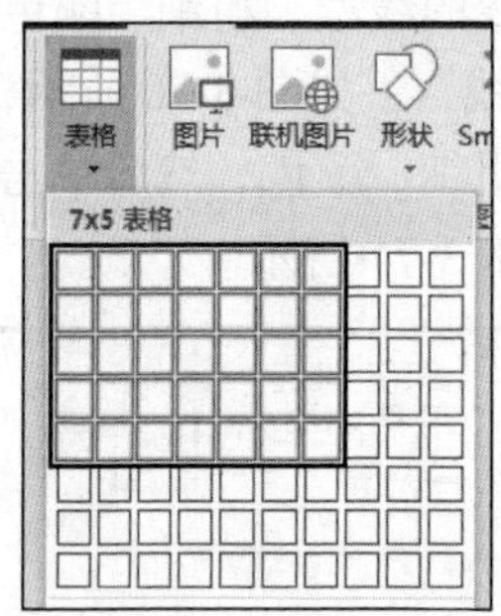

图 3-72　插入表格

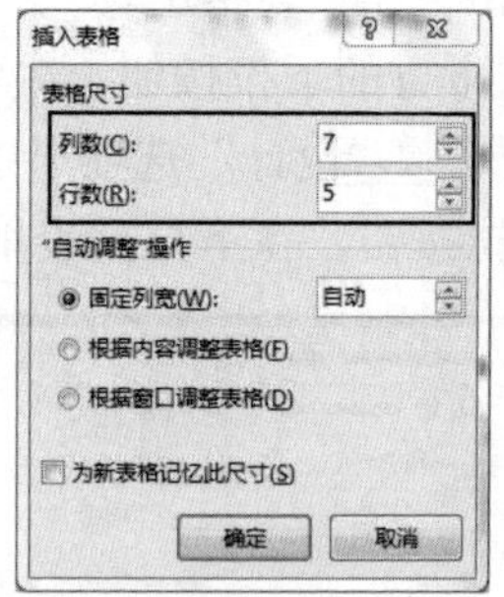

图 3-73　“插入表格”对话框

（2）打开“插入表格”对话框，在对话框中的“列数”“行数”数值框中输入数值，单击“确定”按钮，完成操作，如图 3-73 所示，插入一个 7 列 5 行的表格。

（3）选择“绘制表格”选项，将鼠标指针移到文档编辑区，待其变成“”形状后按住鼠标左键并拖曳鼠标指针，即可绘制表格的外框线，然后按住鼠标左键并拖曳鼠标指针，即可绘制表格的内框线。

（4）文本转换成表格：有一组符合条件的文本数据，选择全部文本内容，然后选择“文本转换成表格”选项，在打开的“将文字转换成表格”对话框中单击“确定”按钮，如图 3-74 所示。转换完成的效果如图 3-75 所示。

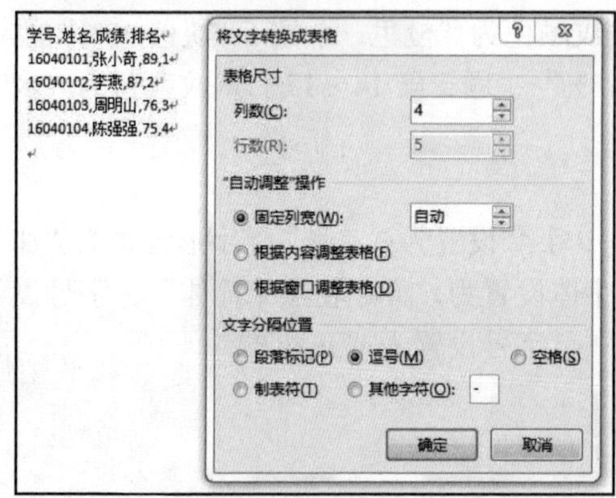

图 3-74　将文本转换成表格

学号	姓名	成绩	排名
16040101	张小奇	89	1
16040102	李燕	87	2
16040103	周明山	76	3
16040104	陈强强	75	4

图 3-75　文本转换成表格效果图

（5）Excel 电子表格：选择“Excel 电子表格”选项，即可在文档中插入一个 Excel 电子表格。

（6）快速表格：选择“快速表格”选项，打开的列表中是软件内置的带格式主题的表格，单击任意一个即可直接调用。

3.3.6.2　编辑表格

1. 录入数据

插入表格后，选择单元格，即可在单元格中输入文本、插入图片等，如图 3-76 所示。

2. 合并/拆分单元格

选择要合并的单元格，单击“表格工具”/“布局”选项卡，在“合并”功能组中单击“合并单元格”按钮，即可将所选单元格合并为一个单元格。

选择要拆分的单元格，单击“表格工具”/“布局”选项卡，在“合并”功能组中单击“拆分单元格”按钮，打开“拆分单元格”对话框，在“列数”“行数”数值框中输入数值，单击“确定”按钮，完成操作，如图 3-77 所示。

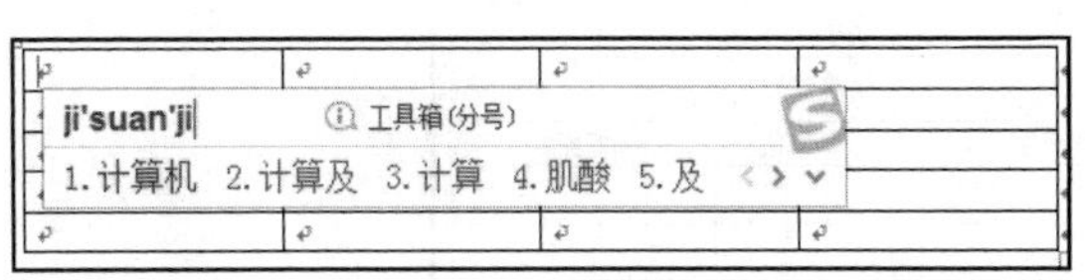

图 3-76　录入文本

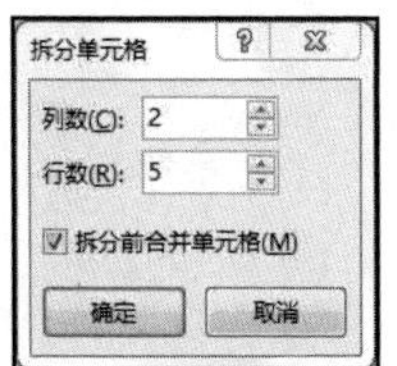

图 3-77　拆分单元格

3. 设置表格属性

表格属性的设置包括对单元格的行高和列宽的调整、对单元格的设置以及对整个表格的设置。方法是：选择表格，分别在“表格工具”/“布局”选项卡的“单元格大小”与“对齐方式”功能组区域进行设置，如图 3-78 所示。

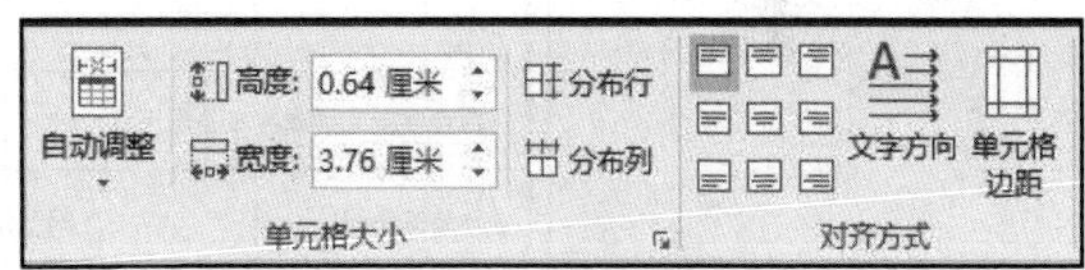

图 3-78　设置表格属性

4. 设置表格格式

选择表格，单击“表格工具”/“设计”选项卡，分别在“表格样式”和“边框”功能组中对表格进行样式、边框与底纹的设置，如图 3-79 所示。

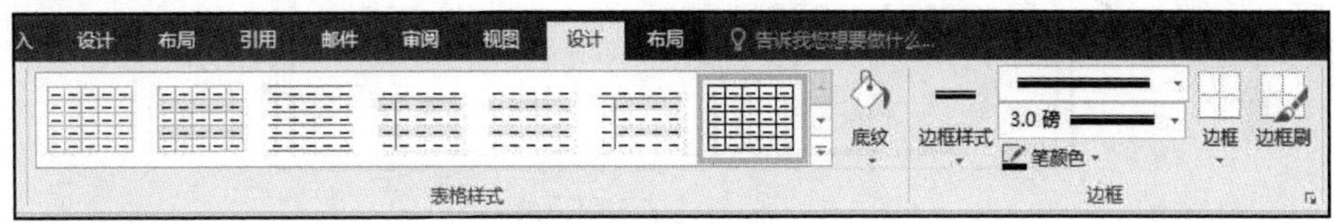

图 3-79　设置表格格式

5. 管理表格数据

Word 2016 软件也提供了数据管理功能，虽然其在数据处理方面不如 Excel 2016 软件强大，但是对数据进行一些简单处理还是可以做到的，如数据排序、加减运算等。

选择单元格，单击“表格工具”/“布局”选项卡，在“数据”功能组中针对数据进行简单处理，如图 3-80 所示。单击“数据”功能组中的“公式”按钮，可以利用“公式”对话框对数据进行简单运算处理，如图 3-81 所示。

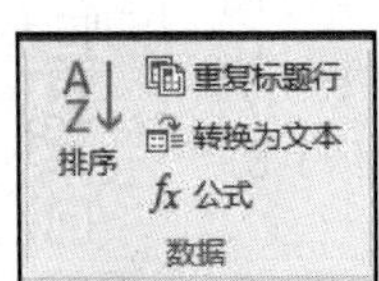

图 3-80　数据管理

图 3-81　“公式”对话框

3.3.7 拓展训练

根据 Word 2016 制作表格的知识点，制作一份公司员工入职表，效果如图 3-82 所示。

公司员工入职表

部门：________ 岗位：________ 入职日期：________

姓　名		性　别		民　族		一寸照片
出生日期		婚姻状况		工作年限		
学　历		毕业院校		专　业		
技术职称		联系电话		联系地址		
工作经历	时间	工作单位	工作岗位	离职原因		
家庭成员	姓名	与本人关系	工作单位	现住地址		
是否有朋友或亲属在本公司工作						
进入公司原因	1.网上招聘　2.经人介绍（介绍人）：					
进入公司日期：　年　月　日						
部门负责人：	人事处：	总经理：				
声明:本人在此表格上所填写及提供的一切资料均为真实及正确，若有隐瞒，或所提供的资料不真实，自愿接受公司的处分，并承担由此引起的一切后果！ 签名：　　日期：　年　月　日						

图 3-82　公司员工入职表效果图

任务 3.4　毕业论文排版设计

3.4.1 任务目标

利用 Word 2016 软件对毕业论文进行排版设计。

3.4.2 任务描述

大学生必须学会毕业论文排版设计的操作。因为每个大学生都将面临毕业，论文排版是一个必备技能。这里介绍利用 Word 2016 软件对毕业论文进行排版设计的相关操作，毕业论文排版设计的效果如图 3-83 所示。

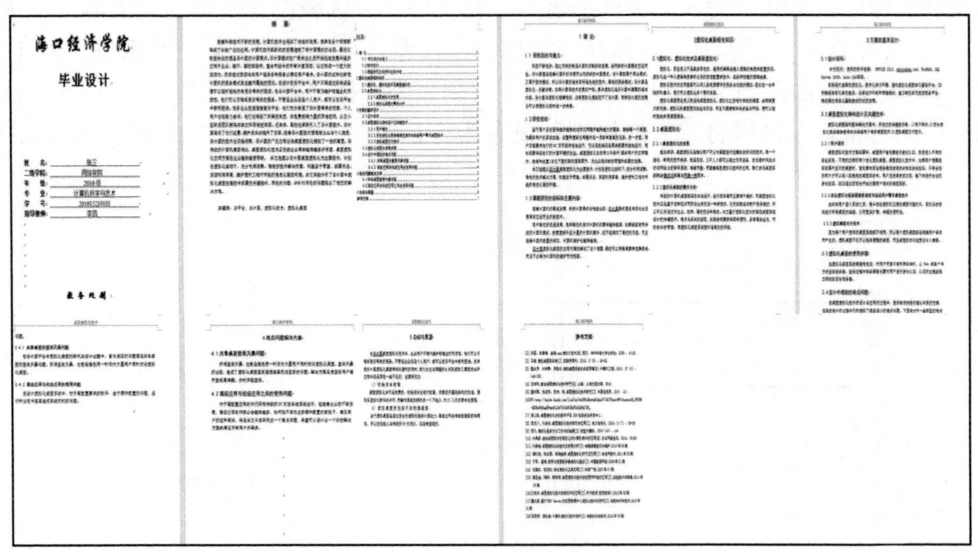

图 3-83 毕业论文排版设计

3.4.3 任务分析

完成本任务，我们需要打开素材文件，对文本进行字符和段落格式设置，然后设置页眉页脚、目录等。因此，本任务可分解为以下 7 个小任务。

（1）打开素材文件：找到素材文件，双击打开。

（2）页面设置：在“布局”选项卡的“页面设置”功能组中设置纸张大小为“A4”，纸张方向为“纵向”，设置页边距上下为“2 厘米”，左右为“3 厘米”，设置装订线为“0.5 厘米”，装订线位置为“左”。

（3）新建样式：为一级标题、二级标题、三级标题及正文创建样式，并应用样式快速设置文档的格式。

（4）插入分隔符：在文档中的合适位置插入分页符。

（5）页眉页脚：为文档奇偶页添加不同的页眉，为文档添加页码。

（6）制作封面。

（7）生成目录。

3.4.4 任务实现

1. 打开素材文件

找到该任务的素材文件，双击打开。

2. 页面设置

单击“布局”选项卡，在“页面设置”功能组中设置纸张大小为“A4”，纸张方向为“纵向”，设置页边距上下为“2 厘米”，左右为“3 厘米”，设置装订线“0.5 厘米”，装订线位置为“左”，如图 3-84 所示。

3. 新建样式

单击“开始”选项卡，在“样式”功能组中单击“功能组”按钮，打开“样式”窗格，在窗格底部单击“新建样式”按钮，如图 3-85 所示。打开“根据格式设置创建新样式”对话框，在“名称”文本框中输入“一级标题”，在“格式”区域设置字体为“黑体”，字号为“小三”，对齐方式为“居中”，选择“添加到样式库”与“自动更新”复选框，如图 3-86 所示。单击对话框底部的“格式”按钮，在下拉列表中选择“段落”选项，在打开的“段落”对话框中的“常规”区域将“大纲级别”设置为“1 级”，在“间距”区域设置段前为“0 行”，段后为“1 行”，行距为“1.5 倍行距”，如图 3-87 所示。

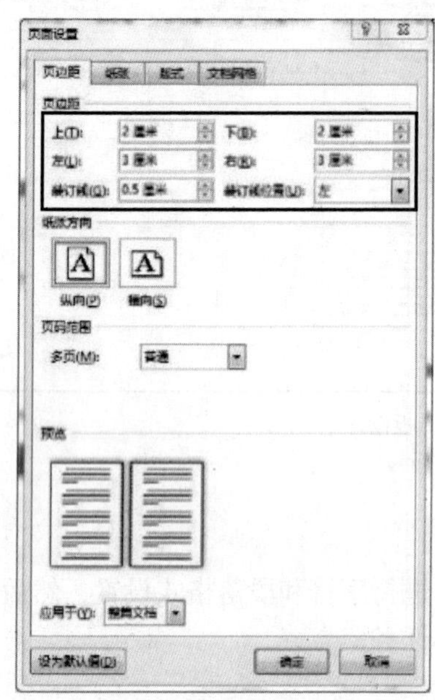

图 3-84　页面设置

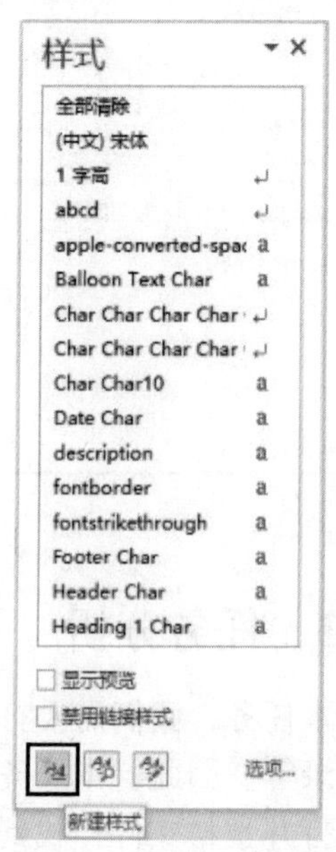

图 3-85　“样式”窗格

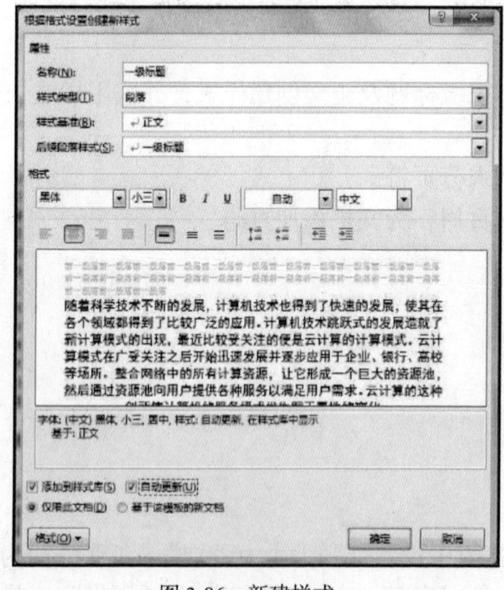

图 3-86　新建样式

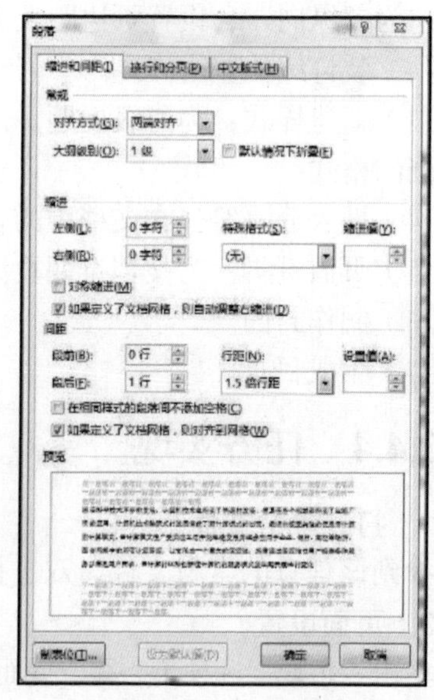

图 3-87　样式段落

创建二级标题样式，格式为黑体、四号、居左、大纲级别二级、段前 0.5 行、段后 0 行、1.5 倍行距。创建三级标题样式，格式为黑体、小四、居左、大纲级别三级、段前 0.5 行、段后 0 行、1.5 倍行距。创建正文样式，格式为宋体、小四、大纲级别正文文本、首行缩进 2

字符、1.25 倍行距。创建方法与创建一级标题样式的方式类似，此处不再赘述。应用创建的样式快速设置文档的格式，效果如图 3-88 所示。

4. 插入分隔符

“毕业设计”的内容共包含 7 个一级标题，为了使每个一级标题独占一页，需要在合适的地方添加分页符。单击“布局”选项卡，在“页面设置”功能组中单击“分隔符”按钮，在下拉列表中选择“分页符”选项即可，如图 3-89 所示。

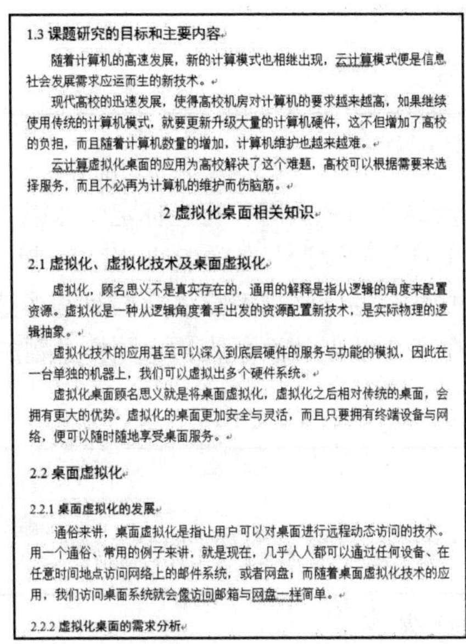

1.3 课题研究的目标和主要内容

随着计算机的高速发展，新的计算模式也相继出现，云计算模式便是信息社会发展需求应运而生的新技术。

现代高校的迅速发展，使得高校机房对计算机的要求越来越高，如果继续使用传统的计算机模式，就要更新升级大量的计算机硬件，这不但增加了高校的负担，而且随着计算机数量的增加，计算机维护也越来越难。

云计算虚拟化桌面的应用为高校解决了这个难题，高校可以根据需要来选择服务，而且不必再为计算机的维护而伤脑筋。

2 虚拟化桌面相关知识

2.1 虚拟化、虚拟化技术及桌面虚拟化

虚拟化，顾名思义不是真实存在的，通用的解释是指从逻辑的角度来配置资源。虚拟化是一种从逻辑角度着手出发的资源配置新技术，是实际物理的逻辑抽象。

虚拟化技术的应用甚至可以深入到底层硬件的服务与功能的模拟，因此在一台单独的机器上，我们可以虚拟出多个硬件系统。

虚拟化桌面顾名思义就是将桌面虚拟化，虚拟化之后相对传统的桌面，会拥有更大的优势。虚拟化的桌面更加安全与灵活，而且只要拥有终端设备与网络，便可以随时随地享受桌面服务。

2.2 桌面虚拟化

2.2.1 桌面虚拟化的发展

通俗来讲，桌面虚拟化是指让用户可以对桌面进行远程动态访问的技术。用一个通俗、常用的例子来讲，就是现在，几乎人人都可以通过任何设备、在任意时间地点访问网络上的邮件系统，或者网盘；而随着桌面虚拟化技术的应用，我们访问桌面系统就会像访问邮箱与网盘一样简单。

2.2.2 虚拟化桌面的需求分析

图 3-88　应用样式效果图

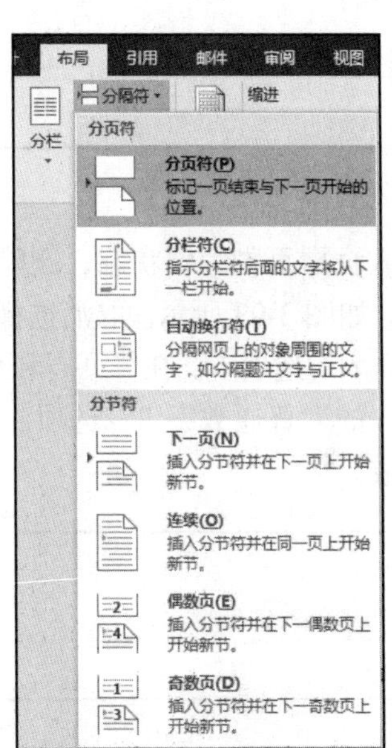

图 3-89　选择“分页符”选项

5. 页眉页脚

在论文的正文部分插入页眉，奇偶页页眉不同。奇数页页眉为“海口经济学院”，偶数页页眉为“桌面虚拟化技术”。从正文开始添加页码，页码位置为页面底端中间。其余页面不加页眉、页脚和页码。具体操作方法如下。

将光标定位在正文部分第 1 章标题“1 绪论”之前，单击“布局”选项卡，在“页面设置”功能组中单击“分隔符”按钮，在下拉列表中选择“奇数页”选项。

现在我们可以开始给正文的奇偶页添加不同的页眉了。将光标定位在正文第 1 章的页面，单击“插入”选项卡，在“页眉和页脚”功能组中单击“页眉”按钮，在下拉列表中选择“空白”选项。正文出现页眉编辑区，如图 3-90 所示。在“页眉和页脚工具”/“设计”选项卡，取消选择“链接到前一节”，选择“奇偶页不同”复选框，如图 3-91 所示。操作完成后，正文奇数页页眉编辑区如图 3-92 所示。在第 2 节奇数页页眉输入“海口经济学院”，用同样的方法在第 2 节偶数页页眉输入“桌面虚拟化技术”。单击“关闭页眉和页脚”按钮，退出页眉页脚编辑状态。

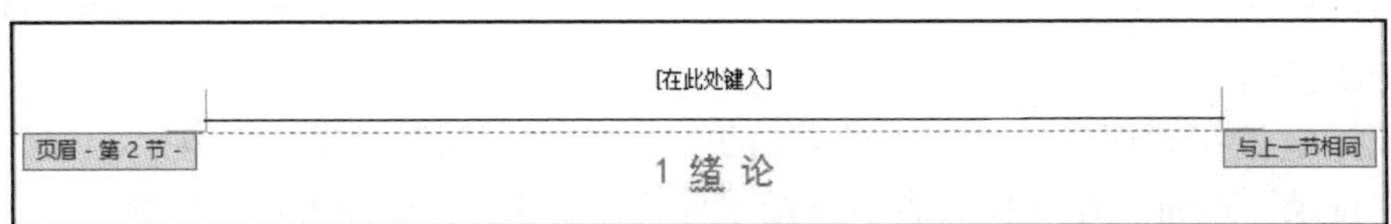

图 3-90　页眉编辑区

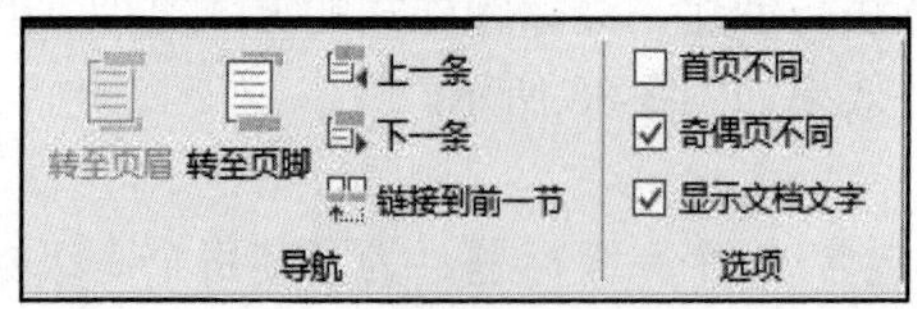

图 3-91　页眉设计选项卡

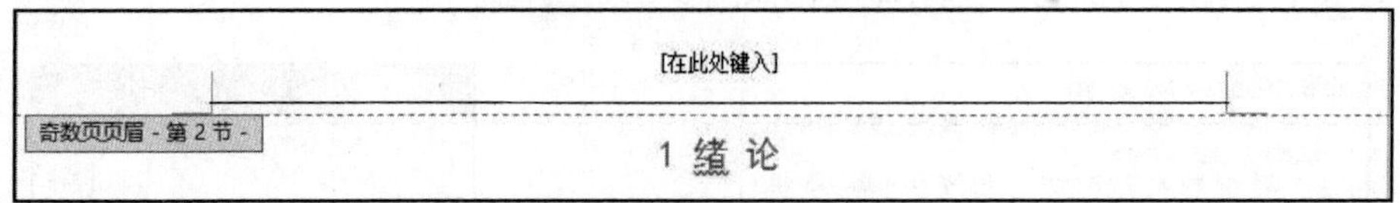

图 3-92　奇数页页眉编辑区

进入页眉页脚编辑状态，删除文档第 1 节多余的页眉和页脚。将光标定位在第 2 节奇数页页脚，如图 3-93 所示。取消选择“页眉和页脚工具”/“设计”选项卡的“链接到前一节”，单击“插入”选项卡，在“页眉和页脚”功能组中单击“页码”按钮，在下拉列表中选择“页面底端”的“普通数字 2”选项。用同样的方法在第 2 节偶数页页脚插入同样主题的页码，操作完成。

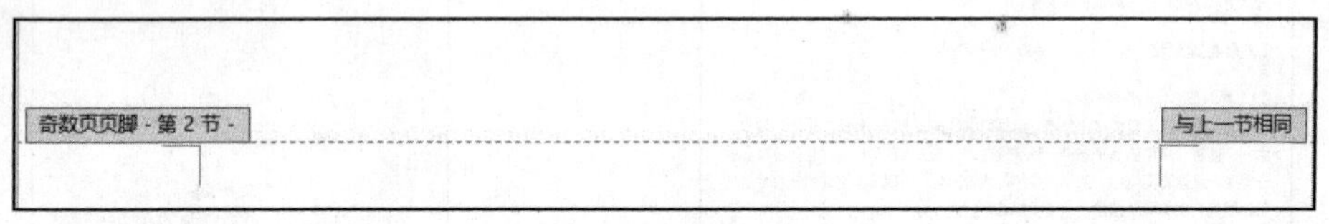

图 3-93　定位页脚

6. 制作封面

根据要求及效果图，制作论文的封面，操作方法如下。

将光标定位在摘要部分的“摘要”前面，插入分页符，这样就在论文的最前面添加了一个空白页。将光标定位在空白页，输入“海口经济学院”，字体为“华文行楷”，字号为“50”，对齐方式为“居中”，段间距为段前“1 行”，段后“1 行”，行间距为“1.5 倍行距”。在“海口经济学院”下面输入“毕业设计”，字体为“黑体”，字号为“小初”，对齐方式为“居中”，段间距为段前“1 行”，段后“1 行”，行间距为“1.5 倍行距”。在封面中间位置输入姓名、二级学院、年级、专业、学号、指导教师的名字，字体为“宋体”，字号为“三号”，对齐方式为“居中”，段间距为段前“0 行”，段后“0 行”，前面的字段加粗，后面的信息加下划线，如图 3-94 所示。在封面底部输入“教务处制”，字体为“华文行楷”，字号为“二号”，“加粗”显示，字符间距加宽“6 磅”。封面效果如图 3-95 所示。

姓　　名： 张三
二级学院： 网络学院
年　　级： 2016 级
专　　业： 计算机科学与技术
学　　号： 201615210101
指导教师： 李四

图 3-94　论文信息格式设置

7. 生成目录

将光标定位在“摘要”页后面的空白页，单击“引用”选项卡，在“目录”功能组中单击“目录”按钮，在下拉列表中选择“自动目录 1”选项即可自动生成目录，效果如图 3-96 所示。

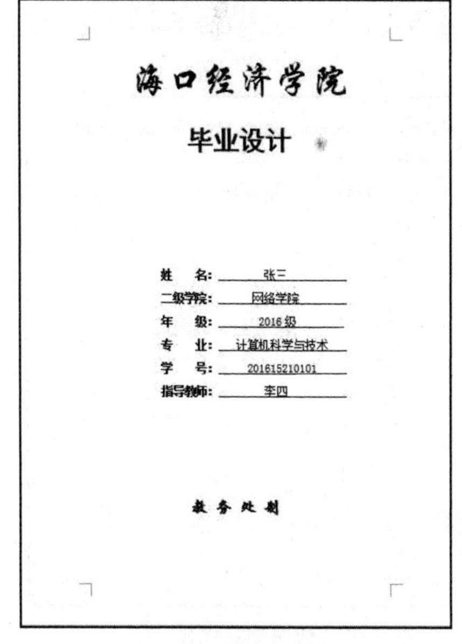

海口经济学院

毕业设计

姓　名：张三
二级学院：网络学院
年　级：2016级
专　业：计算机科学与技术
学　号：201615210101
指导教师：李四

教务处制

图 3-95　封面效果

目录

1 绪 论......1
1.1 研究目的与意义......1
1.2 研究现状......1
1.3 课题研究的目标和主要内容......1
2 虚拟化桌面相关知识......2
2.1 虚拟化、虚拟化技术及桌面虚拟化......2
2.2 桌面虚拟化......2
2.2.1 桌面虚拟化的发展......2
2.2.2 虚拟化桌面的需求分析......2
3 方案的基本设计......3
3.1 设计目标......3
3.2 桌面虚拟化架构设计及关键技术......3
3.2.1 用户请求......3
3.2.2 后台虚拟化服务器接受请求与组装用户需求桌面技术......3
3.2.3 虚拟桌面交付技术......3
3.3 虚拟化桌面的使用步骤......3
3.4 设计中遇到的难点问题......3
3.4.1 共享桌面的登录风暴问题......4
3.4.2 高级应用与低级应用的使用问题......4
4 难点问题解决方案......5
4.1 共享桌面登录风暴问题......5
4.2 高级应用与低级应用之间的使用问题......5
5 总结与展望......6
参考文献......7

图 3-96　自动生成的目录

3.4.5　任务小结

通过本任务，我们学习了样式的新建与应用、页眉页脚的使用、分隔符的使用、目录生成等知识点。这些都是论文排版的重要知识点，大家一定要熟练掌握。

3.4.6　基础知识

3.4.6.1　使用样式

样式是指一组已经定义好的字符格式或段落格式。使用样式可以快速设置文本格式。

1. 新建样式

在 Word 2016 中新建样式有如下方法。

（1）在“开始”选项卡下的“样式”功能组中单击“功能组”按钮，在打开的“样式”窗格中单击左下角的“新建样式”按钮，打开“根据格式设置创建新样式”对话框，如图 3-97 所示，在对话框设置好格式后，单击“确定”按钮，即可新建样式。

（2）在文档中选择已经设置好格式的文本，在“开始”选项卡下的“样式”功能组中单击“功能组”按钮，展开样式列表，选择“创建样式”选项，如图 3-98 所示，在打开的对话框的“名称”文本框中输入样式名称，单击“确定”按钮，操作完成。

2. 应用样式

选择需要应用样式的文本，在样式列表中找到合适的样式，单击即可应用。如果想要清除样式，可以单击样式列表下方的“清除格式”选项。

3. 修改样式

展开样式列表，将鼠标指针移至需要修改的样式上，单击鼠标右键，在弹出的快捷菜单中选择“修改”命令，如图 3-99 所示，在打开的对话框中即可修改该样式的参数值，单击“确定”按钮，操作完成。

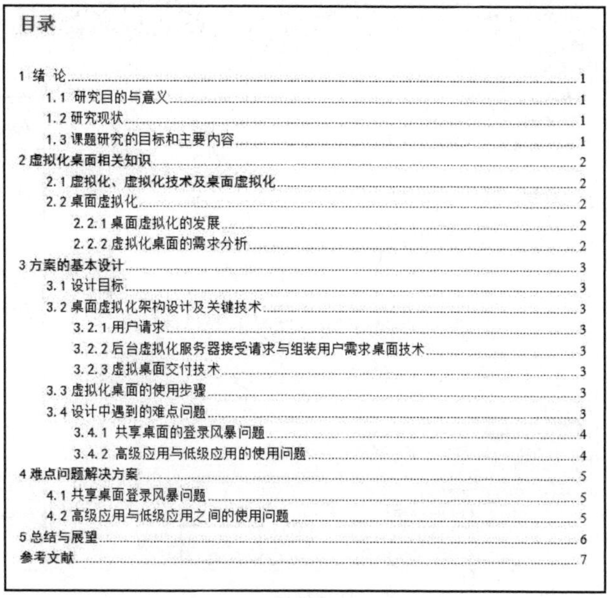

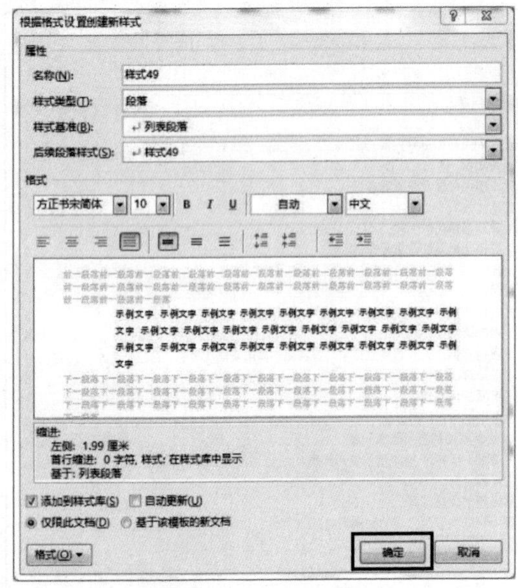

图 3-97 新建样式

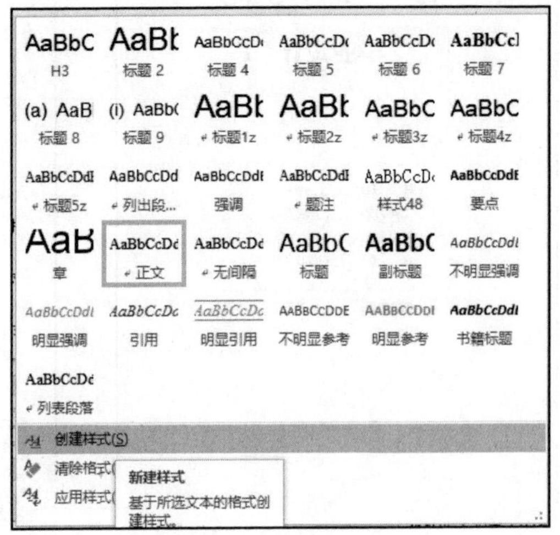

图 3-98 快速创建样式

4. 管理样式

单击“样式”功能组的“功能组”按钮，在“样式”窗格中单击“管理样式”按钮，在打开的“管理样式”对话框中可以进行新建、修改、删除样式等操作，如图 3-100 所示。

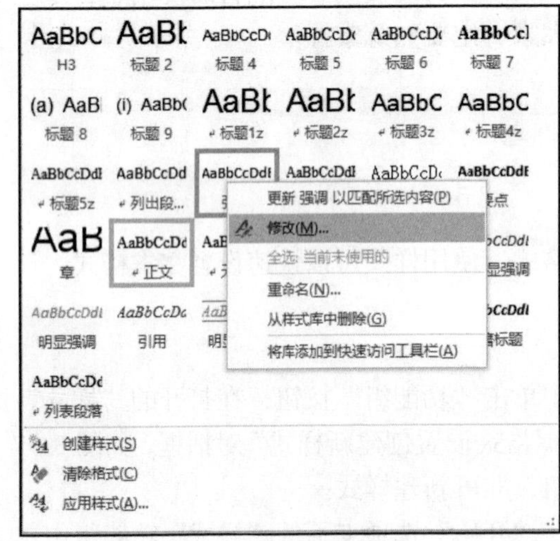

图 3-99 修改样式

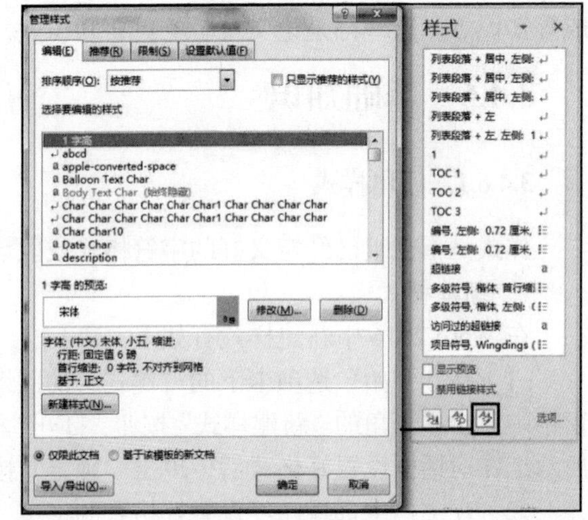

图 3-100 管理样式

3.4.6.2 页眉页脚

1. 页眉页脚

在“插入”选项卡下的“页眉和页脚”功能组中可以对页眉和页脚进行设置。以页眉为例，单击“页眉”按钮，在下拉列表中选择一种样式即可添加该主题的页眉，单击“关闭页眉和页脚”按钮即可退出页眉的编辑状态。如果对添加的页眉不满意，还可以在“页眉”的下拉列表中选择“编辑页眉”或“删除页眉”选项对页眉进行修改或删除。页脚的使用方法同页眉相似，此处不再赘述。

2. 页码

在“插入”选项卡下的“页眉和页脚”功能组中可以对页码进行设置。单击“页码”按钮，在下拉列表中选择插入页码的位置，单击即可插入页码，如图 3-101 所示。单击“关闭页眉和页脚”按钮，退出页码编辑状态。如果对添加的页码不满意，还可以在“页码”的下拉列表中选择“设置页码格式”或“删除页码”选项，在“页码格式”对话框中对页码进行格式设置或删除，如图 3-102 所示。

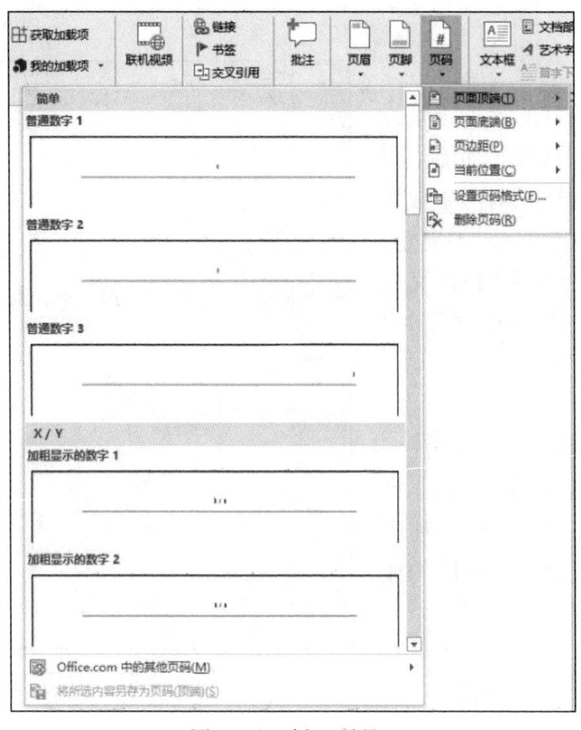

图 3-101　插入页码

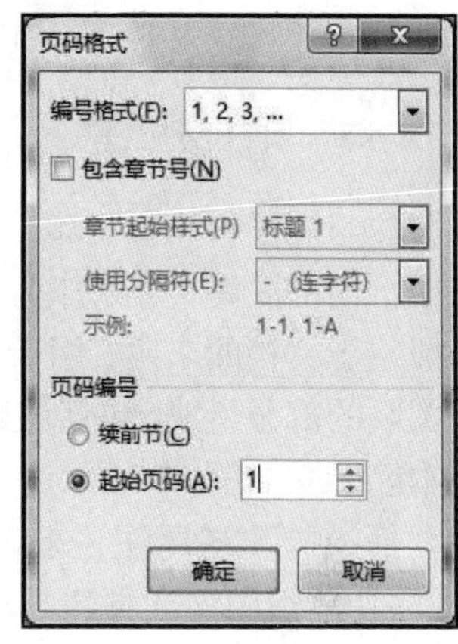

图 3-102　“页码格式”对话框

3.4.6.3　分隔符

1. 分页符

分页符一共有 3 种类型，分别为分页符、分栏符和自动换行符。

（1）分页符：如果在文档的某个位置插入分页符，文档内容将在光标处终止，光标后面的内容从下一页开始。

（2）分栏符：如果在文档的某个位置插入分栏符，分栏符后面的文字将从下一栏开始。

（3）自动换行符：如果在文档的某个位置插入自动换行符，该行的内容将在光标处终止，光标后面的内容从下一行开始。

2. 分节符

在 Word 2016 中，一篇文档默认情况下是一节，设置好某页的版式，其他页面也会以相同的版式显示。如果把一篇文档分为多节，则可按节分别设置不同的页面版式。分节符可以改变文档中的一个或多个页面的版式和格式。使用分节符可以为文档的不同章节创建不同的页眉和页脚。分节符有以下 4 种类型。

（1）下一页：在当前文本插入点处插入分节符，从下一页开始新的节。

（2）连续：在当前文本插入点处插入分节符，不会强制分页，新节在分节符后开始。

（3）偶数页：在当前文本插入点处插入分节符后，在下一个偶数页上开始新节。

（4）奇数页：在当前文本插入点处插入分节符后，在下一个奇数页上开始新节。

注意

如果要删除分隔符，可将光标定位到分隔符标记处，按【Delete】键即可。

3.4.6.4 生成目录

在 Word 文档中，如果已经将文本内容的大纲级别设置好了，那么单击“引用”选项卡下的“目录”功能组中的“目录”按钮，在下拉列表中选择一种样式即可生成该主题的目录，如图 3-103 所示。如果对生成的目录不满意，还可以单击“目录”按钮，在下拉列表中选择“自定义目录”或“删除目录”选项，完成对目录的编辑或删除。

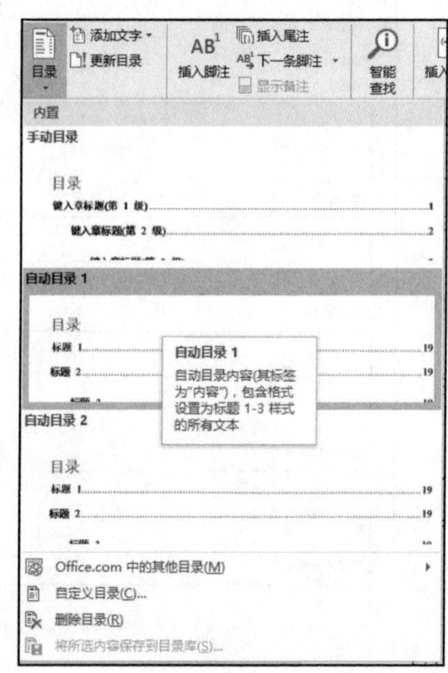

图 3-103 选择目录样式

3.4.6.5 脚注与尾注

脚注与尾注很相似，都是对文本的补充说明。脚注一般位于页面的底部，可以作为对文档某处内容的注释；尾注一般位于文档的末尾，用于列出引文的出处等。尾注由两个关联的部分组成，包括注释引用标记和与其对应的注释文本。

要插入脚注与尾注，单击“引用”选项卡，即可在“脚注”功能组中添加脚注与尾注，如图 3-104 所示。

3.4.6.6 插入题注与交叉引用

1. 插入题注

在 Word 文档中，插入题注有两种方法，即手动插入和自动插入，利用这两种方法插入的题注都可以自动更新。

（1）手动插入题注：选择对象，在“引用”选项卡下的“题注”功能组中单击“插入题注”按钮，在打开的“题注”对话框中填入相关信息、设置好编号等，如图 3-105 所示，单击“确定”按钮，操作完成。

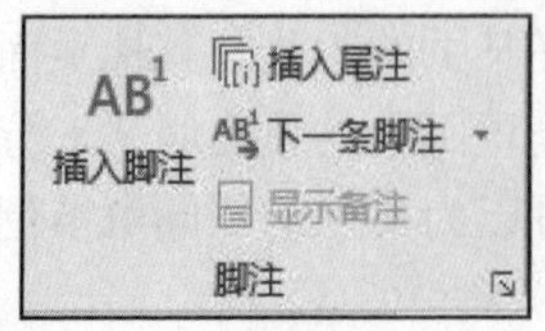

图 3-104 “脚注”功能组

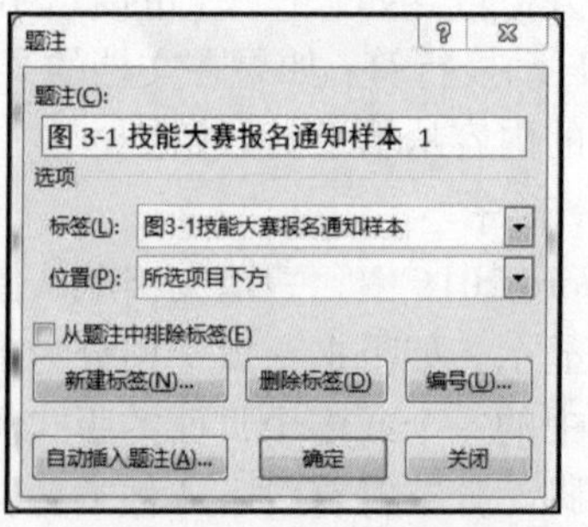

图 3-105 “题注”对话框

（2）自动插入题注：选择对象，在“引用”选项卡下的“题注”功能组中单击“插入题注”按钮，打开“题注”对话框，单击左下角的“自动插入题注”按钮，打开“自动插入题注”对话框，先选择插入题注的对象类型，然后分别单击“新建标签”和“编号”按钮进行设置，最后单击“确定”按钮，操作完成。

2. 交叉引用

交叉引用就是在文档的一个位置引用文档另一个位置的内容，其使用方法如下。

将光标放置到需要添加交叉引用的文字后面，在“引用”选项卡下的 “题注”功能组中单击“交叉引用”按钮，打开“交叉引用”对话框，在“引用类型”下拉列表中选择需要的项目类型，在“引用内容”下拉列表中选择需要插入的信息，在“引用哪一个编号项”列表框中选择引用的具体内容，如图 3-106 所示。完成设置后单击“插入”按钮即可在光标处插入一条交叉引用信息。

3.4.6.7 插入数学公式

在 Word 2016 中，有时为了编辑数学方面的文档，需要在文档中插入数学公式。如何快速地插入复杂的数学公式呢？方法其实很简单，其操作如下。

在“插入”选项卡下的“符号”功能组中单击“公式”按钮下方的下拉按钮，下拉列表中内置了一些常用的数学公式，可以直接使用。如果找不到需要的数学公式，选择“插入新公式”或“墨迹公式”选项都可以输入数学公式。

3.4.6.8 打印设置

当 Word 文档编辑完成之后，我们需要将文档打印出来。文档在打印之前需要进行相关的设置，如图 3-107 所示。设置完成后，如果打印预览的效果跟我们想要的效果一致，那我们就可以单击“打印”按钮输出文档了。

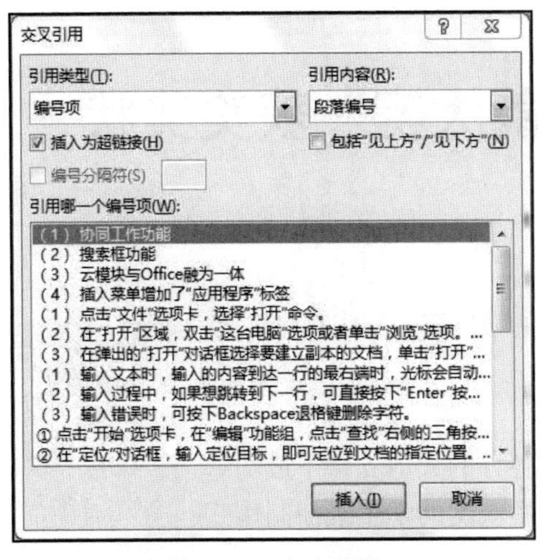

图 3-106 交叉引用

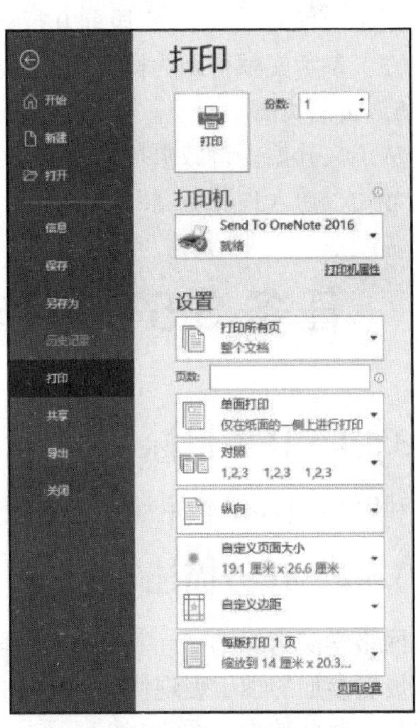

图 3-107 打印设置

3.4.7 拓展训练

根据所学知识点，对任务 3.4 的论文素材进行重新排版设计，巩固论文排版设计的知识点。排版具体的要求如下。

1. 页面设置

“A4”纸张，“纵向”，上下边距“2 厘米”，左右边距“3 厘米”，装订线“靠左”“0.5 厘米”。

2. 设置封面

论文题目：小初，宋体，加粗，居中对齐。题目一行排不下时可排两行，行间距为“1.5 倍行距”。

姓名、年级、专业、指导教师等信息：三号，宋体，行间距为“1.5 倍行距”，居中对齐。

3. 论文字体及字号要求

（1）一级标题：黑体，三号。

（2）二级标题：黑体，小三号。

（3）三级标题：黑体，四号。

（4）正文：宋体，小四。

（5）参考文献：宋体，五号。

4. 段落及行距要求

（1）正文段落和标题均为“1.5 倍行距”。

（2）段前段后间距如下。

一级标题	段前 1 行，段后 0.5 行
二级标题	段前 0.5 行，段后 0.5 行
三级标题	段前 0 行，段后 0.5 行
正文	段前 0 行，段后 0 行

（3）参考文献行距为固定值 25 磅。

5. 页眉页脚

从正文开始，奇数页插入页眉“桌面虚拟化技术”，偶数页插入页眉“学号姓名”；从正文开始，插入页码。

任务 3.5 制作“技能大赛”获奖奖状

3.5.1 任务目标

利用 Word 2016 软件为在“技能大赛”中获奖的学生统一制作获奖奖状。

3.5.2 任务描述

网络学院组织的“计算机故障排除竞赛”在各方的大力支持下成功举办。报名参加的学生表现优异，现准备为在竞赛中获奖的学生统一制作获奖奖状。奖状效果如图 3-108 所示。

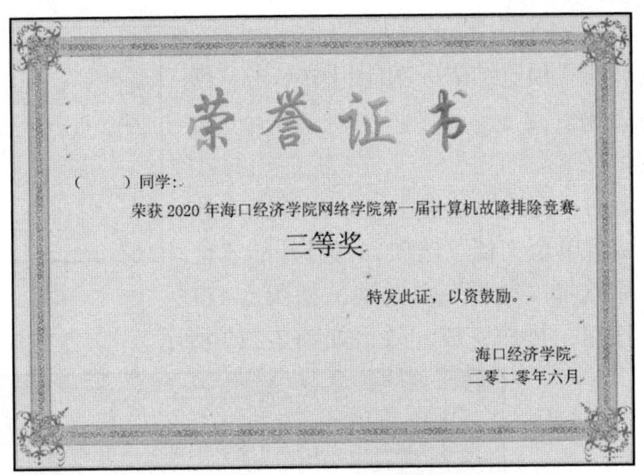

图 3-108　技能大赛奖状效果图

3.5.3　任务分析

Word 2016 软件中的邮件合并功能，可以快速地将数据源中的学生信息合并到主文档中，生成同等奖的奖状。本任务可以分解为以下 5 个小任务。

（1）设置主文档：打开主文档素材文件，设置页面背景。

（2）导入数据源：将“获奖学生名单”工作簿作为数据源。

（3）邮件合并：插入合并域。

（4）预览结果。

（5）完成邮件合并。

3.5.4　任务实现

1. 设置主文档

打开主文档素材文件，单击“插入”选项卡，在“插图”功能组中单击“图片”按钮，在打开的对话框中选择“背景”素材图片，将“背景”图片插入文档。选择“背景”图片，在“图片工具”/“格式”选项卡下的“排列”功能组中单击“环绕文字”按钮，在打开的下拉列表中选择“衬于文字下方”选项。调整图片大小，使其完全覆盖文档，作为文档的背景图片。

2. 导入数据源

在主文档中，单击“邮件”选项卡，在“开始邮件合并”功能组中单击“选择收件人”按钮，在下拉列表中选择“使用现有列表”选项，在打开的“选取数据源”对话框中选择“获奖学生名单”，单击“打开”按钮，选择“Sheet1”工作表，如图 3-109 所示。单击“确定”按钮，操作完成。

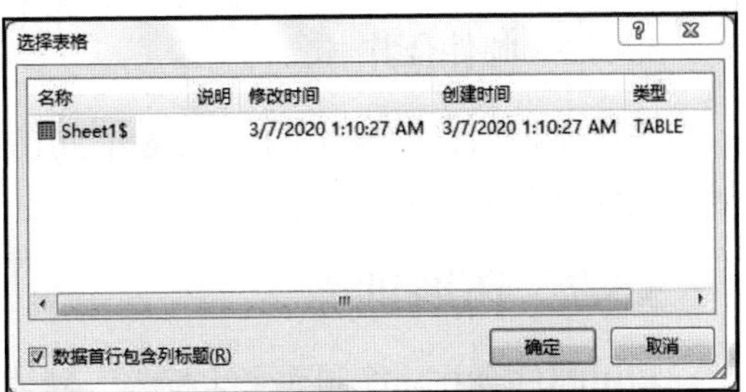

图 3-109　选择工作表

3. 邮件合并

将光标定位在“同学”前的括号中，在“邮件”选项卡下的“编写和插入域”功能组中单击“插入合并域”按钮，在下拉列表中选择“姓名”选项，如图 3-110 所示。

4. 预览结果

在“邮件”选项卡的“预览结果”功能组中单击“预览结果”按钮，预览效果。

5. 完成邮件合并

在“邮件”选项卡的“完成”功能组中单击“完成并合并”按钮，选择“编辑单个文档”选项，在打开的“合并到新文档”对话框中选择“全部”单选项，如图 3-111 所示。单击“确定”按钮，操作完成，效果如图 3-112 所示。

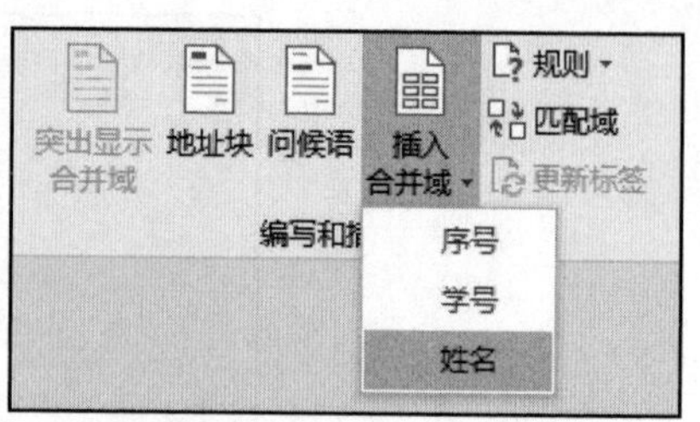

图 3-110　插入合并域

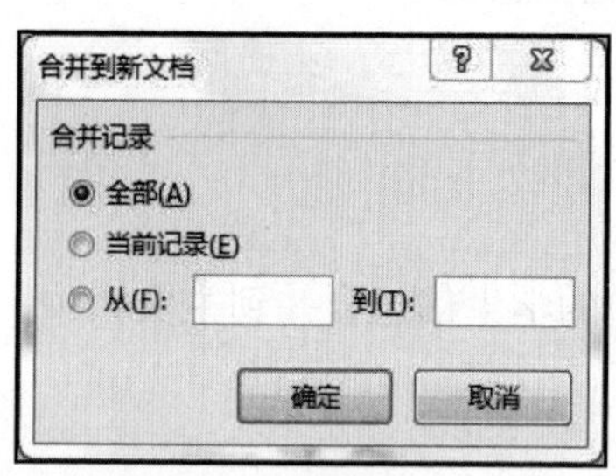

图 3-111　合并到新文档

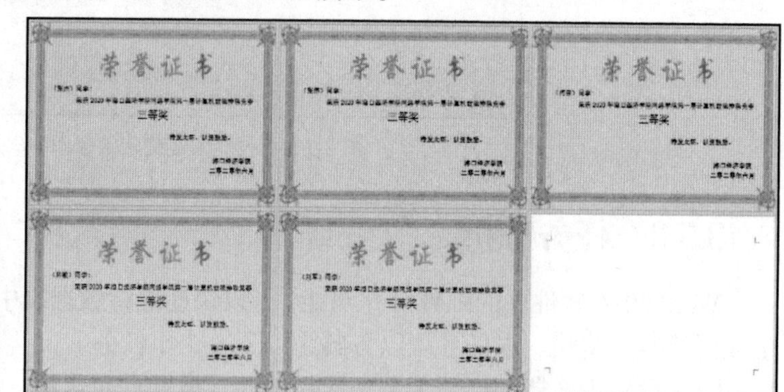

图 3-112　邮件合并效果

3.5.5　任务小结

通过本任务，我们学习了文档中的邮件合并功能。在批量生成多个具有类似功能的文档时，邮件合并功能能够大大提高工作效率。

3.5.6　基础知识

3.5.6.1　创建主文档

主文档中包含了每个分类文档共有的标准文字和图形。如果创建的是信封或标签，在“邮件”选项卡下的“创建”功能组中单击“信封”或“标签”按钮即可。

3.5.6.2　连接数据源

数据源中包含了需要变化的信息，可使用已有的 Excel 或 Access 数据作为数据源。

3.5.6.3　邮件合并

当主文档和数据源合并时，Word 2016 能够用数据源中相应的数据代替主文档中的对应域，生成合并文档。

3.5.7　拓展训练

利用邮件合并功能制作考生标签。新建一个 Word 文档并命名为“考生标签”。

1. 操作步骤如下。

（1）打开文档，单击“邮件”→“开始邮件合并”→“标签”，在打开的对话框中单击

“新建标签”按钮，输入标签名称并设置其他参数，单击“确定”按钮，如图 3-113 所示。

（2）单击“邮件”→“选择收件人”→“使用现有列表”，将数据源素材“考生信息”导入文档。

（3）在第一条记录处插入一个 2 列 2 行的表格，调整表格大小。

（4）在表格中插入合并域，更新标签。

（5）预览结果，完成并合并。

2. 生成的标签效果如图 3–114 所示。

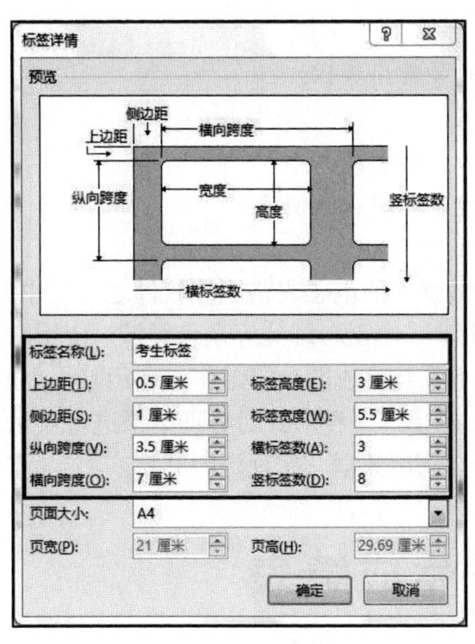

图 3-113　新建标签

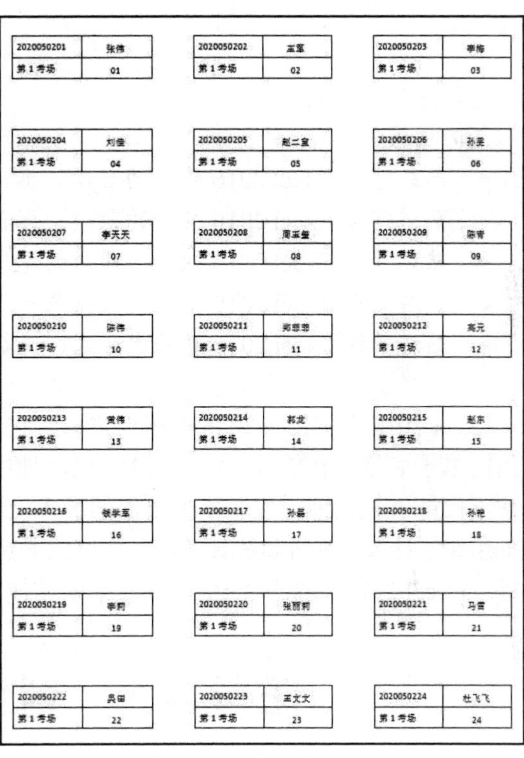

图 3-114　标签效果图

课后思考与练习

1. 文本的选取有哪几种方法？
2. 如何使用“替换”功能？文字格式可以替换吗？
3. 如何在文档中插入表格？
4. 如何新建与管理样式？
5. 如何设置不同的页眉页脚？
6. 如何使用分隔符？分节符有什么作用？
7. 如何自动生成目录？
8. 如何进行邮件合并？

模块 4 Excel 2016 电子表格制作软件

能力目标：

- 熟练掌握 Excel 2016 软件的启动、退出；
- 熟练掌握 Excel 2016 文件的新建、保存、修改等常用操作；
- 熟练掌握 Excel 2016 软件功能区的使用方法；
- 熟练掌握 Excel 2016 软件的数据录入、编辑和处理功能；
- 熟练掌握 Excel 2016 软件中公式、函数、透视表和图表的使用。

Excel 2016 是 Office 2016 的组件之一。它是目前最强大的电子表格制作软件之一。作为主流的电子表格制作软件，Excel 2016 广泛地应用于管理、金融、统计等众多领域。使用它，用户不仅能够轻松地完成表格中数据的录入、编辑、筛选及生成图表等工作，利用其强大的数据组织、计算、分析和统计功能，还可以通过图表、图形等多种形式对处理结果进行展示。此外，Excel 2016 还能与 Office 2016 中的其他组件相互调用数据，实现资源共享。

任务 4.1　制作学生成绩表

4.1.1　任务目标

- 熟练掌握 Excel 2016 软件的启动与退出，Excel 文件的新建、保存等常用功能；
- 正确使用功能区；
- 认识工作簿与工作表；
- 熟练掌握数据的快速填充方法；
- 掌握特殊类型数据的输入方法；
- 了解常用的数据输入技巧。

4.1.2　任务描述

学生成绩统计

作为海口经济学院的一名辅导员，每年 10 月份评奖、助学金时，需要对全专业同学一年的考试成绩进行统计和汇总分析，工作量非常大。请你按要求制作一张学生成绩表，帮助辅导员进行全专业学生成绩的统计（注：框内的内容需要计算填入），效果如图 4-1 所示。

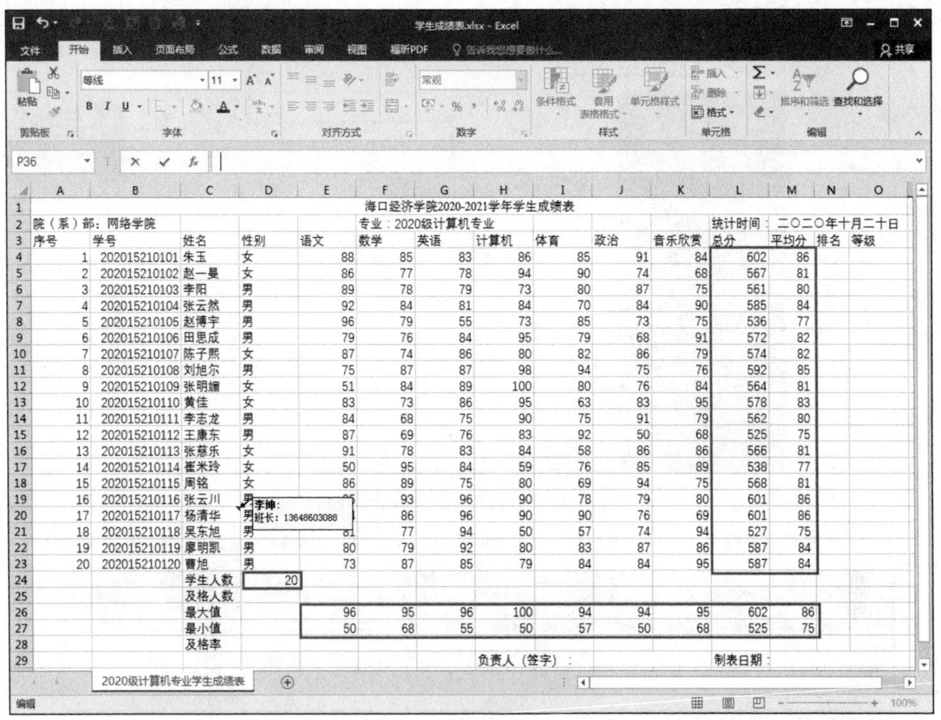

序号	学号	姓名	性别	语文	数学	英语	计算机	体育	政治	音乐欣赏	总分	平均分	排名	等级
1	202015210101	朱玉	女	88	85	83	86	85	91	84	602	86		
2	202015210102	赵一曼	女	86	77	78	94	90	74	68	567	81		
3	202015210103	李阳	男	89	78	79	73	80	87	75	561	80		
4	202015210104	张云然	男	92	84	81	84	70	84	90	585	84		
5	202015210105	赵博宇	男	96	79	55	73	85	73	75	536	77		
6	202015210106	田思成	男	79	76	84	95	79	68	91	572	82		
7	202015210107	陈子熙	女	87	74	86	80	82	86	79	574	82		
8	202015210108	刘旭尔	男	75	87	87	98	94	75	76	592	85		
9	202015210109	张明媚	女	51	84	89	100	80	76	84	564	81		
10	202015210110	黄佳	女	83	73	86	95	63	83	95	578	83		
11	202015210111	李志龙	男	84	68	75	90	75	91	79	562	80		
12	202015210112	王康东	男	87	69	76	83	92	50	68	525	75		
13	202015210113	张慈乐	女	91	78	83	84	58	86	86	566	81		
14	202015210114	崔米玲	女	50	95	84	59	76	85	89	538	77		
15	202015210115	周铭	女	86	89	75	80	69	94	75	568	81		
16	202015210116	张云川	男	[illegible]	93	96	90	78	79	80	601	86		
17	202015210117	杨清华	男	[illegible]	86	96	90	90	76	69	601	86		
18	202015210118	吴东旭	男	81	77	94	50	57	74	94	527	75		
19	202015210119	廖明凯	男	80	79	92	80	83	87	86	587	84		
20	202015210120	曹旭	男	73	87	85	79	84	84	95	587	84		
		学生人数	20											
		及格人数												
		最大值		96	95	96	100	94	94	95	602	86		
		最小值		50	68	55	50	57	50	68	525	75		
		及格率												

图 4-1　学生成绩表

4.1.3　任务分析

本任务可分解为如下 7 个小任务。

（1）新建工作簿：启动 Excel 2016，建立一个新的工作簿。

（2）修改工作表名称：将 sheet1 工作表更名为“2020 级计算机专业学生成绩表”。

（3）保存工作簿：将工作簿以文件名“学生成绩表.xlsx”保存在桌面上。

（4）录入文字和数据。

（5）合并单元格。

（6）插入批注：为 C20 单元格插入批注，内容为“班长：13648603088”。

（7）利用状态栏计算：计算总分列、平均分列，学生人数和最大值、最小值。

4.1.4　任务实现

1. 新建工作簿

（1）启动 Excel 2016

选择“开始”程序中的“Excel 2016”，启动界面如图 4-2 所示。

（2）Excel 2016 启动后，单击“空白工作簿”，新建工作簿，其工作界面如图 4-3 所示。

2. 修改工作表名称

双击工作表标签，将 sheet1 工作表更名为“2020 级计算机专业学生成绩表”，如图 4-4 所示。

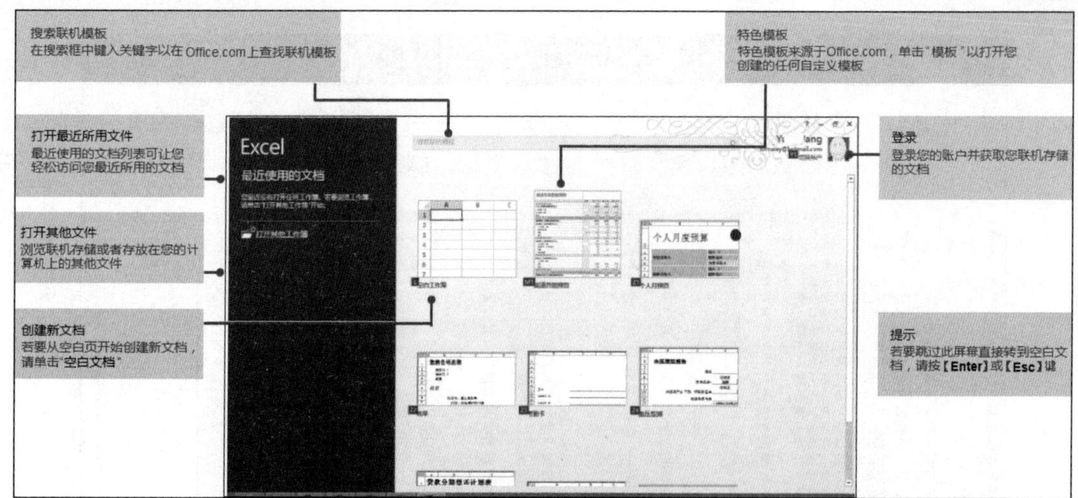

图 4-2　Excel 2016 的启动界面

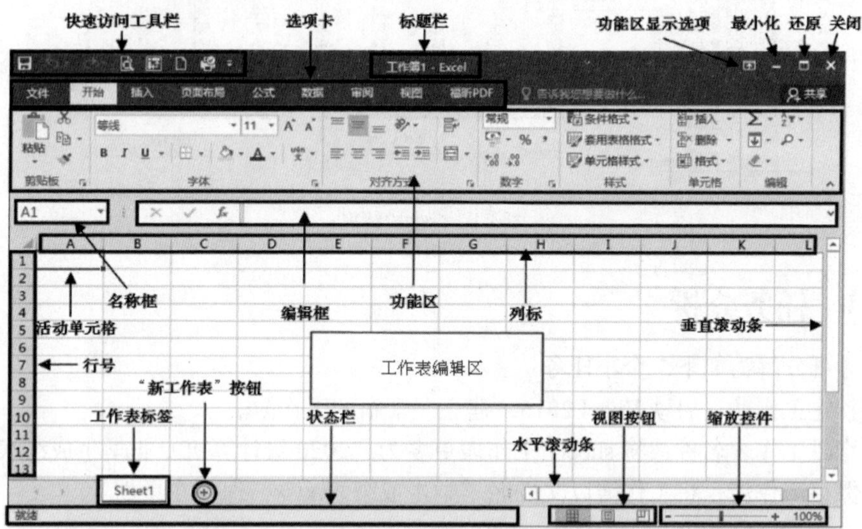

图 4-3　Excel 2016 的工作界面

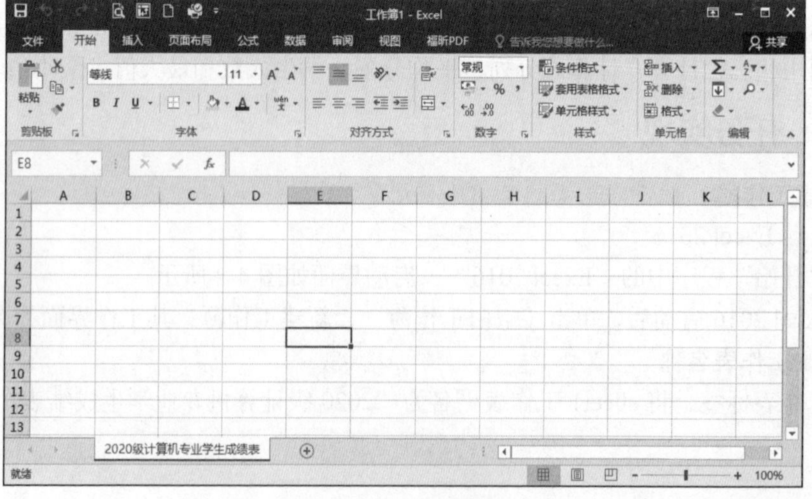

图 4-4　为工作表更名

3. 保存工作簿

单击“快速访问工具栏”中的“保存”按钮，弹出“另存为”界面，如图 4-5 所示。单击“浏览”按钮，打开“另存为”对话框，如图 4-6 所示。在左侧的列表框中选择“桌面”，将“文件名”改为“学生成绩表”，保存类型为“Excel 工作簿（*.xlsx）”，单击“保存”按钮。

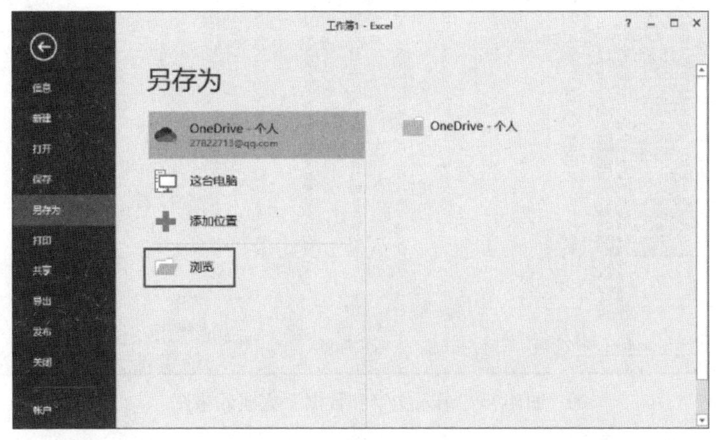

图 4-5　“另存为”界面

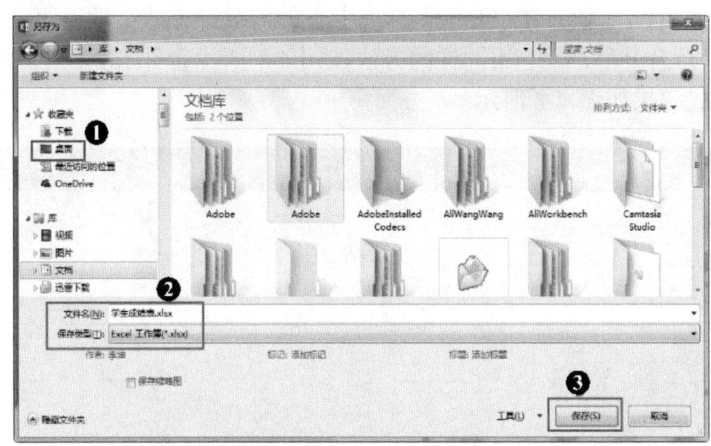

图 4-6　“另存为”对话框

4. 录入文字和数据

选择 A1 单元格，在其中输入“海口经济学院 2020—2021 学年学生成绩表”，输入完成按【Enter】键。在 A2 单元格中输入“院（系）部：网络学院”，在 F2 单元格中输入“专业：2020 级计算机专业”，在 L2 单元格中输入“统计时间：”，在 M2 单元格，输入“二〇二〇年十月二十日”，输入完成按【Enter】键。在 A3:O3 单元格区域分别输入“序号、学号、姓名、性别、语文、数学、英语、计算机、体育、政治、音乐欣赏、总分、平均分、排名、等级”。找到“4.1 原始素材”，把相应的学生成绩复制到指定位置。用自动填充的方法填充 A4:A23 单元格区域。按图 4-1 所示，录入其他单元格的数据。效果如图 4-7 所示。

B4:B23 单元格区域使用单元格格式汇总的“自定义”项，M2 单元格格式使用时间格式。

观察不同格式的单元格内容的对齐方式。

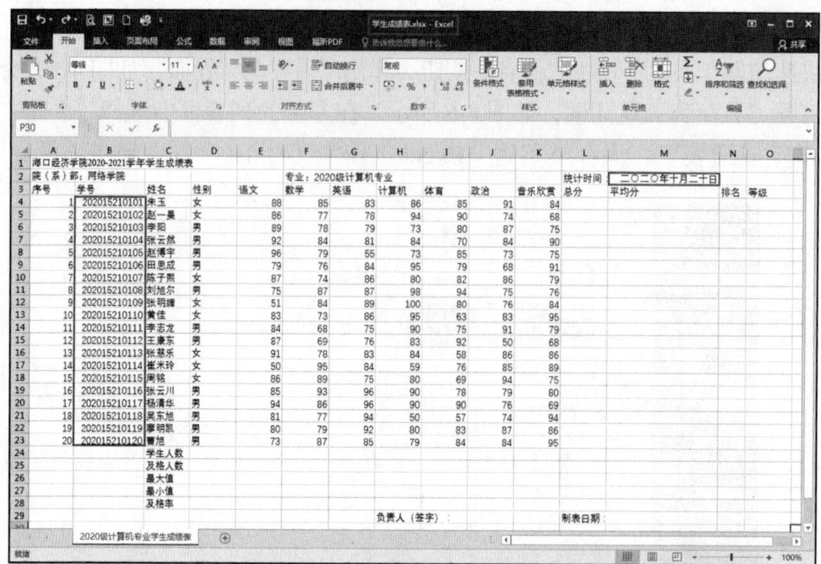

图 4-7 “录入文字和数据”完成效果图

5. 合并单元格

选择 A1:O1 单元格区域，在“开始”选项卡下的“对齐方式”功能组中单击“合并后居中”按钮，将第一行合并后居中。用同样的方法按图 4-1 所示合并 M2:O2、J29:K29、M29:O29 单元格区域，完成效果如图 4-8 所示。

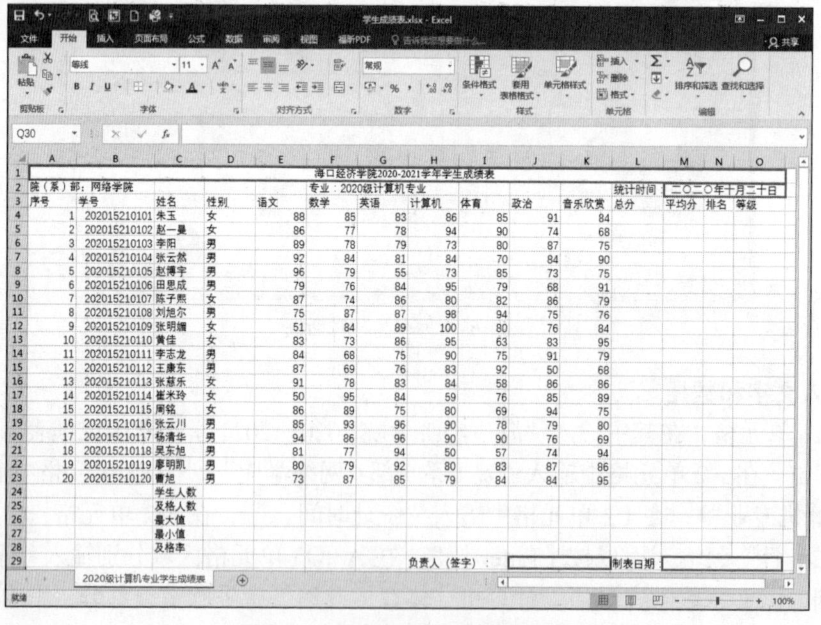

图 4-8 “合并单元格”完成效果图

6. 插入批注

选择 C20 单元格，单击“审阅”选项卡，在“批注”功能组中单击“新建批注”按钮，在弹出的批注栏内输入“班长：13648603088”，然后选择旁边其他单元格，再次选择 C20 单元格，单击“审阅”选项卡，在“批注”功能组中单击“显示/隐藏批注”按钮，使得该批注一直显示，效果如图 4-9 所示。

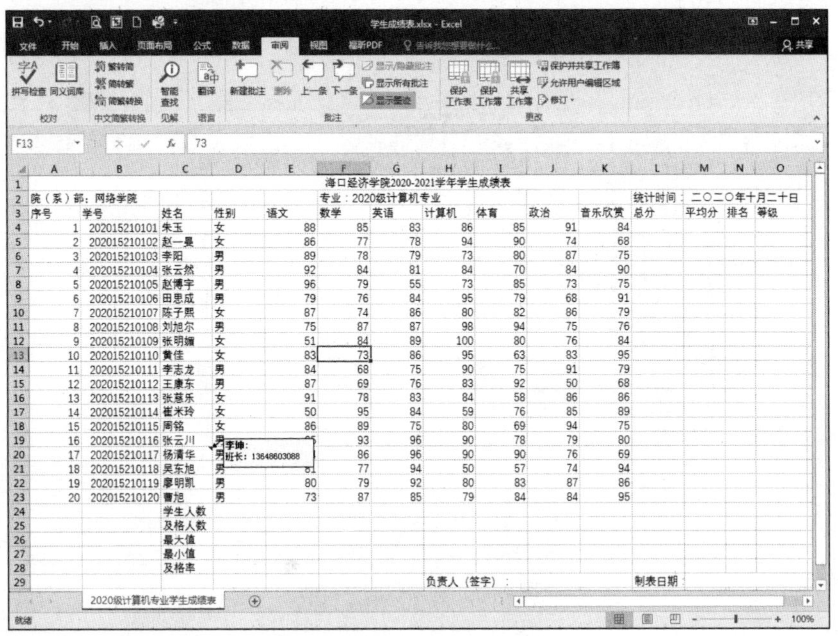

	A	B	C	D	E	F	G	H	I	J	K	L	M	N	O
1						海口经济学院2020-2021学年学生成绩表									
2	院（系）部：网络学院					专业：2020级计算机专业						统计时间：	二〇二〇年十月二十日		
3	序号	学号	姓名	性别	语文	数学	英语	计算机	体育	政治	音乐欣赏	总分	平均分	排名	等级
4	1	202015210101	朱玉	女	88	85	83	86	85	91	84				
5	2	202015210102	赵一曼	女	86	77	78	94	90	74	68				
6	3	202015210103	李阳	男	89	78	79	73	80	87	75				
7	4	202015210104	张云然	男	92	84	81	84	70	84	90				
8	5	202015210105	赵博宇	男	96	79	55	73	85	73	75				
9	6	202015210106	田思成	男	79	76	84	95	79	68	91				
10	7	202015210107	陈子熙	女	87	74	86	80	82	86	79				
11	8	202015210108	刘旭尔	男	75	87	87	98	94	75	76				
12	9	202015210109	张明媚	女	51	84	89	100	80	76	84				
13	10	202015210110	黄佳	女	83	73	86	95	63	83	95				
14	11	202015210111	李志龙	男	84	68	75	90	75	91	79				
15	12	202015210112	王康东	男	87	69	76	83	92	50	68				
16	13	202015210113	张慕乐	女	91	78	83	84	58	86	86				
17	14	202015210114	崔米玲	女	50	95	84	59	76	85	89				
18	15	202015210115	周铭	女	86	89	75	80	69	94	75				
19	16	202015210116	张云川	男	[illegible]	93	96	90	78	79	80				
20	17	202015210117	杨清华	男	[illegible]	86	96	90	90	76	69				
21	18	202015210118	吴东旭	男	81	77	94	50	57	74	94				
22	19	202015210119	廖明凯	男	80	79	92	80	83	87	86				
23	20	202015210120	曹旭	男	73	87	85	79	84	84	95				
24			学生人数												
25			及格人数												
26			最大值												
27			最小值												
28			及格率												
29								负责人（签字）：				制表日期：			

图 4-9　“插入批注”完成效果图

7. 利用状态栏计算

在状态栏上单击鼠标右键，选择“平均值”“计数”“最小值”“最大值”“求和”5 项，如图 4-10 所示。选择 E4:K4 单元格区域，查看状态栏，把“求和”和“平均值”对应的数据填入“总分”列和“平均分”列对应的单元格中，如图 4-11 所示。用同样的方法填入其他单元格的数据，计算结果如图 4-1 所示。

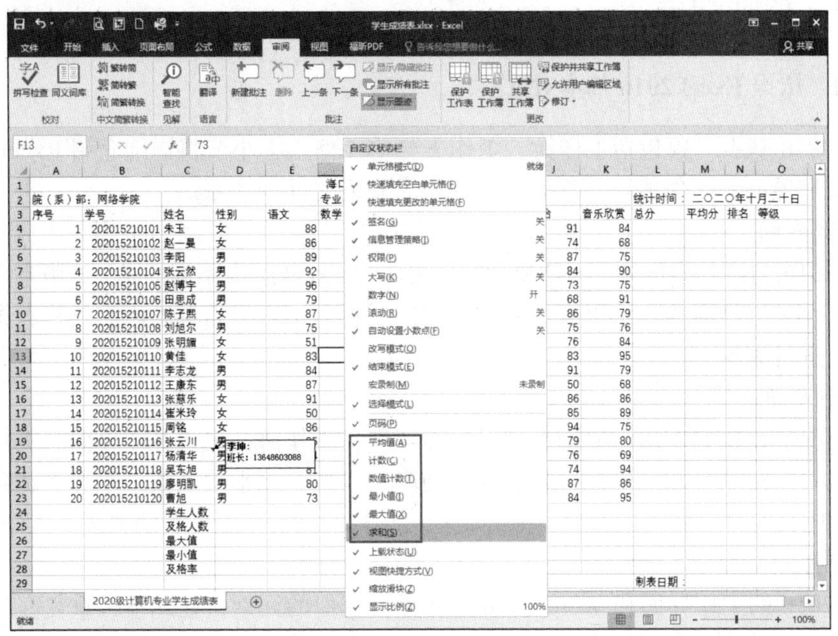

图 4-10　状态栏设置

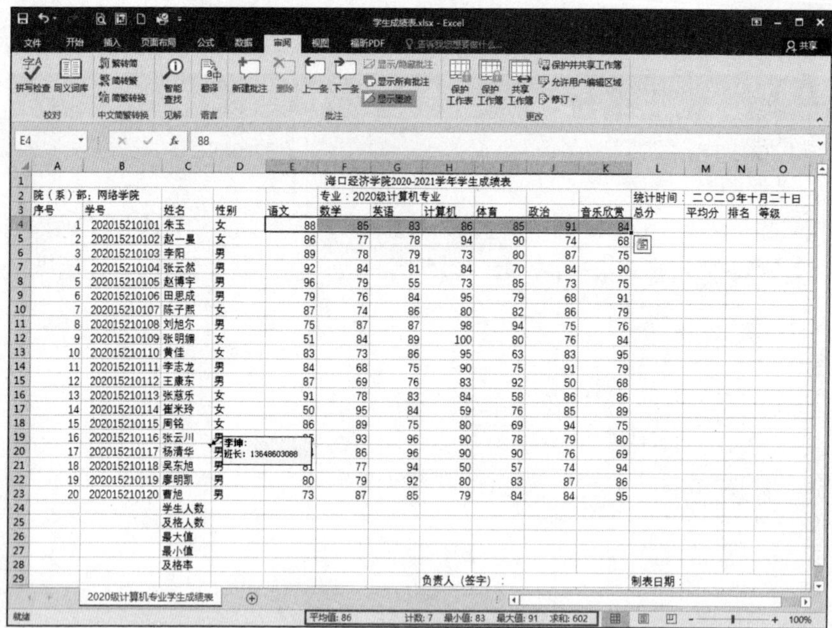

图 4-11　利用状态栏计算

4.1.5　任务小结

通过本任务，我们学习了工作簿、工作表和单元格的一些基本信息，初步了解了工作簿与工作表的区别，还学习了使用功能区对表格进行设计，以及在工作表中输入和修改数据的各种方法，掌握了一些控制工作表和提高效率的提示和技巧，有助于日后更好地操作单元格和单元格区域。

4.1.6　基础知识

4.1.6.1　认识 Excel 2016 基本对象

Excel 2016 基本对象包括工作簿、工作表与单元格。本小节将详细介绍 Excel 2016 的启动界面、工作界面、工作簿、工作表、单元格及它们之间的关系。

1. 启动界面

Excel 2016 的启动界面如图 4-2 所示。与往常的 Excel 版本不同的是，该版本是选择模板后再进入 Excel 工作簿的。这里有很多种常用的模板，用户只需单击所需模板，即可进入该模板工作簿进行编辑。

2. 工作界面

通常情况下，我们在启动界面会选择单击“空白工作簿”进入工作界面。工作界面除了具有与其他 Office 软件相同的标题栏、快速访问工具栏、水平滚动条、垂直滚动条、状态栏等组件外，还具有许多特有的组件，如编辑栏、行号与列标、工作表编辑区、工作表标签等，如图 4-3 所示。

Excel 2016 的工作界面和 Word 2016 工作界面相似的元素，在此不再重复介绍，仅介绍一下 Excel 2016 特有的编辑栏、行号与列标、工作表编辑区、工作表标签这 5 个元素。

（1）编辑栏

编辑栏位于功能区的下方，主要显示名称框、编辑框和插入函数按钮等，如图 4-12 所示。

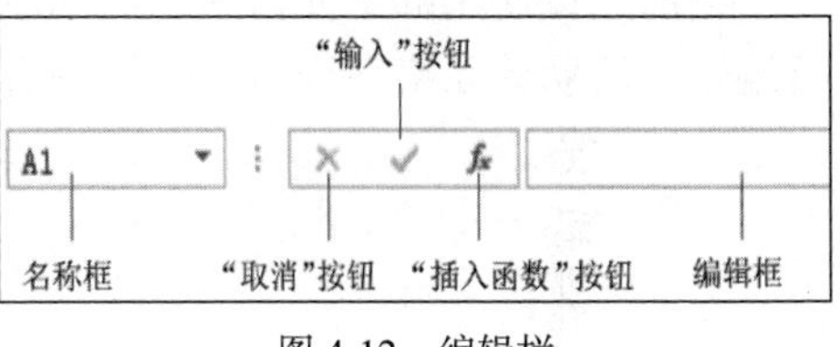

图 4-12　编辑栏

① 名称框：我们可以在名称框里给一个或一组单元格定义一个名称，也可以从名称框快速定位单元格和单元格区域。

② 编辑框：选择单元格后可以在编辑框中输入或编辑单元格的内容，如公式、文字或数据等。对于较长的数据的输入，用编辑框更方便。

③"插入函数"按钮：在编辑框和名称框之间有 3 个按钮，左边的 × 是"取消"按钮，它的作用是恢复到单元格输入以前的状态；中间的 ✓ 是"输入"按钮，就是确定输入栏中的内容为当前选择单元格的内容，也可按【Enter】键实现该功能；fx 是"插入函数"按钮，可以插入相关函数。

（2）行号与列标

行号与列标是确定单元格位置的重要依据，也是显示工作状态的导航工具。其中，行号由数字组成，列标由大写英文字母组成。

（3）工作表编辑区

它相当于 Word 2016 的文档编辑区，是 Excel 2016 的工作平台和编辑表格的重要场所，在工作界面中间呈网格状。

（4）工作表标签

一个工作簿中可以有多个工作表，工作表标签表示的是每个工作表对应的名称。

3. 工作簿

Excel 2016 使用工作簿文件完成工作，工作簿是保存 Excel 文件的基本单位。需要多少工作簿就可以创建多少工作簿。工作簿文件有单独的窗口，是 Excel 存储在磁盘上的最小单位，默认情况下，工作簿使用的扩展名为".xlsx"。

4. 工作表

每个工作簿都包含工作表，默认情况下一个工作簿内只有一个工作表。工作表是用于存储和处理数据的主要文档，也是工作簿的重要组成部分。工作表标签位于窗口的底部，一个工作簿由多个工作表标签构成，每个工作表标签代表一个工作表。单击工作表标签，可以实现工作表的切换。在编辑时，只有一个工作表处于当前活动状态。

Excel 2016 的一个工作簿中，理论上可以制作无限多个工作表，仅受计算机内存大小的限制。

5. 单元格

工作表是由单元格组成的，每个单元格都有独一无二的名称，由行号和列标来确定。单元格的命名分为单个单元格的命名和单元格区域的命名两种。

① 单个单元格的命名采用"列标+行号"的方法。例如，D5 单元格指的是第 D 列与第 5 行交叉处的单元格，如图 4-13（a）所示。

② 单元格区域的命名规则是，单元格区域中左上角的单元格名称:单元格区域中右下角的单元格名称。例如，A1:D5 指的是图 4-13（b）所示的单元格区域。

当前正在使用的单元格为“活动单元格”，用黑色粗边框围起，此时可以对该单元格进行编辑。活动单元格在当前工作表中有且仅有一个。

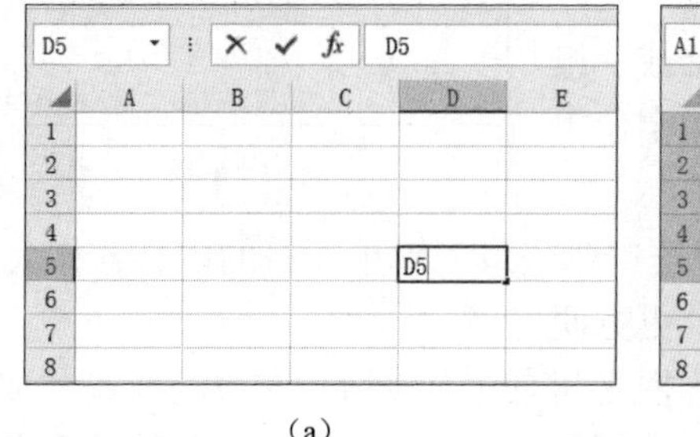

（a）

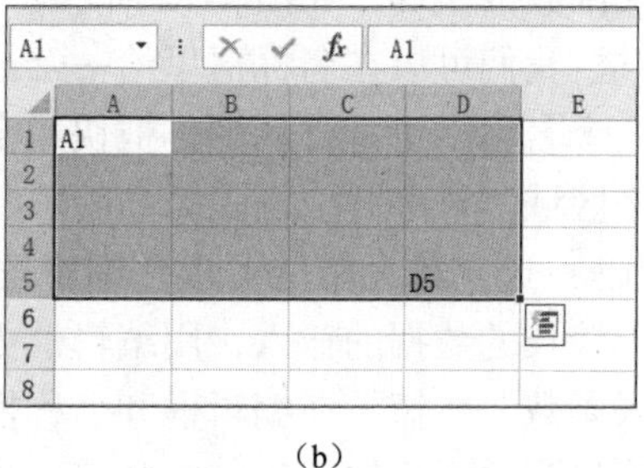

（b）

图 4-13　单元格的命名

三者之间的关系：工作簿、工作表和单元格之间的关系是包含与被包含的关系，即工作簿包含一个或多个工作表，工作表包含多个单元格，其关系如图 4-14 所示。

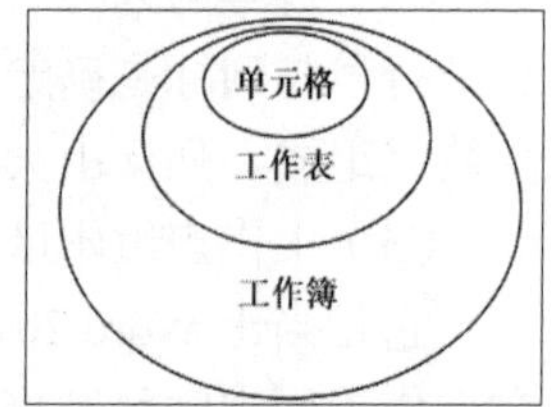

图 4-14　工作簿、工作表和单元格的关系

4.1.6.2　工作簿的基本操作

1. 新建工作簿

启动 Excel 2016 时可以自动新建一个空白工作簿。除了启动 Excel 2016 新建工作簿以外，在编辑过程中可以直接新建空白工作簿，也可以根据模板来新建带有样式的工作簿，如图 4-15 所示。

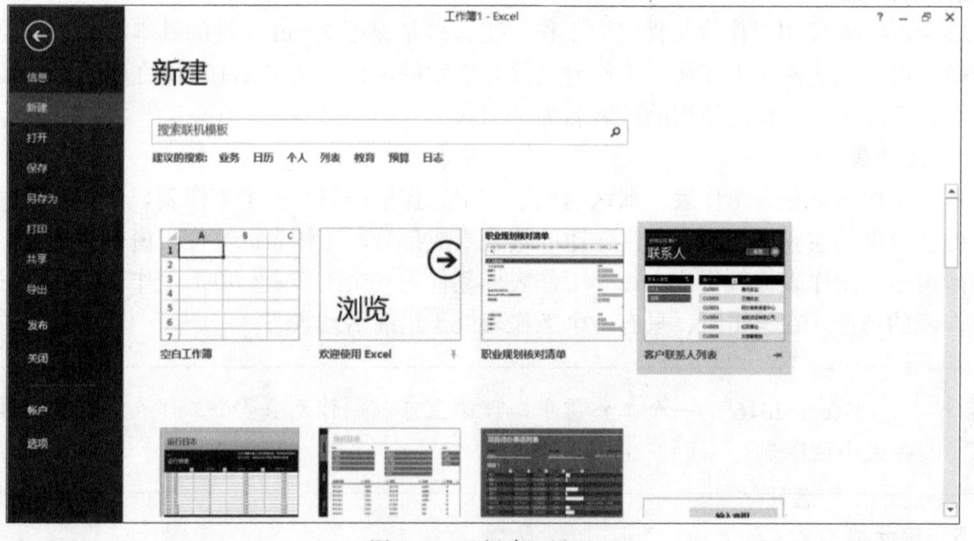

图 4-15　“新建”界面

2. 保存工作簿

完成对工作簿中的数据的编辑之后，还需要对其进行保存。要养成及时保存工作簿的习惯，以免由于一些突发状况而丢失数据。

当工作簿第一次被保存时，Excel 2016 会自动打开“另存为”对话框。在对话框中，用户可以设置工作簿的保存位置、名称及保存类型等，如图 4-5、图 4-6 所示。

3. 打开工作簿

当工作簿被保存后，即可在 Excel 2016 中再次打开该工作簿。要对已经保存的工作簿进行浏览或编辑操作，首先要在 Excel 2016 中打开该工作簿，方法与在 Word 2016 中打开 Word 文档相似。

4. 关闭工作簿

编辑完工作簿中的工作表后，可以单击窗口右上角的“关闭”按钮 × 关闭工作簿。

4.1.6.3　工作表的基本操作

1. 选择工作表

由于一个工作簿中往往包含多个工作表，因此操作前需要选择工作表。选择工作表的常用操作包括以下 4 种。

（1）选择一个工作表：单击相应的工作表标签，即可选择该工作表。

（2）选择相邻工作表：单击要选择的第一个工作表的标签，按住【Shift】键，再单击最后一个工作表标签即可。

（3）选择不相邻工作表：单击要选择的第一个工作表的标签，按住【Ctrl】键，再依次单击其他工作表标签即可。

（4）选择所有工作表：将鼠标指针放在任意一个工作表标签上，单击鼠标右键，在弹出的快捷菜单中选择“选定全部工作表”命令即可。

2. 插入工作表

如果工作簿中的工作表不够用，可以在工作簿中插入工作表，插入工作表的方法有以下 3 种。

（1）单击“新工作表”按钮：工作表切换标签的右侧有一个“新工作表”按钮⊕，单击该按钮可以快速新建工作表。

（2）选择功能区中的命令：单击“开始”→“单元格”→“插入”的下拉按钮 插入 ▾，在下拉列表中选择“插入工作表”选项，即可插入工作表。

（3）使用快捷菜单：将鼠标指针放在当前活动的工作表标签上，单击鼠标右键，在弹出的快捷菜单中选择“插入”，在弹出的“插入”对话框中选择“常用”中的“工作表”选项，然后单击“确定”按钮，即可在该工作表之前插入一个新的工作表。

3. 删除工作表

根据实际工作的需要，有时可以从工作簿中删除不需要的工作表，删除工作表的操作是永久性的，不能撤销。删除工作表有下面 2 种方法。

（1）单击工作表标签，选择该工作表，单击“开始”→“单元格”→“删除”的下拉按钮，在下拉列表中选择“删除工作表”选项，即可删除该工作表。此时，它右侧的工作表将自动变成当前的活动工作表。

（2）选择所要删除的工作表标签并单击鼠标右键，从弹出的快捷菜单中选择“删除”命令即可。

在删除工作表的过程中，系统会弹出图 4-16 所示的删除提示对话框，单击“删除”按钮，就永久性地删除了该工作表，即被删除的工作表不能再恢复；单击“取消”按钮，可取消当前的删除操作。

4. 重命名工作表

在 Excel 2016 中，工作表的默认名称为 Sheet1、Sheet2、Sheet3……为了便于记忆与使用，用户可以重新命名工作表，方法有如下 3 种。

图 4-16 删除提示对话框

（1）双击工作表标签，这时工作表标签反白显示，直接输入新名称并按【Enter】键即可。

（2）选择要重命名的工作表标签并单击鼠标右键，从弹出的快捷菜单中选择“重命名”命令，此时工作表标签反白显示，重新输入工作表名，按【Enter】键确认。

（3）选择要重命名的工作表标签，单击“开始”→“单元格”→“格式”，在下拉列表中选择“重命名工作表”选项，输入新的名称并按【Enter】键即可。

表名称最多可以包含 31 个字符，并且允许使用空格，但不允许使用【、；、/、\、[、]、?、*、】等符号。

5. 移动和复制工作表

在使用 Excel 2016 进行数据处理时，经常把描述同一事物相关特征的数据放在一个工作表中，而把互相之间具有某种联系的不同事物安排在不同的工作表或不同的工作簿中，这时就需要在工作簿内或工作簿间移动或复制工作表。

（1）在工作簿内移动或复制工作表

① 移动

- 选择要移动的工作表标签，按住鼠标左键，沿工作表标签行拖曳选择的工作表标签到目的位置，释放鼠标左键即可。
- 选择要移动的工作表标签，单击鼠标右键，在快捷菜单中选择“移动或复制”命令，如图 4-17（a）所示，或者单击“开始”→“单元格”→“格式”，在图 4-17（b）所示的下拉列表中选择“移动或复制工作表”选项，打开“移动或复制工作表”对话框，如图 4-17（c）所示，选择要移动到的目标位置，单击“确定”按钮即可。

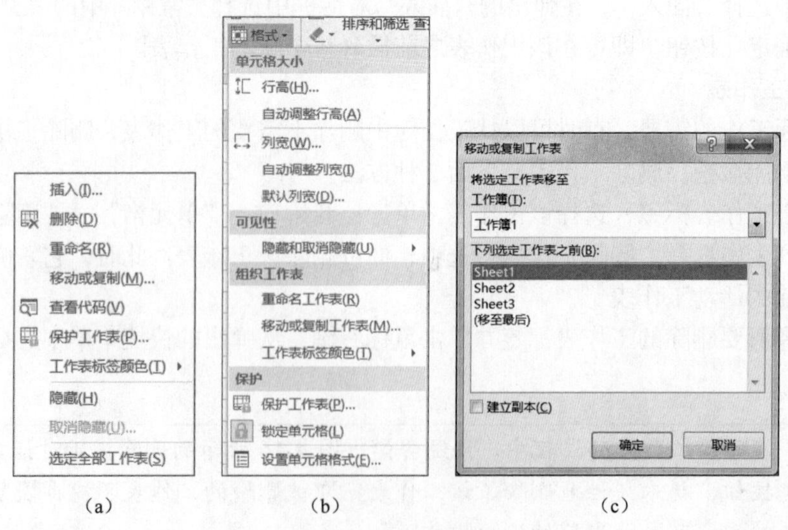

（a）　　（b）　　（c）

图 4-17 移动工作表

② 复制

- 选择要复制的工作表，按住【Ctrl】键，同时按住鼠标左键，拖动工作表标签，在目的位置释放鼠标左键和【Ctrl】键即可。
- 选择要移动的工作表标签，单击鼠标右键，在快捷菜单中选择“移动或复制”命令，或者单击“开始”→“单元格”→“格式”→“移动或复制工作表”，选择要移动到的目标位置，选择“建立副本”复选框，单击“确定”按钮。

（2）在工作簿间移动或复制工作表

在两个或多个不同的工作簿之间移动或复制工作表，方法同上，但要求源工作簿和目标工作簿必须同时处于打开状态。

6. 隐藏或取消隐藏工作表

选择要隐藏的工作表，单击“开始”→“单元格”→“格式”→“隐藏或取消隐藏”，如图 4-18 所示。选择“隐藏工作表”选项即可隐藏工作表；选择“取消隐藏工作表”选项即可让隐藏的工作表显示出来。

7. 保护工作表

在 Excel 2016 中，用户可以为工作表设置密码，防止其他用户私自更改工作表中的内容、查看隐藏的数据行或列、查阅公式等。

要为工作表设置密码，可先选择该工作表，单击“审阅”→“更改”→“保护工作表”，打开图 4-19 所示的对话框。选择“保护工作表及锁定的单元格内容”复选框，在下面的密码文本框中输入保护密码，在“允许此工作表的所有用户进行”列表框中设置允许的用户操作，然后单击“确定”按钮。随后打开“确认密码”对话框，在对话框中再次输入密码，单击“确定”按钮即可完成密码的设置。

图 4-18　隐藏或取消隐藏工作表

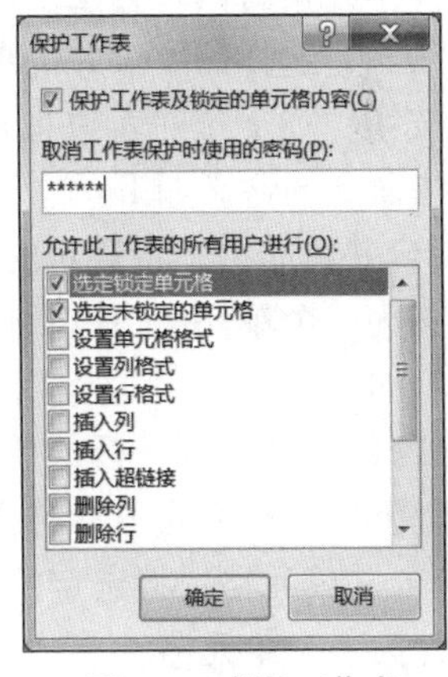

图 4-19　保护工作表

工作表被保护以后，用户只能查看工作表中的数据和选择单元格，不能进行任何修改操作。若要撤销工作表保护，单击“审阅”→“更改”→“撤销工作表保护”，输入密码，然后单击“确定”按钮即可撤销。

4.1.6.4　单元格的基本操作

1. 选择单元格

要对单元格进行操作，首先要选择单元格。选择单元格的操作主要包括以下 3 种。

（1）选择单个单元格：单击该单元格即可，如图 4-20（a）所示。

（2）选择连续单元格区域：按住鼠标左键将鼠标指针拖曳到目的位置即可，如图 4-20（b）所示。

（3）选择不连续单元格区域：按住【Ctrl】键的同时单击所需的单元格或者选择一个连续的单元格区域，如图 4-20（c）所示。

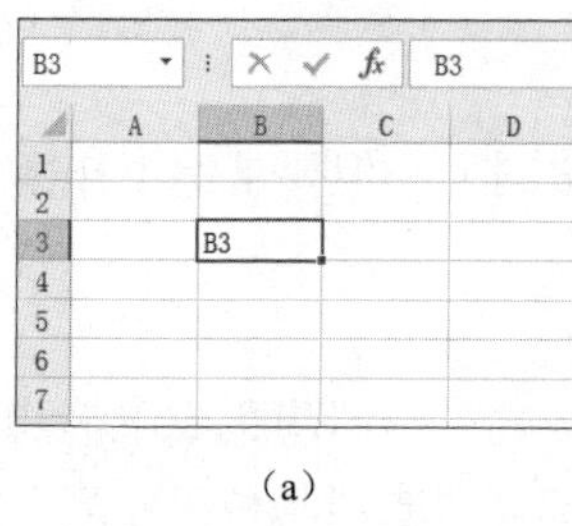

（a）

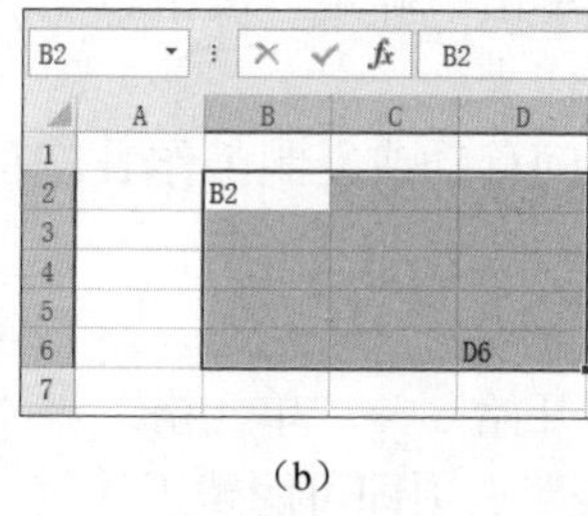

（b）

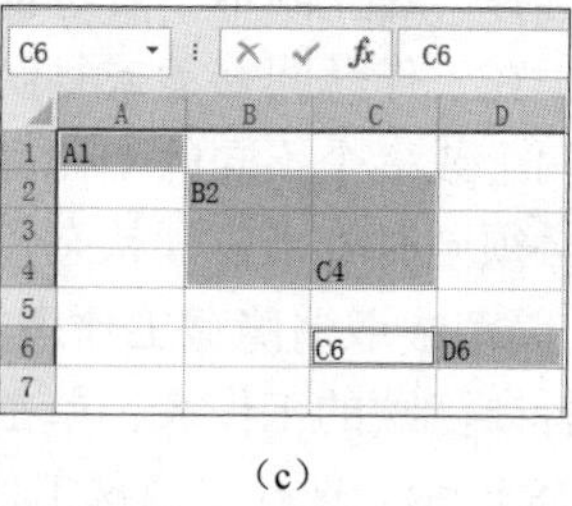

（c）

图 4-20　选择单元格

单击工作表中的行号，可选择整行单元格；单击工作表的列标，可选择整列单元格；单击工作表左上角行号列和列标行的交叉处的全选按钮，即可选择整个工作表。

2. 合并与拆分单元格

在编辑表格的过程中，有时需要对单元格进行合并或拆分操作。合并单元格是指将选择的连续单元格区域合并为一个单元格，而拆分单元格则是合并单元格的逆操作。

（1）合并单元格

合并单元格有两种方法。

方法一：选择需要合并的单元格区域，单击“开始”→“对齐方式”→“合并后居中”的下拉按钮，在下拉列表中有 4 个选项，如图 4-21 所示。

这些命令的含义如下。

① 合并后居中：将选定的连续单元格区域合并为一个单元格，并将合并后单元格中的内容居中显示。

② 跨越合并：同一行的单元格相互合并，而上下单元格之间不参与合并。

③ 合并单元格：将选定的连续单元格区域合并为一个单元格。

④ 取消单元格合并：合并单元格的逆操作，即恢复到初始状态。

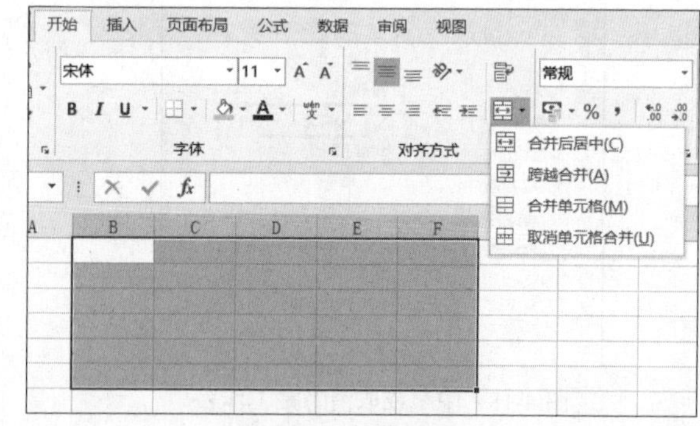

图 4-21　合并单元格

方法二：选定要合并的单元格区域，在选定区域中单击鼠标右键，在弹出的快捷菜单中选择“设置单元格格式”命令；在打开的“设置单元格格式”对话框中选择“对齐”→“文本控制”→“合并单元格”，单击“确定”按钮即可。

（2）拆分单元格

只有合并过的单元格才能拆分。

选定合并后的单元格，单击“合并后居中”按钮或单击“合并后居中”按钮右侧的下拉按钮，在下拉列表中选择“取消单元格合并”选项即可。

3. 插入与删除单元格

（1）单元格的插入

单元格的插入有 3 种方法。

① 选择要插入单元格的位置，单击“开始”→“单元格”→“插入”的下拉按钮，在下拉列表中选择“插入单元格”选项，在弹出的“插入”对话框中选择其他单元格的移动方向即可。

② 选定单元格，单击鼠标右键，在弹出的快捷菜单中选择“插入”命令，再选择其他单元格的移动方向即可。

③ 首先选定行、列、单元格或区域，将鼠标指针指向右下角的区域边框，按住【Shift】键，同时按住鼠标左键并向外拖曳。拖曳时，有一个虚框表示插入的区域，释放鼠标左键即可插入虚框中的单元格区域。

（2）单元格的删除

工作表的某些内容不需要时，可以将它们删除，这里的删除与按【Delete】键删除单元格或区域的内容不一样，按【Delete】键仅清除单元格内容，其空白单元格仍保留在工作表中；而删除行、列、单元格或区域，其内容和单元格将一起从工作表中消失，空的位置由周围的单元格补充。

删除单元格的方法有以下 2 种。

① 选择要删除的单元格，单击“开始”→“单元格”→“删除”的下拉按钮，在下拉列表中选择“删除单元格”选项，在弹出的“删除”对话框中选择其他单元格的移动方向即可。

② 选择单元格，单击鼠标右键，在弹出的快捷菜单中选择“删除”命令，再选择其他单元格的移动方向即可。

清除和删除操作的区别如下。

“清除”是指清除选定单元格中的信息，这些信息可以是格式、内容、批注或超级链接，并不删除单元格，也不会清除表格的背景颜色。单击“开始”→“编辑”→“清除”可完成清除操作。“删除”是指将信息及选定的单元格本身一起从工作表中删掉。

---

4. 冻结拆分单元格

（1）冻结窗格

当工作表中的内容超过一个屏幕能显示的范围时，需要使用滚动条来浏览工作表中更多的内容，这时如果想把工作表左边或上边的某些数据固定在窗口中，而工作表右边或下边的数据可以自由滚动，就可以使用冻结窗格的功能来实现。

冻结窗格分为以下 3 种不同的情况。

① 冻结行。要冻结前 n 行，可选择第 $n+1$ 行的第一个单元格或选择整个 $n+1$ 行，再选择“视图”→“窗口”→“冻结窗格”→“冻结拆分窗格”。

② 冻结列。要冻结前 n 列，可选择第 $n+1$ 列的第一个单元格或选择整个 $n+1$ 列，再选择“视图”→“窗口”→“冻结窗格”→“冻结拆分窗格”。

③ 冻结行和列。要冻结前 n 行 m 列，可选择第 $n+1$ 行和第 $m+1$ 列交叉的单元格，再选择“视图”→“窗口冻结窗格”→“冻结拆分窗格”。

如果要撤销冻结，可选择“窗口”→“取消冻结窗格”。

图 4-22 所示为冻结学生成绩表前 3 行的效果图。

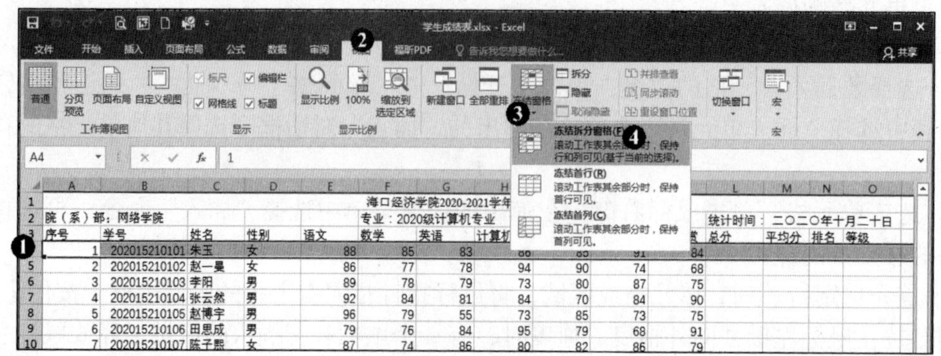

图 4-22　冻结学生成绩表前 3 行的效果图

（2）拆分窗口

若要将工作表所在窗口分成 2 个或 4 个窗口，可以使用拆分窗口功能来实现。拆分后的每个窗口都显示同一个工作表内的数据，可以在每个窗口中使用滚动条来浏览内容。拆分窗口可以分为以下 3 种不同的情况。

① 水平拆分窗口。要拆分前 n 行，可选择第 $n+1$ 行的第一个单元格或选择整个 $n+1$ 行，再单击“视图”→“窗口”→“拆分”即可。

② 垂直拆分窗口。要拆分前 n 列，可选择第 $n+1$ 列的第一个单元格或选择整个 $n+1$ 列，再单击“视图”→“窗口”→“拆分”即可。

③ 水平和垂直拆分。要拆分前 n 行和 m 列，可选择第 $n+1$ 行和第 $m+1$ 列交叉的单元格，再单击“视图”→“窗口”→“拆分”即可。

如果要撤销拆分，可再单击“视图”→“窗口”→“拆分”。

图 4-23 所示为拆分学生成绩表为 4 个窗口的效果图。

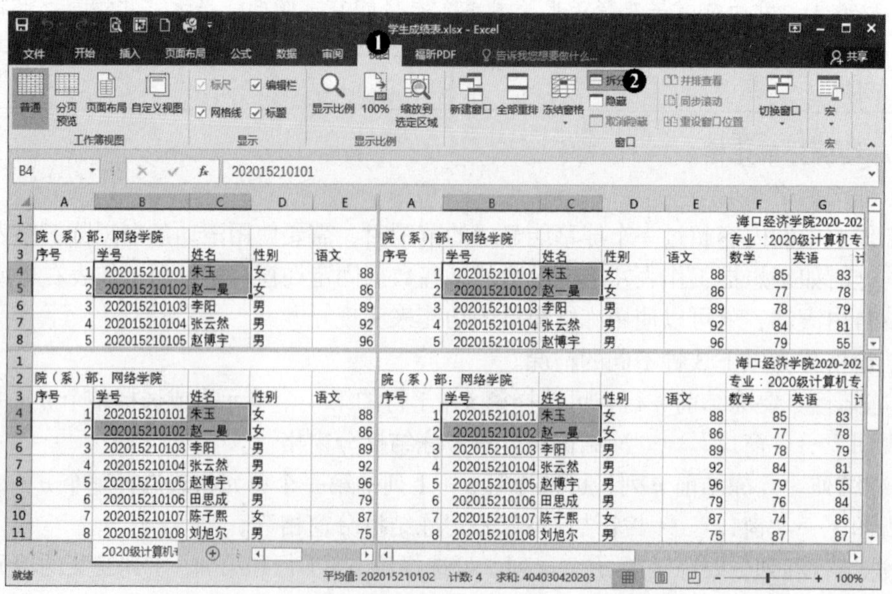

图 4-23　拆分学生成绩表为 4 个窗口的效果图

5. 使用批注

（1）添加批注

批注可以对单元格进行注释，添加的批注一般都是简短的提示性文字。当在某个单元格中添加批注后，该单元格的右上角会出现一个红色三角，只要将鼠标指针移到该单元格中，就会显示出添加的批注内容，效果如图 4-24 所示。其操作步骤如下。

① 选定需要添加批注的单元格，单击“审阅”→“批注”→“新建批注”按钮，此时会出现一个批注框。

② 在出现的批注框中输入批注内容，输入完成后，单击批注框外的任何一个单元格即可关闭批注框，完成批注的添加。

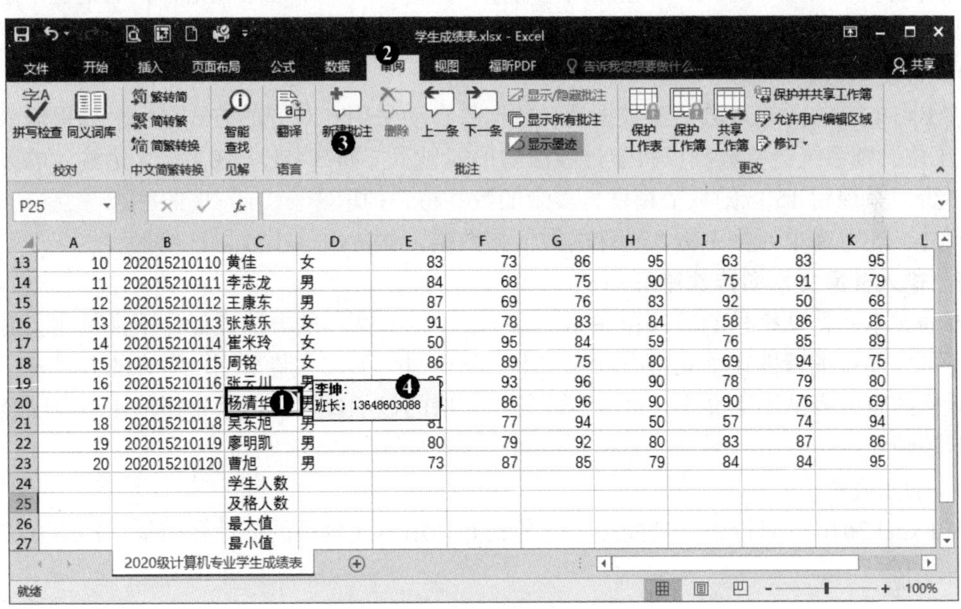

图 4-24　在单元格中添加批注

（2）设置批注格式

添加的批注采用默认的格式，用户可以对批注进行格式设置，如修改批注的字体、字号、对齐方式等。其具体操作步骤如下。

① 选择需要修改批注的单元格，单击“审阅”→“批注”→“编辑批注”，使批注进入编辑状态，可以重新输入批注的内容。

② 将鼠标指针放至批注框的边框，单击鼠标右键，在快捷菜单中选择“设置批注格式”命令，打开“设置批注格式”对话框，根据需要设置批注格式的各个选项，设置完毕后单击“确定”按钮。

（3）删除批注

如果要删除单元格的批注，只要单击“审阅”→“批注”→“删除”即可，此时该单元格右上角的红色三角消失，单元格中的批注被删除。

如果要一次性删除工作表中的所有批注，其操作步骤是：选择“开始”→“编辑”→“查找和选择”→“定位条件”→“批注”，单击“确定”按钮；或单击“审阅”→“批注”→“删除”。

注意

单击鼠标右键也可以添加、编辑和删除批注，以及设置批注的显示/隐藏状态。

4.1.6.5 数据的输入

Excel 2016 的主要功能是处理数据，在对 Excel 2016 有了一定认识并熟悉了单元格的基本操作后，就可以在 Excel 2016 中输入数据了。Excel 2016 中的数据可分为 3 种类型：一类是各种数字构成的数值数据；一类是普通文本和特殊符号；还有一类是公式。当然，工作表也可包含图表、图形、图片、按钮和其他对象，但这些对象不在单元格中，而是位于绘制层中。绘制层是每个工作表上方的一个不可见的层。数据类型不同，其输入方法也不同。

1. 数值型数据的输入

在 Excel 2016 中输入数值型数据后，数据将自动采用右对齐的方式显示。如果输入长度超过 11 位，则系统会将数据以科学计数法的形式显示（如 2.45E + 10）。无论输入的数值位数有多少，只保留 15 位的数值精度，多余的数字将舍掉取零。

另外，还可在单元格中输入特殊的数值型数据，如货币、小数、日期等。

2. 输入普通文本和特殊符号

普通文本和特殊符号的输入和在 Word 2016 中输入文本的方法类似，不再赘述。另外，用户还可以通过编辑框在单元格中输入文本。默认情况下文本将采用左对齐的方式显示。如果单元格的宽度容纳不下文本，可以占相邻单元格的显示位置；如果相邻单元格中已经有数据，就截断显示。

3. 输入公式

在 Excel 2016 中可以输入功能强大的公式并利用单元格中的值计算结果。具体方法将在 4.2 节介绍。

4.1.6.6 数据的快速填充与自动计算

当需要在连续的单元格中输入相同或有规律的数据时，可以使用快速填充功能来实现。

1. 填充柄

当选择一个单元格时，这个单元格的右下角会出现一个黑色小方块，拖曳这个小方块或在上面双击即可实现数据的快速填充。这个黑色的小方块就叫“填充柄”。

2. 填充相同的数据

在处理数据的过程中，有时候需要输入连续且相同的数据，这时可以通过快速填充功能来简化操作。

3. 填充有规律的数据

在输入数据和公式的过程中，如果输入的数据具有某种规律，如“星期一、星期二……”，以及天干、地支和年份等数据，用户可以通过使用 Excel 2016 特殊类型数据的快速填充功能进行快速填充。

例如，在 A1 单元格中输入文本“一月”，然后将鼠标指针移动到 A1 单元格右下角的填充柄上，当鼠标指标变成实心的“+”字时，按住鼠标左键不放并拖曳鼠标指标至 A12 单元格，释放鼠标左键，即可在 A2:A12 单元格区域中填充序列“二月、三月……十二月”。

对于星期、月份等有规律的数据，Excel 2016 会自动对其进行识别，用户只需要输入其中的一个即可使用快速填充功能进行快速填充。

4. 填充序列

在 Excel 2016 中，用户经常会遇到填充等差数列和等比数列的情况。例如，序号 1、2、3……此时就可以使用 Excel 2016 的“序列”功能来进行填充了。其操作步骤如下。

（1）在填充区域的第一个单元格中输入数据序列的初始值。选择即将填充的填充区域。

（2）单击“开始”→“编辑”→“填充”的下拉按钮，在下拉列表中选择“序列”选项，打开“序列”对话框如图 4-25 所示。

（3）在“序列”对话框中选择相应方向及类型，输入步长值和终止值，单击“确定”按钮即可。

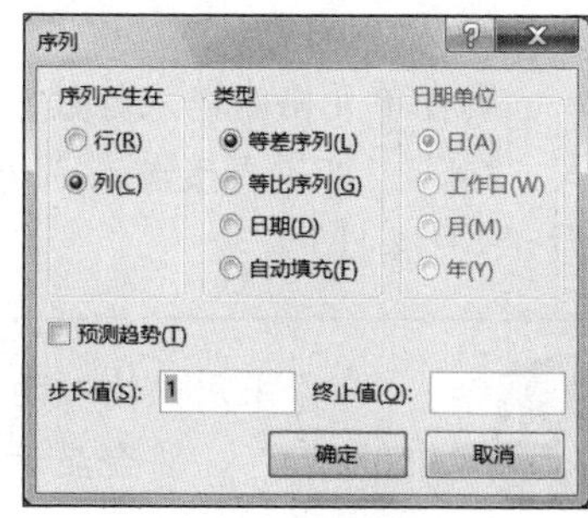

图 4-25 “序列”对话框

拖动填充柄时按住鼠标右键不放，会弹出一个快捷菜单，其中包含了更多填充命令。

5. 数据的自动计算

当需要即时查看一组数据的某种统计结果时，如求和、平均值、最大值或个数等，可以使用 Excel 2016 提供的“状态栏”计算功能进行查看。其操作步骤如下。

（1）选择需要计算的区域。

（2）在状态栏的任意位置单击鼠标右键，弹出快捷菜单。

（3）从快捷菜单中选择任意一种计算方式，计算结果将显示在状态栏中，如图 4-26 所示。

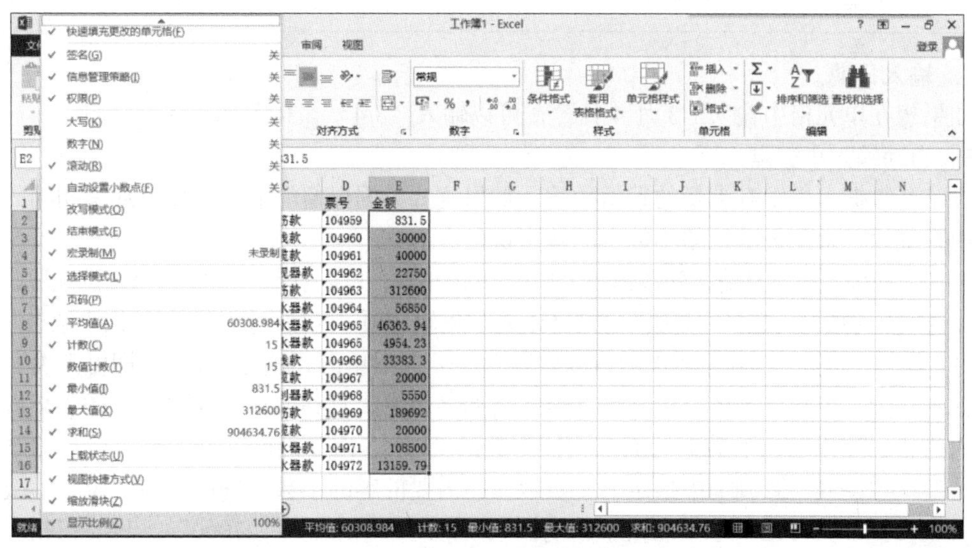

图 4-26 状态栏自动计算

4.1.6.7 特殊类型数据的输入

在 Excel 2016 中输入数据的过程中，常常需要输入一些特殊数据，如负数、分数、身份证号等，用户可以用一些非常规的方法进行输入。

1. 输入负数

要在单元格内输入负数，比如-5，可以直接在单元格输入“-5”，也可以输入“（5）”。

2. 输入分数

要在单元格内输入分数，比如 3/4，正确的输入方式是：先输入“0”和一个空格，再输入“3/4”。如果直接输入“3/4”，Excel 2016 会把输入的数字当作日期来处理，会默认存储为“3 月 4 日”。

注意

如果用户输入的分数的分子大于分母，Excel 2016 会自动进行转换。比如输入“0 17/4”，将会显示“4 1/4”。

3. 输入身份证号

我国的身份证号正常为 18 位，由于 Excel 2016 能够处理的数字精度最大为 15 位，因此 15 位之后的数字会被当作“0”，而大于 11 位的数字默认以科学计数法显示。要想正确显示身份证号，可以让 Excel 2016 以文本型数据来显示。一般可以采用以下 2 种方法将数字强制转换为文本格式。

（1）在输入身份证号前，先输入一个英文状态下的单引号“'”。该符号用来表示其后面的内容为文本字符串。

（2）单击“开始”→“数字”→“数字格式”的下拉按钮，在下拉列表中选择“文本”选项，然后输入身份证号。

注意

输入身份证号的方法还适用于输入各种长数据和以 0 开头的数据。

4. 输入日期

如果想在单元格中输入“3 月 4 日”，可以输入“3/4”“3-4”或“3 月 4 日”。

5. 自动输入小数点

有一些数据报表中有大量的数值数据，如果这些数据保留的最大小数位数是相同的，可以使用系统设置来免去重复的小数点的输入操作。

例如，如果希望所有输入的数据最大保留 2 位小数，可以选择“文件”→“选项”，打开“Excel 选项”对话框，选择“高级”选项卡，在“编辑选项”区域选择“自动插入小数点”复选框，将右侧的“位数”微调框内的数值调整为“2”，最后单击“确定”按钮，即可完成设置。

如果设置了小数点预留位数，这种格式将始终保留，直到取消选择“自动插入小数点”复选框为止。如果输入的数据后面有相同个数的“0”，计算机也可以在数字后自动添零，其方法是在“位数”微调框中指定一个负数作为需要的零的个数。例如，在“位数”微调框中输入“-2”，若要在 3 个单元格中分别输入“300”“4500”“27000”，只要在相应的单元格中输入“3”“45”“270”即可，这样可大大节省时间。

4.1.6.8　常用的数据输入技巧

1. 用方向键代替【Enter】键

当完成输入后，可不按【Enter】键，改按方向键完成输入。因为按【Enter】键后，Excel 2016 会自动选择下面一个单元格。用户可以直接按上、下、左、右键来选择下一个要输入数据的单元格，甚至还可以按【Page Up】和【Page Down】键。

2. 输入数据前先选择输入区域

先选择一个区域，再开始输入数据，按【Enter】键，再输入。在第一列最后一个单元格输入完成后自动跳到第二列第一个单元格。要跳过一个单元格，可直接按【Enter】键，返回上一个单元格按【Shift + Enter】组合键。

3. 使用快速填充功能

在一个工作表中，已有部分数据，如果想要在相邻单元格里面合并、分离、添零或提取相关信息，只需要在第一个单元格输入完整数据，当第二个单元格输入部分数据后，软件就会自动提示，按【Enter】键就可以完成全部填充。图 4-27 所示为快速填充的各种情况。

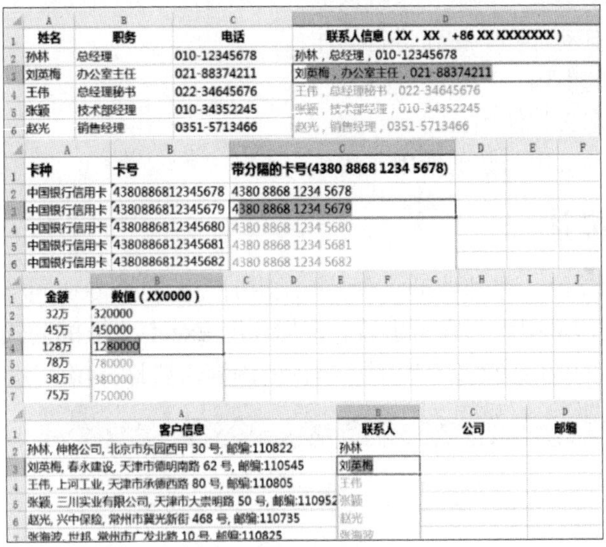

姓名	职务	电话	联系人信息（XX，XX，+86 XX XXXXXXX）
孙林	总经理	010-12345678	孙林，总经理，010-12345678
刘英梅	办公室主任	021-88374211	刘英梅，办公室主任，021-88374211
王伟	总经理秘书	022-34645676	王伟，总经理秘书，022-34645676
张颖	技术部经理	010-34352245	张颖，技术部经理，010-34352245
赵光	销售经理	0351-5713466	赵光，销售经理，0351-5713466

卡种	卡号	带分隔的卡号(4380 8868 1234 5678)
中国银行信用卡	4380886812345678	4380 8868 1234 5678
中国银行信用卡	4380886812345679	4380 8868 1234 5679
中国银行信用卡	4380886812345680	4380 8868 1234 5680
中国银行信用卡	4380886812345681	4380 8868 1234 5681
中国银行信用卡	4380886812345682	4380 8868 1234 5682

金额	数值（XX0000）
32万	320000
45万	450000
128万	1280000
78万	780000
38万	380000
75万	750000

客户信息	联系人	公司	邮编
孙林, 伸格公司, 北京市东园西甲 30 号, 邮编:110822	孙林		
刘英梅, 春永建设, 天津市德明南路 62 号, 邮编:110545	刘英梅		
王伟, 上河工业, 天津市承德西路 80 号, 邮编:110805	王伟		
张颖, 三川实业有限公司, 天津市大崇明路 50 号, 邮编:110952	张颖		
赵光, 兴中保险, 常州市冀光新街 468 号, 邮编:110735	赵光		
张海波, 世邦, 常州市广发北路 10 号, 邮编:110825	张海波		

图 4-27　快速填充功能

4. 在多个单元格中输入同样的信息

先选择要输入的范围，输入数据后按【Ctrl + Enter】组合键。

5. 使用“记忆式键入”自动输入数据

第一次在一个单元格中输入一个文本，比如“abcde”，以后在同一列再想输入这个文本时，Excel 2016 就会通过识别前几个字母辨别该名称并自动完成输入，从而减少用户的按键次数。“记忆式键入”只对列有效。而且中间一旦有了空行，Excel 2016 会从空行下面的内容开始记忆。

6. 使用“自动更正”输入数据

如果你经常输入“海口经济学院”，可以将其创建为一个“自动更正”条目。选择“文件”→“选项”→“校对”→“自动更正选项”，在对话框中输入替换“hkc”为“海口经济学院”，以后只需要输入“hkc”就会显示全称。

7. 文本强制换行显示

如果文字太多想分行显示，则可以在需要换行的位置按【Alt + Enter】组合键。

8. 输入当前的日期和时间

输入系统当前的日期按【Ctrl + ；】组合键，输入当前的时间按【Ctrl + Shift + ；】组合键。

4.1.7 拓展训练

请同学们在配套的实验教程上找到本项目对应的实验 1，完成相应的操作。

任务 4.2 用公式或函数计算学生成绩表

4.2.1 任务目标

- 了解公式，学会输入公式和编辑公式；
- 了解函数，学会输入函数，掌握函数的表示方法以及函数的值与参数；
- 熟练利用“自动求和”按钮进行操作；
- 掌握单元格的引用；
- 了解名称的定义和使用；
- 熟练掌握几种常用函数的使用方法。

4.2.2 任务描述

作为海口经济学院的一名辅导员，在学年结束时需要对全专业同学一年的考试成绩进行统计和汇总分析，工作量很大，容易出错。请你利用 Excel 2016 的公式或函数，帮助辅导员快速地对全专业学生的成绩进行统计（注：框内的内容需要计算填入），效果如图 4-28 所示。

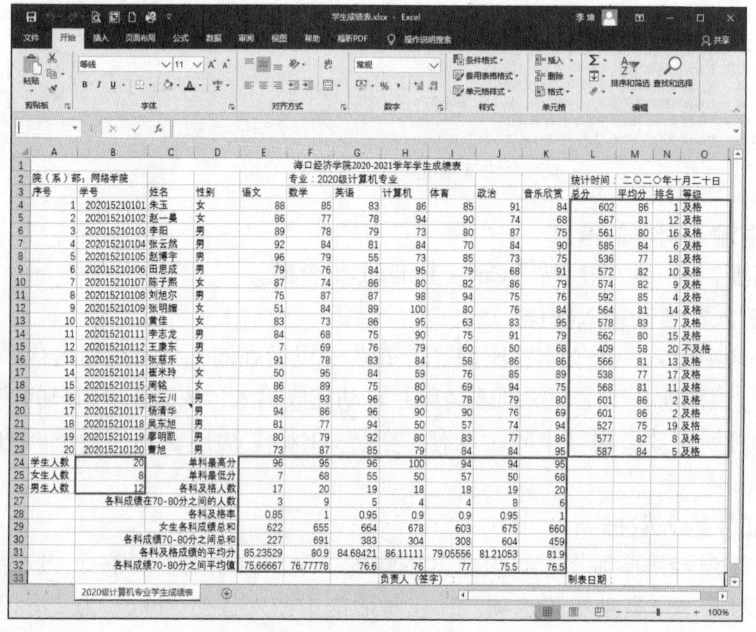

	A	B	C	D	E	F	G	H	I	J	K	L	M	N	O
1					海口经济学院2020-2021学年学生成绩表										
2	院（系）部：网络学院					专业：2020级计算机专业						统计时间：	二〇二〇年十月二十日		
3	序号	学号	姓名	性别	语文	数学	英语	计算机	体育	政治	音乐欣赏	总分	平均分	排名	等级
4	1	202015210101	朱玉	女	88	85	83	86	85	91	84	602	86	1	及格
5	2	202015210102	赵一曼	女	86	77	78	94	90	74	68	567	81	12	及格
6	3	202015210103	李阳	男	89	78	79	73	80	87	75	561	80	16	及格
7	4	202015210104	张云然	男	92	84	81	84	70	84	90	585	84	6	及格
8	5	202015210105	赵博宇	男	96	79	55	73	85	73	75	536	77	18	及格
9	6	202015210106	田思成	男	79	76	84	95	79	68	91	572	82	10	及格
10	7	202015210107	陈子熙	女	87	74	86	80	82	86	79	574	82	9	及格
11	8	202015210108	刘旭尔	男	75	87	87	98	94	75	76	592	85	4	及格
12	9	202015210109	张明媚	女	51	84	89	100	80	76	84	564	81	14	及格
13	10	202015210110	黄佳	女	83	73	86	95	63	83	95	578	83	7	及格
14	11	202015210111	李志龙	男	84	68	75	90	75	91	79	562	80	15	及格
15	12	202015210112	王康东	男	7	69	76	79	60	50	68	409	58	20	不及格
16	13	202015210113	张慈乐	女	91	78	83	84	58	86	86	566	81	13	及格
17	14	202015210114	崔米玲	女	50	95	84	59	76	85	89	538	77	17	及格
18	15	202015210115	周铭	女	86	89	75	80	69	94	75	568	81	11	及格
19	16	202015210116	张云川	男	85	93	96	90	78	79	80	601	86	2	及格
20	17	202015210117	杨清华	男	94	86	96	90	90	76	69	601	86	2	及格
21	18	202015210118	吴东旭	男	81	77	94	50	57	74	94	527	75	19	及格
22	19	202015210119	廖明凯	男	80	79	92	80	83	77	86	577	82	8	及格
23	20	202015210120	曹旭	男	73	87	85	79	84	84	95	587	84	5	及格
24	学生人数	20		单科最高分	96	95	96	100	94	94	95				
25	女生人数	8		单科最低分	7	68	55	50	57	50	68				
26	男生人数	12		各科及格人数	17	20	19	18	18	19	20				
27				各科成绩在70-80分之间的人数	3	9	5	4	4	8	6				
28				各科及格率	0.85	1	0.95	0.9	0.9	0.95	1				
29				女生各科成绩总和	622	655	664	678	603	675	660				
30				各科成绩70-80分之间总和	227	691	383	304	308	604	459				
31				各科及格成绩的平均分	85.23529	80.9	84.68421	86.11111	79.05556	81.21053	81.9				
32				各科成绩70-80分之间平均值	75.66667	76.77778	76.6	76	77	75.5	76.5				
33								负责人（签字）：				制表日期：			

图 4-28 学生成绩表

4.2.3 任务分析

本任务可以分解为如下 14 个小任务。

（1）打开素材文件“4.2 学生成绩表.xlsx”。

（2）利用公式或函数计算“总分”列，把结果对应填充在 L4:L23 单元格区域内。

（3）利用公式或函数计算“平均分”列，把结果对应填充在 M4:M23 单元格区域内。

（4）利用函数计算“排名”列，把结果对应填充在 N4:N23 单元格区域内（注：不能改变原始数据顺序）。

（5）利用函数统计“等级”列，当平均分大于等于 60 分时，等级为“及格”，平均分小于 60 分时，等级为“不及格”，把结果对应填充在 O4:O23 单元格区域内。

（6）利用函数统计“学生人数”“女生人数”“男生人数”，把结果分别填充在 B24、B25、B26 单元格内。

（7）利用函数计算“单科最高分”和“单科最低分”行，把结果对应填充在 E24:K25 单元格内。

（8）利用函数统计“各科及格人数”行，把结果对应填充在 E26:K26 单元格区域内。

（9）利用函数计算“各科成绩在 70-80 分之间的人数”行，把结果对应填充在 E27:K27 单元格区域内。

（10）利用公式和函数计算“各科及格率”行，把结果对应填充在 E28:K28 单元格区域内。

（11）利用函数计算“女生各科成绩总和”行，把结果对应填充在 E29:K29 单元格区域内。

（12）利用函数计算“各科成绩 70-80 分之间总和”行，把结果对应填充在 E30:K30 单元格区域内。

（13）利用函数计算“各科及格成绩的平均分”行，把结果对应填充在 E31:K31 单元格区域内。

（14）利用函数计算“各科成绩 70-80 分之间平均分”行，把结果对应填充在 E32:K32 单元格区域内。

4.2.4 任务实现

1. 打开素材文件

打开素材文件“4.2 学生成绩表.xlsx”。

2. 计算“总分”

（1）利用公式计算

单击 L4 单元格，输入“=”，单击朱玉语文成绩所在的单元格 E4，输入“+”，依次单击朱玉的其他科目的成绩，中间用“+”连接，按【Enter】键或单击编辑栏的 ✓ 按钮，如图 4-29 所示；也可以直接在编辑框中输入“=E4+F4+G4+H4+I4+J4+K4”，按【Enter】键。

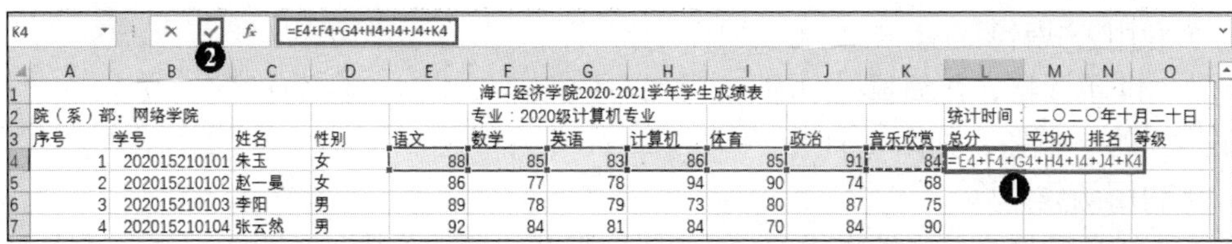

图 4-29 利用公式计算“总分”

（2）利用函数计算

单击 L4 单元格，单击编辑栏的 *fx* 按钮，打开“插入函数”对话框，单击“选择函数”列表框中的“SUM”，单击“确定”按钮，如图 4-30（a）所示。弹出“函数参数”对话框，查看计算区域“Number1”文本框中是否为“E4:K4”，若是则继续单击“确定”按钮，如图 4-30（b）所示。

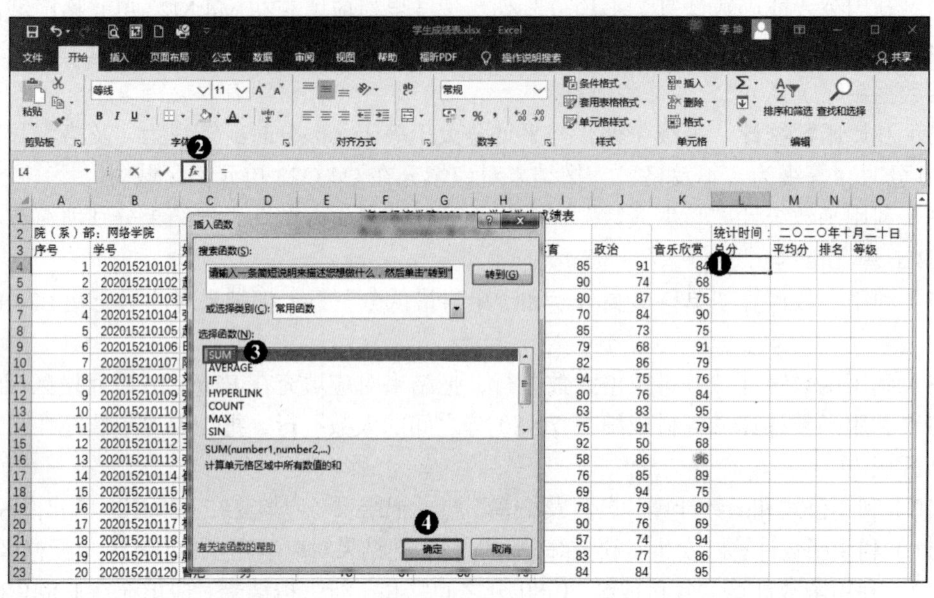

（a）

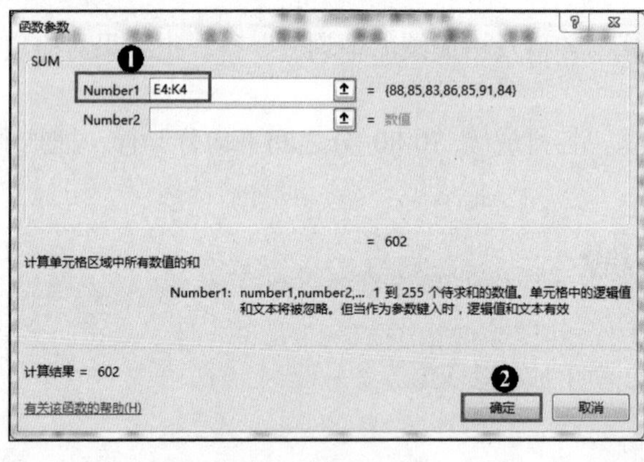

（b）

图 4-30　利用函数计算“总分”

最后，利用快速填充功能填充 L5:L23 单元格区域。

3. 计算“平均分”

（1）利用公式计算

单击 M4 单元格，在编辑栏中输入“=(E4+F4+G4+H4+I4+J4+K4)/7”，按【Enter】键或单击编辑栏的 ✓ 按钮，如图 4-31 所示。

（2）利用函数计算

单击 M4 单元格，单击编辑栏的 *fx* 按钮，打开“插入函数”对话框，单击“选择函数”

列表框中的“AVERAGE”，单击“确定”按钮，如图 4-32（a）所示。弹出“函数参数”对话框，查看计算区域“Number1”文本框中是否为“E4:K4”，若是则单击“确定”按钮，若不是则将其修改为“E4:K4”并单击“确定”按钮，如图 4-32（b）所示。

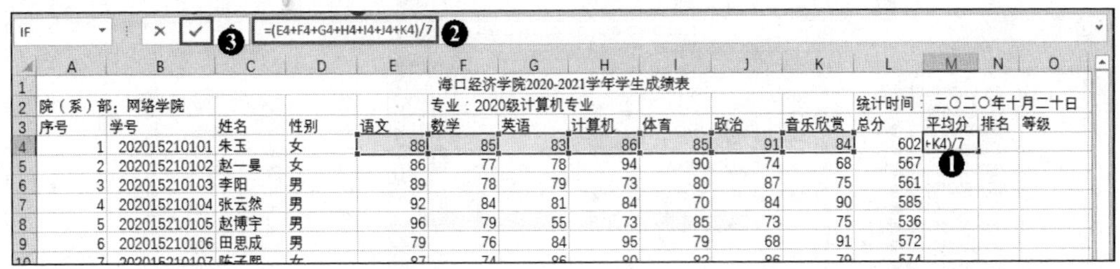

图 4-31　利用公式计算“平均分”

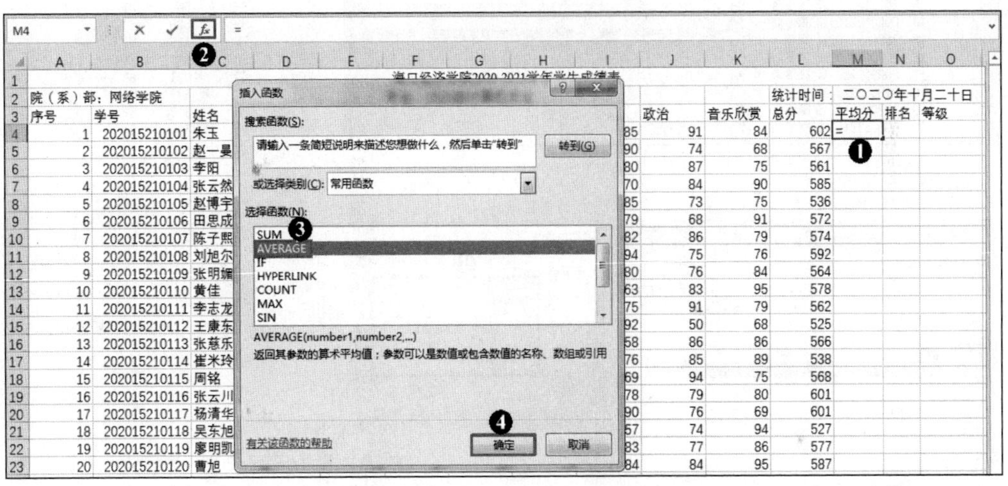

（a）

函数参数

AVERAGE

Number1　E4:K4　= {88,85,83,86,85,91,84}

Number2　= 数值

= 86

返回其参数的算术平均值；参数可以是数值或包含数值的名称、数组或引用

Number1:　number1,number2,... 是用于计算平均值的 1 到 255 个数值参数

计算结果 = 86

有关该函数的帮助(H)　确定　取消

（b）

图 4-32　利用函数计算“平均分”

最后，利用快速填充功能填充 M5:M23 单元格区域。

4. 计算“排名”

单击 N4 单元格，单击编辑栏的 f_x 按钮，打开“插入函数”对话框，在“搜索函数”框中输入“rank”，单击“转到”按钮，如图 4-33（a）所示。在新的“插入函数”对话框内确认“选择函数”列表框中选择“RANK”，单击“确定”按钮，如图 4-33（b）所示。弹出“函数参数”对话框，确认计算区域“Number1”文本框中为“L4”，“Ref”文本框中为“$L$4:$L$23”，“Order”文本框中为“0”后，单击“确定”按钮，如图 4-33（c）所示。

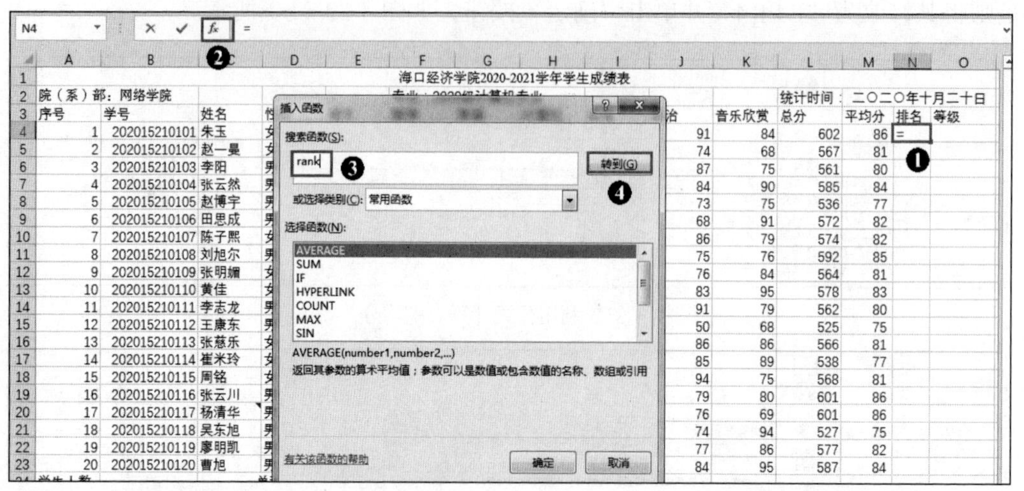

（a）

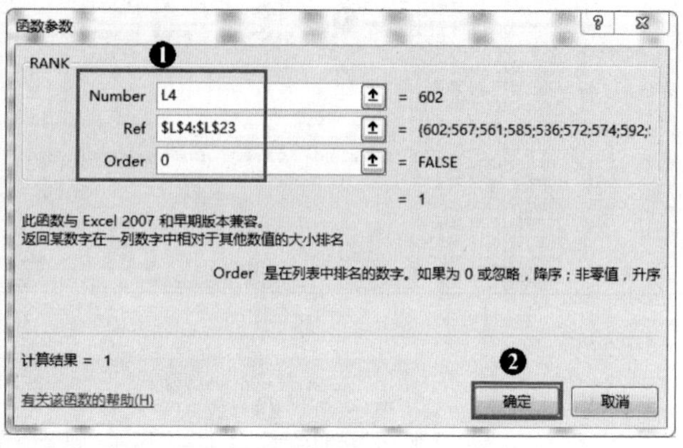

（b）　　　　　　　　（c）

图 4-33　计算“排名”列

最后，利用快速填充功能填充 N5:N23 单元格区域。

5. 统计“等级”

单击 O4 单元格，单击编辑栏的 f_x 按钮，打开“插入函数”对话框，单击“选择函数”列表框中的“IF”，单击“确定”按钮，如图 4-34（a）所示。弹出“函数参数”对话框，确认计算区域“Logica_test”文本框为“M4>=60”，“Value_if_true”文本框为“"及格"”，“Value_if_false”文本框为“"不及格"”，单击“确定”按钮，如图 4-34（b）所示。最后，利用快速填充功能填充 O5:O23 单元格区域。

6. 统计“学生人数”“女生人数”“男生人数”

（1）单击 B24 单元格，单击编辑栏的 f_x 按钮，打开“插入函数”对话框，单击“选择函数”列表框中的“COUNT”，单击“确定”按钮，如图 4-35（a）所示。弹出“函数参数”对话框，查看计算区域“Value1”文本框是否为“B4:B23”，若是则单击“确定”按钮，如图 4-35（b）所示。

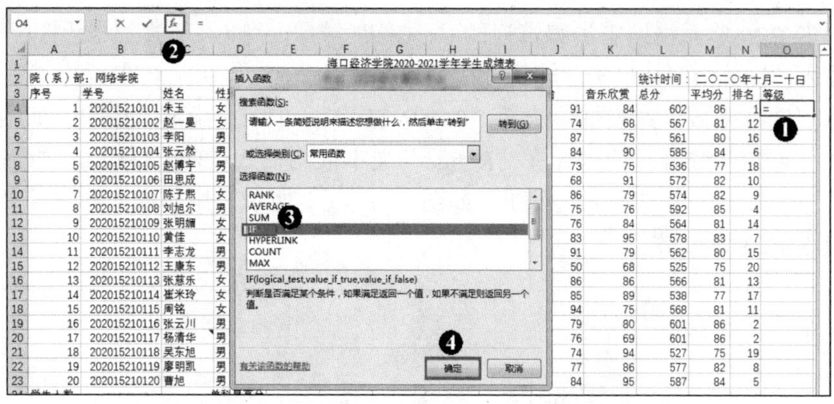

（a）

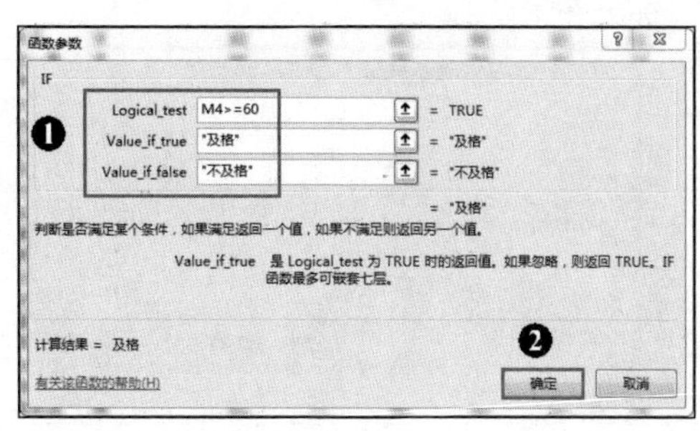

（b）

图 4-34　统计"等级"列

（a）

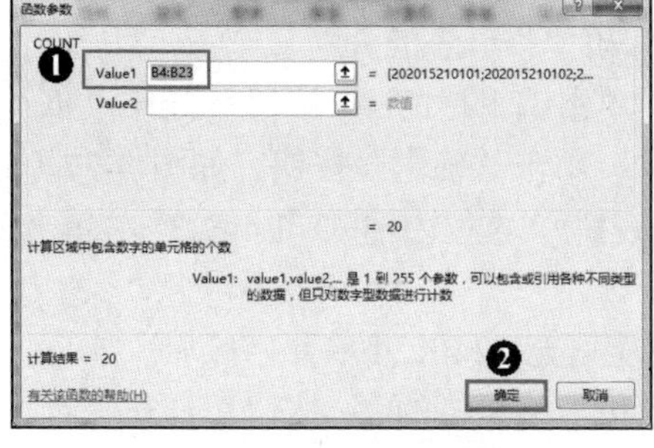

（b）

图 4-35　统计"学生人数"

（2）单击 B25 单元格，单击编辑栏的 f_x 按钮，打开“插入函数”对话框，在“搜索函数”框中输入“countif”，单击“转到”按钮，如图 4-36（a）所示。在新的“插入函数”对话框内确认“选择函数”列表框中选择“COUNTIF”，单击“确定”按钮，如图 4-36（b）所示。弹出“函数参数”对话框，在“Range”文本框内输入“D4:D23”，“Criteria”文本框内输入“"女"”，单击“确定”按钮，如图 4-36（c）所示。用同样的方法计算男生人数，并将结果填入 B26 单元格。

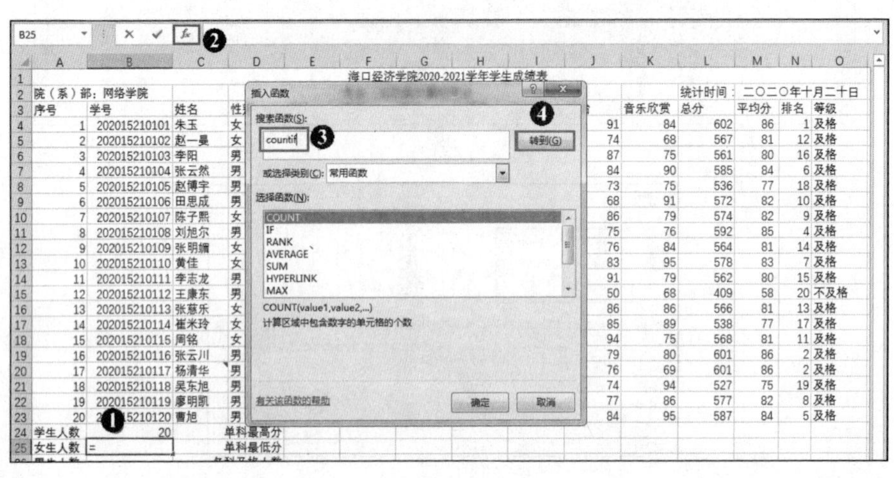

（a）

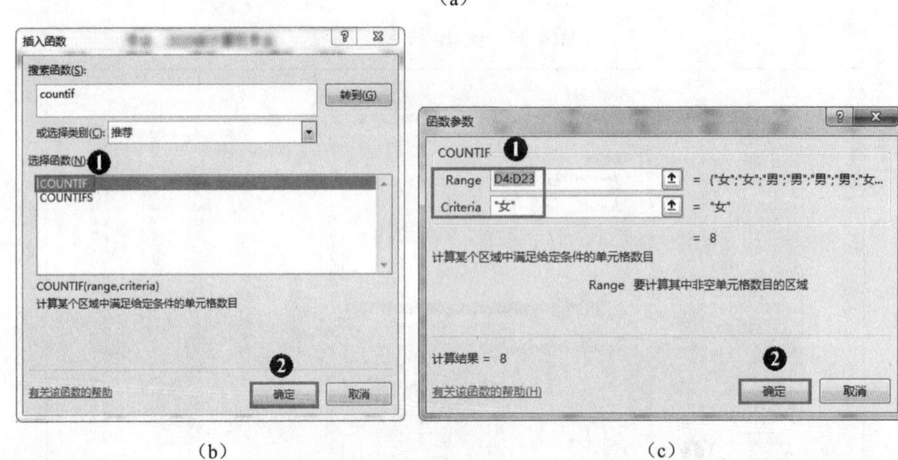

（b）　　　　　　　　　　（c）

图 4-36　统计“女生人数”

7. 计算“单科最高分”和“单科最低分”

（1）单击 E24 单元格，单击编辑栏的 f_x 按钮，打开“插入函数”对话框，单击“选择函数”列表框中的“MAX”，单击“确定”按钮，如图 4-37（a）所示。弹出“函数参数”对话框，在计算区域“Number1”文本框内输入“E4:E23”，单击“确定”按钮，如图 4-37（b）所示。

最后，利用快速填充功能填充 F24:K24 单元格区域。

（2）单击 E25 单元格，单击编辑栏的 f_x 按钮，打开“插入函数”对话框，在“搜索函数”框中输入“MIN”，单击“转到”按钮，如图 4-38（a）所示。在新的“插入函数”对话框内确认“选择函数”列表框中选择“MIN”，单击“确定”按钮，如图 4-38（b）所示。

弹出“函数参数”对话框，在“Number1”文本框内输入“E4:E23”，单击“确定”按钮，如图 4-38（c）所示。

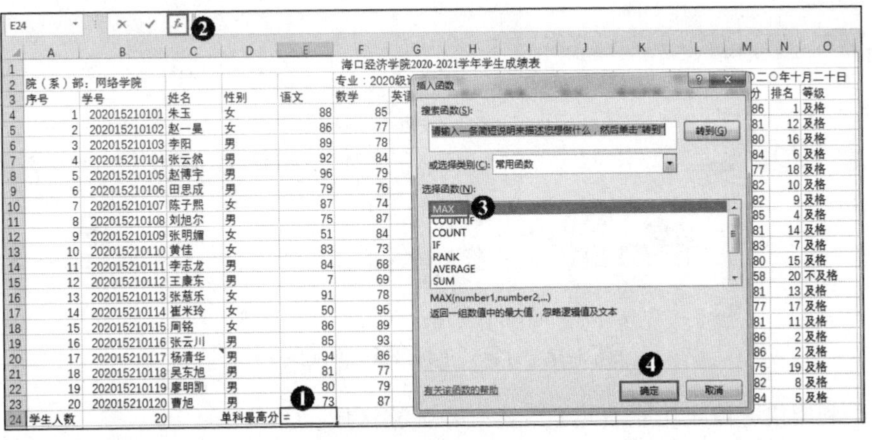

（a）

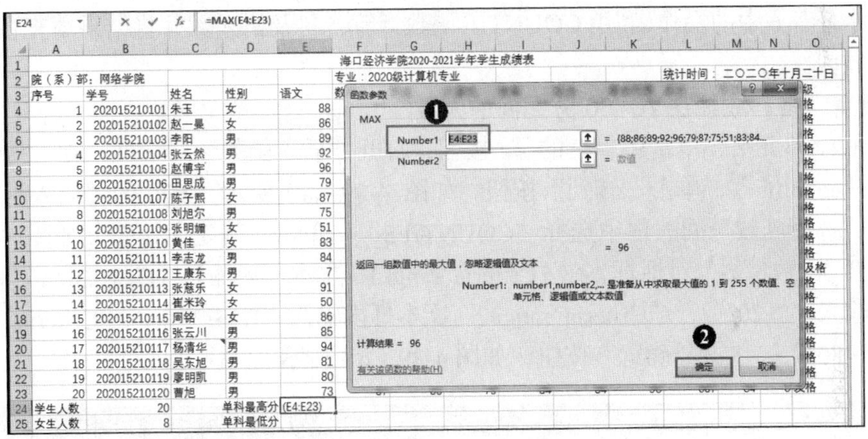

（b）

图 4-37　计算“单科最高分”

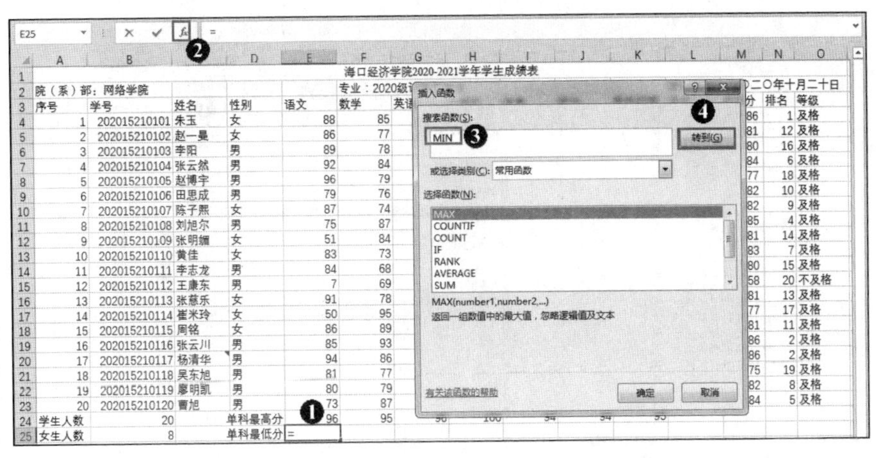

（a）

图 4-38　计算“单科最低分”

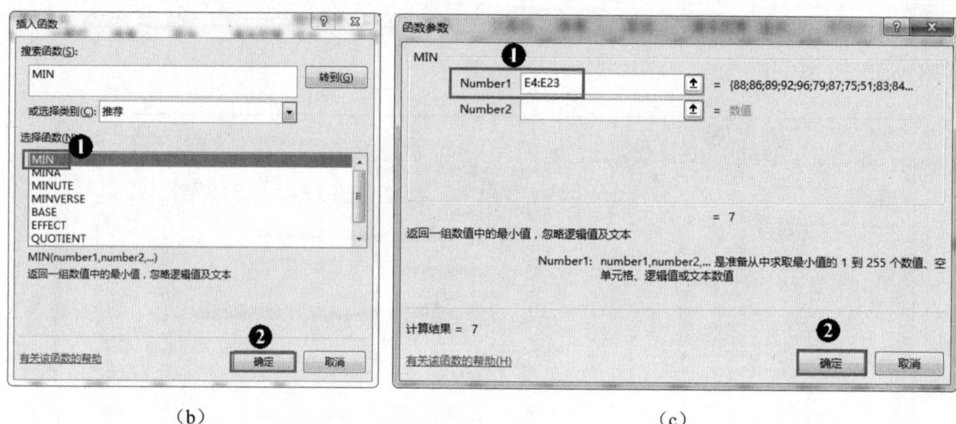

（b）　　　　　　　　　　（c）

图 4-38　计算“单科最低分”（续）

最后，利用快速填充功能填充 F25:K25 单元格区域。

8. 统计“各科及格人数”

根据小任务 6 中的操作，利用 COUNTIF 函数计算各科及格人数并将结果填充在 E26:K26 单元格区域内。

9. 计算“各科成绩在 70–80 分之间的人数”

单击 E27 单元格，单击编辑栏的 *fx* 按钮，打开“插入函数”对话框，在“搜索函数”框中输入“countifs”，单击“转到”按钮，如图 4-39（a）所示。在新的“插入函数”对话框内确认“选择函数”列表框中选择“COUNTIFS”，单击“确定”按钮，如图 4-39（b）所示。弹出“函数参数”对话框，在“Criteria_range1”文本框内输入“E4:E23”，“Criteria1”文本框内输入“">70"”，“Criteria_range2”文本框内输入“E4:E23”，“Criteria2”文本框内输入“"<80"”，单击“确定”按钮，如图 4-39（c）所示。

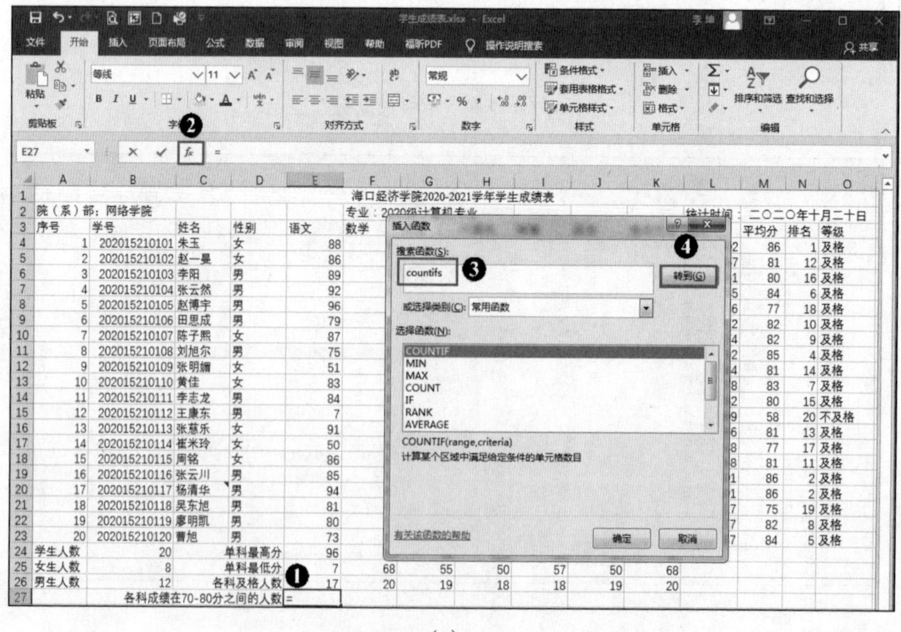

（a）

图 4-39　计算“各科成绩在 70-80 分之间的人数”

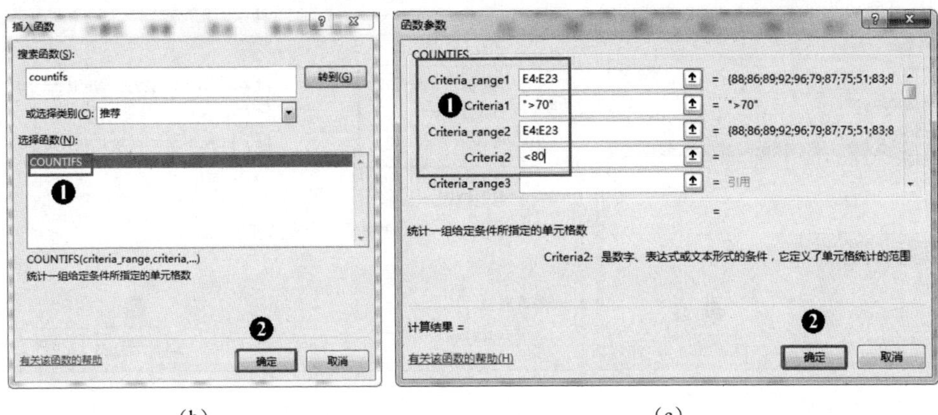

（b）　　　　　　　　　　　　（c）

图 4-39　计算“各科成绩在 70-80 分之间的人数”（续）

最后，利用快速填充功能填充 F27:K27 单元格区域。

10. 计算“各科及格率”

单击 E28 单元格，输入“=E26/$B$24”，按【Enter】键，再利用快速填充功能填充 F28:K28 单元格区域。

11. 计算“女生各科成绩总和”

单击 E29 单元格，单击编辑栏的 fx 按钮，打开“插入函数”对话框，在“搜索函数”框中输入“sumif”，单击“转到”按钮，如图 4-40（a）所示。在新的“插入函数”对话框内确认“选择函数”列表框中选择“SUMIF”，单击“确定”按钮，如图 4-40（b）所示。弹出“函数参数”对话框，在“Range”文本框内输入“$D$4:$D$23”，“Criteria”文本框内输入“"女"”，“Sum_range”文本框内输入“E4:E23”，单击“确定”按钮，如图 4-40（c）所示。

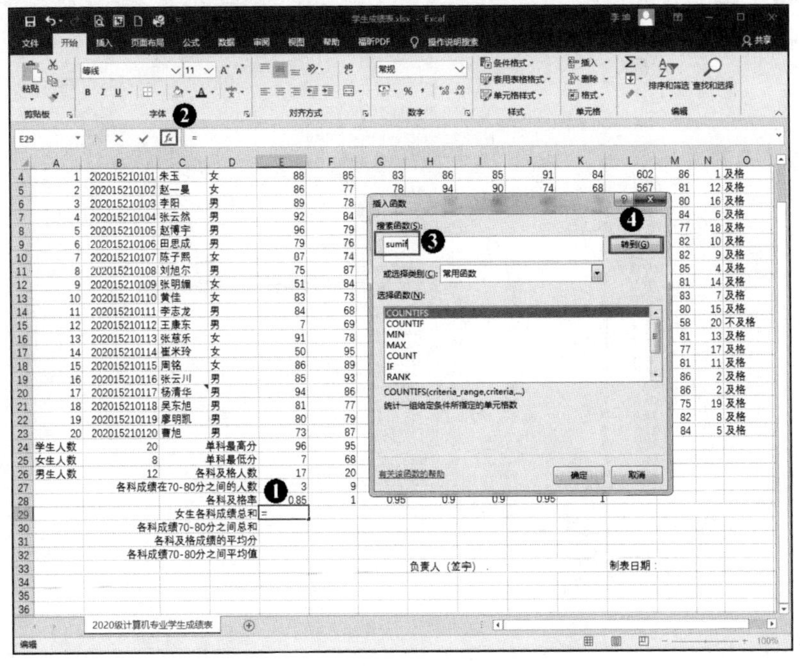

（a）

图 4-40　计算“女生各科成绩总和”

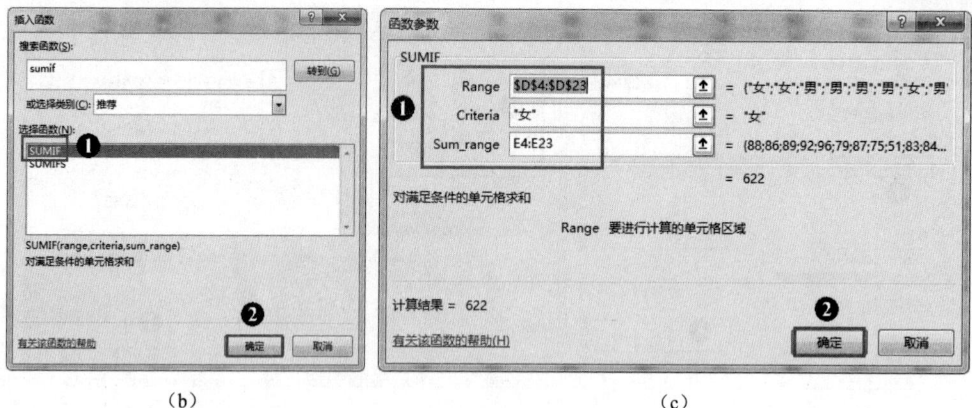

（b）　　　　　　　　　　　　（c）

图 4-40　计算“女生各科成绩总和”（续）

最后，利用快速填充功能填充 F29:K29 单元格区域。

12. 计算“各科成绩 70–80 分之间总和”

单击 E30 单元格，单击编辑栏的 f_x 按钮，打开“插入函数”对话框，在“搜索函数”框中输入“sumifs”，单击“转到”按钮，如图 4-41（a）所示。在新的“插入函数”对话框内确认“选择函数”列表框中选择“SUMIFS”，单击“确定”按钮，如图 4-41（b）所示。弹出“函数参数”对话框，在“Sum_range”文本框内输入“E4:E23”，“Criteria_range1”文本框内输入“E4:E23”，“Criteria1”文本框内输入“">70"”，“Criteria_range2”文本框内输入“E4:E23”，“Criteria2”文本框内输入“"<80"”，单击“确定”按钮，如图 4-41（c）所示。

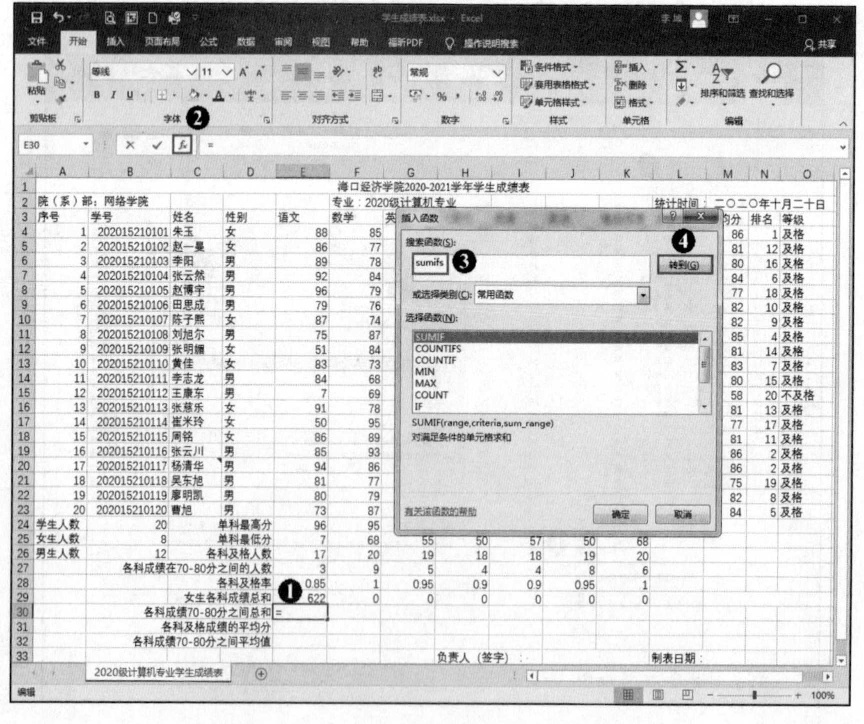

（a）

图 4-41　计算“各科成绩 70-80 分之间总和”

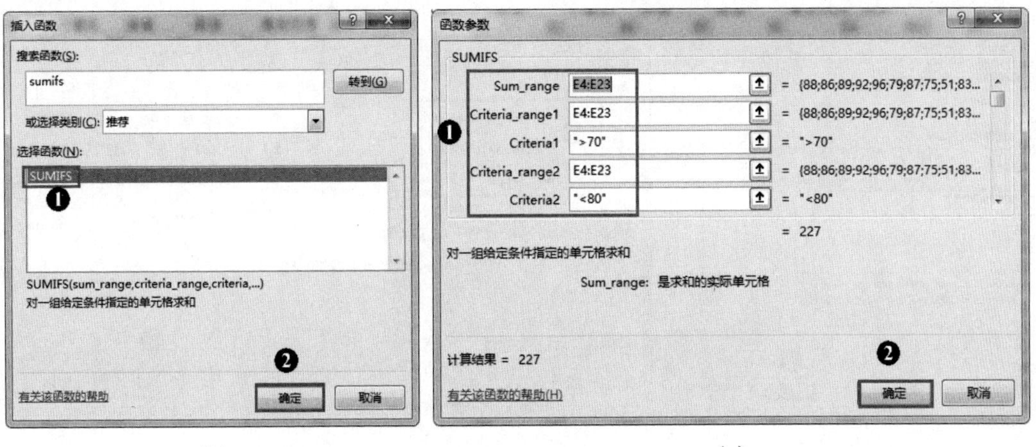

（b）　　　　　　　　　　　　　（c）

图 4-41　计算“各科成绩 70-80 分之间总和”（续）

最后，利用快速填充功能填充 F30:K30 单元格区域。

13. 计算“各科及格成绩的平均分”

单击 E31 单元格，单击编辑栏的 *fx* 按钮，打开“插入函数”对话框，在“搜索函数”框中输入“averageif”，单击“转到”按钮，如图 4-42（a）所示。在新的“插入函数”对话框内确认“选择函数”列表框中选择“AVERAGEIF”，单击“确定”按钮，如图 4-42（b）所示。弹出“函数参数”对话框，在“Range”文本框内输入“E4:E23”，“Criteria”文本框内输入“">=60"”，“Average_range”文本框内输入“E4:E23”，单击“确定”按钮，如图 4-42（c）所示。

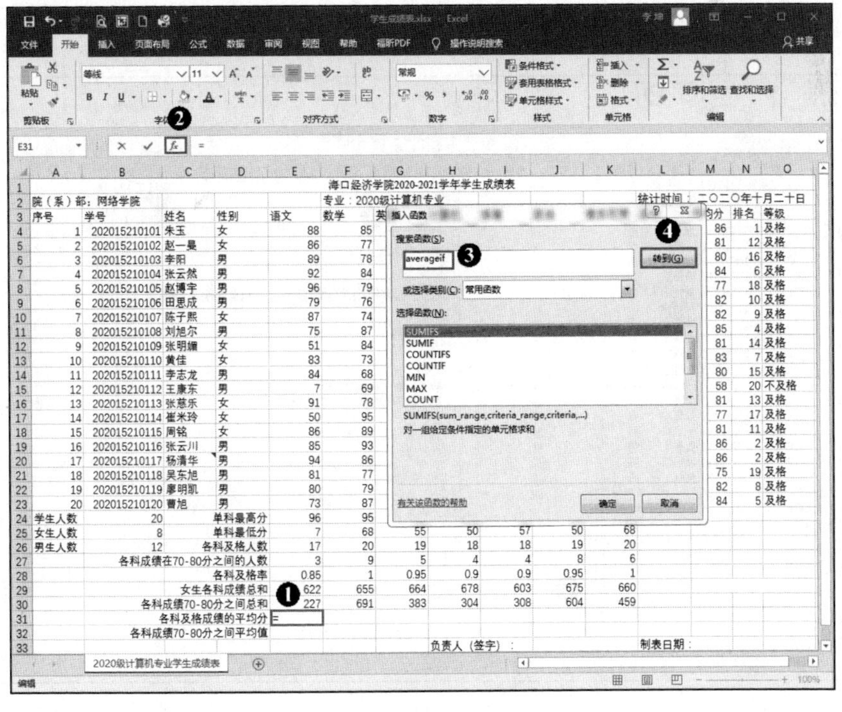

（a）

图 4-42　计算“各科及格成绩的平均分”

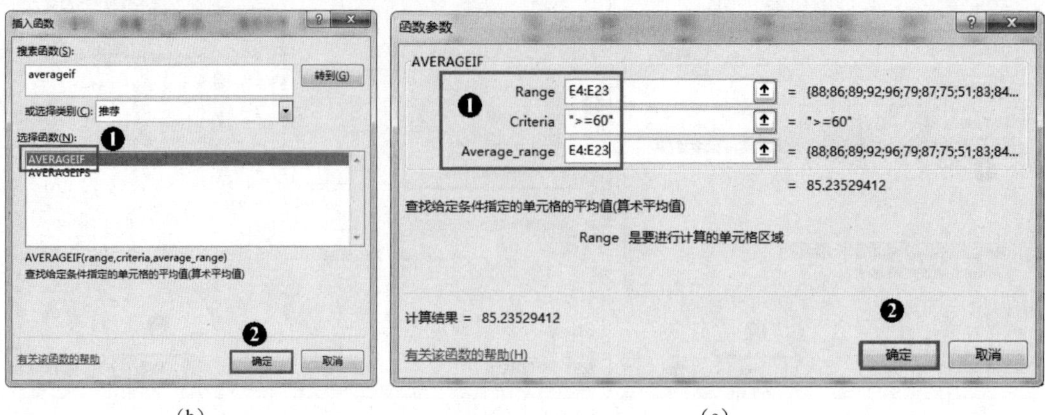
（b）　　　　（c）

图 4-42　计算“各科及格成绩的平均分”（续）

最后，利用快速填充功能填充 F31:K31 单元格区域。

14. 计算“各科成绩 70–80 分之间平均分”

单击 E32 单元格，单击编辑栏的 *fx* 按钮，打开“插入函数”对话框，在“搜索函数”框中输入“averageifs”，单击“转到”按钮，如图 4-43（a）所示。在新的“插入函数”对话框内确认“选择函数”列表框中选择“AVERAGEIFS”，单击“确定”按钮，如图 4-43（b）所示。弹出“函数参数”对话框，在“average_range”文本框内输入“E4:E23”，“Criteria_range1”文本框内输入“E4:E23”，“Criteria1”文本框内输入“">70"”，“Criteria_range2”文本框内输入“E4:E23”，“Criteria2”文本框内输入“"<80"”，单击“确定”按钮，如图 4-43（c）所示。

最后，利用快速填充功能填充 F32:K32 单元格区域。

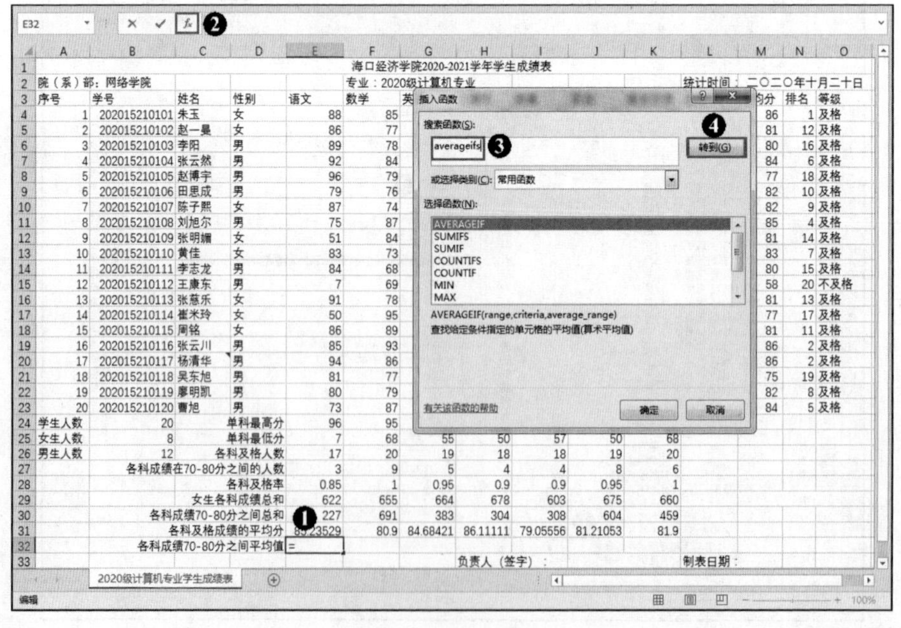
（a）

图 4-43　计算“各科成绩 70-80 分之间平均分”

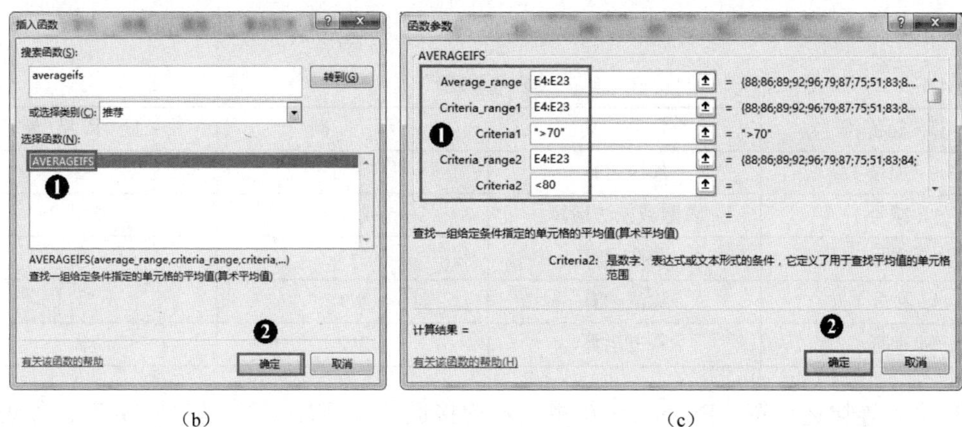

（b）　　　　　　　　　　　　（c）

图 4-43　计算“各科成绩 70-80 分之间平均分”（续）

4.2.5　任务小结

通过本任务，我们学习了利用公式和函数对数据进行计算和统计的方法，掌握了单元格的引用，区分了相对引用和绝对引用。

4.2.6　基础知识

要分析和处理 Excel 工作表中的数据，离不开公式和函数。公式和函数可以帮助用户快速、准确地计算表格中的数据并输出结果，达到事半功倍的效果。本小节将详细介绍如何使用公式与函数处理 Excel 表格中的数据。

4.2.6.1　公式的使用

在 Excel 2016 中，用户可以用公式对工作表中的数值进行加、减、乘、除等运算。只要输入正确的计算公式，单元格中立即就会显示计算结果。当数据源变动，结果也会随之变动。

1. 认识公式

在 Excel 2016 中，公式是对工作表中的数据进行计算和操作的等式。

（1）公式的基本元素

Excel 2016 中的公式是以等号开头的式子，可以包含各种运算符、常量、变量、函数、单元格引用等，其语法为“=表达式”，其中“=”也叫赋值符号。公式的基本元素如图 4-44 所示。

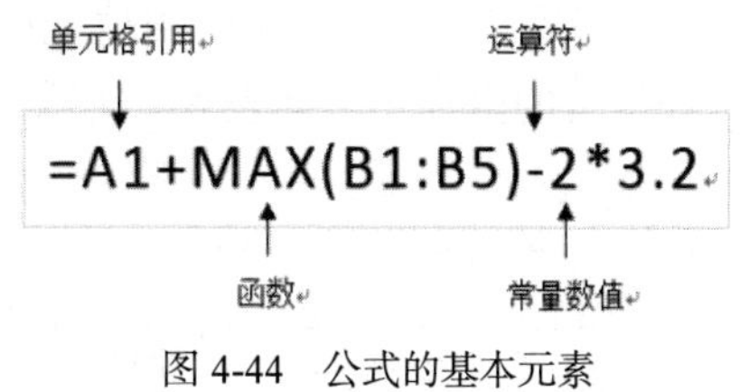

图 4-44　公式的基本元素

① 单元格引用：利用公式引用功能对所需单元格中的数据进行引用。

② 函数：Excel 2016 中的函数或参数，可返回相应的值。

③ 运算符：对公式中的元素进行特定的运算，或者用来连接需要运算的数据对象，并指明进行哪种运算，如加“+”、减“−”、乘“*”、除“/”等。

④ 常量数值：常量数值用于输入公式中的值、文本。

（2）运算符的类型

运算符用于对公式中的元素进行特定类型的运算，分为 4 种类型，下面分别进行介绍。

① 算术运算符。如果要完成基本的数学运算，可以使用表 4-1 所示的算术运算符。

表 4-1　　算术运算符

算术运算符	含　义	示　例	显 示 结 果
+（加号）	加法运算	3 + 3	6
−（减号）	负数或减法运算	−5 或者 8−5	−5 或 3
*（乘号）	乘法运算	3*3	9
/（除号）	除法运算	9/3	3
^（乘幂）	乘方运算	3^2	9

② 文本连接运算符。Excel 2016 的文本连接运算符只有一个，就是“&”，如表 4-2 所示。

表 4-2　　文本连接运算符

文本运算符	含　义	示　例	显 示 结 果
&（和号）	将两个文本值连接或串联起来以产生一个连续的文本	" Excel " & " 电子表格软件 " " 中国 " & " 海南 " & " 海口 "	Excel 电子表格软件 中国海南海口

③ 比较运算符。它可以比较两个对象。比较的结果是一个逻辑值，即 TRUE 或 FALSE。TRUE 表示比较的条件成立，FALSE 表示比较的条件不成立，如表 4-3 所示。

表 4-3　　比较运算符

比较运算符	含　义	示　例	显 示 结 果
=（等号）	等号	3 = 2	FALSE
>（大于号）	大于	3>2	TRUE
<（小于号）	小于	3<2	FALSE
>= （大于等于号）	大于等于	3> = 2	TRUE
<= （小于等于号）	小于等于	3< = 2	FALSE
<>（不等号）	不等于	3<>2	TRUE

④ 引用运算符。在引用单元格时会用到它，单元格引用是用于表示单元格在工作表中所处位置的坐标集，如表 4-4 所示。

表 4-4　　引用运算符

引用运算符	含　义	示　例
:（冒号）	区域运算符，对两个引用单元格之间和其自身在内的所有单元格进行引用	A1:A3
,（逗号）	联合运算符，将多个引用合并为一个引用	SUM（A1:A3, B2:D4）
空格（ ）	交叉运算符，产生对同时隶属于两个引用单元格区域的引用	SUM（B5:B12　A7:D4）

（3）运算符的优先级

如果公式中同时用到多个运算符，Excel 2016 将依照运算符优先级来完成运算，如表 4-5 所示，运算符优先级由上到下依次降低。

表 4-5　　运算符的优先级（由上到下依次降低）

运　算　符	含　　义
:（冒号）　单个空格（ ）　,（逗号）	引用运算符
–	负号
%	百分比
^	乘幂
*和/	乘和除
+和–	加和减
&	文本连接运算符
= > < >= <= <>	比较运算符

如果要更改求值的顺序，可以将公式中需要优先计算的部分用括号括起来，或把相同优先级的计算按需要的执行运算顺序由左到右排列。

2. 输入公式

在 Excel 2016 中通过输入公式进行数据的计算可以避免烦琐的人工计算，提高工作效率，输入公式的方法有手动键盘输入和鼠标单击输入两种。

（1）手动键盘输入

手动键盘输入公式与在 Excel 2016 中输入数据的方法一样，用户在输入公式之前，提前输入一个等号（赋值符号），然后直接输入公式内容即可。

（2）鼠标单击输入

当公式中需要引用一些单元格地址时，通过鼠标单击输入的方式可以有效地提高用户的工作效率，并且能够避免手动键盘输入可能出现的错误。

在单元格内输入公式后，按【Tab】键可以在计算出结果的同时选择其右侧单元格；按【Ctrl + Enter】组合键可以在计算出结果的同时保持当前单元格的选择状态。另外，在输入公式时，不区分单元格地址字母的大小写。

3. 编辑公式

在 Excel 2016 中，用户有时候需要对输入的公式进行编辑。编辑公式包括修改公式、删除公式、复制公式和显示公式等操作。

（1）修改公式：用户可以在公式所在的单元格或编辑框中对公式进行修改。

① 在单元格中修改公式：双击需要修改公式的单元格，选择公式中的错误部分，不用删除，直接输入正确公式即可。

② 在编辑栏中修改公式：选择需要修改公式的单元格，然后单击编辑框，选择公式中的错误部分，不用删除，直接输入正确公式即可。

（2）删除公式：选择需要修改公式的单元格，按【Delete】键即可。

（3）复制公式：其方法与复制数据的方法相似，可以快速地在其他单元格输入数据。但在 Excel 2016 中，复制公式往往与单元格的引用结合使用，以提高工作效率。

（4）显示公式：默认设置下，单元格只显示结果，不显示公式，公式本身在编辑框中显示。有时为了检查公式的正确性，可以设置在单元格中显示公式，方法是先选择包含公式的单元格，选择“公式”→“公式审核”→“显示公式”；或者直接选择单元格，按【Ctrl+～】组合键即可显示公式，如图 4-45 所示。

1月	2月	3月	季合计
52	97	90	=SUM(A2:C2)
68	57	41	=SUM(A3:C3)
100	81	80	=SUM(A4:C4)
84	98	82	=SUM(A5:C5)
42	62	83	=SUM(A6:C6)
92	33	44	=SUM(A7:C7)

图 4-45　显示公式

4.2.6.2　函数的使用

Excel 2016 中的函数和公式一样，都可以快速计算数据。公式是由用户自行设计的表达式，而函数则是 Excel 2016 已经定义好的公式。

1. 认识函数

Excel 2016 中的函数是运用一些被称为参数的特定数据按特定的顺序或结构进行计算的公式。

（1）结构：Excel 2016 提供了大量的内置函数，它们包含一个或多个参数，并能返回一个结果。函数的结构为“=函数名(参数 1, 参数 2, …)”。其中，函数名为需要执行运算的函数名称，参数为函数引用的单元格或使用的数值。

（2）分类：Excel 2016 中的函数包括“自动求和”“最近使用的函数”“财务”“逻辑”“文本”“日期和时间”“查找与引用”“数学和三角函数”及“其他函数”这 9 类，其中包含上百个具体函数，每个函数的含义各不相同。Excel 提供的常用函数如表 4-6 所示。

表 4-6　Excel 提供的常用函数

函　数	格　式	功　能
求和函数	=SUM(number1,number2,…)	计算单元格区域中所有数值的和
平均函数	=AVERAGE(number1,number2,…)	返回其参数的算术平均数；参数可以是数值或包含数值的名称、数组或引用
计数函数	=COUNT(value1,value2,…)	计算包含数字的单元格以及参数列表中的数字的个数
最大值函数	=MAX(number1,number2,…)	返回一组数值中的最大值，忽略逻辑值及文本
最小值函数	=MIN(number1,number2, …)	返回一组数值中的最小值，忽略逻辑值及文本
条件函数	=IF(Logical_test,value_if_true,value_if_false)	判断是否满足一个条件，如果满足返回一个值，如果不满足则返回另一个值
有条件求和函数	=SUMIF(range, criteria, [sum_range])	对范围中符合指定条件的值求和
多条件求和函数	=SUMIFS(sum_range, criteria_range1, criteria1, [criteria_range2, criteria2], …)	计算其满足多个条件的全部参数的总和
有条件求平均值	=AVERAGEIF(range, criteria, [average_range])	返回某个区域内满足指定条件的所有单元格的平均值（算术平均值）
多条件求平均值	=AVERAGEIFS(average_range, criteria_range1, criteria1, [criteria_range2, criteria2], …)	计算满足多重条件的单元格区域的平均值
条件计数函数	=COUNTIF(range, criteria)	统计满足指定条件的单元格的数量
多条件计数函数	=COUNTIFS(criteria_range1, criteria1, [criteria_range2, criteria2], …)	将条件应用于跨多个区域的单元格，然后统计满足所有条件的次数
排序函数	=RANK(number,ref,[order])	返回一列数字的数字排位

续表

函　数	格　式	功　能
日期函数	=DATE(year,month,day)	返回在 Microsoft Office Excel 日期时间代码中日期的数字
时间函数	=TIME(hour,minute,second)	返回特定时间的序列数

（3）参数：可以是常量、逻辑值、数组、错误值、单元格引用或嵌套函数等，其指定的参数都必须为有效参数值。

① 常量：指的是不进行计算且不会发生改变的值。

② 逻辑值：即 TRUE（真值）或 FALSE（假值）。

③ 数组：用于建立可生成多个结果或可对在行和列中排列的一组参数进行计算的单个公式。

④ 错误值：即“#N/A”“空值”或“_”等值。

⑤ 单元格引用：用于表示单元格在工作表中所处位置的坐标集。

⑥ 嵌套函数：嵌套函数就是将某个函数或公式作为另一个函数的参数使用。

2. 输入函数

在 Excel 2016 中，大多数函数的操作都是在“公式”选项卡的“函数库”功能组中完成的，如图 4-46 所示。

插入函数的方法非常简单，在“函数库”组中选择要插入的函数，然后设置函数参数的引用单元格即可。用户如果对函数非常熟悉，也可以使用直接输入法。

图 4-46　“函数库”功能组

（1）从函数库中插入函数。使用这种方法可以确保输入的函数名不会出错，特别是对一些很难记的函数，其操作步骤如下。

① 选择要输入函数的单元格。

② 单击“公式”→“函数库”→插入函数”，弹出“插入函数”对话框，如图 4-47（a）所示。

③ 在“插入函数”对话框中可以搜索函数或选择类别，然后再“选择函数”列表框中选择要使用的函数，此时“选择函数”列表框的下方会出现关于该函数功能的简单提示。此处“选择函数”列表框中选择求和函数“SUM”。

④ 单击“确定”按钮，弹出图 4-47（b）所示的“函数参数”对话框。

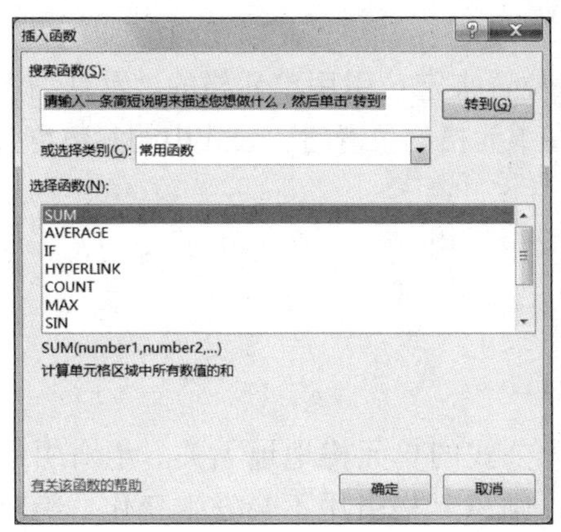

（a）

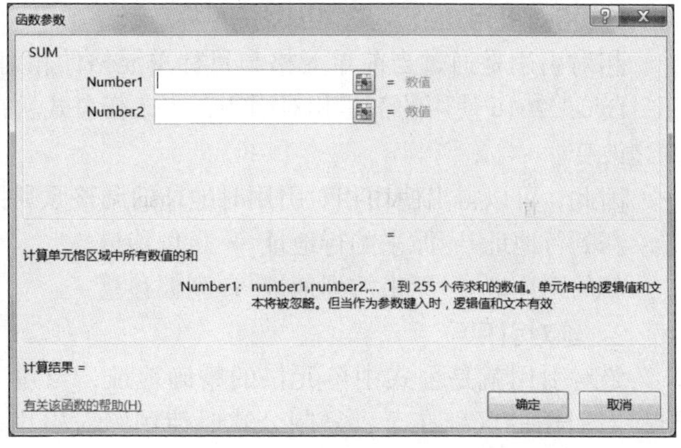

（b）

图 4-47　“插入函数”和“函数参数”对话框

⑤ 为函数添加参数的方法是：单击“函数参数”对话框中的各参数框，在其中输入数值、单元格或单元格区域引用等（或单击参数框右边的红色按钮使“函数参数”对话框折叠，然后在工作表中选择单元格区域，再单击红色按钮使“函数参数”对话框还原）。参数输入完成后，函数计算的结果将出现在对话框最下方“计算结果 = ”的后面。

⑥ 单击“确定”按钮，计算结果将显示在所选择的单元格中。

（2）直接输入函数。单击要输入函数的单元格，在其中依次输入等号、函数名、左括号、具体参数和右括号，输入完成后单击编辑栏中的“输入”按钮或按【Enter】键，就可以在当前单元格中显示计算结果。

3. “自动求和”按钮

在 Excel 2016 中，“函数库”中的“自动求和”按钮可以扩展，其中包含常用计算和连接所有函数功能的选项。在“开始”中的“编辑”组中也有“自动求和”按钮。

使用该按钮计算的操作步骤如下。

（1）选择要存放计算结果的单元格，单击“函数库”中的“自动求和”按钮下方的下拉按钮，如图 4-48 所示。

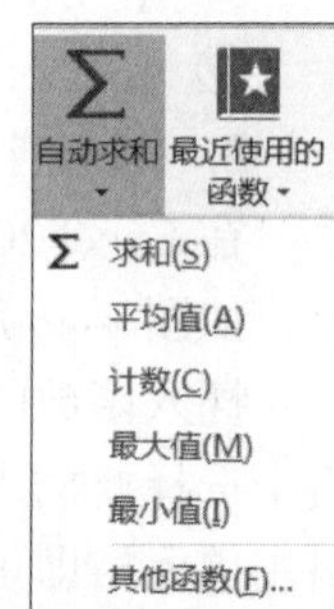

图 4-48 “自动求和”下拉列表

（2）在弹出的下拉列表中包含常用的计算选项“求和”“平均值”“计数”“最大值”“最小值”及连接所有函数的“其他函数”选项。

（3）若选择下拉列表中的“其他函数”选项，则可使用 Excel 2016 提供的所有函数。

（4）若选择下拉列表中的常用计算选项，如选择“求和”选项，求和的函数即显示在选择的单元格中，根据需要修改求和的数据区域，然后按【Enter】键或单击编辑栏中的“输入”按钮即可。

4.2.6.3 单元格的引用

在 Excel 公式中经常要引用各单元格的内容，引用的作用是标识工作表中的单元格或单元格区域，并指明公式中所使用数据的位置。通过引用，在一个公式可以使用工作表中不同部分的数据，或者在多个公式中使用同一个单元格的数据，还可以使用同一个工作簿中其他工作表中的数据。在 Excel 2016 中，单元格的引用分为相对引用、绝对引用和混合引用 3 种。

1. 相对引用

相对引用是通过当前单元格与目标单元格的相对位置来定位引用单元格的。默认情况下，Excel 2016 使用的都是相对引用，当改变公式所在单元格的位置时，公式中的参数也会随之改变。

因此，可以得出使用相对引用时地址的调整原则：

新的行地址 = 原来的行地址 + 行偏移量

新的列地址 = 原来的列地址 + 列偏移量

2. 绝对引用

绝对引用就是公式中单元格的精确地址，与包含公式的单元格地址无关。绝对引用与相对引用的区别在于：复制公式时使用绝对引用，则单元格引用不会发生变化。绝对引用的方法是在行号和列标前分别加上符号“$”，如$A$1，表示对单元格 A1 的绝对引用。

3. 混合引用

混合引用是指行采用相对引用而列采用绝对引用或行采用绝对引用而列采用相对引用。例如，$A5、A$5 均为混合引用。

例如，如果 B5 单元格中输入了公式“=$F4 + H$3”，则单击该单元格，按【Ctrl + C】组合键后，再单击 E7 单元格，然后按【Ctrl + V】组合键，则该单元格中的公式是怎样的？可以先找已知条件和未知条件的关系，然后写出结果，如图 4-49 所示。

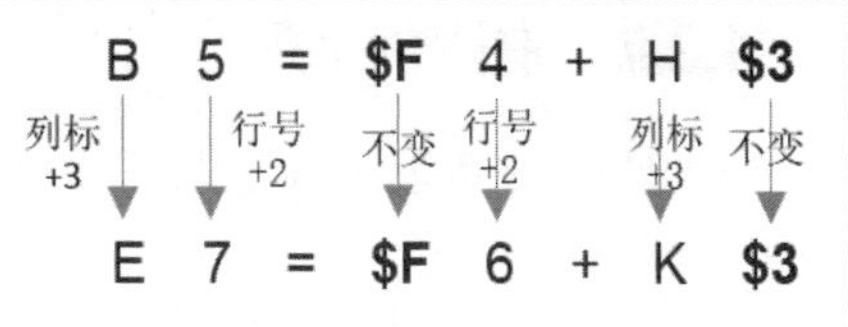

图 4-49 混合引用

若公式或函数中使用相对引用，则单元格引用会自动随着移动的位置发生变化；若公式或函数中使用绝对引用，则单元格引用不会发生变化；若公式或函数中使用混合引用，则该引用地址中相对引用的位置会变化，绝对引用的位置不变。

4.2.6.4 名称的定义与使用

使用含义模糊的单元格和单元格区域的地址有时很难处理数据，Excel 2016 允许为单元格和单元格区域指定名称。名称是工作簿中某些项目或数据的标识符。在公式或函数中使用名称代替数据区域进行计算，可以使公式更为简洁，从而避免输入错误。

1. 定义名称

为了方便数据处理，可以为一些常用的单元格区域定义特定的名称，其操作方法如下。

（1）新建名称

选择需要命名的区域，单击“公式”→“定义的名称”→“定义名称”，在打开的“新建名称”对话框中的“名称”文本框中输入单元格区域的新名称（如果之前没有选择要命名的区域，也可以在“引用位置”处进行选择），单击“确定”按钮。

定义名称时需要注意：名称的最大长度为 255 个字符，不区分大小写；名称必须以字母、文字或下划线开始，名称的其余部分可以使用数字或符号，但不能有空格；不能使用运算符和函数名。

（2）以选定区域创建名称

打开图 4-50（a）所示的工作表，选择 A3:B6 单元格区域。单击“公式”→“定义的名称”→“根据所选内容创建”，打开“以选定区域创建名称”对话框，如图 4-50（b）所示，选择“最左列”复选框，单击“确定”按钮即可创建名称，效果如图 4-50（c）所示。

	A	B
1	A产品交易情况试算表	
2		
3	CIP单价	$12.15
4	每次交易数量	150
5	每月交易次数	3
6	美元汇率	7.78

（a）

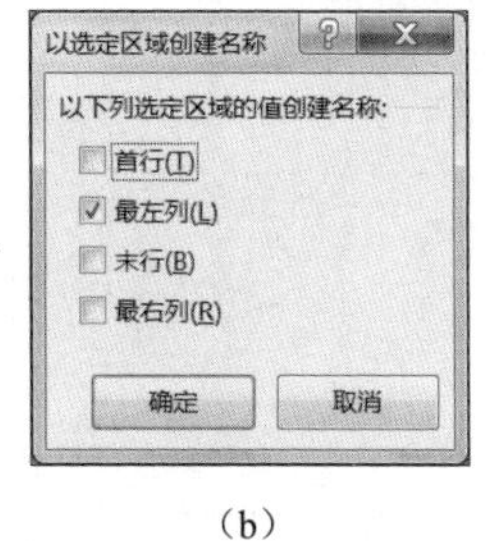

（b）

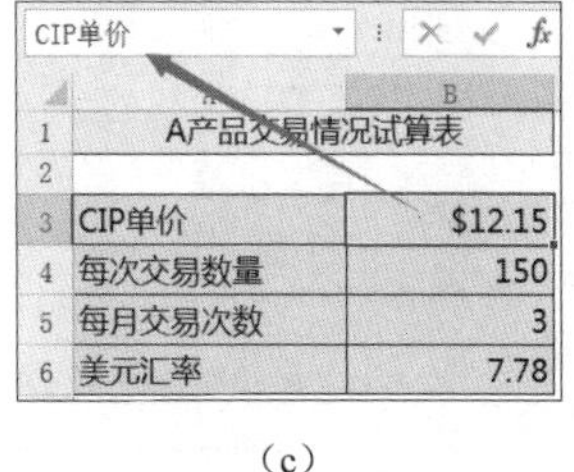

（c）

图 4-50 以选定区域创建名称

2. 使用名称

定义了单元格名称后，可以使用名称来代替单元格区域进行计算，以便用户输入。

4.2.7 拓展训练

请同学们在配套的实验教程上找到本项目对应的实验 2，完成相应的操作。

任务 4.3 分析学生成绩表数据

4.3.1 任务目标

- 熟练掌握数据的排序方法；
- 熟练掌握数据的筛选方法；
- 掌握数据的分类汇总方法；
- 熟练掌握使用图表分析数据方法；
- 掌握数据透视表和数据透视图的使用方法。

4.3.2 任务描述

作为海口经济学院的一名辅导员，在学年结束时需要对全专业同学一年的考试成绩进行统计和汇总分析，工作量很大，容易出错。请你利用Excel 2016 的数据分析功能，帮助辅导员快速地对全专业学生的成绩进行分析（注：框内的内容需要计算填入），效果如图 4-51 所示。

海口经济学院2020-2021学年学生成绩表

院（系）部：网络学院　专业：2020级计算机专业　统计时间：二〇二〇年十月二十日

班级	学号	姓名	性别	语文	数学	英语	计算机	体育	政治	音乐欣赏	总分	平均分	排名	等级
1	202015210101	朱玉	女	88	85	83	86	85	91	84	602	86	1	及格
4	202015210116	张云川	男	85	93	96	90	78	79	80	601	86	2	及格
1	202015210117	杨清华	男	94	86	96	90	90	76	69	601	86	2	及格
4	202015210108	刘旭尔	男	75	87	87	98	94	75	76	592	85	4	及格
4	202015210120	曹旭	男	73	87	85	79	84	84	95	587	84	5	及格
4	202015210104	张云然	男	92	84	81	84	70	84	90	585	84	6	及格
2	202015210110	黄佳	女	83	73	86	95	63	83	95	578	83	7	及格
3	202015210119	廖明凯	男	80	79	92	80	83	77	86	577	82	8	及格
3	202015210107	陈子熙	女	87	74	86	80	82	86	79	574	82	9	及格
2	202015210106	田思成	男	79	76	84	95	79	68	91	572	82	10	及格
3	202015210115	周铭	女	86	89	75	80	69	94	75	568	81	11	及格
2	202015210102	赵一曼	女	86	77	78	94	90	74	68	567	81	12	及格
1	202015210113	张慈乐	女	91	78	83	84	58	86	86	566	81	13	及格
1	202015210109	张明媚	女	51	84	89	100	80	76	84	564	81	14	及格
3	202015210111	李志龙	男	84	68	75	90	75	91	79	562	80	15	及格
3	202015210103	李阳	男	89	78	79	73	80	87	75	561	80	16	及格
2	202015210114	崔米玲	女	50	95	84	59	76	85	89	538	77	17	及格
1	202015210105	赵博宇	男	96	79	55	73	85	73	75	536	77	18	及格
2	202015210118	吴东旭	男	81	77	94	50	57	74	94	527	75	19	及格
4	202015210112	王康东	男	7	69	76	79	60	50	68	409	58	20	不及格

2020级计算机专业学生成绩表　可参评讲、助学金候选人　国家奖学金候选人

（a）

图 4-51 学生成绩表

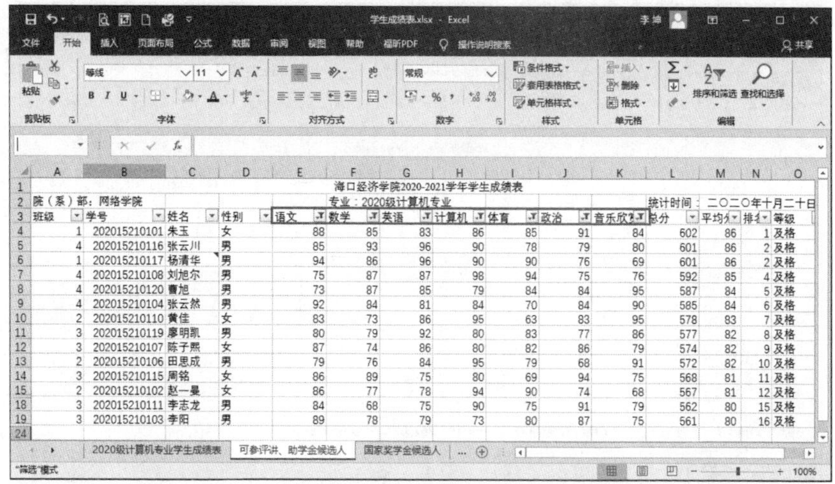

海口经济学院2020-2021学年学生成绩表

院（系）部：网络学院　专业：2020级计算机专业　统计时间：二〇二〇年十月二十日

班级	学号	姓名	性别	语文	数学	英语	计算机	体育	政治	音乐欣赏	总分	平均分	排名	等级
1	202015210101	朱玉	女	88	85	83	86	85	91	84	602	86	1	及格
4	202015210116	张云川	男	85	93	96	90	78	79	80	601	86	2	及格
1	202015210117	杨清华	男	94	86	96	90	90	76	69	601	86	2	及格
4	202015210108	刘旭尔	男	75	87	87	98	94	75	76	592	85	4	及格
4	202015210120	曹旭	男	73	87	85	79	84	84	95	587	84	5	及格
4	202015210104	张云然	男	92	84	81	84	70	84	90	585	84	6	及格
2	202015210110	黄佳	女	83	73	86	95	63	83	95	578	83	7	及格
3	202015210119	廖明凯	男	80	79	92	80	83	77	86	577	82	8	及格
3	202015210107	陈子熙	女	87	74	86	80	82	86	79	574	82	9	及格
2	202015210106	田思成	男	79	76	84	95	79	68	91	572	82	10	及格
3	202015210115	周铭	女	86	89	75	80	69	94	75	568	81	11	及格
2	202015210102	赵一曼	女	86	77	78	94	90	74	68	567	81	12	及格
3	202015210111	李志龙	男	84	68	75	90	75	91	79	562	80	15	及格
3	202015210103	李阳	男	89	78	79	73	80	87	75	561	80	16	及格

（b）

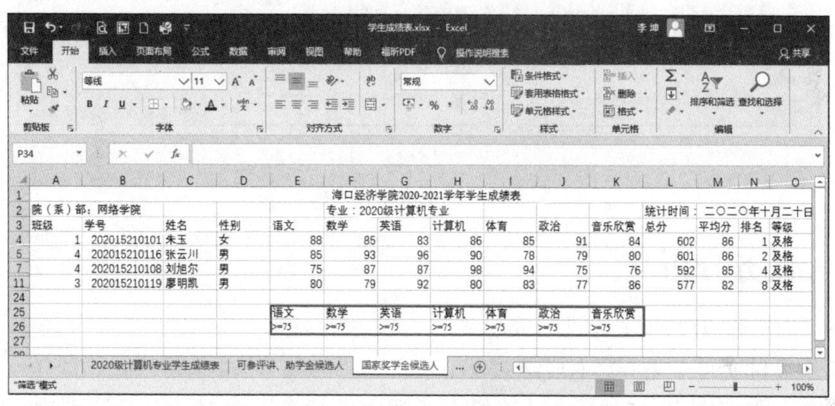

海口经济学院2020-2021学年学生成绩表

院（系）部：网络学院　专业：2020级计算机专业　统计时间：二〇二〇年十月二十日

班级	学号	姓名	性别	语文	数学	英语	计算机	体育	政治	音乐欣赏	总分	平均分	排名	等级
1	202015210101	朱玉	女	88	85	83	86	85	91	84	602	86	1	及格
4	202015210116	张云川	男	85	93	96	90	78	79	80	601	86	2	及格
4	202015210108	刘旭尔	男	75	87	87	98	94	75	76	592	85	4	及格
3	202015210119	廖明凯	男	80	79	92	80	83	77	86	577	82	8	及格

语文	数学	英语	计算机	体育	政治	音乐欣赏
>=75	>=75	>=75	>=75	>=75	>=75	>=75

（c）

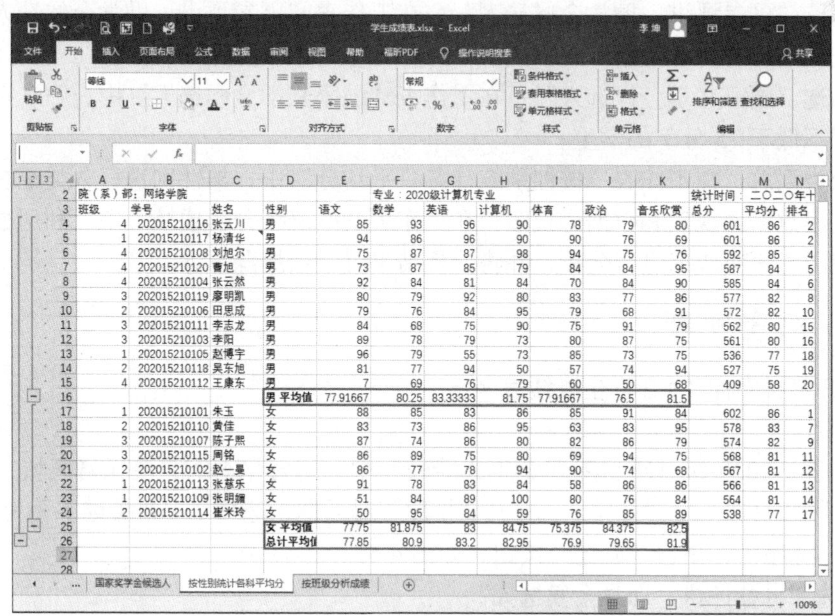

院（系）部：网络学院　专业：2020级计算机专业　统计时间：二〇二〇年十

班级	学号	姓名	性别	语文	数学	英语	计算机	体育	政治	音乐欣赏	总分	平均分	排名
4	202015210116	张云川	男	85	93	96	90	78	79	80	601	86	2
1	202015210117	杨清华	男	94	86	96	90	90	76	69	601	86	2
4	202015210108	刘旭尔	男	75	87	87	98	94	75	76	592	85	4
4	202015210120	曹旭	男	73	87	85	79	84	84	95	587	84	5
4	202015210104	张云然	男	92	84	81	84	70	84	90	585	84	6
3	202015210119	廖明凯	男	80	79	92	80	83	77	86	577	82	8
2	202015210106	田思成	男	79	76	84	95	79	68	91	572	82	10
3	202015210111	李志龙	男	84	68	75	90	75	91	79	562	80	15
3	202015210103	李阳	男	89	78	79	73	80	87	75	561	80	16
1	202015210105	赵博宇	男	96	79	55	73	85	73	75	536	77	18
2	202015210118	吴东旭	男	81	77	94	50	57	74	94	527	75	19
4	202015210112	王康东	男	7	69	76	79	60	50	68	409	58	20
			男 平均值	77.91667	80.25	83.33333	81.75	77.91667	76.5	81.5			
1	202015210101	朱玉	女	88	85	83	86	85	91	84	602	86	1
2	202015210110	黄佳	女	83	73	86	95	63	83	95	578	83	7
3	202015210107	陈子熙	女	87	74	86	80	82	86	79	574	82	9
3	202015210115	周铭	女	86	89	75	80	69	94	75	568	81	11
2	202015210102	赵一曼	女	86	77	78	94	90	74	68	567	81	12
1	202015210113	张慕乐	女	91	78	83	84	58	86	86	566	81	13
1	202015210109	张明媚	女	51	84	89	100	80	76	84	564	81	14
2	202015210114	崔米玲	女	50	95	84	59	76	85	89	538	77	17
			女 平均值	77.75	81.875	83	84.75	75.375	84.375	82.5			
			总计平均值	77.85	80.9	83.2	82.95	76.9	79.65	81.9			

（d）

图 4-51　学生成绩表（续）

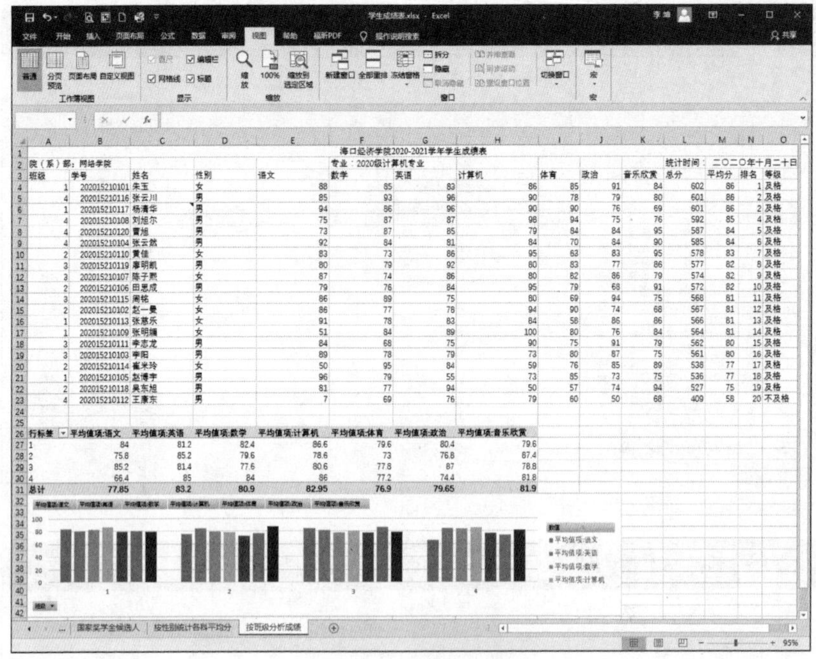

（e）

图 4-51　学生成绩表（续）

4.3.3　任务分析

本任务可以分解为如下 6 个小任务。

（1）打开素材文件“4.3 学生成绩表.xlsx”。

（2）排序：在工作表“2020 级计算机专业学生成绩表”中对“总分”列进行降序排列。

（3）筛选“可参评讲、助学金候选人”：在工作表“可参评讲、助学金候选人”中，筛选符合评选标准（各科都及格）的学生。

（4）筛选“国家奖学金候选人”：在工作表“国家奖学金候选人”中，筛选符合评选标准（各科都不低于 75 分）的学生。

（5）分类汇总：在工作表“按性别统计各科平均分”中，按性别进行分类汇总。

（6）创建数据透视表和数据透视图：在工作表“按班级分析成绩”中，利用数据透视表和数据透视图对班级成绩进行分析，并将分析结果置于数据源下方。

4.3.4　任务实现

1. 打开素材文件“4.3 学生成绩表.xlsx”

2. 排序

在工作表“2020 级计算机专业学生成绩表”中，选择 A4:O23 单元格区域，单击“数据”→“排序和筛选”→“排序”，打开“排序”对话框，选择“主要关键字”为“总分”，“次序”为“降序”，单击“确定”按钮，如图 4-52 所示。

3. 筛选“可参评讲、助学金候选人”

（1）复制“2020 级计算机专业学生成绩表”内的所有数据至工作表“可参评讲、助学金候选人”中。

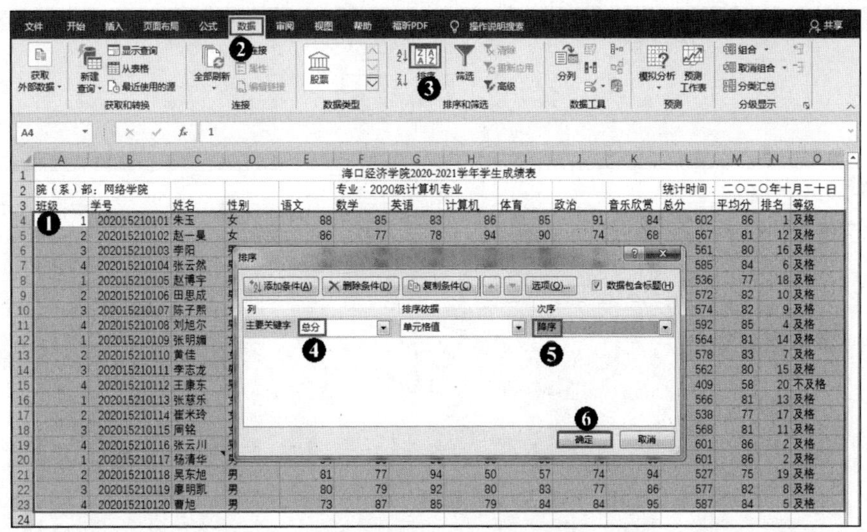

图 4-52　总分排序

（2）选择 A3:O3 单元格区域，单击“数据”→“排序和筛选”→“筛选”，单击 E3 单元格“语文”后面的筛选按钮，选择“数字筛选”→“大于或等于”，在打开的对话框中输入“60”，单击“确定”按钮，如图 4-53 所示。用同样的方法对“数学、英语、计算机、体育、政治、音乐欣赏”课程进行筛选（亦可以采用下一步的高级筛选来实现此操作）。

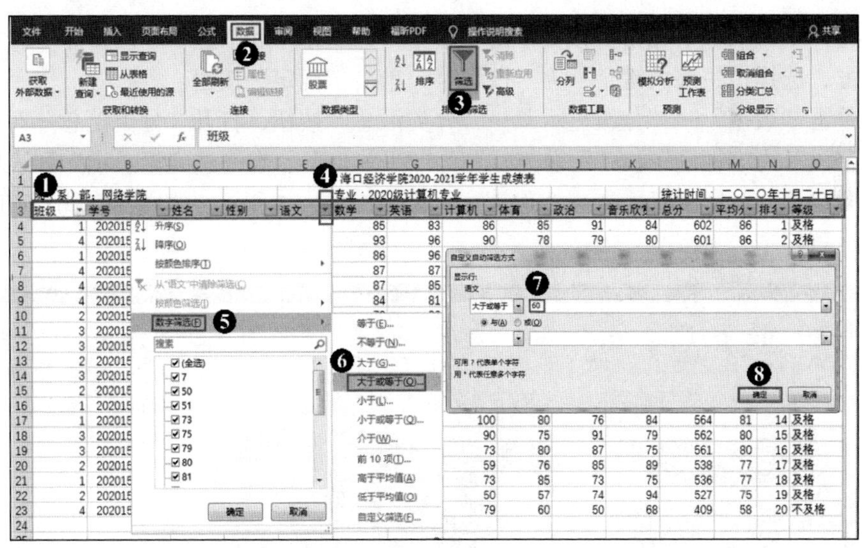

图 4-53　自动筛选

4. 筛选“国家奖学金候选人”

（1）复制“2020 级计算机专业学生成绩表”内的所有数据至工作表“国家奖学金候选人”中。

（2）复制 E3:K3 单元格区域的内容到下面的空白区域（至少空一行），在它们下面分别输入“>=75”，选择 A3:O23 单元格区域，单击“数据”→“排序和筛选”→“高级筛选”，打开“高级筛选”对话框“列表区域”文本框保持默认值，在“条件区域”文本框中选择 E25:K26 单元格区域，单击“确定”按钮，如图 4-54 所示。

图 4-54　高级筛选

5. 分类汇总

（1）复制“2020 级计算机专业学生成绩表”内的所有数据至工作表“按性别统计各科平均分”中。

（2）选择 A3:O23 单元格区域，单击“数据”→“排序和筛选”→“排序”，打开“排序”对话框，选择“主要关键字”为“性别”，单击“确定”按钮。

（3）单击“数据”→“分级显示”→“分类汇总”按钮，打开“分类汇总”对话框，设置“分类字段”为“性别”，“汇总方式”为“平均值”，在“选定汇总项”列表框中选择所有科目和“总分”复选框，单击“确定”按钮，如图 4-55 所示。这样我们就知道哪个性别的学生成绩更好了。

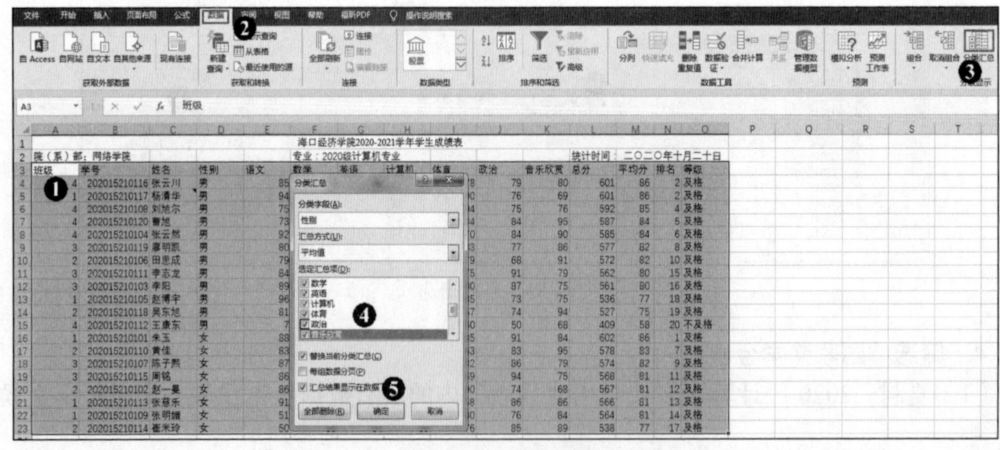

图 4-55　分类汇总

6. 创建数据透视表和数据透视图

（1）复制“2020 级计算机专业学生成绩表”内的所有数据至工作表“按班级分析成绩”中。

（2）选择 A3:O23 单元格区域，单击"插入"→"表格"→"数据透视表"，打开"创建数据透视表"对话框，"请选择要分析的数据"区域保持默认值，选择"现有工作表"单选项，单击 A26 单元格，单击"确定"按钮，如图 4-56 所示。

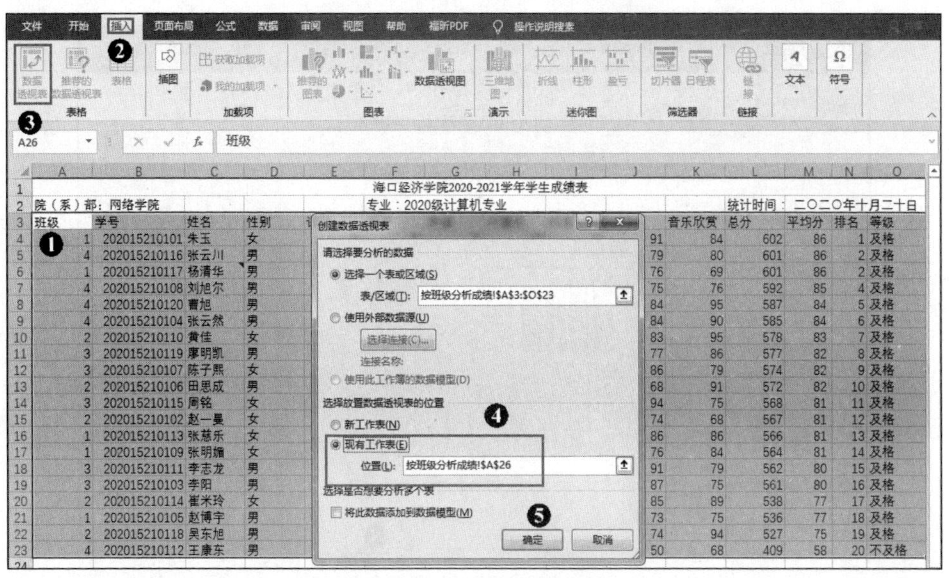

图 4-56　创建数据透视表

（3）在"数据透视表字段"窗格中设置"班级"为行标签，"语文"等科目为值字段，单击"求和项：语文"按钮，在下拉列表中选择"值字段设置"选项，打开"值字段设置"对话框，在"计算类型"列表框中选择"平均值"选项，单击"确定"按钮，如图 4-57 所示。用同样的方法设置其他科目的"计算类型"。

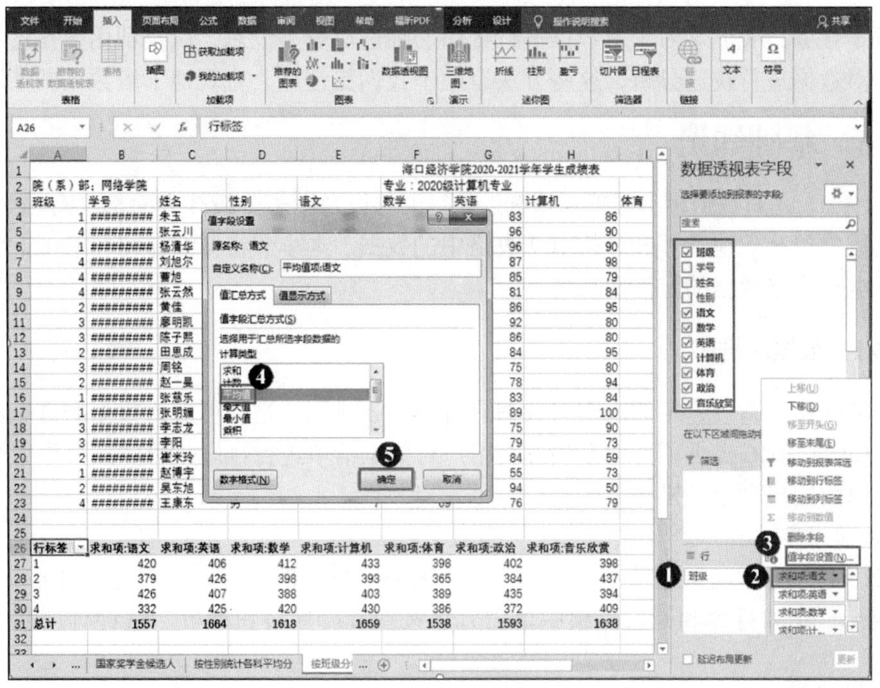

图 4-57　设置数据透视表字段

（4）单击数据透视表中任一单元格，单击“数据透视表工具”/“分析”→“工具”→“数据透视图”，打开“插入图表”对话框，单击“确定”按钮，如图 4-58 所示，调整数据透视图到合适位置。

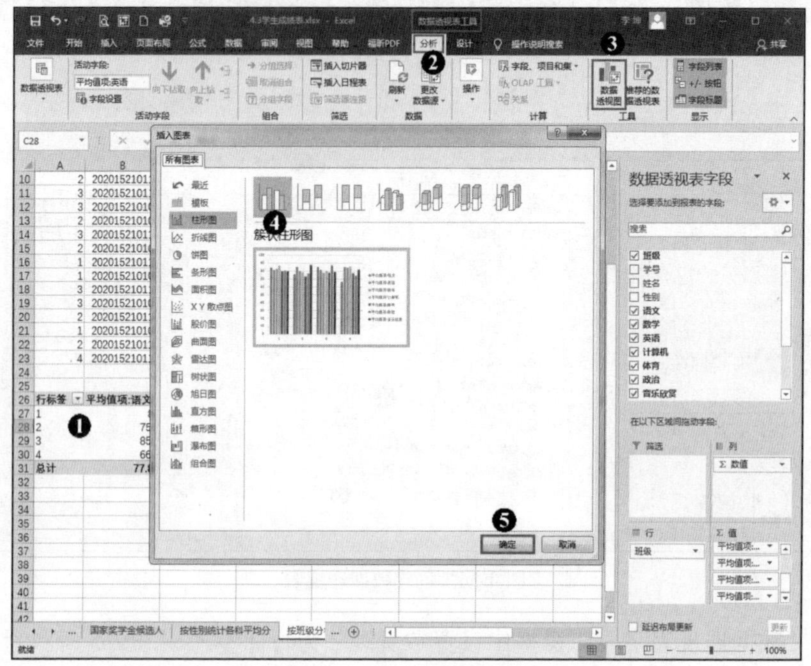

图 4-58　创建数据透视图

4.3.5　任务小结

通过本任务，我们学习了对数据进行排序、筛选、分类汇总，以及利用数据透视表和数据透视图对数据进行快速分析，这些方法有助于我们更清晰、直观地了解数据的情况。

4.3.6　基础知识

Excel 2016 在对数据进行排序、筛选、分类汇总以及图表分析等方面都具有强大的功能，可以帮助用户更高效地管理和分析电子表格中的数据。本小节将详细介绍在 Excel 2016 中管理和分析电子表格数据的方法和技巧。

4.3.6.1　数据的排序

数据的排序是指按一定的规则对数据进行整理、排列，这样可以为数据的进一步处理做好准备。Excel 2016 提供了多种方法方便用户对数据清单进行排序，可以按升序、降序的方式，也可以由用户自定义排序方式。

1．快速排序

对 Excel 2016 中的数据清单进行排序时，如果对单列的内容进行排序，则可以单击“数据”选项卡，在“排序和筛选”组中单击升序按钮和降序按钮即可。这种排序属于单条件排序。

注意

在“排序警告”对话框中，选择“以当前选定区域排序”单选项，Excel 2016 只会将选定区域排序，而其他位置的单元格保持不变。这里排序的数据与数据的记录不是对应的。一般情况下，用户可单击“排序警告”对话框中的“扩展选定区域”按钮进行排序。

2. 多条件排序

使用快速排序时，只能使用一个排序条件，为了满足用户的复杂排序需求，Excel 2016 提供了多条件排序功能。使用该功能，用户可设置多个排序条件，当主关键字相等时，软件将参考第二个关键字排序。

例如，对如图 4-59（a）所示的“员工年度考核表”工作簿中的数据，按“总成绩”从高到低排列，如果总成绩相同，则按工号从低到高排列，排序结果如图 4-59（b）所示。

员工年度考核表

工号	姓名	所属部门	出勤率(10)	团队协作(10)	工作态度(10)	成果内容(35)	成果形式(35)	总成绩
3201	杨明远	销售部	10	9	9	32	35	95
3202	张佳琪	销售部	10	8	8	35	32	93
3203	段瑞	技术部	10	9	8	30	31	88
3204	李明	技术部	10	8	8	31	33	90
3205	王芳芳	销售部	8	6	9	32	32	87
3206	姚静	销售部	10	7	7	33	31	88
3207	李丽娜	技术部	10	8	9	34	34	95
3208	李静波	技术部	9	9	8	31	35	92
3209	孟露露	技术部	10	8	9	32	32	91
3210	李珂	销售部	10	8	9	30	30	87
3211	杨丹	技术部	7	7	8	35	31	88
3212	李林燕	销售部	10	9	9	34	33	95
3213	李少红	技术部	9	9	8	34	32	92
3214	王楠	销售部	10	8	9	32	35	94
3215	陶晓云	技术部	10	7	8	31	30	86
3216	张倩	销售部	8	9	7	30	31	85
3217	王萌	技术部	10	8	8	32	32	90
3218	王亚萍	销售部	10	9	9	34	33	95

（a）

员工年度考核表

工号	姓名	所属部门	出勤率(10)	团队协作(10)	工作态度(10)	成果内容(35)	成果形式(35)	总成绩
3201	杨明远	销售部	10	9	9	32	35	95
3207	李丽娜	技术部	10	8	9	34	34	95
3212	李林燕	销售部	10	9	9	34	33	95
3218	王亚萍	销售部	10	9	9	34	33	95
3214	王楠	销售部	10	8	9	32	35	94
3202	张佳琪	销售部	10	8	8	35	32	93
3208	李静波	技术部	9	9	8	31	35	92
3213	李少红	技术部	9	9	8	34	32	92
3209	孟露露	技术部	10	8	9	32	32	91
3204	李明	技术部	10	8	8	31	33	90
3217	王萌	技术部	10	8	8	32	32	90
3203	段瑞	技术部	10	9	8	30	31	88
3206	姚静	销售部	10	7	7	33	31	88
3211	杨丹	技术部	7	7	8	35	31	88
3205	王芳芳	销售部	8	6	9	32	32	87
3210	李珂	销售部	10	8	9	30	30	87
3215	陶晓云	技术部	10	7	8	31	30	86
3216	张倩	销售部	8	9	7	30	31	85

（b）

图 4-59　“员工年度考核表”排序前后对比图

其操作步骤如下。

（1）选择需要排序的数据清单中的任意单元格区域。

（2）单击“数据”→“排序和筛选”→“排序”，打开图 4-60 所示的“排序”对话框。

（3）在“排序”对话框的“主要关键字”下拉列表中选择“总成绩”选项，在“排序依据”下拉列表中选择“数值”选项，在“次序”下拉列表中选择“降序”选项，然后单击“添加条件”按钮。

（4）此时可以添加新的排序条件，在“次要关键字”下拉列表中选择“工号”选项，在“排序依据”下拉列表中选择“数值”选项，在“次序”下拉列表中选择“升序”选项，然后单击“确定”按钮。

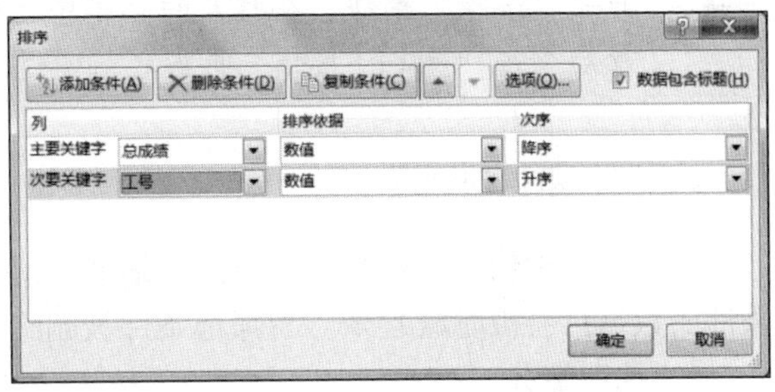

图 4-60　“排序”对话框

注意

在“排序”对话框的选项栏中选择“数据包含标题”复选框，则表示排序后的数据清单保留字段名行。如果不选择“数据包含标题”复选框，则表示标题行也参与排序。

3. 自定义排序

Excel 2016 还允许用户对数据进行自定义排序，通过“自定义序列”对话框，用户可以对排序的依据进行设置。

例如，对图 4-59（a）所示的“员工年度考核表”工作簿中的数据，按所属部门“销售部”在前，“技术部”在后的顺序进行排列，其操作步骤如下。

（1）选择需要排序的数据清单中的任意单元格区域。

（2）单击“数据”→“排序和筛选”→“排序”，打开“排序”对话框，在“主要关键字”下拉列表中选择“所属部门”选项，在“次序”下拉列表中选择“自定义序列”选项，打开如图 4-61（a）所示的对话框。

（3）在“输入序列”列表框中输入“销售部”和“技术部”，然后单击“添加”按钮。

（4）在“自定义序列”列表框中选择刚添加的“销售部，技术部”序列，单击“确定”按钮，完成自定义序列操作。

（5）返回“排序”对话框，单击“确定”按钮，完成排序。排序结果如图 4-61（b）所示。

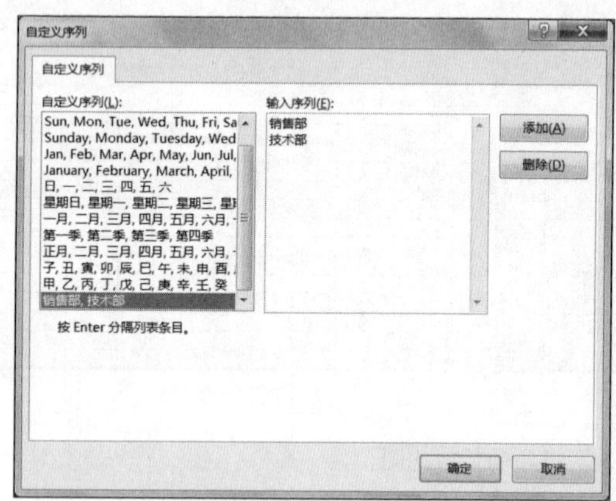

（a）

员工年度考核表

工号	姓名	所属部门	出勤率(10)	团队协作(10)	工作态度(10)	成果内容(35)	成果形式(35)	总成绩
3201	杨明远	销售部	10	9	9	32	35	95
3202	张佳琪	销售部	10	8	8	35	32	93
3205	王芳芳	销售部	8	6	9	32	32	87
3206	姚静	销售部	10	7	7	33	31	88
3210	李珂	销售部	10	8	9	30	30	87
3212	李林燕	销售部	10	9	9	34	33	95
3214	王楠	销售部	10	8	9	32	35	94
3216	张倩	销售部	8	9	7	30	31	85
3218	王亚萍	销售部	10	9	9	34	33	95
3203	段瑞	技术部	10	9	8	30	31	88
3204	李明	技术部	10	8	8	31	33	90
3207	李丽娜	技术部	10	8	9	34	34	95
3208	李静波	技术部	9	9	8	31	35	92
3209	孟露露	技术部	10	8	9	32	32	91
3211	杨丹	技术部	7	7	8	35	31	88
3213	李少红	技术部	9	9	8	34	32	92
3215	陶晓云	技术部	10	7	8	31	30	86
3217	王萌	技术部	10	8	8	32	32	90

（b）

图 4-61　添加“自定义序列”及自定义排序结果

注意

如何按行对数据进行排序？

在工作表中单击“数据”→“排序和筛选”→“排序”，打开“排序”对话框，单击“选项”按钮，在打开的“排序选项”对话框中，选择“按行排序”单选项，然后单击“确定”按钮。再按之前学过的方法操作即可。

4.3.6.2　数据的筛选

筛选是一种快速查找数据的方法。筛选后的数据清单只显示符合条件的数据行，不符合条件的数据行会被隐藏起来。当筛选条件被删除时，隐藏的数据便会恢复显示。

1. 快速筛选

筛选为用户提供了从拥有大量记录的数据清单中快速查找符合某种条件的记录的功能。使用筛选功能筛选数据时，字段名称将变成一个下拉列表框的框名。

例如，要求对图 4-59（a）所示的“员工年度考核表”进行自动筛选，将数据清单中总成绩最高的 5 条记录筛选出来，其操作步骤如下。

（1）单击要进行筛选的数据清单中的任意一个单元格，单击“数据”→“排序和筛选”→“筛选”，此时进入了筛选模式，列标题单元格中添加了用于设置筛选条件的下拉按钮，如图 4-62 所示。

（2）单击“总成绩”旁的下拉按钮，在下拉列表中选择“数字筛选”→“前 10 项”，如图 4-63 所示。

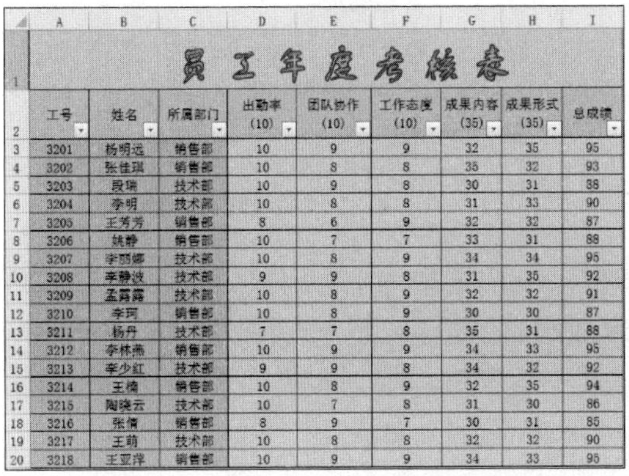

员工年度考核表

工号	姓名	所属部门	出勤率(10)	团队协作(10)	工作态度(10)	成果内容(35)	成果形式(35)	总成绩
3201	杨明远	销售部	10	9	9	32	35	95
3202	张佳琪	销售部	10	8	8	35	32	93
3203	段瑞	技术部	10	9	8	30	31	88
3204	李明	技术部	10	8	8	31	33	90
3205	王芳芳	销售部	8	6	9	32	32	87
3206	姚静	销售部	10	7	7	33	31	88
3207	李丽娜	技术部	10	8	9	34	34	95
3208	李静波	技术部	9	9	8	31	35	92
3209	孟露露	技术部	10	8	9	32	32	91
3210	李珂	销售部	10	8	9	30	30	87
3211	杨丹	技术部	7	7	8	35	31	88
3212	李林燕	销售部	10	9	9	34	33	95
3213	李少红	技术部	9	9	8	34	32	92
3214	王楠	销售部	10	8	9	32	35	94
3215	陶晓云	技术部	10	7	8	31	30	86
3216	张倩	销售部	8	9	7	30	31	85
3217	王萌	技术部	10	8	8	32	32	90
3218	王亚萍	销售部	10	9	9	34	33	95

图 4-62　使用自动筛选功能后的数据清单

图 4-63　“总成绩”下拉列表框

（3）打开“自动筛选前 10 个”对话框，在“最大”右侧的微调框中输入“5”，如图 4-64 所示，然后单击“确定”按钮，筛选后的数据清单如图 4-65 所示。

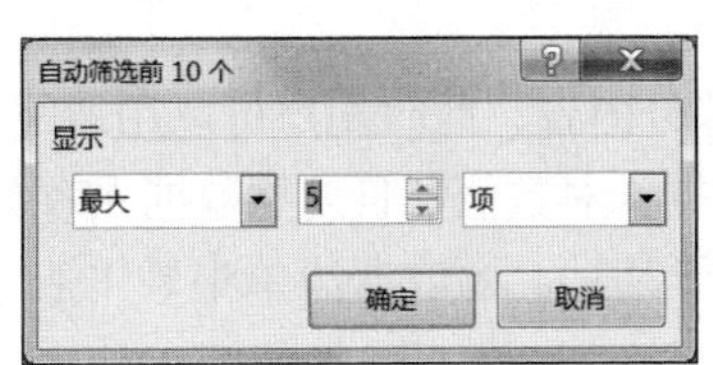

图 4-64　“自动筛选前 10 个”对话框

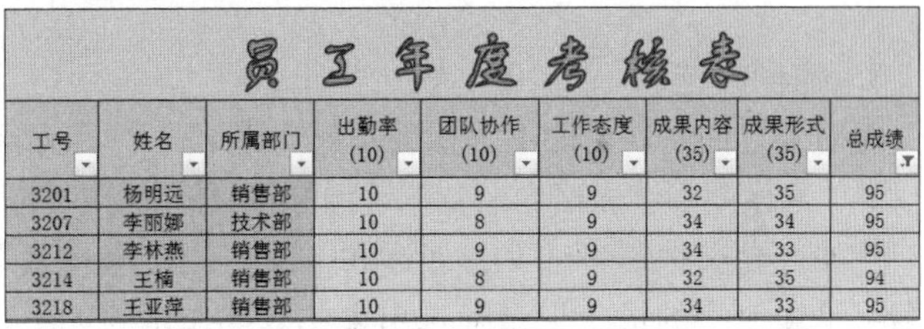

员工年度考核表

工号	姓名	所属部门	出勤率(10)	团队协作(10)	工作态度(10)	成果内容(35)	成果形式(35)	总成绩
3201	杨明远	销售部	10	9	9	32	35	95
3207	李丽娜	技术部	10	8	9	34	34	95
3212	李林燕	销售部	10	9	9	34	33	95
3214	王楠	销售部	10	8	9	32	35	94
3218	王亚萍	销售部	10	9	9	34	33	95

图 4-65　“总成绩”最高的前 5 条记录

2. 高级筛选

如果数据清单中的筛选条件比较多，自动筛选功能不能满足筛选的要求，用户可以使用高级筛选功能。首先须建立一个条件区域，来指定筛选数据所需的条件。条件区域的第一行为筛选条件的字段名，这些字段名与数据清单中的字段名要一致，条件区域的其他行中则输入筛选条件。

条件区域和数据清单不能相连，至少用一行空行将其隔开。

例如，要求对图 4-59（a）所示的“员工年度考核表”进行高级筛选，将数据清单中总成绩低于 90 分的技术部员工的记录筛选出来，其操作步骤如下。

（1）在 B22:C23 单元格区域中输入筛选条件，如图 4-66 所示。

（2）在工作表中选择 A2:I20 单元格区域（也可以在数据区域单击任意单元格后按【Ctrl + A】组合键），然后单击“数据”→“排序和筛选”→“高级”，打开“高级筛选”

对话框，如图 4-67 所示。

15	3213	李少红	技术部	9
16	3214	王楠	销售部	10
17	3215	陶晓云	技术部	10
18	3216	张倩	销售部	8
19	3217	王萌	技术部	10
20	3218	王亚萍	销售部	10
21				
22		所属部门	总成绩	
23		技术部	<90	
24				
25				
26				

图 4-66　建立条件区域

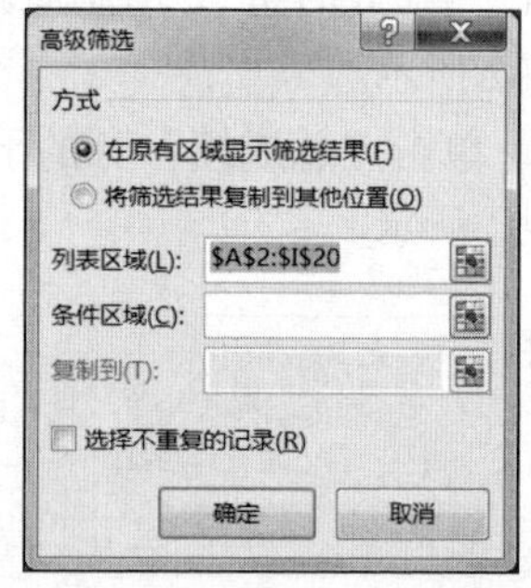

图 4-67　“高级筛选”对话框

（3）单击“条件区域”文本框右侧的红色按钮，在工作簿中选择条件区域，即 B22:C23，单击“确定”按钮，筛选后的数据清单如图 4-68 所示。

	A	B	C	D	E	F	G	H	I
2	工号	姓名	所属部门	出勤率(10)	团队协作(10)	工作态度(10)	成果内容(35)	成果形式(35)	总成绩
5	3203	段瑞	技术部	10	9	8	30	31	88
13	3211	杨丹	技术部	7	7	8	35	31	88
17	3215	陶晓云	技术部	10	7	8	31	30	86
21									
22		所属部门	总成绩						
23		技术部	<90						

图 4-68　使用高级筛选功能后的数据清单

3. 模糊筛选

有时筛选的条件可能不够精确，只知道某一个字或某一部分内容，此时用户可以用通配符（? 和*）来模糊筛选表格内的数据（通配符只能用于文本型数据，对数值和日期型数据无效）。

例如，要求对图 4-59（a）所示的“员工年度考核表”进行筛选，将数据清单中姓“王”，且名字是 3 个字的员工记录筛选出来，其操作步骤如下。

（1）单击需要进行筛选的数据清单中的任意一个单元格，单击“数据”→“排序和筛选”→“筛选”，此时进入了筛选模式。

（2）单击“姓名”旁的下拉按钮，在下拉列表中选择“文本筛选”→“自定义筛选”选项，打开“自定义自动筛选方式”对话框，如图 4-69（a）所示。

（3）在第一个下拉列表框中选择“等于”，在其后的下拉列表框中输入“王??”，然后单击“确定”按钮，筛选结果如图 4-69（b）所示。

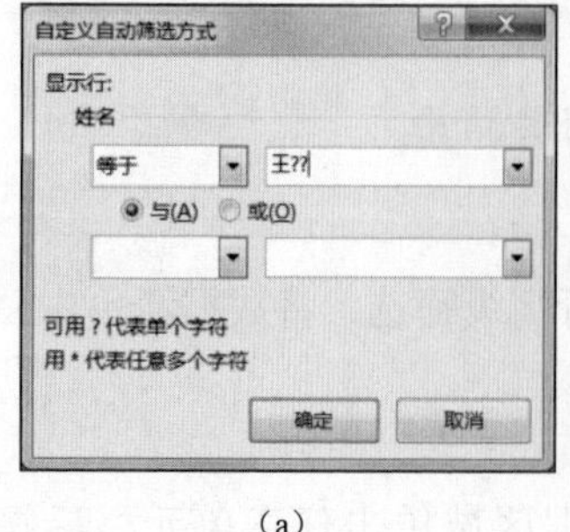

（a）

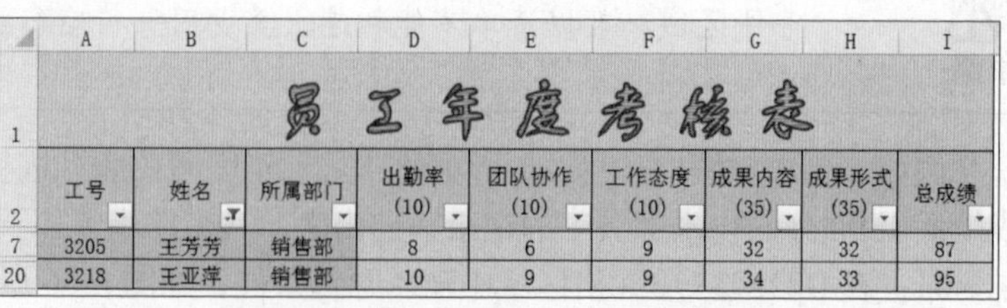

	A	B	C	D	E	F	G	H	I
1	员工年度考核表								
2	工号	姓名	所属部门	出勤率(10)	团队协作(10)	工作态度(10)	成果内容(35)	成果形式(35)	总成绩
7	3205	王芳芳	销售部	8	6	9	32	32	87
20	3218	王亚萍	销售部	10	9	9	34	33	95

（b）

图 4-69　模糊筛选

如果要清除各类筛选操作，重新显示 Excel 电子表格的全部内容，只需要单击“数据”→“排序和筛选”→“清除”。如果仅仅想让筛选按钮隐藏或显示，可以选择“设计”→“表格样式选项”→“筛选”前的复选框。此功能仅限于套用了表格格式的表格。

4.3.6.3　数据的分类汇总

分类汇总是对数据清单进行数据分析的一种方法。它对数据清单中指定的字段进行分类，然后统计同一类记录的信息。统计内容可以由用户指定，它可统计记录的条数或求和、求平均值等。

1. 认识分类汇总

Excel 2016 可自动计算数据清单中的分类汇总和总计值。当插入自动分类汇总时，Excel 2016 将分级显示数据清单，以便为每个分类汇总显示和隐藏明细数据行。单击分级显示符号可以隐藏明细数据而只显示汇总的数据，这样就形成了汇总报表。

若要插入分类汇总，必须先对数据清单排序，以将要进行分类汇总的行组合到一起，然后对包含数字的列进行分类汇总。

要确保分类汇总的数据为数据清单格式：第一行的每一列都有标志，并且同一列中应包含相似的数据，在数据清单中不应有空行或空列。

2. 创建分类汇总

用户指定需进行分类汇总的数据项、待汇总的数值和用于计算的函数即可创建分类汇总。如果要使用自动分类汇总，工作表必须组织成具有列标志的数据清单。在分类汇总的结果中，还可以再进行汇总。

例如，要求对图 4-70（a）所示的“学生成绩表”进行分类汇总，将数据清单中的“性别”作为分类字段，“最大值”作为汇总方式，对“成绩”进行分类汇总，结果如图 4-70（b）所示。

学生成绩表

学号	姓名	性别	班级	成绩	名次
2016001	朱七七	男	1	611	4
2016002	赵燕彤	男	1	619	2
2016003	李贺	女	2	576	11
2016004	张云仙	男	2	611	4
2016005	赵波	男	2	571	15
2016006	田宜城	男	2	601	9
2016007	陈思佳	男	2	576	11
2016008	刘浩然	男	2	638	1
2016009	张琳	女	2	614	3
2016010	黄桂敏	女	2	574	13
2016011	李瑞霞	女	3	581	10
2016012	王云仙	女	3	501	18
2016013	张子欣	男	3	608	6
2016014	崔兰兰	女	3	603	8
2016015	周雪玲	女	3	539	16
2016016	张博文	男	3	524	17
2016017	杨双双	男	3	574	13
2016018	陈紫函	女	3	607	7

（a）

学生成绩表

学号	姓名	性别	班级	成绩	名次
2016001	朱七七	男	1	611	5
2016002	赵燕彤	男	1	619	3
2016004	张云仙	男	2	611	5
2016005	赵波	男	2	571	16
2016006	田宜城	男	2	601	10
2016007	陈思佳	男	2	576	12
2016008	刘浩然	男	2	638	1
2016013	张子欣	男	3	608	7
2016016	张博文	男	3	524	18
2016017	杨双双	男	3	574	14
		男 最大值		638	
2016003	李贺	女	2	576	12
2016009	张琳	女	2	614	4
2016010	黄桂敏	女	2	574	14
2016011	李瑞霞	女	3	581	11
2016012	王云仙	女	3	501	19
2016014	崔兰兰	女	3	603	9
2016015	周雪玲	女	3	539	17
2016018	陈紫函	女	3	607	8
		女 最大值		614	
		总计最大值		638	

（b）

图 4-70　分类汇总前后对比图

其操作步骤如下。

（1）选择“性别”所在列的任意含有数据的单元格，单击“数据”→“排序和筛选”→

排序（如“升序”按钮），将数据清单按“性别”的升序排列。

（2）打开“排序提醒”对话框，选择“扩展选定区域排序”单选项，单击“排序”按钮完成排序。

（3）单击“数据”→“分级显示”→“分类汇总”，打开“分类汇总”对话框，如图 4-71 所示。

（4）在“分类字段”下拉列表中，选择需要用来分类汇总的数据列，这里选择“性别”选项。在“汇总方式”下拉列表中，选择需用于计算分类汇总的函数，这里选择“最大值”选项。在“选定汇总项”列表框中，选择汇总计算列所对应的复选框，这里选择“成绩”复选框。

（5）单击“确定”按钮，即可在数据清单中插入分类汇总，效果如图 4-70（b）所示。

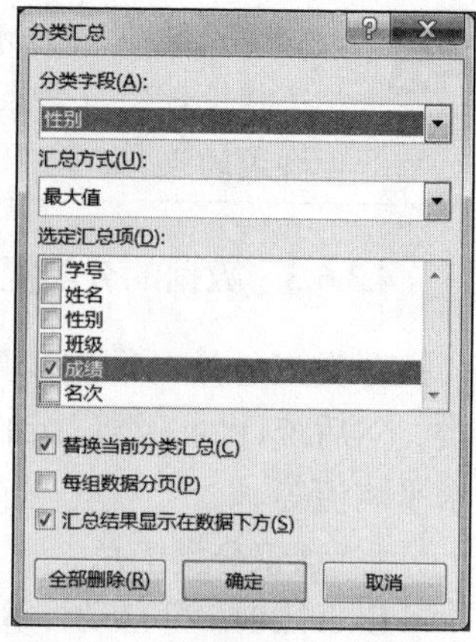

图 4-71 “分类汇总”对话框

在进行分类汇总操作时，一定要先按分类字段进行排序，否则做出来的分类汇总结果可能很乱，不是期望的整齐的汇总结果。因为 Excel 2016 只对连续相同的数据进行分类汇总。

3. 多重分类汇总

在 Excel 2016 中，有时需要同时按照多个分类字段对表格数据进行汇总计算，这就要用到多重分类汇总。多重分类汇总要遵循以下 3 个原则。

（1）按分类字段的优先级对表格中相关字段排序。

（2）分类字段的优先级多次执行“分类汇总”命令，并设置详细参数。

（3）第二次执行“分类汇总”之前，要取消选择“分类汇总”对话框中的“替换当前分类汇总”复选框。

例如，要求对图 4-70（a）所示的“学生成绩表”进行分类汇总，得出在不同性别下，成绩的最大值以及班级成绩之和。其操作步骤如下。

（1）选择任意含有数据的单元格，单击“数据”→“排序和筛选”→“排序”。

（2）打开“排序”对话框，在“主要关键字”下拉列表中选择“性别”选项，其他保持默认设置，单击“添加条件”按钮，在“次要关键字”下拉列表中选择“班级”选项，如图 4-72 所示，单击“确定”按钮，完成排序。

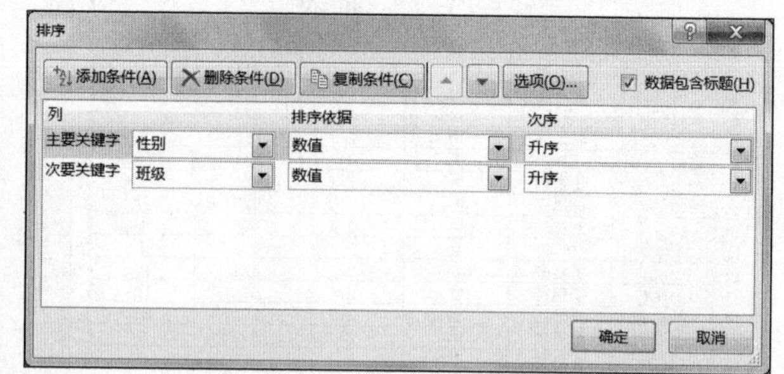

图 4-72 “排序”对话框

（3）单击“数据”→“分级显示”→“分类汇总”，打开“分类汇总”对话框。在“分类字段”下拉列表中选择“性别”选项。在“汇总方式”下拉列表中选择“最大值”选项。在“选定汇总项”列表框中选择“成绩”复选框。单击“确定”按钮，完成第一次分类汇总。

（4）再次打开“分类汇总”对话框。在“分类字段”下拉列表中选择“班级”选项。在“汇总方式”下拉列表中选择“求和”选项。在“选定汇总项”列表框中选择“成绩”复选框，然后取消选择“替换当前分类汇总”复选框，如图 4-73 所示。

（5）单击“确定”按钮，完成所有分类汇总。最终效果如图 4-74 所示。

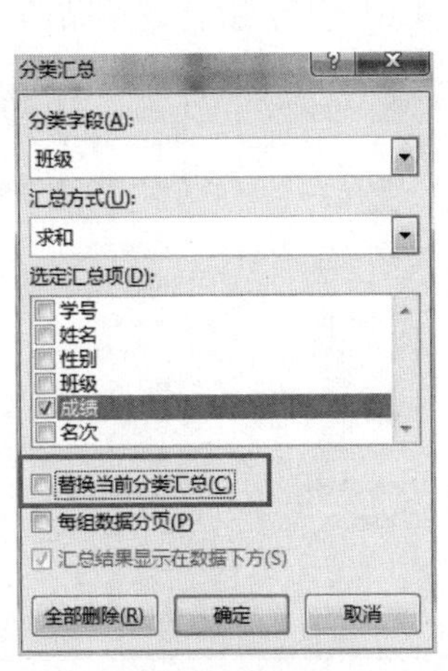

图 4-73　取消“替换当前分类汇总”

行	A	B	C	D	E	F
1	学生成绩表					
2	学号	姓名	性别	班级	成绩	名次
3	2016001	朱七七	男	1	611	9
4	2016002	赵燕彤	男	1	619	7
5				1 汇总	1230	
6	2016004	张云仙	男	2	611	9
7	2016005	赵波	男	2	571	20
8	2016006	田宜城	男	2	601	14
9	2016007	陈思佳	男	2	576	16
10	2016008	刘浩然	男	2	638	5
11				2 汇总	2997	
12	2016013	张子欣	男	3	608	11
13	2016016	张博文	男	3	524	22
14	2016017	杨双双	男	3	574	18
15				3 汇总	1706	
16			男 最大值		638	
17	2016003	李贺	女	2	576	16
18	2016009	张琳	女	2	614	8
19	2016010	黄桂敏	女	2	574	18
20				2 汇总	1764	
21	2016011	李瑞霞	女	3	581	15
22	2016012	王云仙	女	3	501	23
23	2016014	崔兰兰	女	3	603	13
24	2016015	周雪玲	女	3	539	21
25	2016018	陈紫函	女	3	607	12
26				3 汇总	2831	
27			女 最大值		614	
28				总计	10528	
29			总计最大值		638	

图 4-74　两次分类汇总结果

4. 隐藏分类汇总

为了方便查看数据，用户可将分类汇总后暂时不需要使用的数据隐藏起来，减小界面的占用空间；当需要查看隐藏的数据时，再将其显示出来。

例如，在刚才得到的“学生成绩表”分类汇总结果中，隐藏所有女生的分类数据，操作步骤为：选择“女 最大值”所在的 C27 单元格，单击“数据”选项卡，在“分级显示”功能组中单击“隐藏明细数据”按钮，即可隐藏所有女生的分类数据，如图 4-75 所示。

如果想要显示隐藏的数据，可以单击“数据”选项卡，在“分级显示”功能组中单击“显示明细数据”按钮。

5. 删除分类汇总

查看完分类汇总结果且不再需要分类汇总或分类汇总操作错误时，可以删除分类汇总，将电子表格恢复到初始工作状态。其操作步骤为：单击“数据”→“分级显示”→“分类汇总”，打开“分类汇总”对话框，单击“全部删除”按钮，如图 4-76 所示。

行	A	B	C	D	E	F
1	学生成绩表					
2	学号	姓名	性别	班级	成绩	名次
3	2016001	朱七七	男	1	611	9
4	2016002	赵燕彤	男	1	619	7
5				1 汇总	1230	
6	2016004	张云仙	男	2	611	9
7	2016005	赵波	男	2	571	20
8	2016006	田宜城	男	2	601	14
9	2016007	陈思佳	男	2	576	16
10	2016008	刘浩然	男	2	638	5
11				2 汇总	2997	
12	2016013	张子欣	男	3	608	11
13	2016016	张博文	男	3	524	22
14	2016017	杨双双	男	3	574	18
15				3 汇总	1706	
16			男 最大值		638	
27			女 最大值		614	
28				总计	10528	
29			总计最大值		638	

图 4-75　隐藏分类汇总

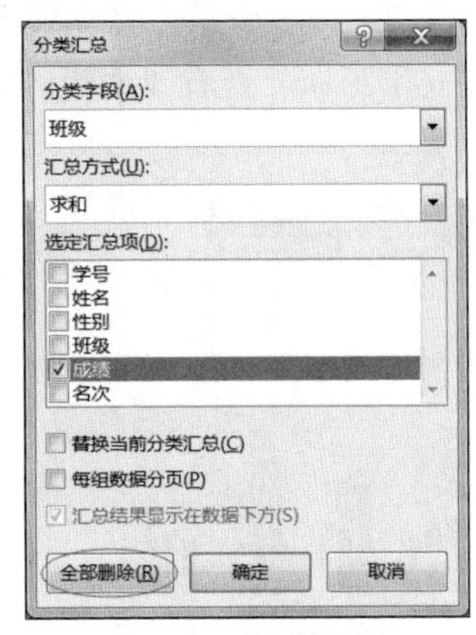

图 4-76　删除分类汇总

6. 复制分类汇总

单击左上角的三级视图按钮，如图 4-77 所示，选择汇总的三级视图中的数据区域，即

A1:F29 单元格区域，按【F5】键打开“定位”对话框。单击“定位条件”按钮，打开“定位条件”对话框，如图 4-78 所示。选择“可见单元格”单选项，然后单击“确定”按钮，返回工作表。按【Ctrl + C】组合键复制，找到要粘贴的位置，按【Ctrl + V】组合键粘贴即可。

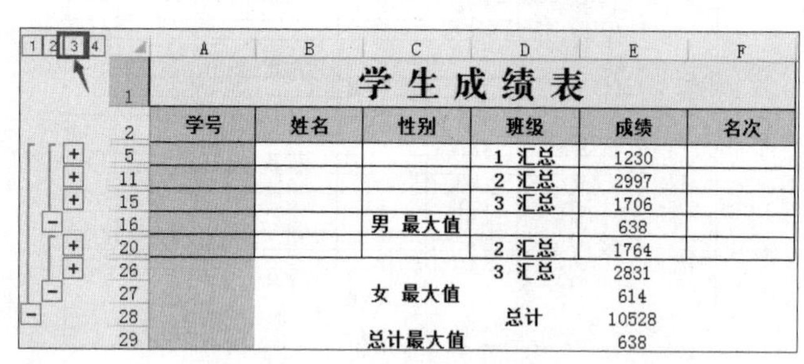

图 4-77　选择三级分类视图

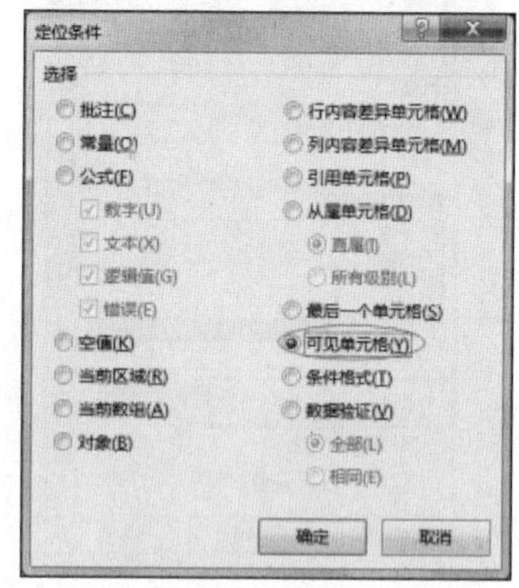

图 4-78　“定位条件”对话框

如果为工作表应用了“自套用格式”（4.4.6.3 内容），则无法进行“分类汇总”。

4.3.6.4　使用图表分析数据

使用 Excel 2016 对工作表中的数据进行计算、统计等操作后，得到的计算和统计结果还不能很好地显示出数据的发展趋势或分布状况。为了解决这一问题，Excel 2016 提供了将所处理的数据转换成多种统计图表的功能，这样就能够把所处理的数据更直观地展现出来。

1. 图表的基本组成

在 Excel 2016 中有两种图表类型：一种是嵌入式图表，另一种是独立式图表。嵌入式图表将图表看作一个图形对象，并作为工作表的一部分进行保存，它与工作表的数据一起显示，如图 4-79（a）所示。独立式图表是工作簿中具有特定工作表名称的独立工作表，用于显示要独立于工作表查看或编辑的大而复杂的图表，如图 4-79（b）所示。

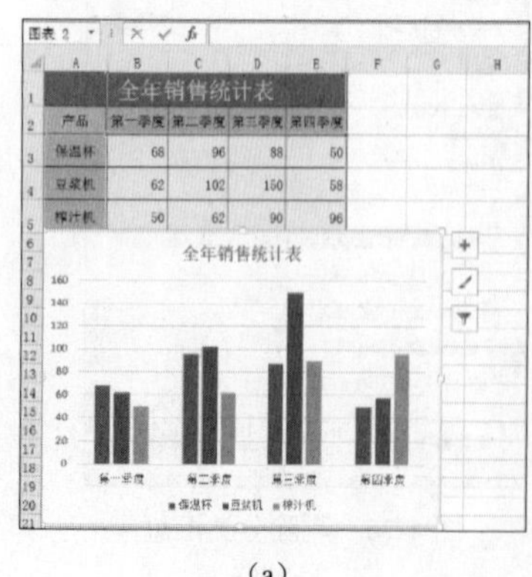

（a）

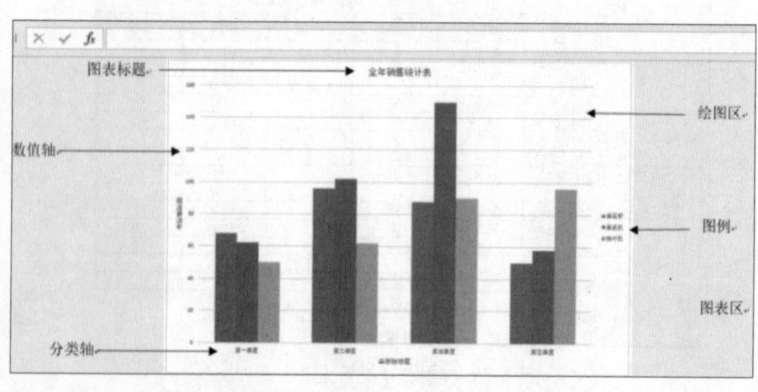

（b）

图 4-79　两种图表类型

无论是嵌入式图表还是独立式图表，创建图表的依据都是工作表中的数据。当工作表中的数据发生变化时，图表便会自动更新。图表的基本结构包括图表标题、绘图区、数值轴、分类轴、图例、图表区等，如图 4-79（b）所示。

2. 创建图表

使用 Excel 2016 提供的图表向导，可以方便、快速地创建一个标准类型或自定义类型的图表；而且在向导中创建图表的每一步都可以在创建完成后继续修改，使整个图表更完善。

例如，依据“全年销售统计表”工作簿，创建如图 4-79（b）所示的簇状柱形图表，其操作步骤如下。

（1）打开“全年销售统计表”工作簿的“sheet1”工作表，选择表格中任意一个有数据的单元格。

（2）单击“插入”→“图表”→“功能组”按钮，打开“插入图表”对话框。

（3）单击“所有图表”选项卡，在左侧的导航窗格中选择图表类型，并在右侧的列表框中选择一种具体的图表类型，单击“确定”按钮。

打开“插入图表”对话框，默认出现的选项卡是“推荐的图表”。它包含一列适用于所选数据的推荐的图表类型，是软件针对所选数据推荐的合适的图表，用户可以快速查看所选数据在不同图表中的显示方式，然后选择合适的图表，如图 4-80 所示。

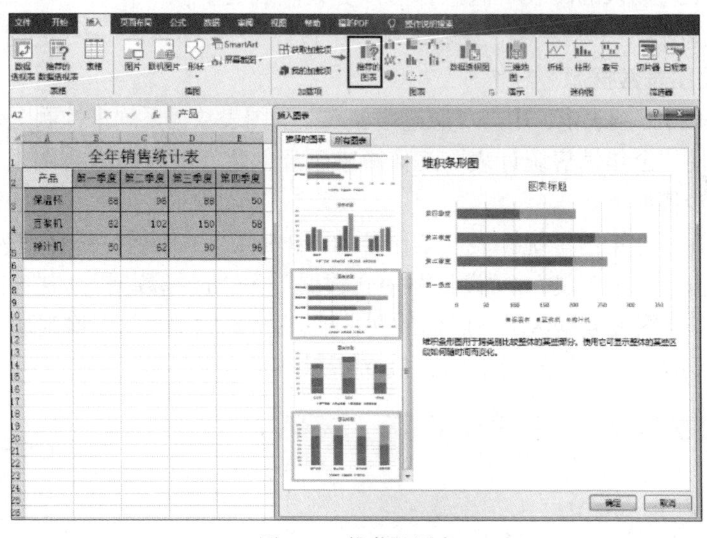

图 4-80　推荐的图表

3. 创建组合图表

有时在同一个图表中需要同时使用两种图表类型，即组合图表。

例如，依据“全年销售统计表”工作簿，创建线柱组合图表，其操作步骤如下。

（1）打开“全年销售统计表”工作簿的“sheet1”工作表，单击图表中表示“保温杯”的任意蓝色柱体，则会选择所有有关保温杯的数据柱体，被选择的数据柱体的 4 个角上显示小圆圈符号。

（2）单击“图表工具”/“设计”→“类型”→“更改图表类型”，打开“更改图表类型”对话框，在“所有图表”选项卡中选择“组合”选项，如图 4-81（a）所示。

（3）在“保温杯”后的下拉列表中选择“带数据标记的折线图”选项，然后单击“确定”按钮，完成操作。效果如图 4-81（b）所示。

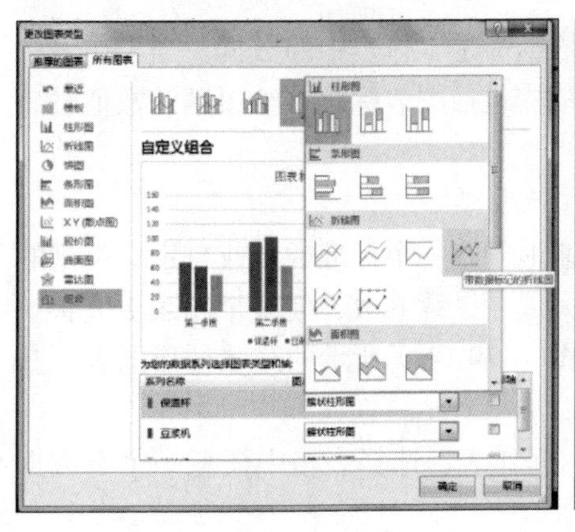

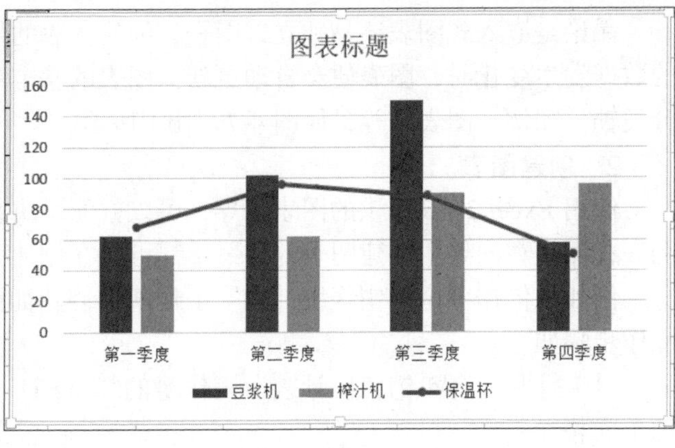

（a）　　　　（b）

图 4-81　线柱组合图表

4. 添加图表注释

在创建图表时，为了便于他人理解，有时需要添加注释来解释图表内容。图表的注释就是一种浮动的文字，可以使用“文本框”功能来添加。

5. 更改图表类型

用户如果对插入的图表不满意，可以更改图表类型。

首先选择图表，然后单击“图表工具”/“设计”→“类型”→“更改图表类型”修改即可。

6. 更改图表数据源

在 Excel 2016 图表中，用户可通过增加或减少图表数据系列来控制图表中显示的数据内容。

例如，使“全年销售统计表”工作簿中已经创建好的线柱组合图表不显示第四季度的记录，其操作步骤如下。

（1）打开“全年销售统计表”工作簿的“sheet1”工作表，选择图表。

（2）单击“图表工具”/“设计”→“数据”→“选择数据”。在打开的“选择数据源”对话框中单击“图表数据区域”后面的文本框，选择 A2:D5 单元格区域，单击“确定”按钮，如图 4-82（a）所示。效果如图 4-82（b）所示。

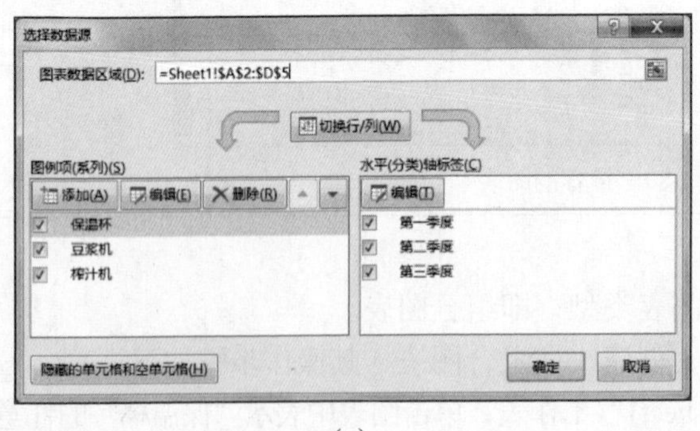

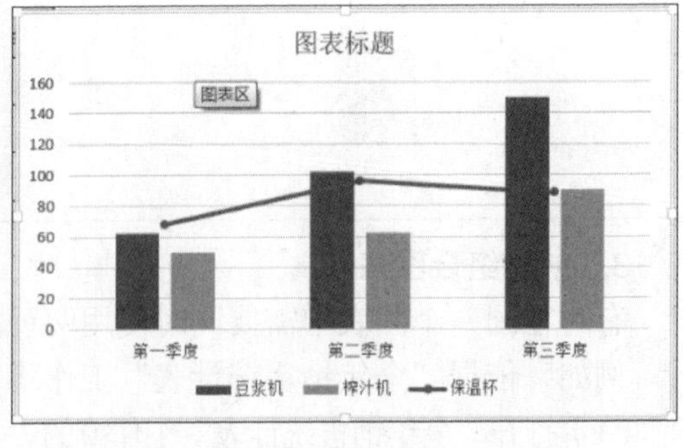

（a）　　　　（b）

图 4-82　更改图表数据源

7. 迷你图

在 Excel 2016 中，有一种在单元格内显示的微型图表，称为“迷你图”。它可以使用户快速地识别数据随时间变化的趋势。迷你图小巧玲珑，其操作方法也简便，选择单元格后单击“插入”→“迷你图”即可。效果如图 4-83 所示。

图书名称	1月	2月	3月	4月	5月	6月	7月	8月	9月	10月	趋势图
Excel 2007锦囊妙计	10	40	34	87	26	45	122	45	116	62	
Excel函数在办公中的应用	99	82	16	138	237	114	198	149	185	66	
Excel商务图表在办公中的应用	87	116	89	59	141	170	291	191	56	110	
Excel数据统计与分析	104	108	93	48	36	59	91	58	61	68	
Office高手——商务办公好帮手	126	3	33	76	132	41	135	46	42	91	
PowerPoint商务演讲	141	54	193	103	106	56	28	30	41	38	
Word 2007在办公中的应用	116	133	285	63	110	154	33	59	315	27	
电子邮件使用技巧	88	74	12	21	146	73	33	94	54	88	
总计	895	610	755	595	934	712	931	642	870	550	

图 4-83　迷你图

8. 图表功能区

Excel 2016 拥有图表功能区，它非常简洁，只有“图表工具”/“设计”和“图表工具”/“格式”选项卡，用户可以更加轻松地找到所需的功能，如图 4-84 所示。

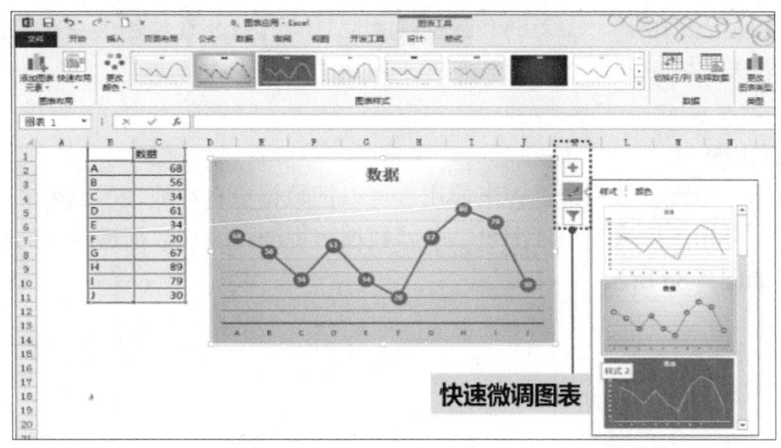

图 4-84　新图表功能区

4.3.6.5　创建数据透视表和数据透视图

1. 数据透视表

用户建立的数据清单只是“流水账”，如果想使一个静态的、记录原始数据的工作表活动起来，从中找出数据间的内在联系，挖掘出更有用的数据，就需要用到数据透视表。

面对一个数据清单，用户只需指定自己感兴趣的字段、表的组织形式以及运算和种类，系统就会自动生成一个满足用户要求的视图。数据透视表是一种动态的、交互式的工作表，可以转换行和列以查看对源数据的不同汇总结果，也可以显示不同页面以筛选数据，还可以根据需要显示所选区域中的明细数据。

例如，在图 4-85（a）所示的“职工工资表”工作表中，利用数据透视表统计出不同性别的实发工资平均值，其操作步骤如下。

（1）选择“职工工资表”工作表中任意一个有数据的单元格。

（2）单击“插入”→“表格”→“数据透视表”，打开“创建数据透视表”对话框，单击“确定”按钮，即可在一个新的工作表中创建数据透视表。

（3）在“数据透视表字段”窗格中设置字段布局，如图 4-85（b）所示，工作表中的数据透视表会发生相应的变化，结果如图 4-85（c）所示。

	A	B	C	D	E	F	G
1	职工工资表						
2	姓名	性别	基本工资	津贴	房补	水电费	实发工资
3	张雨涵	女	4200	1400	50	400	5250
4	王文辉	男	3800	1100	80	220	4760
5	张磊	男	3300	800	100	650	3550
6	张在旭	男	3200	600	100	315	3585
7	王力	男	3000	500	100	180	3420
8	杨海东	男	2800	520	300	220	3400
9	黄立	男	2500	450	300	330	2920
10	李英	女	2600	500	350	120	3330
11	陈琳	女	2500	350	350	380	2820
12	吕优优	女	1800	300	400	100	2400

（a）

（b）

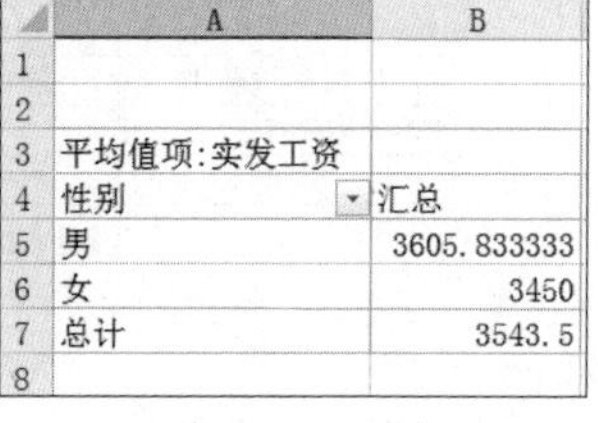

	A	B
1		
2		
3	平均值项:实发工资	
4	性别	汇总
5	男	3605.833333
6	女	3450
7	总计	3543.5
8		

（c）

图 4-85　数据透视表

Excel 2016 的“推荐的数据透视表”可为选取的数据提供一组适合的自定义数据透视表。有时候这个功能很有用，用户可以择优选择。

2. 数据透视图

数据透视图可以配合数据透视表来使用，可以把数据更直观地表示出来。方法与创建数据透视表相同，单击“插入”→“图表”→“数据透视图”，在数据透视表的右侧出现数据透视图，效果如图 4-86 所示。

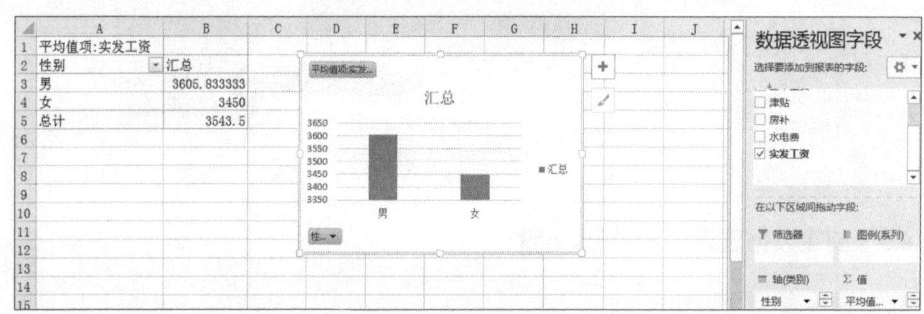

图 4-86　数据透视图

4.3.6.6　快速分析简介

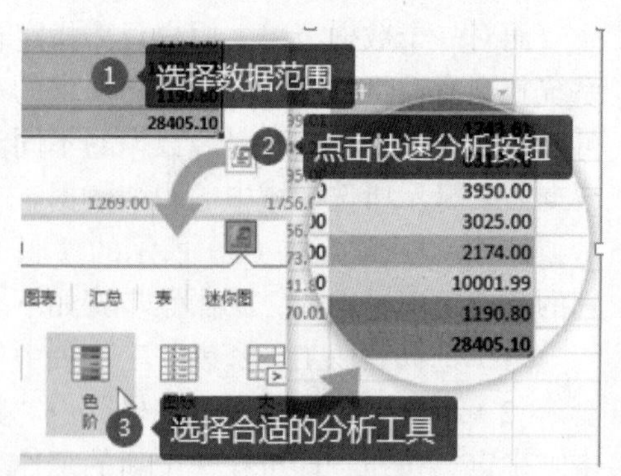

图 4-87　快速分析

Excel 2016 的“快速分析”工具，又叫作“即时分析”，它可以在两步或更少步骤内将数据转换为图表或表格，预览使用条件格式的数据、图表、分类汇总、数据透视表或迷你图，并且仅需一次单击即可完成选择，如图 4-87 所示。

4.3.7　拓展训练

请读者在配套的实验教程上找到本项目对应的实验 3，完成相应的操作。

任务 4.4 美化学生成绩表

4.4.1 任务目标

- 熟练掌握设置单元格数据格式的方法；
- 熟练掌握设置行高和列宽的方法；
- 熟练套用单元格样式和工作表样式；
- 熟练掌握设置条件格式的方法；
- 掌握设置打印格式的方法。

学生成绩统计

4.4.2 任务描述

作为海口经济学院的一名辅导员，经常要做一些电子表格，千篇一律的表格不能突出显示内容的重点，辅导员决定对表格进行美化，让查看者可以很快找到自己需要的数据，对数据的情况一目了然。请你利用 Excel 2016 的格式化工具，帮助辅导员快速地对全专业学生成绩表进行美化。效果如图 4-88 所示。

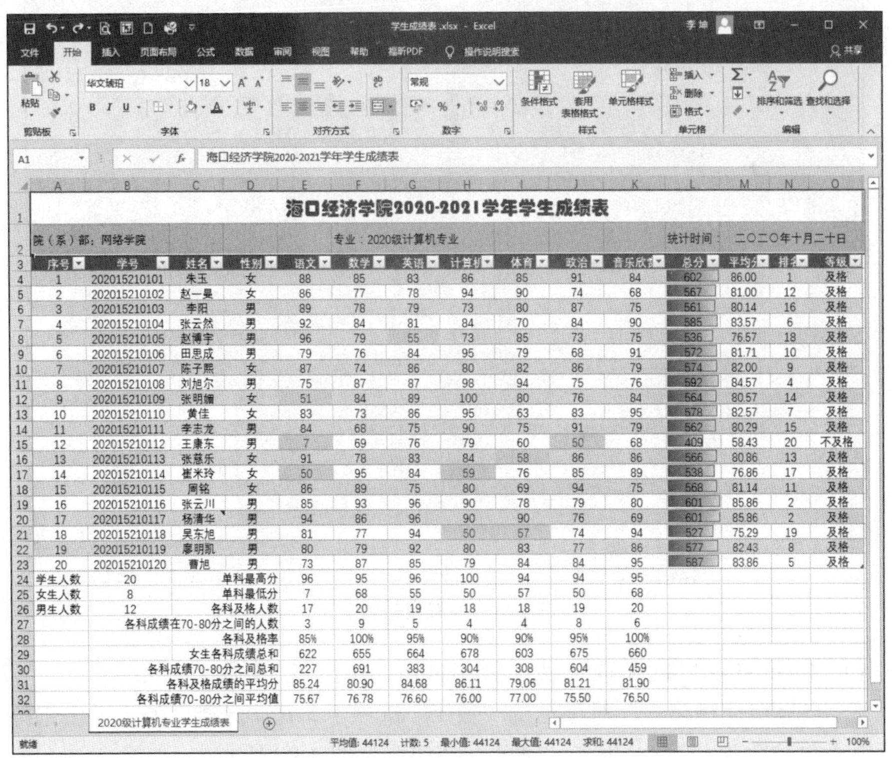

海口经济学院2020-2021学年学生成绩表

院（系）部：网络学院　　专业：2020级计算机专业　　统计时间：二〇二〇年十月二十日

序号	学号	姓名	性别	语文	数学	英语	计算机	体育	政治	音乐欣赏	总分	平均分	排名	等级
1	202015210101	朱玉	女	88	85	83	86	85	91	84	602	86.00	1	及格
2	202015210102	赵一曼	女	86	77	78	94	90	74	68	567	81.00	12	及格
3	202015210103	李阳	男	89	78	79	73	80	87	75	561	80.14	16	及格
4	202015210104	张云然	男	92	84	81	84	70	84	90	585	83.57	6	及格
5	202015210105	赵博宇	男	96	79	55	73	85	73	75	536	76.57	18	及格
6	202015210106	田思成	男	79	76	84	95	79	68	91	572	81.71	10	及格
7	202015210107	陈子熙	女	87	74	86	80	82	86	79	574	82.00	9	及格
8	202015210108	刘旭尔	男	75	87	87	98	94	75	76	592	84.57	4	及格
9	202015210109	张明媚	女	51	84	89	100	80	76	84	564	80.57	14	及格
10	202015210110	黄佳	女	83	73	86	95	63	83	95	578	82.57	7	及格
11	202015210111	李志龙	男	84	68	75	90	75	91	79	562	80.29	15	及格
12	202015210112	王康东	男	7	69	76	79	60	50	68	409	58.43	20	不及格
13	202015210113	张慕乐	女	91	78	83	84	58	86	86	566	80.86	13	及格
14	202015210114	崔米玲	女	50	95	84	59	76	85	89	538	76.86	17	及格
15	202015210115	周铭	女	86	89	75	80	69	94	75	568	81.14	11	及格
16	202015210116	张云川	男	85	93	96	90	78	79	80	601	85.86	2	及格
17	202015210117	杨清华	男	94	86	96	90	90	76	69	601	85.86	2	及格
18	202015210118	吴东旭	男	81	77	94	50	57	74	94	527	75.29	19	及格
19	202015210119	廖明凯	男	80	79	92	80	83	77	86	577	82.43	8	及格
20	202015210120	曹旭	男	73	87	85	79	84	84	95	587	83.86	5	及格
学生人数	20	单科最高分		96	95	96	100	94	94	95				
女生人数	8	单科最低分		7	68	55	50	57	50	68				
男生人数	12	各科及格人数		17	20	19	18	18	19	20				
	各科成绩在70-80分之间的人数			3	9	5	4	4	8	6				
		各科及格率		85%	100%	95%	90%	90%	95%	100%				
		女生各科成绩总和		622	655	664	678	603	675	660				
	各科成绩70-80分之间总和			227	691	383	304	308	604	459				
	各科及格成绩的平均分			85.24	80.90	84.68	86.11	79.06	81.21	81.90				
	各科成绩70-80分之间平均值			75.67	76.78	76.60	76.00	77.00	75.50	76.50				

图 4-88 学生成绩表

4.4.3 任务分析

本任务可以分解为以下 6 个小任务。

（1）打开素材文件“4.4 学生成绩表.xlsx”。

（2）设置单元格格式：设置所有数据居中显示；平均值保留两位小数；各科及格率显示为百分比格式；设置标题行文字的字体、字号、颜色；设置 M2 单元格的时间显示格式。

（3）设置边框和底纹。

（4）设置行高。

（5）设置条件格式。

（6）设置打印格式。

4.4.4 任务实现

1. 打开素材文件“4.4 学生成绩表.xlsx”

2. 设置单元格格式

（1）同时选择 A3:O23、B24:B26、E24:K32 单元格区域，单击“开始”→“对齐方式”→“居中”，如图 4-89 所示。

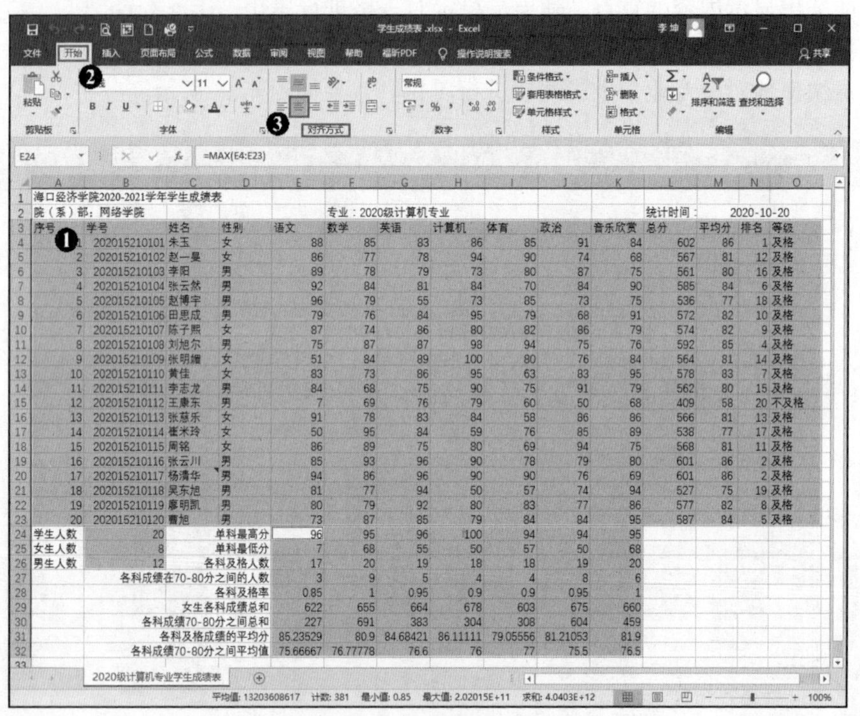

图 4-89 设置数据居中

（2）同时选择 M4:M23、E31:K32 单元格区域，单击“开始”→“数字”→“功能组”按钮，打开“设置单元格格式”对话框的“数字”选项卡，在“分类”列表框中选择“数值”选项，设置小数位数为“2”，单击“确定”按钮，如图 4-90 所示。

（3）选择 E28:K28 单元格区域，单击“开始”→“数字”组中的百分比按钮 %，如图 4-91 所示。

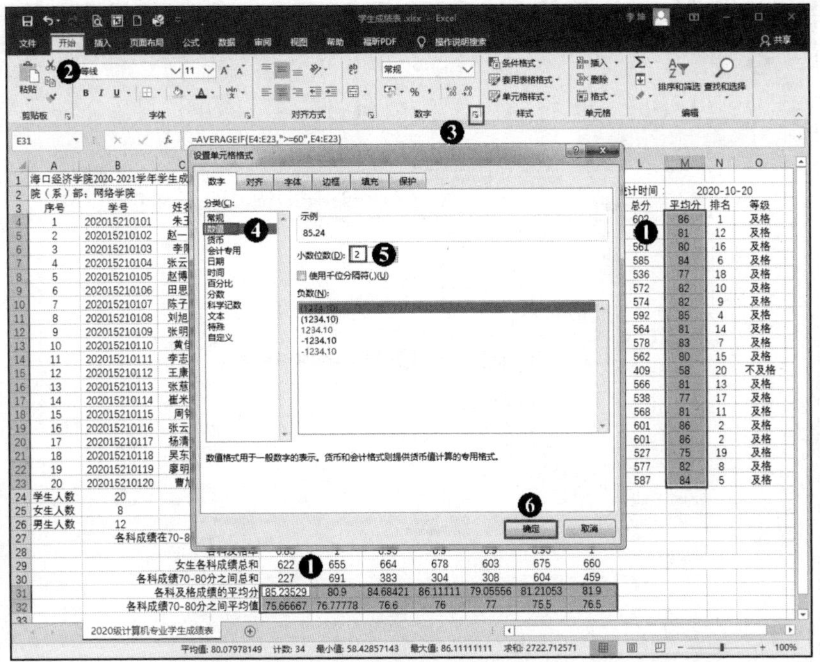

图 4-90　设置数值格式

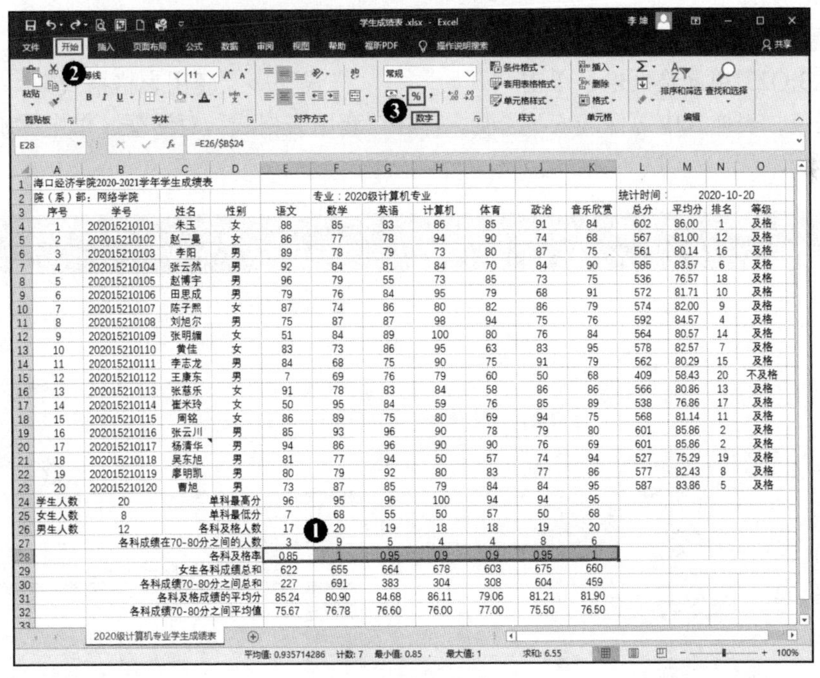

图 4-91　设置百分比

（4）选择 A1:O1 单元格区域，单击“开始”→“对齐方式”→“合并后居中”，在选择不变的情况下设置字体为“华文琥珀”，字号为“18”，字体颜色为蓝色。选择 M2 单元格，单击“开始”→“数字”→“功能组”按钮，打开“设置单元格格式”对话框的，“数字”选项卡，在“分类”列表框中选择“日期”选项，设置类型为“二〇二〇年十月二十日”，单击“确定”按钮，如图 4-92 所示。

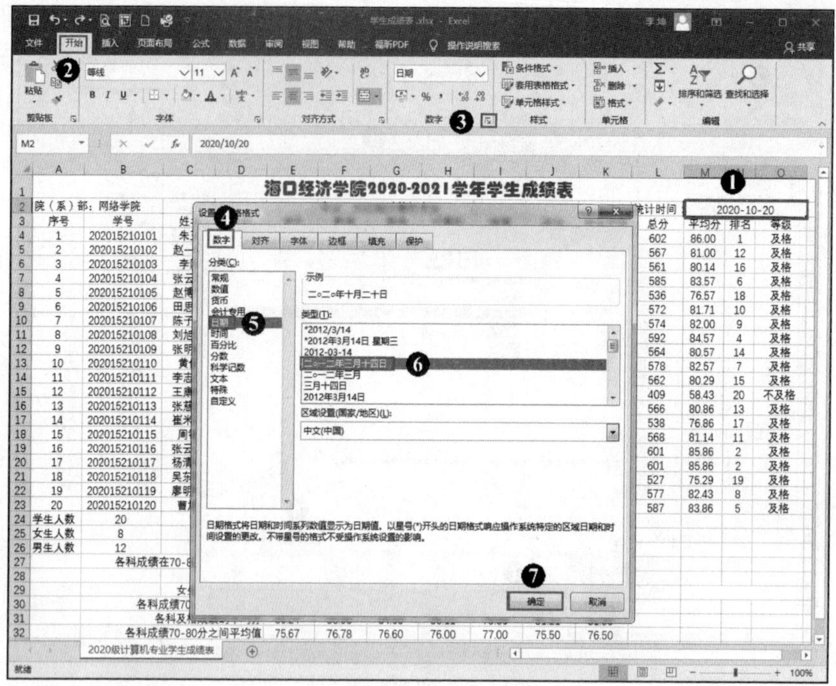

图 4-92　设置日期格式

3. 设置边框和底纹

选择 A3:O23 单元格区域，单击“开始”→“样式”→“套用表格格式”，在下拉列表中选择“蓝色，表样式中等深浅 6”选项，打开“套用表格式”对话框，单击“确定”按钮，如图 4-93 所示。

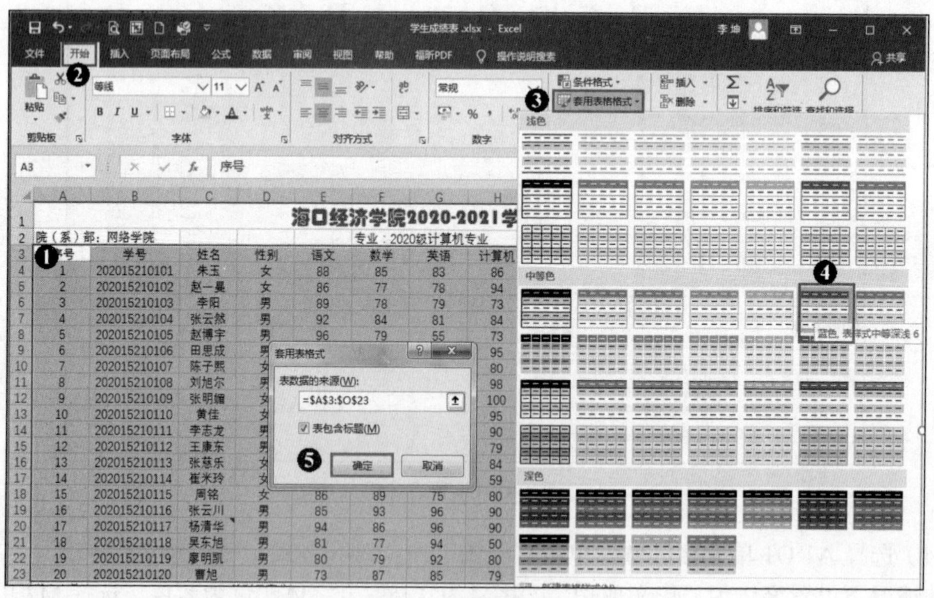

图 4-93　套用表格格式

4. 设置行高

选择第一和第二行，单击“开始”→“单元格”→“格式”，在下拉列表中选择“单元格大小”→“行高”，打开“行高”对话框，在“行高”数值框中输入“30”，单击“确定”按钮，如图 4-94 所示。

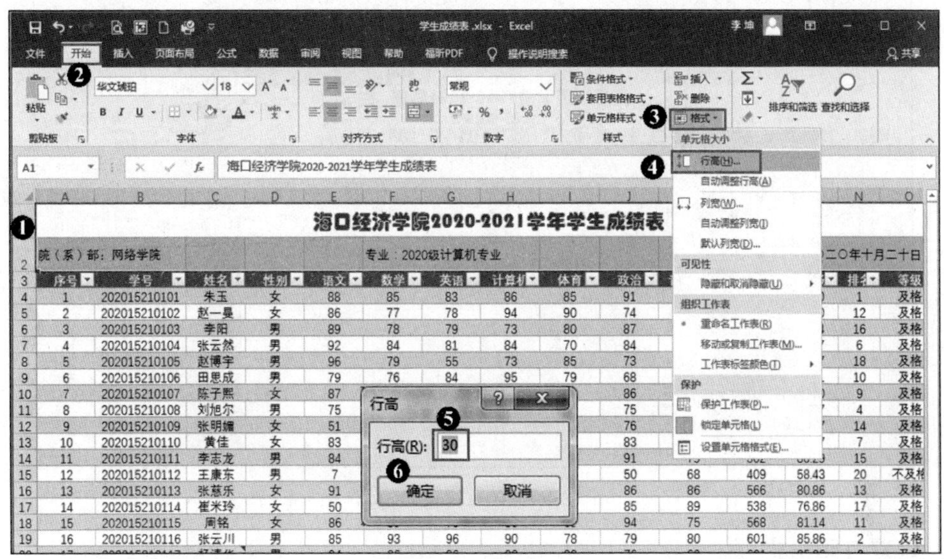

图 4-94　设置行高

5. 设置条件格式

（1）选择 E4:K23 单元格区域，单击“开始”→“样式”→“条件格式”按钮，在下拉列表中选择“突出显示单元格规则”→“小于”，打开“小于”对话框，在左侧的文本框中输入“60”，单击“确定”按钮，如图 4-95 所示。

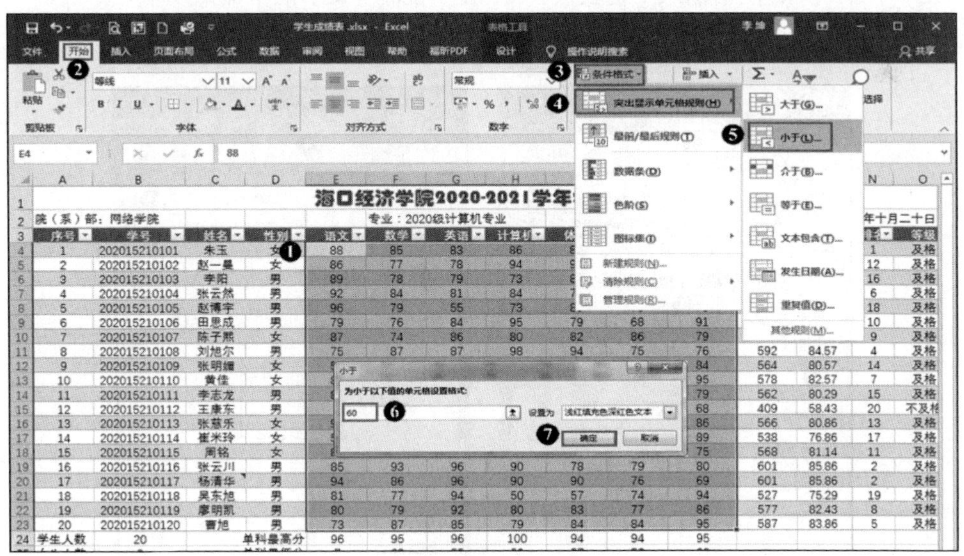

图 4-95　设置突出显示单元格规则

（2）选择 L4:L23 单元格区域，单击“开始”→“样式”→“条件格式”，在下拉列表中选择“数据条”→“渐变填充”→“浅蓝色数据条”，如图 4-96 所示。

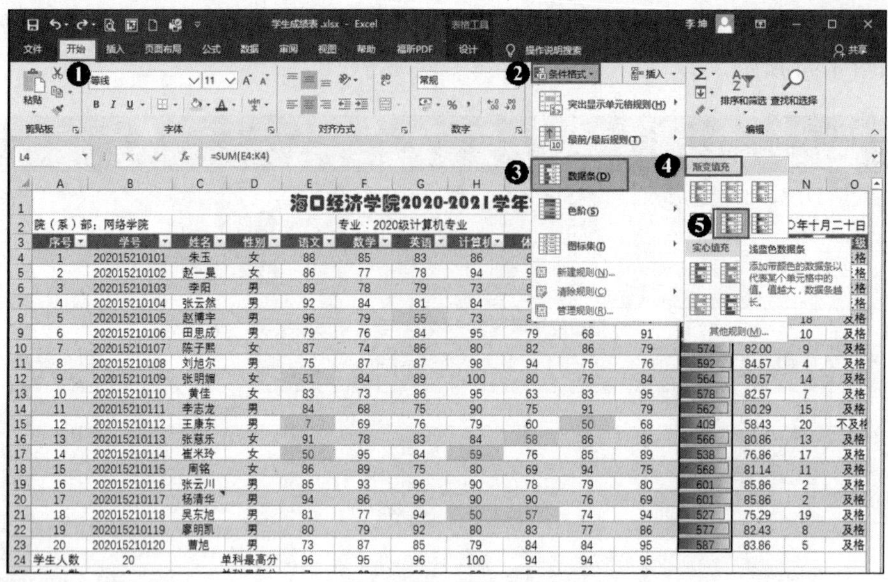

图 4-96　设置数据条格式

6. 设置打印格式

（1）单击“页面布局”选项卡，再单击“页面设置”功能组右下角的“功能组”按钮，打开“页面设置”对话框的“页面”选项卡，设置“方向”为“横向”，“缩放”调整为 1 页宽 1 页高，“纸张大小”为“A4”，“打印质量”为“高”，如图 4-97（a）所示。在“页边距”选项卡中设置上、下、左、右边距、页眉和页脚均为“1”，“居中方式”为“水平”，如图 4-97（b）所示。在“页眉/页脚”选项卡中单击“自定义页脚”按钮，打开“页脚”对话框，在“中部”文本框中输入“制表人：”，在“右部”文本框中输入“年　　月　　日”，单击“确定”按钮，如图 4-97（c）所示。

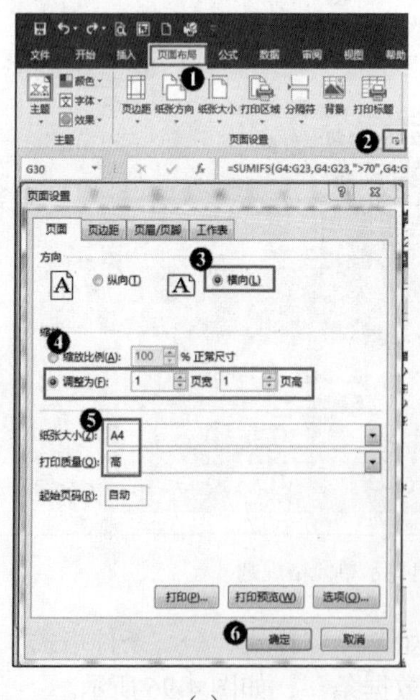

（a）

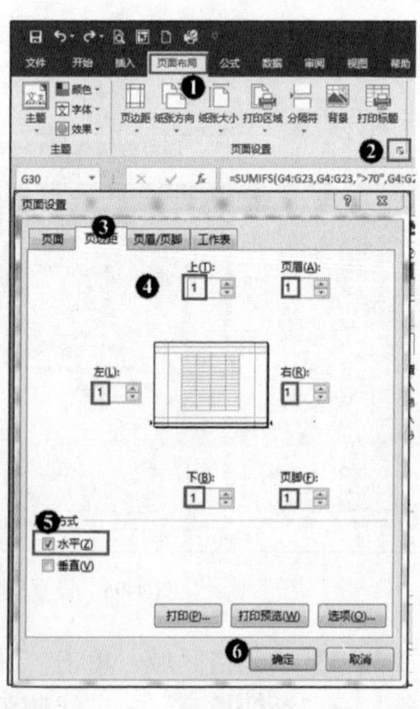

（b）

图 4-97　设置打印格式

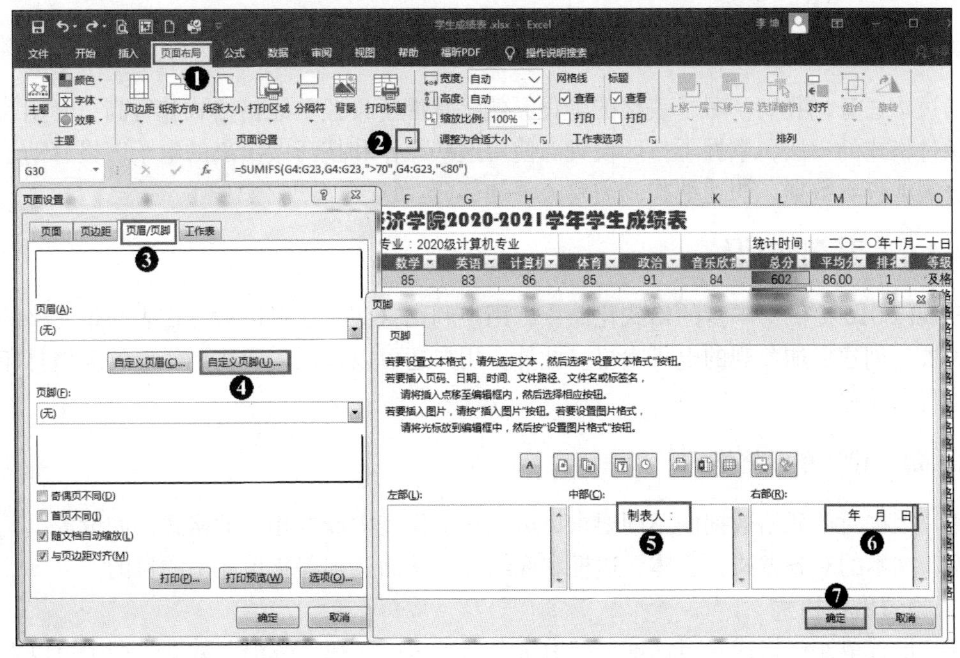

（c）

图 4-97　设置打印格式（续）

（2）单击快速启动栏的“打印预览”按钮，可以查看打印效果，如图 4-98 所示。

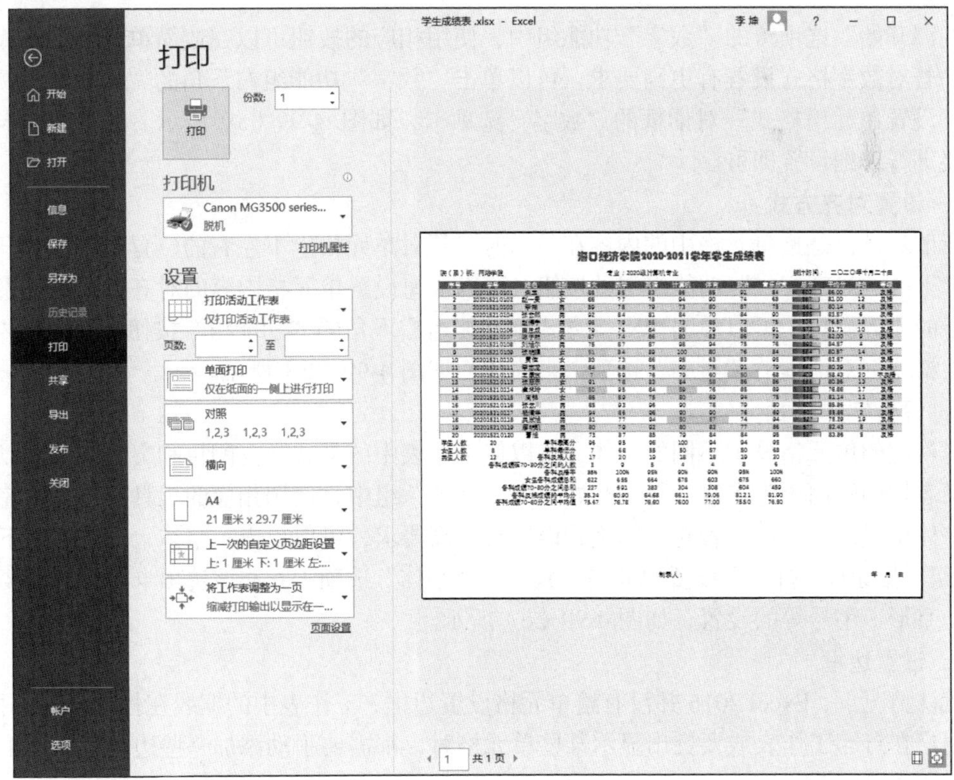

图 4-98　打印预览效果

4.4.5 任务小结

通过本任务，我们学习了表格的美化，熟练掌握了设置单元格格式和行高、套用表格格式和条件格式的方法，掌握了打印设置。使用这些操作和技巧做出来的电子表格有助于读者更加直观地查看数据，快速地找到需要查看的部分。

4.4.6 基础知识

Excel 2016 提供了丰富的格式化命令，用户利用这些命令可以对工作表与单元格的格式进行设置，创建更加美观的电子表格。此外，用户还可以根据需要将制作好的表格打印出来以便查看和保存。

4.4.6.1 设置单元格格式

用户根据对单元格数据的不同要求，可以在工作表中设置相应的格式，如设置单元格数据类型、文本的对齐方式、字体、边框和底纹等，从而达到美化单元格的目的。

1. 设置数字格式

在“设置单元格格式”对话框的“数字”选项卡中，在“数值”数据类型中可以设置小数位数、是否使用千位分隔符、负数表示方式等；在“货币”数据类型中可以设置货币符号等；在“文本”数据类型中可以将数字作为文本处理，如设置单元格编号为“0001、0002…”时，就可以将编号区域设置成文本格式；在“日期”数据类型中可以设置日期的显示方式；等等。

在“开始”选项卡的“数字”功能组中，使用相应的按钮可以完成简单的数字格式设置操作。若对数字格式设置有更高要求，可以单击“数字”功能组右下角的“功能组”按钮，打开“设置单元格格式”对话框的“数字”选项卡，如图 4-99（a）所示。在该选项卡中按照需要进行详细设置即可。

2. 设置对齐方式

所谓对齐，是指单元格中的内容在显示时，相对单元格上下左右的位置。单击“开始”选项卡下的“对齐方式”功能组中的按钮，可以快速设置单元格内容的对齐方式。如果要完成复杂的对齐操作，可以单击“对齐方式”功能组右下角的“功能组”按钮，打开“设置单元格格式”对话框的“对齐”选项卡来完成，如图 4-99（b）所示。

3. 设置字体格式

对不同的单元格设置不同的字体，可以使工作表中的某些数据醒目和突出，也可以使整个电子表格的版面更为丰富。在“开始”→“字体”组中，使用相应的工具按钮可以完成简单的字体格式设置工作。若对字体格式设置有更高要求，可以单击“字体”功能组右下角的“功能组”按钮，打开“设置单元格格式”→“字体”选项卡，在该选项卡中按照需要进行字体、字形、字号等的设置，如图 4-99（c）所示。

4. 设置边框

默认情况下，Excel 2016 并没有给单元格设置边框，工作表中的框线在打印时并不显示。但当用户在打印工作表或要突出显示某些单元格时，都需要手动添加一些边框，以使工作表更美观、更易阅读。

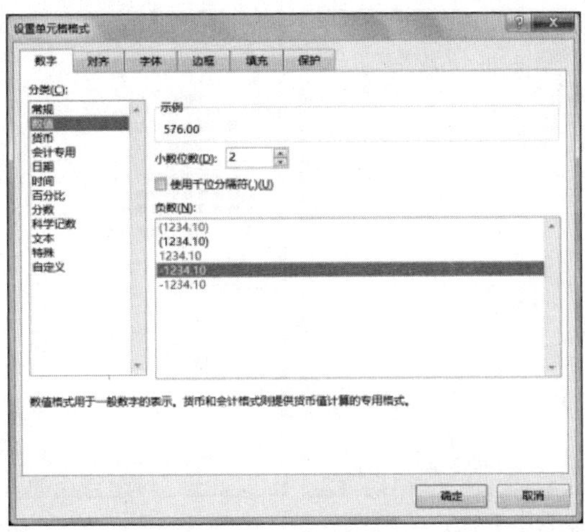

（a）

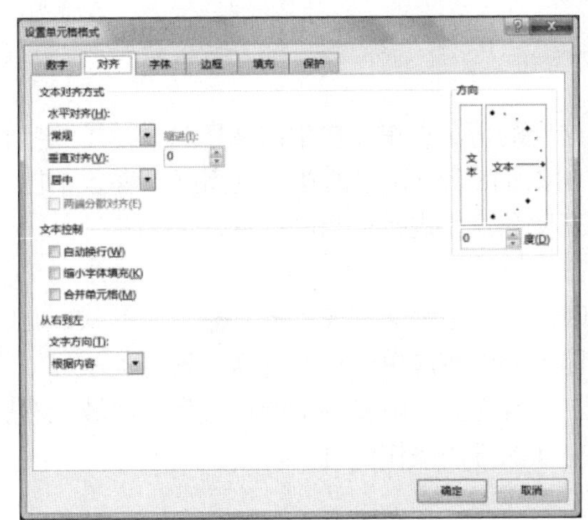

（b）

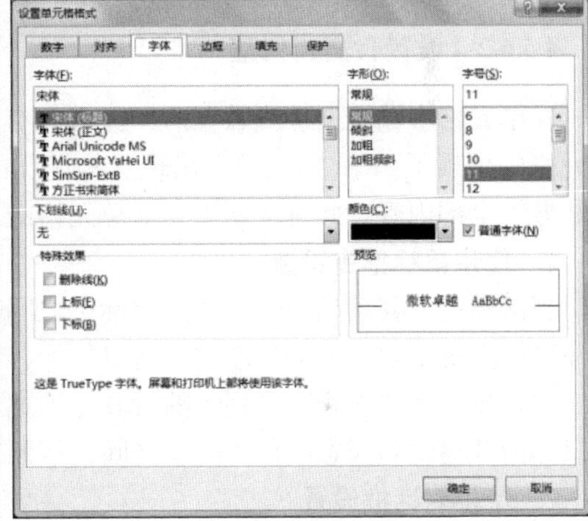

（c）

图 4-99　设置单元格格式

在“开始”选项卡的“字体”功能组中，使用相应的按钮可以完成简单的边框设置工作。若对边框设置有更高要求，可以单击“字体”功能组右下角的“功能组”按钮，打开“设置单元格格式”对话框的“边框”选项卡，在该选项卡中按照需要进行详细设置即可，如图 4-100（a）所示。

5. 设置背景颜色和底纹

为单元格添加背景颜色和底纹，可以使电子表格突出显示重点内容，区分工作表不同部分，使工作表显得更加美观、更易阅读。在“开始”选项卡的“字体”功能组中，使用相应的按钮可以完成简单的填充设置工作。若对填充设置有更高要求，可以单击“字体”功能组右下角的“功能组”按钮，打开“设置单元格格式”对话框的“填充”选项卡，如图 4-100（b）所示。在该选项卡中按照需要进行详细设置即可。

在 Excel 2016 中，选择要设置的单元格区域，在该区域单击鼠标右键，在弹出的快捷菜单中选择“设置单元格格式”命令也可以打开“设置单元格格式”对话框。

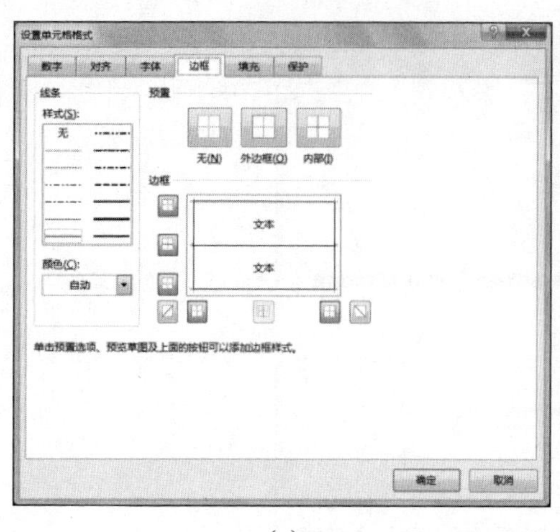

(a)

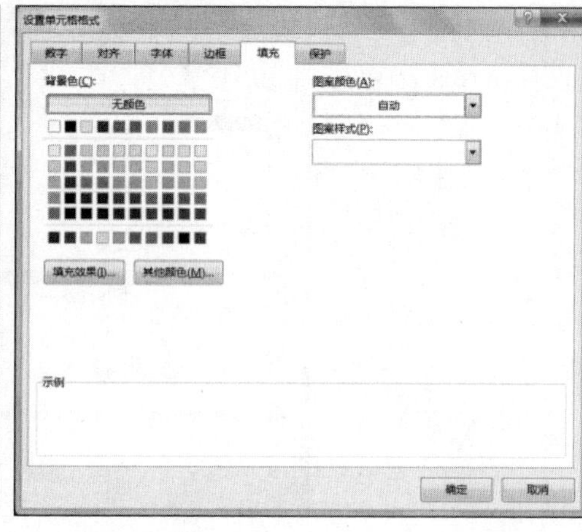

(b)

图 4-100　设置单元格格式

4.4.6.2　设置行高和列宽

在单元格中输入文字或数据时，经常会有这样的情况：单元格中的文字只显示了一半；单元格中出现了一串“#”等。出现这些情况的原因在于单元格的宽度或高度不够，不能完整地显示全部内容。此时，就需要对单元格的高度和宽度进行适当的设置。

1. 使用鼠标拖曳设置

当鼠标指针移动到两个行号（列标）之间时，鼠标指针会变成“╪（⇹）”形状，此时按住鼠标左键不放，上下（左右）拖曳鼠标，即可调整相应单元格的行高（列宽）。

如果想要调整多行（多列）的行高（列宽），首先要选择要调整的行（列）区域，然后把鼠标指针移动到任意两行（列）之间，按照上面的方法操作即可。

2. 使用对话框设置

如果需要精确地调整行高和列宽，就需要用到“行高”和“列宽”对话框。

首先，选择要调整的单元格区域。然后在“开始”选项卡的“单元格”功能组中单击“格式”按钮，在下拉列表中选择“行高”或“列宽”选项，在打开的对话框中输入相应的参数，单击“确定”按钮即可。

也可以在行号或列标区域单击鼠标右键，在弹出的快捷菜单中选择“行高”或“列宽”命令来进行设置。

3. 设置最合适的行高和列宽

有时表格中的数据内容长短不一，看上去较为凌乱，用户可以设置最合适的行高和列宽来提高表格的美观程度。单击“开始”→“单元格”→“格式”，在下拉列表中选择“自动调整行高”或“自动调整列宽”选项即可。此外，还有一种更快速的调整方法，即把鼠标指针放在行号或列标之间的线上，当鼠标指针变成双向箭头的时候，双击即可调整行高或列宽。

4.4.6.3　套用单元格样式

利用功能区可对工作表中的单元格或单元格区域的格式逐一进行设置，但如果格式是一样的，重复设置就太烦琐了。为了提高工作效率，Excel 2016 提供了很多种单元格样式，用户可以根据需要选择不同的样式。

1. 套用内置单元格样式

要使用 Excel 2016 的内置单元格样式,可以先选择需要设置样式的单元格或单元格区域,然后单击“开始”→“样式”→“单元格样式”，打开下拉列表，在下拉列表中选择想要使用的样式即可，如图 4-101 所示。

2. 自定义单元格样式

除了套用内置的单元格样式外，用户还可以创建自定义的单元格样式，并将其应用到指定的单元格或单元格区域中。

单击“开始”→“样式”→“单元格样式”，打开下拉列表，选择“新建单元格样式”选项，打开“样式”对话框，在“样式名”文本框中输入新名称，然后单击“格式”按钮，在打开的“设置单元格格式”对话框中设置相应的格式，单击两次“确定”按钮即可。

3. 合并单元格样式

使用合并单元格样式功能,用户可以从其他工作簿中提取想要的样式并将其应用于当前工作簿。

例如，要在工作簿 1 中使用工作簿 2 中的单元格样式，可以先打开这两个工作簿，切换至工作簿 1，单击“开始”→“样式”→“单元格样式”，打开下拉列表，选择“合并样式”选项，打开“合并样式”对话框，在“合并样式来源”列表框中选择“工作簿 2.xlsx”选项，然后单击“确定”按钮即可。

4. 删除单元格样式

如果不再需要单元格的样式，用户可以把它删除。

在单元格样式列表中，将鼠标指针放在要删除的样式上，单击鼠标右键，弹出快捷菜单，如图 4-102 所示，选择“删除”命令即可。

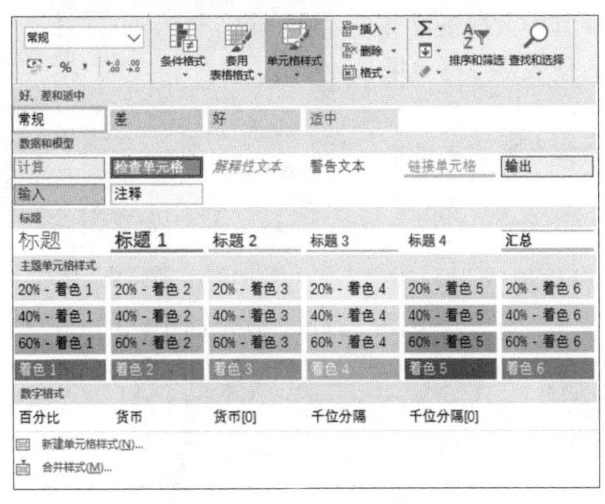

图 4-101　单元格样式

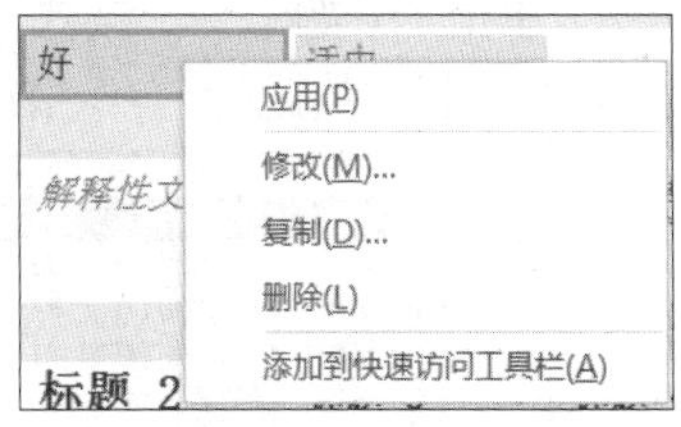

图 4-102　删除单元格样式

4.4.6.4　设置工作表样式

除了通过设置单元格样式来美化工作表以外，在 Excel 2016 中，用户还可以通过设置工作表样式来达到美化工作表的目的。

1. 套用预设工作表样式

Excel 2016 中预设了一些单元格样式，套用这些单元格样式可以大大节省设置工作表格的时间。选择相应的单元格，单击“开始”→“样式”→“单元格样式”，打开下拉列表，选择样式即可，如图 4-101 所示。

2. 改变工作表标签颜色

在 Excel 2016 中，用户可以设置工作表标签的颜色以达到突出显示工作表的目的。

要改变工作表标签的颜色，首先要选择要修改的工作表标签，单击鼠标右键，从弹出的快捷菜单中选择“工作表标签颜色”命令，在级联菜单中选择合适的颜色即可。

3. 设置工作表背景

在 Excel 2016 中，除了可以为选择的单元格区域设置底纹样式或填充颜色之外，用户还可以为整个工作表添加背景，以达到美化工作表的目的。

单击“页面布局”→“页面设置”→“背景”，在打开的对话框中选择要作为背景的图片文件，单击“插入”按钮即可。若要删除背景图片，在“页面设置”功能组中，单击“删除背景”按钮即可。

4.4.6.5 设置条件格式

Excel 2016 的条件格式功能可以根据指定的公式或数值来确定搜索条件，然后将格式应用到符合搜索条件的指定单元格中，并突出显示要检查的动态数据。有时比起创建单独的图表，通过设置条件格式来加强数据的视觉效果更加高效。例如，希望使单元格中的不及格的分数用红色显示，用红绿灯来分段显示数据，等等。

1. 使用数据条效果

在 Excel 2016 中，条件格式功能提供了数据条、色阶、图标集 3 种内置的单元格图形效果样式。其中数据条效果（见图 4-103）可以直观地对比数值大小，使表格数据效果更为直观。

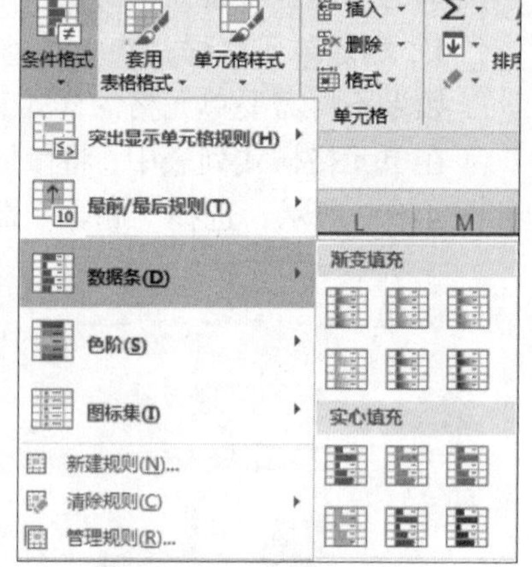

图 4-103 “数据条”格式

例如，在图 4-104（a）工作表中以数据条形式来直观显示年增长率，操作步骤如下。

（1）选择 D2:D9 单元格区域。

（2）单击“开始”→“样式”→“条件格式”，在下拉列表中依次选择“数据条”→“渐变填充”→“浅蓝色数据条”即可，效果如图 4-104（b）所示。

	A	B	C	D
1	地区	2013年	2014年	年增长率
2	东北	¥283,800.00	¥233,800.00	-17.62%
3	华北	¥507,200.00	¥353,100.00	-30.38%
4	华东	¥107,600.00	¥134,300.00	24.81%
5	华南	¥391,600.00	¥595,500.00	52.07%
6	华中	¥411,800.00	¥480,100.00	16.59%
7	西北	¥154,200.00	¥323,300.00	109.66%
8	西南	¥258,000.00	¥129,500.00	-49.81%
9	合计	¥2,114,200.00	¥2,249,600.00	6.40%

（a）

	A	B	C	D
1	地区	2013年	2014年	年增长率
2	东北	¥283,800.00	¥233,800.00	-17.62%
3	华北	¥507,200.00	¥353,100.00	-30.38%
4	华东	¥107,600.00	¥134,300.00	24.81%
5	华南	¥391,600.00	¥595,500.00	52.07%
6	华中	¥411,800.00	¥480,100.00	16.59%
7	西北	¥154,200.00	¥323,300.00	109.66%
8	西南	¥258,000.00	¥129,500.00	-49.81%
9	合计	¥2,114,200.00	¥2,249,600.00	6.40%

（b）

图 4-104 使用数据条效果

（3）如果只想在单元格中看到数据条，不想看见数字，可以先选择 F3:F13 单元格区域，单击“条件格式”→“管理规则”，打开“条件格式规则管理器”对话框，选择“数据条”规则，单击“编辑规则”按钮，在“编辑规则说明”区域里选择“仅显示数据条”复选框，然后单击“确定”按钮两次即可。

2. 自定义条件格式

用户可以自定义工作表的条件格式，以查找或编辑符合条件格式的单元格。

单击“开始”→“样式”→“条件格式”，在下拉列表中选择“突出显示单元格规则”下的相应选项即可。

3. 清除条件格式

当用户不再需要条件格式时，可以选择清除条件格式，清除条件格式有以下两种方法。

（1）选择“开始”→“样式”→“条件格式”→“清除规则”，然后选择合适的清除范围即可。

（2）选择“开始”→“样式”→“条件格式”→“管理规则”，选择要删除的规则后单击“删除规则”按钮即可。

4.4.6.6　预览和打印设置

工作表创建好之后，可能有将它打印出来的需要。其操作步骤是：先进行页面设置（如果只打印工作表的一部分，先选择打印的区域），再进行打印预览，最后打印输出。

1. 设置打印区域

在打印工作表时，可能会遇到不需要打印整个工作表的情况，这时可以通过设置打印区域完成打印。

首先选择要打印的区域，选择“页面布局”→“页面设置”→“打印区域”→“设置打印区域”即可。

2. 打印 Excel 工作表

完成对整个工作表的页面设置并在打印预览窗口确认打印效果之后，就可以打印该工作表了。选择“文件”→“打印”，选择合适的打印机并进行相应的设置，单击“打印”按钮即可。

如果不用选择打印机和进行其他设置，用户可以直接在快速访问工具栏单击“快速打印”按钮，或者按【Ctrl + P】组合键直接打印。

4.4.7　拓展训练

请同学们在配套的实验教程上找到本项目对应的实验 4，完成相应的操作。

课后思考与练习

1. 什么是工作簿、工作表、单元格？简述它们之间的关系。
2. Excel 2016 中常用的数据类型有哪几种？
3. 怎样隐藏或显示工作表？
4. 绝对引用、相对引用和混合引用各有什么作用？
5. 什么是筛选？筛选有什么作用？Excel 2016 有哪几种筛选方式？
6. 如何进行分类汇总？
7. 简述图表的建立过程。

模块 5
PowerPoint 2016 演示文稿制作软件

能力目标：

- 熟练掌握演示文稿和幻灯片的基本操作；
- 熟练掌握幻灯片内容的编辑；
- 熟练掌握超链接的使用；
- 熟练掌握演示文稿的版面设计；
- 熟练掌握演示文稿动画特效的制作；
- 熟练掌握演示文稿的放映与输出。

PowerPoint 2016 是 Microsoft Office 2016 的套装组件之一，也是目前最流行和实用的演示文稿制作软件之一。它的操作界面直观明了，功能丰富而不繁杂，它与 Word 2016 和 Excel 2016 在界面和功能的设计上有很多相似之处，这样的设计有利于用户上手和触类旁通。利用 PowerPoint 2016 可以快速地制作出实用的多媒体课件，这是它相比其他多媒体课件制作软件的最大优势。作为主流的媒体设计与制作工具，PowerPoint 2016 广泛地应用于学术报告、产品介绍、演讲和授课场景中。使用它不仅能够轻松地完成幻灯片中数据的插入、编辑和版面设计，而且可以利用其众多的动画效果制作出简洁、新颖的播放特效。此外，PowerPoint 2016 还能与 Office 2016 中的其他组件相互调用数据，实现资源共享。

任务 5.1　编辑“颁奖晚会”演示文稿

5.1.1　任务目标

- 熟练掌握 PowerPoint 2016 的启动与退出方法；
- 熟练掌握演示文稿的创建和保存方法；
- 理解演示文稿的视图方式；
- 熟练掌握演示文稿的编辑方法；
- 熟练掌握幻灯片中对象的插入方法；
- 熟练掌握超链接的插入方法；
- 熟练掌握演示文稿的版面设计方法。

5.1.2　任务描述

“颁奖晚会”演示文稿

张明是海口经济学院某二级学院教务科的一名干事，2019 年年末，该二级学院打算举行一场盛大的颁奖晚会，晚会需要邀请学院嘉宾并请他们致辞，需要二级学院院长致辞并针对本年度工作进行汇报，需要设计游戏互动环节以活跃现场气氛并增进团结协作，还需要二级学院全体教职工的参与。请你根据以上要求协助张明编辑一份“颁奖晚会”演示文稿。效果如图 5-1 所示。

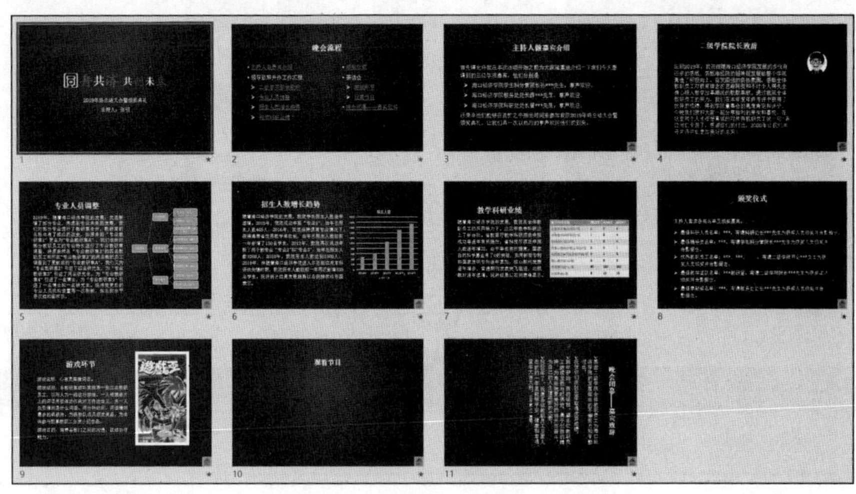
图 5-1　“颁奖晚会”演示文稿

5.1.3　任务分析

“颁奖晚会”演示文稿需要体现晚会的主题、晚会的流程、晚会在举行过程中展现的具体内容，实现幻灯片的不连续播放，还需要对演示文稿进行版面设计。本任务可以分解为如下 8 个小任务。

1. 新建空白演示文稿。
2. 保存演示文稿。
3. 编辑第 1 张幻灯片。
4. 新建幻灯片。
5. 编辑文本信息。
6. 插入对象。
7. 插入超链接。
8. 设计主题。

5.1.4　任务实现

1. 新建空白演示文稿

（1）单击“开始”菜单中的“PowerPoint 2016”，进入软件启动界面，如图 5-2 所示。

（2）在 PowerPoint 2016 的启动界面单击“空白演示文稿”模板，进入 PowerPoint 2016 的工作界面，如图 5-3 所示。

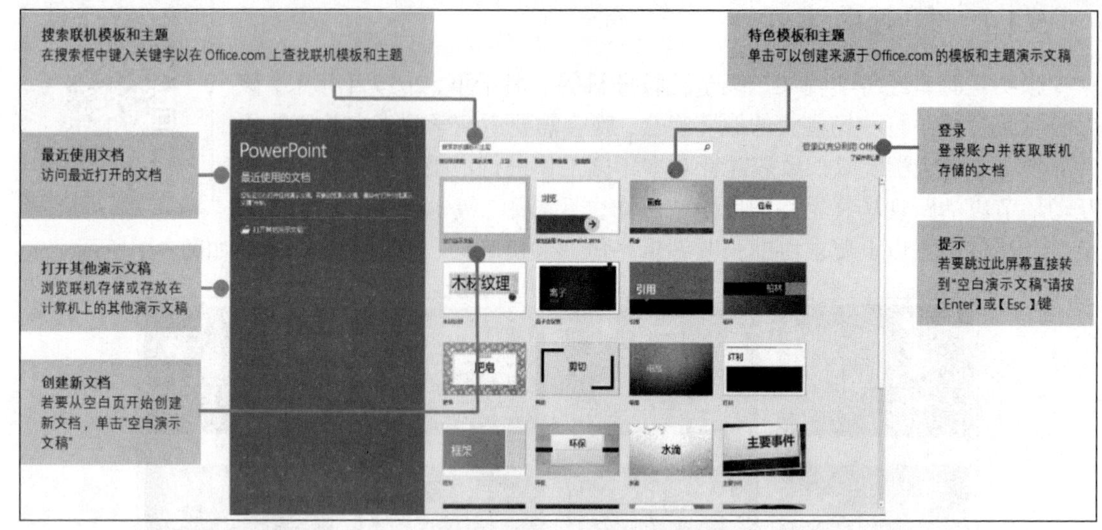

图 5-2　PowerPoint 2016 的启动界面

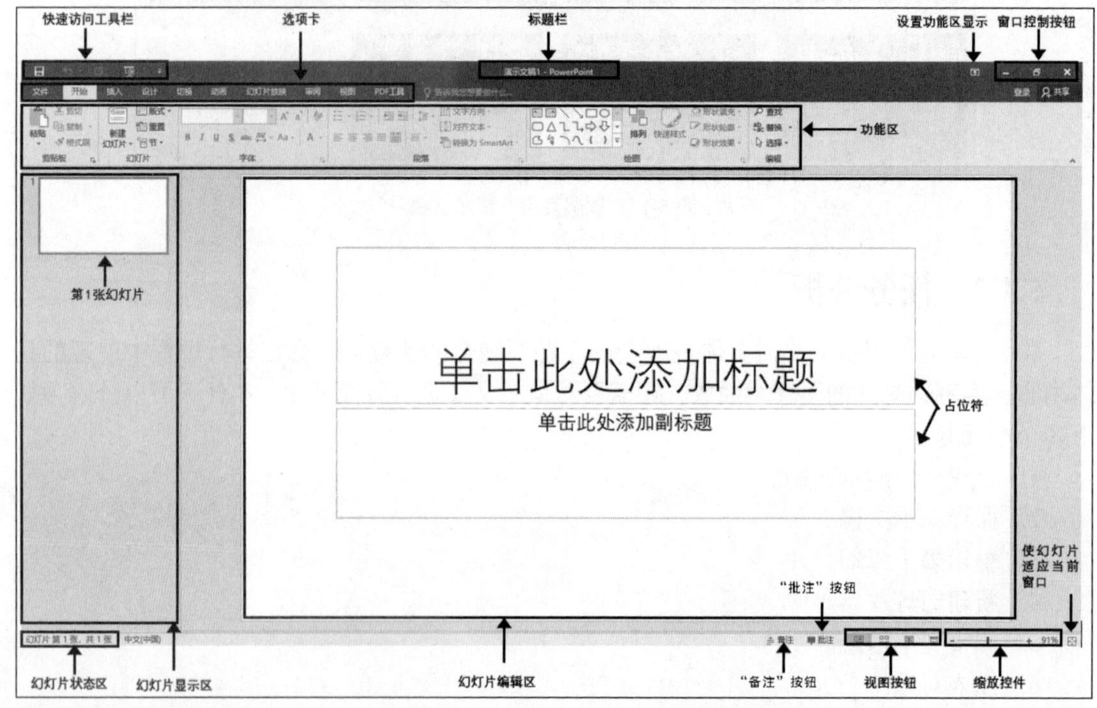

图 5-3　PowerPoint 2016 的工作界面

2. 保存演示文稿

单击"快速访问工具栏"中的"保存"按钮，弹出"另存为"界面，如图 5-4 所示。单击"浏览"按钮，弹出"另存为"对话框，如图 5-5 所示。设置保存路径"桌面>演示文稿制作"，输入文件名"颁奖晚会.pptx"，保存类型不变，单击"保存"按钮。

3. 编辑第 1 张幻灯片

（1）通过占位符输入文本信息。

单击"单击此处添加标题"占位符，占位符文字消失，占位符编辑区出现一个光标，如

图 5-6 所示。输入标题文字“同舟共济 共创未来”。以同样的方式单击“单击此处添加副标题”占位符，输入副标题“2019 年终总结大会暨颁奖典礼 主持人：张明”。

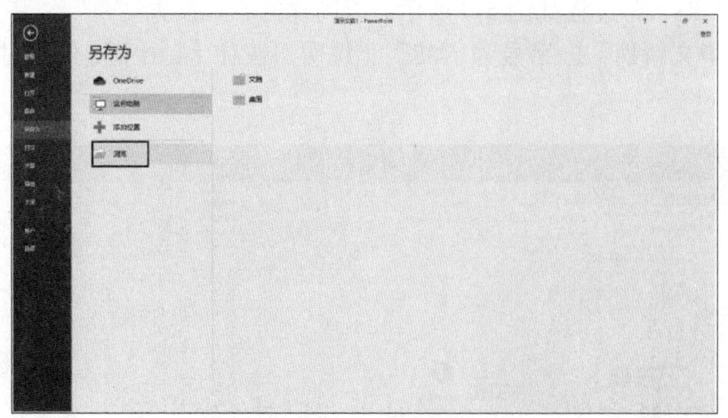

图 5-4 “另存为”界面

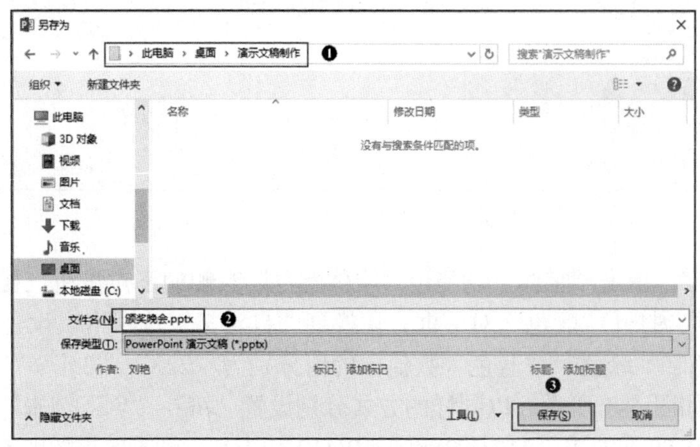

图 5-5 “另存为”对话框

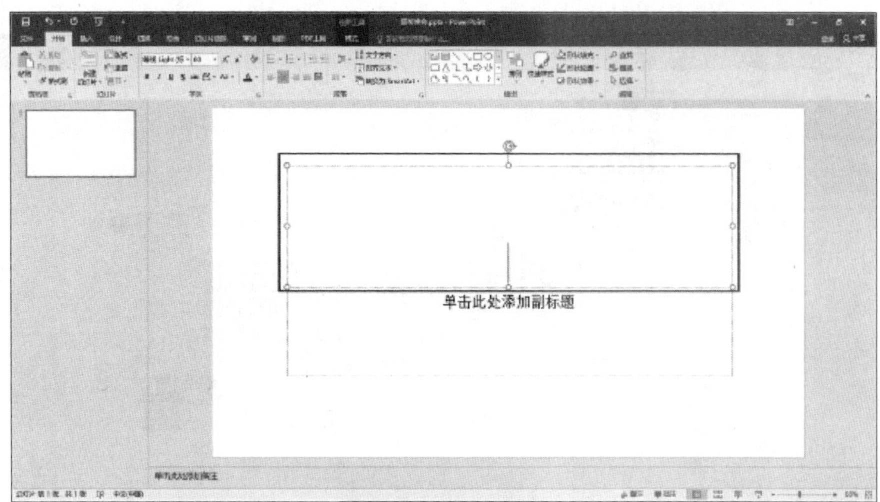

图 5-6 占位符编辑区

（2）通过“开始”选项卡中的“字体”功能组进行字符格式设置。

选择标题中的第1个字“同”，在“字体”下拉列表中选择“华文彩云”，在“字号”下拉列表中选择“88”，过程如图5-7所示。以同样的方式设置“舟”“济”“创”“来”4个字的字体为“华文新魏”，字号为“88”（说明：按住【Ctrl】键可同时选择多个字进行设置）。

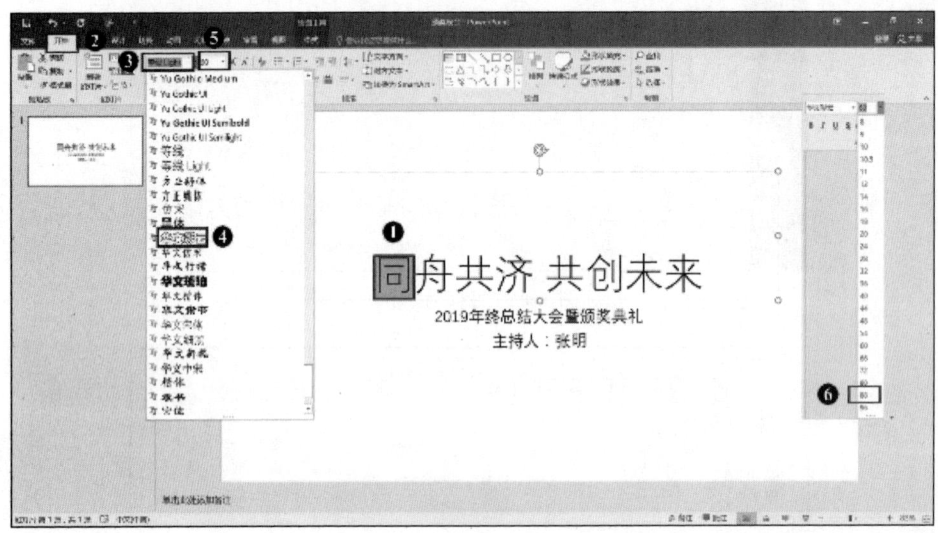

图5-7　设置“字体”“字号”过程

选择“舟”字，单击“字体”功能组“字体颜色”右侧的下拉按钮，在下拉列表中选择“其他颜色”选项，打开“颜色”对话框，切换到“自定义”选项卡，设置“颜色模式”为“RGB”，“红色”“绿色”“蓝色”数值框的值分别为“223”“35”“123”，单击“确定”按钮，过程如图5-8所示。以同样的方式分别设置“济”“创”“来”3个字的颜色值分别为RGB(0,176,80)、RGB(0,112,192)和RGB(112,48,160)。完成效果如图5-1中第1张幻灯片所示。

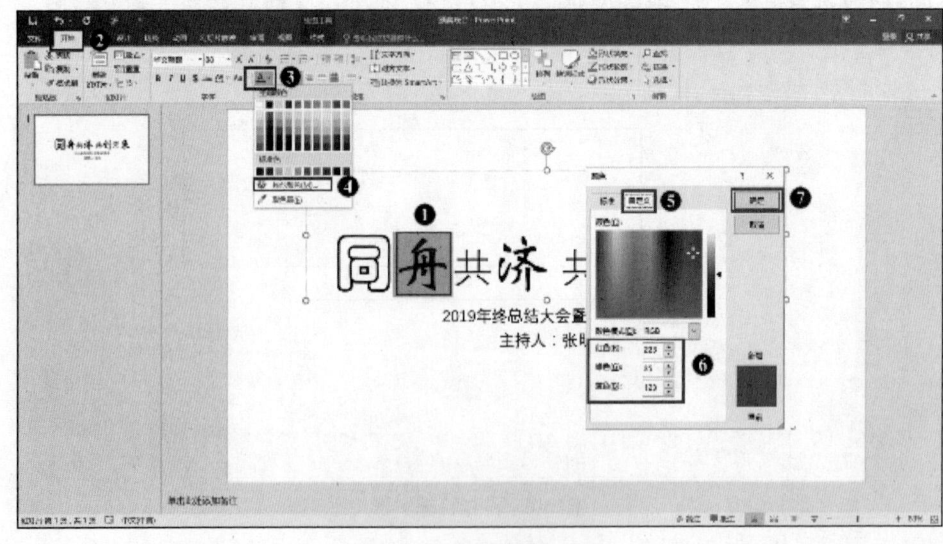

图5-8　设置字体颜色过程

4. 新建幻灯片

单击“开始”选项卡中“幻灯片”功能组中的“新建幻灯片”右侧的下拉按钮，选择 “两栏内容”选项即可创建一张新的幻灯片，过程如图 5-9 所示。以同样的方式再新建 9 张幻灯片，版式分别为“标题和内容”“标题和内容”“内容与标题”“内容与标题”“内容与标题”“仅标题”“图片与标题”“标题和内容”“竖排标题与文本”。完成效果如图 5-1 中第 3～11 张幻灯片所示。

图 5-9　新建幻灯片过程

5. 编辑文本信息

选择对应幻灯片，利用“编辑第 1 张幻灯片”的方式，单击对应占位符，分别输入以下文字信息，完成编辑文本信息后的效果如图 5-1 所示。

第 2 张幻灯片标题内容：晚会流程。左侧栏目内容：主持人做嘉宾介绍、领导致辞并做工作汇报、二级学院院长致辞、专业人员调整、招生人数增长趋势、教学科研业绩。右侧栏目内容：颁奖仪式、茶话会、游戏环节、观看节目、晚会闭幕——嘉宾致辞。

第 3 张幻灯片标题内容：主持人做嘉宾介绍。文本内容：首先请允许我在本次活动开始之前为大家隆重地介绍一下我们今天邀请到的 3 位学院嘉宾，他们分别是海口经济学院学生科分管院长***先生，掌声欢迎；海口经济学院教务处处长***先生，掌声欢迎；海口经济学院科研处处长***先生，掌声欢迎；很荣幸他们能够在百忙之中抽出时间来参加我院 2019 年终总结大会暨颁奖典礼，让我们再一次以热烈的掌声欢迎他们的到来。

第 4 张幻灯片标题内容：二级学院院长致辞。文本内容：回顾 2019 年，我院跟随海口经济学院发展的步伐有很多的感慨。感慨海口经济学院的超常规发展给整个学院营造了积极向上、奋发图强的良性氛围，感慨全体教职工对教育理念的思维转变和不计个人得失全身心投入教学改革潮流的默默奉献。通过网络学院全体教职工的努力，我院在本年度年终考评中获得了优异的成绩，得到学院董事会的高度肯定和评价。今晚我们就和大家一起分享胜利的果实和喜悦，在这里，我个人也真诚地对所有教职工说一句“各位同仁辛苦了，感谢你们的付出，2020 年让我们同舟共济，共创更加美好的未来！”。

第 5 张幻灯片标题内容：专业人员调整。文本内容：2019 年，随着海口经济学院的发展，我院新增了部分专业，考虑到专业未来的发展，我院对部分专业进行了教研室合并，教研室的名称也有了相应的改变，如原来的“专业教研室 1”更名为“专业教研室 A”。我院也针对部分教职工的专业特长进行了专业教研室调整，将原来在“专业教研室 2”的 4 名教职工和在“专业教研室 3”的两名教职工调整到了更新后的“专业教研室 A”。我院又为“专业教研室 2”引进了 4 名研究生，为“专业教研室 3”引进了 2 名研究生，为“专业教研室 4”引进了 1 名博士生，为“专业教研室 5”引进了 1 名博士和 1 名研究生。现将我院变更后的专业人员机构设置用右侧的水平层次结构图展示给大家。

第 6 张幻灯片标题内容：招生人数增长趋势。文本内容：随着海口经济学院的发展，我院招生人数逐年递增。2015 年，我院成功申报“专业 1”，当年总招生人数为 465 人；2016 年，我院在保持原有专业的情况下，获得海南省优秀教学单位奖，当年总招生人数较前一年新增了 150 人；2017 年，我院再次成功申报了两个新专业，分别是“专业 2”和“专业 3”，当年总招生人数为 1 068 人；2018 年，我院招生人数达到 1 500 人；2019 年，伴随着海口经济学院进入示范型应用本科评估关键时期，我院招生人数较前一年再次新增 235 人。现将统计结果及发展趋势以右侧的簇状柱形图展示给大家。

第 7 张幻灯片标题内容：教学科研业绩。文本内容：随着海口经济学院的发展，我院在全体教职工的共同努力下，近 3 年的教学科研迈上了新台阶。省教育厅教学科研项目申报成功率逐年提升；省科技厅项目申报人数逐年增加，命中率也有所提高；国家自然科学基金实现零的突破；实用新型专利和发明专利逐年累加；核心期刊发表逐年增多；普通期刊发表突飞猛进；出版教材逐年递增。现将结果以右侧表格展示给大家。

第 8 张幻灯片标题内容：颁奖仪式。

第 9 张幻灯片标题内容：游戏环节。文本内容：游戏名称：心有灵犀猜词语。游戏规则：各教研室或科室推荐 1～3 名教职工，2 人为一组进行游戏；一人根据纸片上的词语用肢体动作向对方传达含义，另一人负责猜测是什么词语；2 分钟时间，词语猜对最多的组获胜。为获胜组成员颁发奖品，为全体参与游戏的教职工分发小纪念品。游戏目的：培养各部门之间的沟通、团结协作能力。

第 10 张幻灯片标题内容：观看节目。

第 11 张幻灯片标题内容：晚会闭幕——嘉宾致辞。文本内容：感谢二级学院全体教职工为海口经济学院的发展做出的不懈努力！祝贺你们在 2019 年取得优异成绩！新年伊始，新的征程已开始，望各位教职工继续发扬与时俱进、勇于创新的精神，为海口经济学院更美好的明天而奋斗，为自己的人生增添新的光彩！2020 年了，祝愿各位教职工及家人在新的一年里能够平安、健康、幸福，鼠年大吉大利，工作更上一层楼！

6. 插入对象

（1）为第 4 张幻灯片插入一张准备好的图片。

选择第 4 张幻灯片，单击“插入”选项卡中“图像”功能组中的“图片”按钮，打开“插入图片”对话框，选择演示文稿制作素材文件夹中的“人物头像.png”，单击“插入”按钮，操作过程如图 5-10 所示。对图片大小及位置进行适当调整，使幻灯片编辑区布局更美观。完成效果如图 5-1 中第 4 张幻灯片所示。

（2）为第 5 张幻灯片插入 SmartArt 图形对象。

选择第 5 张幻灯片，单击“插入 SmartArt 图形”按钮，打开“选择 SmartArt 图形”对话框，选择“层次结构”类型中的“水平层次结构”选项，单击“确定”按钮，操作过程如

图 5-11 所示。这时幻灯片编辑区出现“SmartArt 图形”的编辑显示区，选择左侧第 1 个“文本图形”，单击“SmartArt 工具”/“设计”选项卡中“创建图形”功能组中的“添加形状”右侧的下拉按钮，在下拉列表中选择“在下方添加形状”选项，即可在第 1 个文本图形右侧新增一个文本图形，操作过程如图 5-12 所示。以同样的方式添加更多文本图形。完成效果如图 5-1 中第 5 张幻灯片所示。

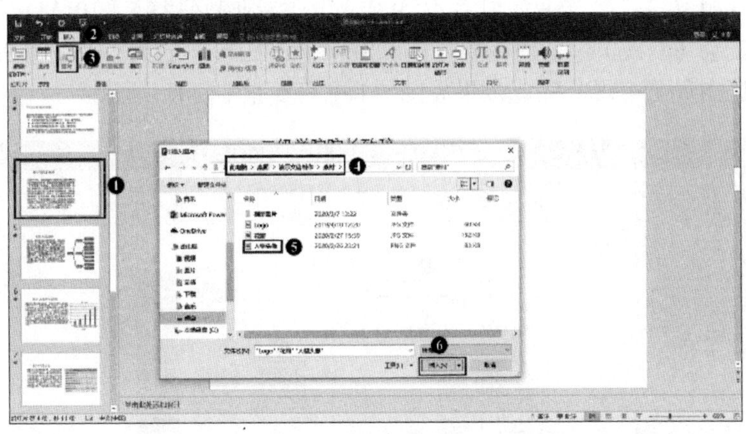

图 5-10　插入图片过程

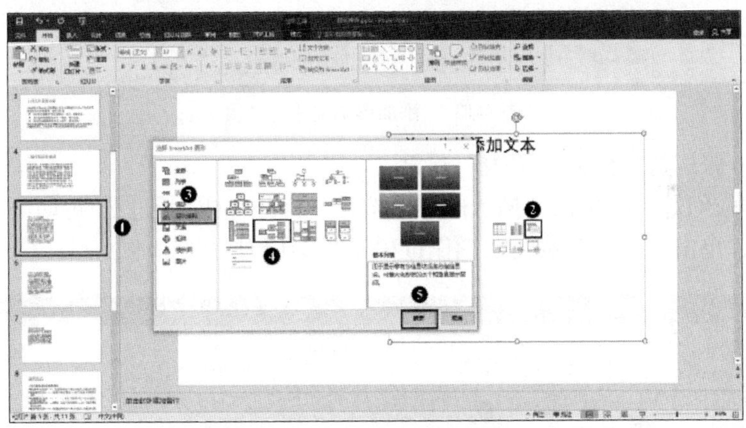

图 5-11　插入 SmartArt 图形演示过程

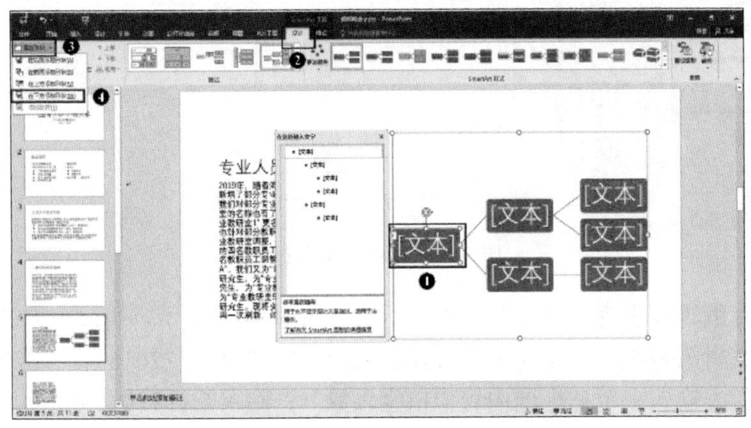

图 5-12　“添加形状”过程

继续编辑图形，为每个图形添加文字。选择左侧的文本图形，在“SmartArt 图形”编辑显示区的“在此处键入文字”对话框列表目录对应编辑框中输入文字“二级学院”，操作过程如图 5-13 所示。以同样的方式为其他“文本图形”添加文字。中间第一、二、三个文本框从上到下文字依次为“行政管理”“教学管理”“学生管理”。右侧文本图形从上到下文字依次为“办公室（1 人）”“教务科（1 人）”“专业教研室 A（12 人）”“专业教研室 2（10 人）”“专业教研室 3（11 人）”“专业教研室 4（9 人）”“专业教研室 5（10 人）”“学生科（12 人）”“院分工会（1 人）”。对编辑好的“SmartArt 图形”的大小及位置进行适当调整，使幻灯片编辑区布局更美观。完成效果如图 5-1 中第 5 张幻灯片所示。

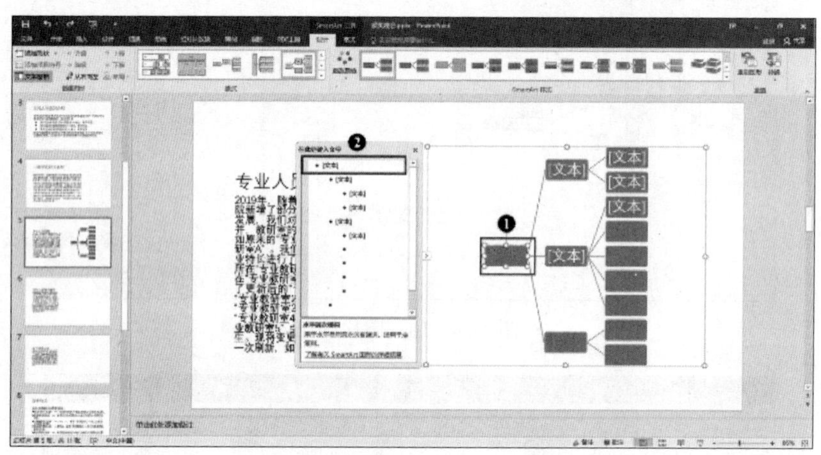

图 5-13 “添加形状文字”过程

（3）为第 6 张幻灯片插入“图表”对象。

选择第 6 张幻灯片，单击“插入图表”按钮，打开“插入图表”对话框，选择 “簇状柱形图”选项，单击“确定”按钮，操作过程如图 5-14 所示。

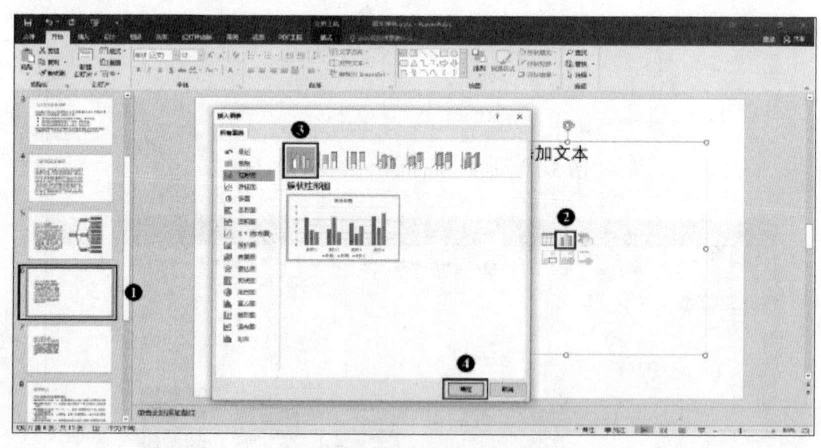

图 5-14 “插入图表”过程

这时幻灯片编辑区出现“图表”编辑显示区，如图 5-15 所示。通过上方的“图表”数据编辑表格区域编辑图表数据，输入 5 个行标题内容“2015 年”“2016 年”“2017 年”“2018 年”“2019 年”，输入一个列标题内容“招生人数”，输入 5 行数据“465”“615”“1068”“1500”“1735”，删除多余的列，“图表”数据编辑表格如图 5-16 所示。对图表的大小及位置进行适当调整，使幻灯片编辑区布局更美观。完成效果如图 5-1 中第 6 张幻灯片所示。

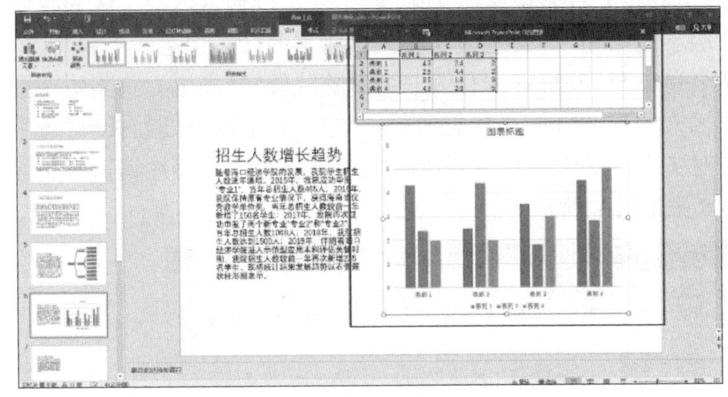

图 5-15　“图表”编辑显示区

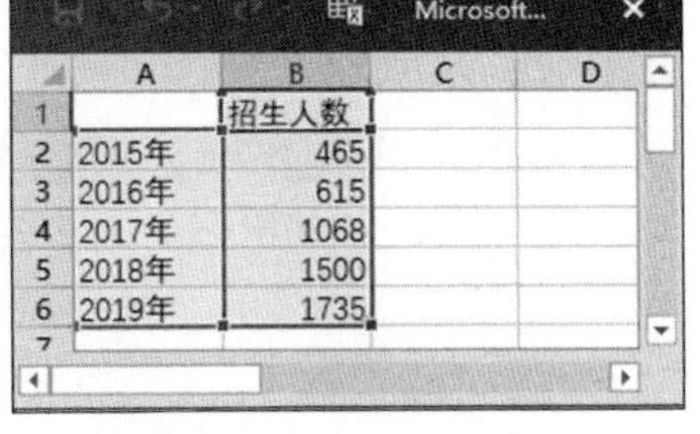

	A	B	C	D
1		招生人数		
2	2015年	465		
3	2016年	615		
4	2017年	1068		
5	2018年	1500		
6	2019年	1735		

图 5-16　图表数据编辑表格

（4）为第 7 张幻灯片插入“表格”对象。

选择第 7 张幻灯片，单击“插入表格”按钮，打开“插入表格”对话框，在对话框中设置“列数”为“4”，“行数”为“9”，单击“确定”按钮，操作过程如图 5-17 所示。

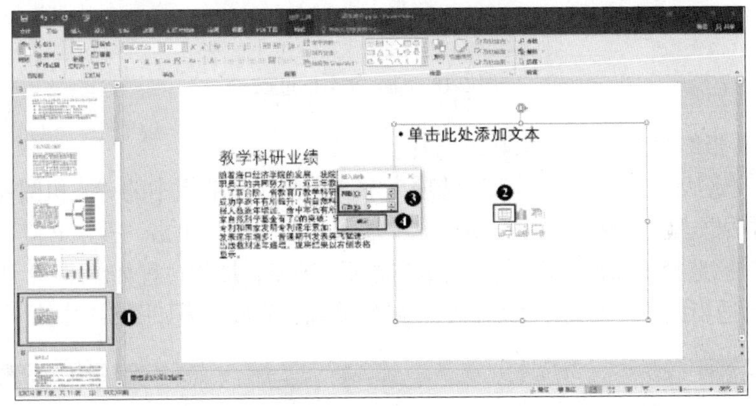

图 5-17　插入表格过程

编辑表格内容。依次输入第 1 列单元格的数据“教学科研业绩”“省教育厅教改项目/项”“省教育厅科研项目/项”“省科技厅项目/项”“国家自然科学基金项目/项”“实用新型+发明专利/项”“核心期刊论文/篇”“普通期刊论文/篇”“出版教材/部”。依次输入第 2 列单元格的数据“2017 年”“1”“1”“1”“0”“0”“3”“50”“5”。依次输入第 3 列单元格的数据“2018 年”“2”“3”“2”“0”“1”“5”“120”“10”。依次输入第 4 列单元格的数据“2019 年”“4”“4”“4”“1”“2”“8”“280”“18”。对表格的位置及格式进行适当调整，使幻灯片布局更美观。完成效果如图 5-1 中第 7 张幻灯片所示。

（5）为第 8 张幻灯片插入“文本框”对象。

选择第 8 张幻灯片，单击“插入”选项卡中“文本”功能组中的“文本框”下方的下拉按钮，在下拉列表中选择“横排文本框”选项，操作过程如图 5-18 所示。在幻灯片标题下方的编辑区绘制出一个文本框，输入内容：“主持人宣读获奖名单及颁奖嘉宾。”以同样的方式再插入 5 个文本框，第 2 个文本框输入内容“最佳科研人员名单：***，有请科研处长***

先生为获奖人员颁奖并合影留念。”第 3 个文本框输入内容“最佳辅导员名单：***，有请学生科分管院长***先生为获奖人员颁奖并合影留念。”第 4 个文本框输入内容“优秀教职员工名单：***、***……有请二级学院书记***女士为获奖人员颁奖并合影留念。”第 5 个文本框输入内容“最佳教学团队名单：***教研室，有请二级学院院长***先生为获奖团队颁奖并合影留念。”第 6 个文本框输入内容“最佳奉献奖名单：***，有请教务处处长***先生为获奖人员颁奖并合影留念。”对文本框的大小及位置进行适当调整，使幻灯片编辑区布局更美观。完成效果如图 5-1 中第 8 张幻灯片所示。

图 5-18　插入文本框过程

（6）为第 9 张幻灯片插入一张联机图片。

选择第 9 张幻灯片，单击“插入”选项卡中“图像”功能组中的“联机图片”按钮，打开“插入图片”对话框，在“必应图像搜索”框中输入“游戏”，单击“搜索必应”按钮，进入搜索结果界面，任意选择一张游戏图片，单击“插入”按钮，操作过程如图 5-19 所示。对图片的大小及位置进行适当调整，使幻灯片编辑区布局更美观。完成效果如图 5-1 中第 9 张幻灯片所示。

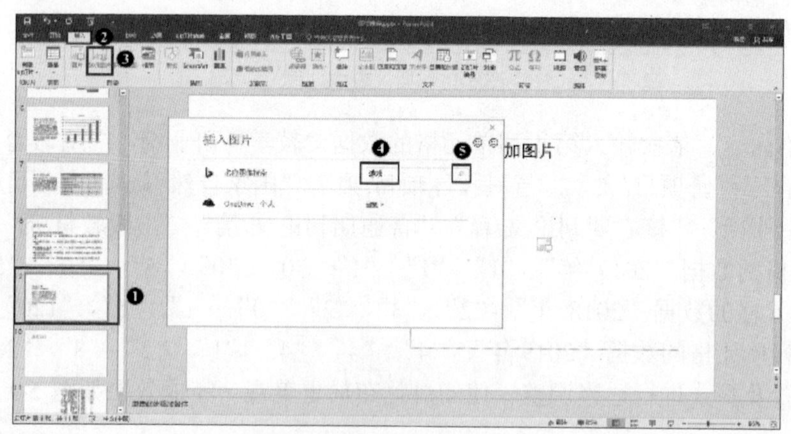

图 5-19　插入联机图片过程

7. 插入超链接

（1）为第 2 张幻灯片中的部分文本项目插入“超链接”功能。

选择第 2 张幻灯片，再选择幻灯片编辑区中的文本“主持人做嘉宾介绍”，单击“插入”选项卡中“链接”功能组中的“超链接”按钮，打开“插入超链接”对话框，选择左侧“链接到”为“本文档中的位置”，在“请选择文档中的位置”下拉列表中展开“幻灯片标题”，选择“3. 主持人做嘉宾介绍”，单击“确定”按钮，完成“超链接”的插入，操作过程如图 5-20 所示。以同样的方式为文本“二级学院院长致辞”“专业人员调整”“招生人数增长趋势”“教学科研业绩”“颁奖仪式”“游戏环节”“观看节目和晚会闭幕——嘉宾致辞”分别设置超链接，链接到的幻灯片标题分别设置为：“4.二级学院院长致辞”“5.专业人员调整”“6.招生人数增长趋势”“7.教学科研业绩”“8.颁奖仪式”“9.游戏环节”“10.观看节目”“11.晚会闭幕——嘉宾致辞”。完成效果如图 5-1 中第 2 张幻灯片所示。

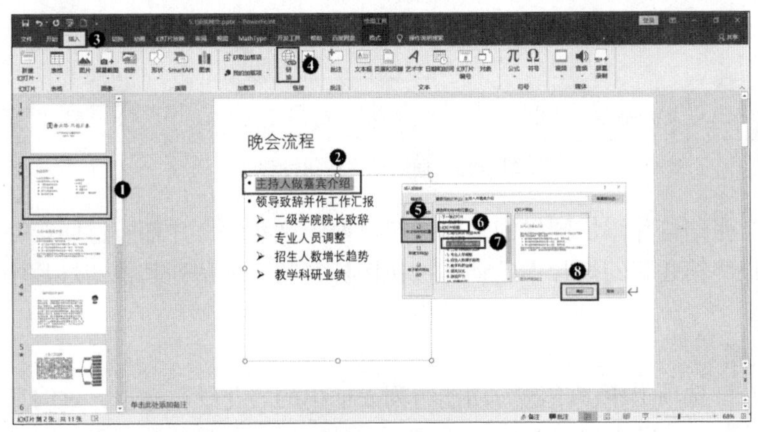

图 5-20　插入超链接过程

超链接设置完以后一定要在“幻灯片放映”视图下测试一下看链接是否正确。

（2）为对应内容幻灯片插入返回第 2 张幻灯片的动作按钮。

选择第 3 张幻灯片，单击“插入”选项卡中“插图”功能组的“形状”按钮，在列表中选择一个动作按钮，操作过程如图 5-21 所示。按住鼠标左键，在幻灯片的右下角绘制出一个“动作按钮”图标，松开鼠标左键，这时会弹出一个“操作设置”对话框，在该对话框的“超链接到”下拉列表框中选择“幻灯片”命令，接着弹出“超链接到幻灯片”对话框，在“幻灯片标题”列表框中选择“2.晚会流程”，单击“确定”按钮，操作过程如图 5-22 所示。

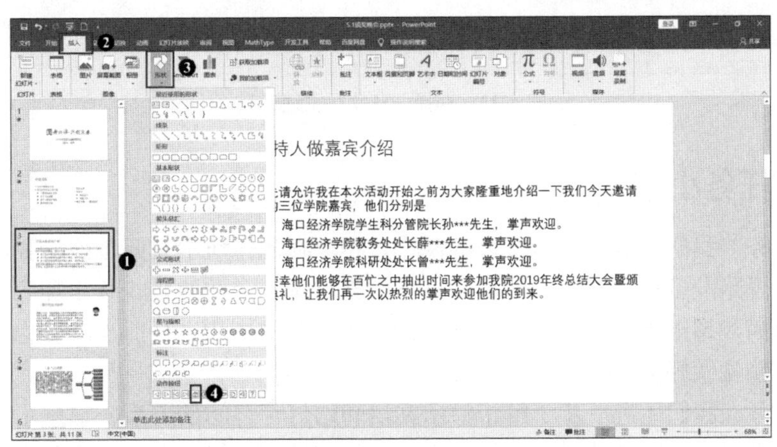

图 5-21　插入动作按钮过程 1

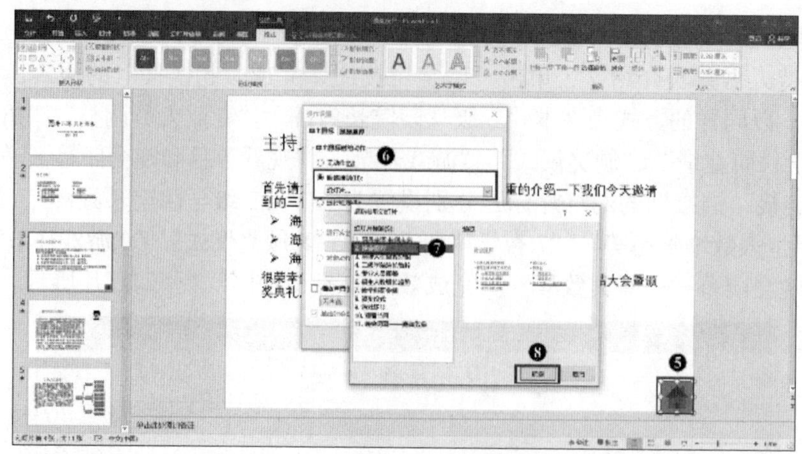

图 5-22　插入动作按钮过程 2

为第 4～11 张幻灯片添加同样的动作按钮。由于这些幻灯片都有返回第 2 张幻灯片的超链接，所以可以将第 3 张幻灯片中的动作按钮图标复制、粘贴到其他幻灯片中。完成效果如图 5-1 所示。

8. 设计主题

单击“设计”选项卡中“主题”功能组列表框中的“花纹”选项，这时所有幻灯片都具有了统一的版面效果，操作过程如图 5-23 所示。最后再次调整各个页面中对象的布局并设置字符格式，使版面更加美观。完成效果如图 5-1 所示。

图 5-23　选择“花纹”主题过程

5.1.5　任务小结

通过本任务，我们了解了演示文稿的制作过程。在制作演示文稿之前，我们首先应该围绕主题和设计思路准备相关素材，然后为准备的素材选择合适的版式并添加到幻灯片中去，根据实际需要插入超链接实现幻灯片的不连续播放，对幻灯片进行适当的美化，这样，一份简单的演示文稿就做好了。

通过本任务，我们还进一步了解了演示文稿和幻灯片之间的关系，掌握了演示文稿和幻灯片的一些基本操作，幻灯片对象的插入方法，超链接的功能、插入方法和操作技巧，以及利用主题美化幻灯片的方法。

5.1.6 基础知识

5.1.6.1 PowerPoint 2016 的启动与退出

1. 启动 PowerPoint 2016

启动 PowerPoint 2016 的 3 种方法如图 5-24 所示，具体介绍如下。

图 5-24 启动“PowerPoint 2016”的 3 种方法

（1）单击“开始”按钮，在“开始”菜单中选择“PowerPoint 2016”，进入 PowerPoint 2016 的启动界面。

（2）如果 PowerPoint 2016 设置了固定到“开始”屏幕，也可以通过单击中间的“PowerPoint 2016”图标进入 PowerPoint 2016 的启动界面。

（3）如果 PowerPoint 2016 设置了固定到任务栏，还可以通过单击任务栏上的“PowerPoint 2016”图标进入 PowerPoint 2016 的启动界面。

2. 退出 PowerPoint 2016

退出 PowerPoint 2016 的 4 种方法如下。

（1）单击窗口右上角的“关闭”按钮。

（2）单击“文件”选项卡下的“关闭”选项。

（3）按【Alt+F4】组合键。

（4）在 PowerPoint 2016 的“阅读视图”下双击左上角的图标。

和其他 Office 2016 组件一样，退出 PowerPoint 2016 时，如果用户没有保存当前正在操作的演示文稿，系统会弹出提示保存文件的对话框，用户可以根据需要选择是否保存文件。

5.1.6.2 创建和保存演示文稿

1. 创建演示文稿

（1）创建空白演示文稿

方法一：进入 PowerPoint 2016 的启动界面，如图 5-2 所示，单击“空白演示文稿”模板，即可创建一个空白演示文稿。

方法二：进入 PowerPoint 2016 的工作界面，如图 5-3 所示，单击快速访问工具栏中的“自定义快速访问工具栏”按钮，选择“新建”命令，这时快速访问工具栏中会出现一个“新建”图标，单击该图标可以创建一个新的空白演示文稿，如图 5-25 所示。

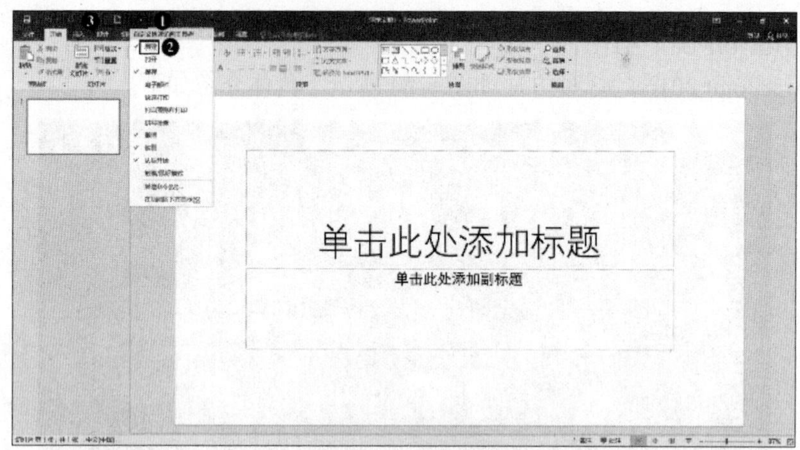

图 5-25　创建空白演示文稿方法二

方法三：选择要创建演示文稿的目录，单击鼠标右键，在快捷菜单中单击“新建”级联菜单的“Microsoft PowerPoint 演示文稿”命令也可以创建一个空白演示文稿，如图 5-26 所示。

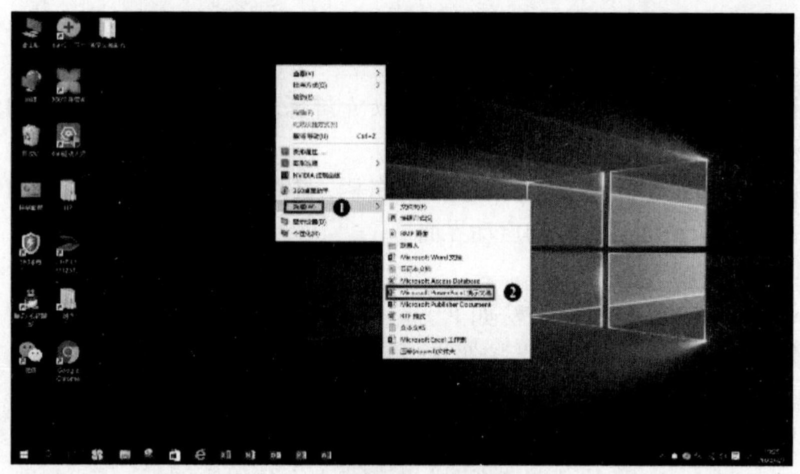

图 5-26　创建空白演示文稿方法三

（2）使用在线模板或主题创建演示文稿

PowerPoint 2016 提供了很多内容丰富、版面美观的在线模板或主题。进入 PowerPoint 2016 的启动界面，如图 5-2 所示，用户可以分类搜索或输入关键字搜索“在线模板或主题”，然后在下方选择自己喜欢的模板或主题创建演示文稿，如图 5-27 所示。

2. 保存演示文稿

单击快速访问工具栏中的“保存”按钮，或者按【Ctrl+S】组合键，弹出“另存为”界面，如图 5-4 所示。单击“浏览”按钮，弹出“另存为”对话框，如图 5-5 所示。设置保存路径和文件名，单击“保存”按钮。演示文稿的扩展名为“.pptx”。

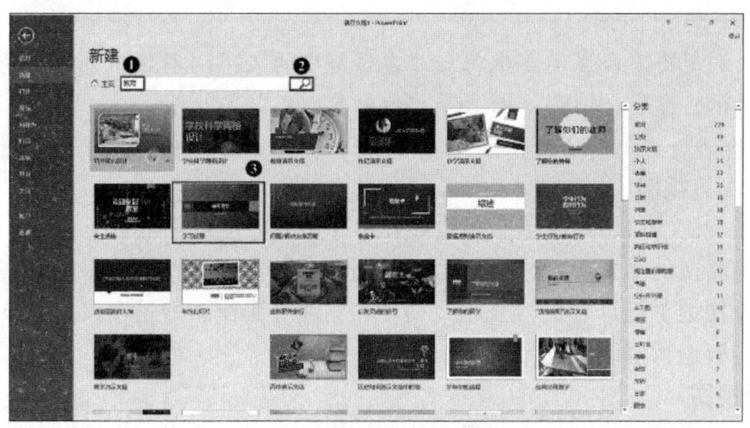

图 5-27　创建模板演示文稿

5.1.6.3　演示文稿的视图

视图是观看演示文稿的一种视角，PowerPoint 2016 为编辑、浏览和放映幻灯片的不同需要提供了 6 种不同的视图方式，分别为普通视图、大纲视图、幻灯片浏览视图、备注页视图、阅读视图和幻灯片放映视图。这些视图分别突出了编辑过程中的不同部分。其中普通视图、幻灯片浏览视图、阅读视图和幻灯片放映视图可以通过单击状态栏上的视图按钮进行切换。另外，这些视图也可以通过“视图”选项卡下的“演示文稿视图”功能组中的相应按钮进行切换。

1. 普通视图

普通视图是 PowerPoint 2016 的默认视图，如图 5-3 所示。在该视图方式下，工作界面默认显示两个区域，左侧区域为幻灯片显示区，右侧区域为幻灯片编辑区，我们可以通过单击状态栏上的“备注”按钮显示和隐藏备注区域。拖曳区域边框线可以调整区域的大小。

2. 大纲视图

在普通视图下，单击“视图”选项卡中的“演示文稿视图”功能组中的“大纲视图”按钮，进入大纲视图，如图 5-28 所示。在该视图的左侧区域输入标题内容，按【Enter】键，右侧区域会显示所输入的标题内容，并新建一张幻灯片。如果要设置子标题，可以将光标移到主标题的末尾，按【Enter】键插入一张新幻灯片后按【Tab】键将其转换为下级标题，然后在图标后输入文字。

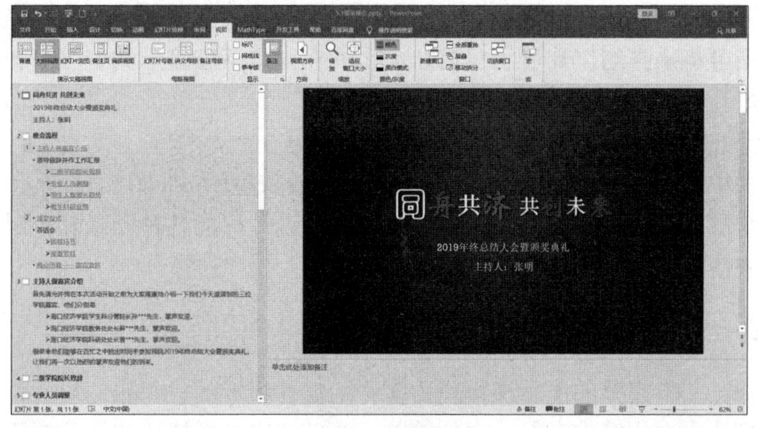

图 5-28　大纲视图

大纲视图下只显示各张幻灯片占位符中的文字，不显示自定义的文本框内容，也不显示艺术字、图形、图表等其他对象。

3. 幻灯片浏览视图

单击状态栏中的“幻灯片浏览”按钮进入幻灯片浏览视图，如图 5-1 所示。在该视图下，所有幻灯片以缩略图的形式显示，用户可以利用滚动条在屏幕上同时看到每张幻灯片的缩略图，可以非常方便地对幻灯片进行复制、移动和删除等操作。但是在该视图下，用户不能直接对幻灯片的内容进行修改。

4. 备注页视图

备注页视图是系统提供的用来编辑备注页的视图方式，单击“视图”选项卡中的“演示文稿视图”功能组中的“备注页”按钮，切换到备注页视图，如图 5-29 所示。备注页分为两个部分：上半部分是幻灯片的缩略图，下半部分是文本预留区。用户可以一边观看幻灯片的缩略图，一边在文本预留区内输入想要的说明，作为提示自己的摘要。

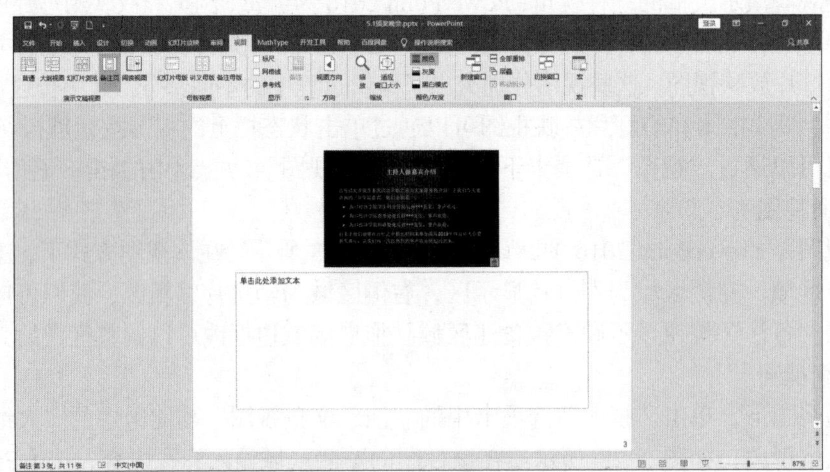

图 5-29 备注页视图

5. 阅读视图

该视图非常适合用户阅读幻灯片，单击“视图”选项卡中的“演示文稿视图”功能组中的“阅读视图”按钮或单击状态栏中的“阅读视图”按钮都可以切换到阅读视图，如图 5-30 所示。阅读视图可将整张幻灯片显示成窗口大小并在窗口下方显示浏览工具，方便切换上一张、下一张幻灯片，或者预览演示文稿的动画效果。

6. 幻灯片放映视图

单击状态栏中的“幻灯片放映”按钮进入幻灯片放映视图，如图 5-31 所示。在该视图下，每张幻灯片以全屏的方式显示出来，用户不仅能看到设计好的各种动画和定时效果等，还可以在放映过程中使用旁白、墨迹和激光笔等辅助演示。

5.1.6.4 演示文稿的编辑

通常情况下，一份完整的演示文稿是由多张幻灯片组成的。每张幻灯片都有一个版式，版式体现了幻灯片中占位符的布局，占位符是一个已经定义了格式的显示提示文字的虚线文本框。在对演示文稿的编辑过程中，用户经常要进行选择幻灯片、插入新幻灯片、输入幻灯片内容、更改幻灯片版式、删除幻灯片、复制并粘贴幻灯片和移动幻灯片等操作，下面对以上几种操作分别进行介绍。

图 5-30　阅读视图

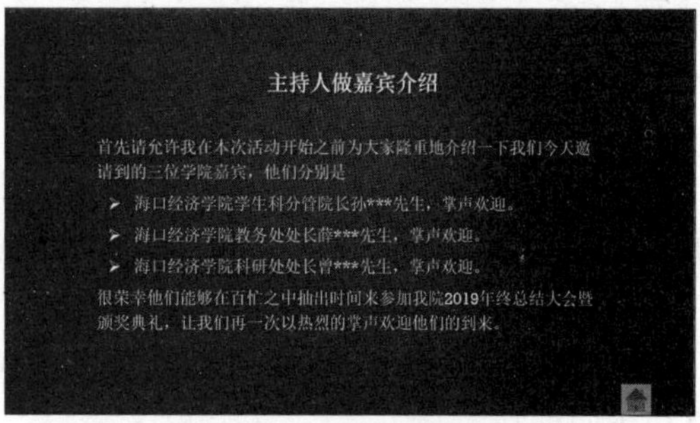

图 5-31　幻灯片浏览视图

1．选择幻灯片

（1）选择单张幻灯片。在“幻灯片显示区”直接单击要选择的幻灯片即可。

（2）选择连续的多张幻灯片。在单击第 1 张幻灯片后，按住【Shift】键不放，再单击最后一张幻灯片，可以选择第 1 张到最后一张幻灯片之间所有连续的多张幻灯片。

（3）选择不连续的幻灯片。在单击第 1 张幻灯片后，按住【Ctrl】键不放，单击需要的其他幻灯片即可。

（4）选择全部幻灯片。选择一张幻灯片，单击“开始”选项卡中的“编辑”功能组中的“选择”按钮，在下拉列表中选择“全选”选项，或者选择一张幻灯片，按【Ctrl+A】组合键全选幻灯片。

2．插入新幻灯片

插入新幻灯片有以下 3 种常用方法。

（1）单击“开始”选项卡中的“幻灯片”功能组中的“新建幻灯片”下方的下拉按钮，在下拉列表中选择一个幻灯片版式，如两栏内容，即可创建一张新的幻灯片，如图 5-9 所示。

（2）单击“插入”选项卡中的“幻灯片”功能组中的“新建幻灯片”按钮，也可以插入新幻灯片，如图 5-32 所示。

（3）选择一张幻灯片或直接在幻灯片显示区单击鼠标右键，在快捷菜单中选择“新建幻灯片”命令，同样可以插入一张新的幻灯片，如图 5-33 所示。

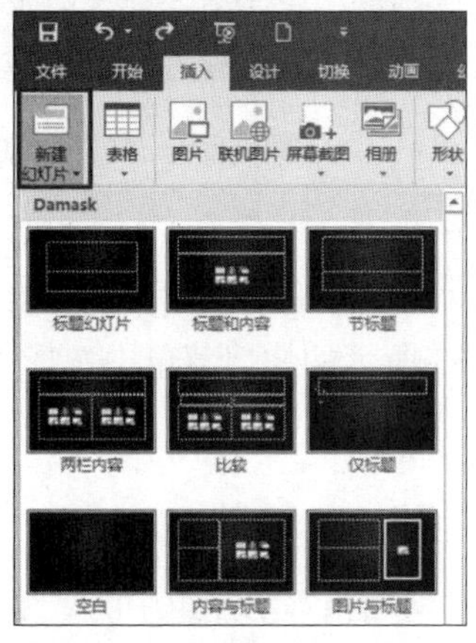

图 5-32　“新建幻灯片”按钮

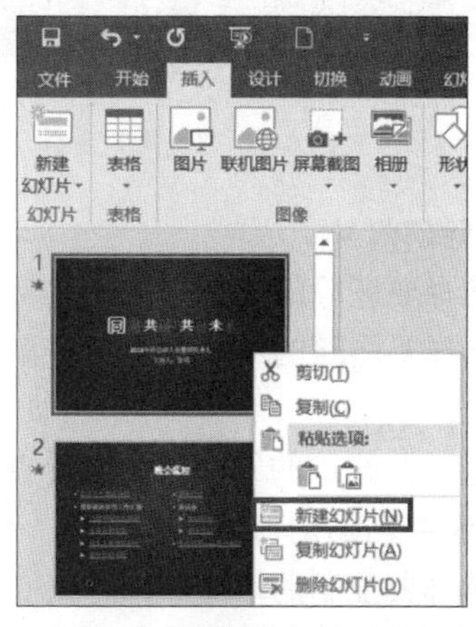

图 5-33　“新建幻灯片”命令

也可以插入来自另外一个演示文稿的幻灯片。其方法如下：单击“开始”选项卡中的“幻灯片”功能组中的“新建幻灯片”下方的下拉按钮，在下拉列表中选择“重用幻灯片”选项，打开要插入的演示文稿，单击其中的幻灯片即可将其插入当前演示文稿。

3. 输入幻灯片内容

首先单击占位符，如单击“单击此处添加标题”占位符，此时占位符文字消失，占位符编辑区出现一个光标，输入内容即可，如图 5-6 所示。

4. 更改幻灯片版式

幻灯片的版式指幻灯片占位符的布局方式，更改幻灯片版式有以下两种常用方法。

（1）在编辑幻灯片的过程中，如果对当前已选择的幻灯片版式不满意，可对当前版式进行更改。其方法如下：选择需要更改版式的幻灯片，单击“开始”选项卡中的“幻灯片”功能组中的“版式”按钮，在列表中选择一个版式，幻灯片中将应用新的版式，如图 5-34 所示。

（2）在幻灯片编辑区空白处单击鼠标右键，在快捷菜单中选择“版式”命令，也可以打开版式列表并从中选择一个版式，幻灯片中将应用新的版式，如图 5-35 所示。

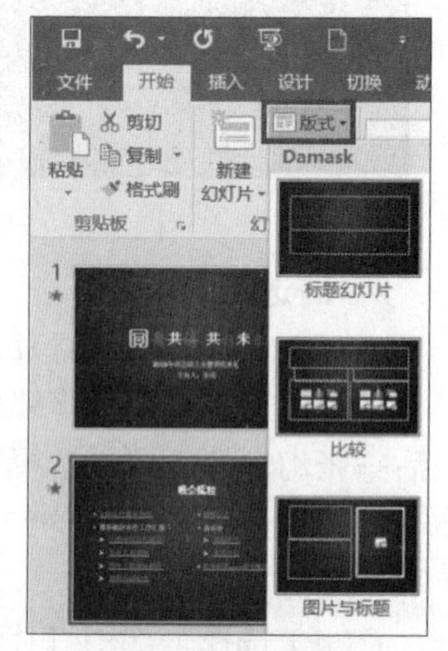

图 5-34 “版式”按钮

图 5-35 “版式”命令

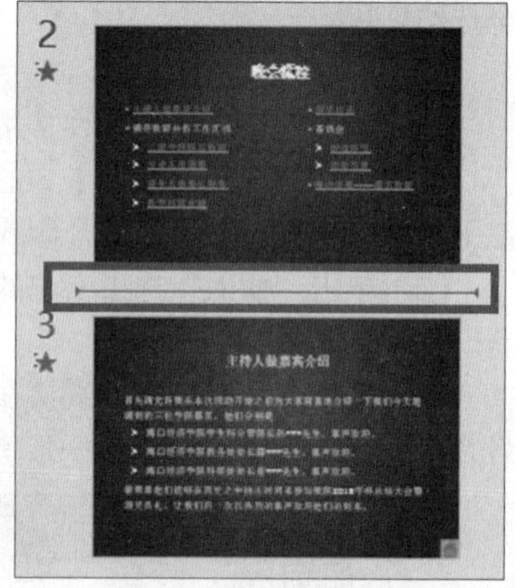

图 5-36 幻灯片间的实线

5. 删除幻灯片

（1）选择要删除的幻灯片，单击“开始”选项卡中“剪贴板”功能组中的“剪切”按钮。

（2）选择要删除的幻灯片，单击鼠标右键，在图 5-33 所示的快捷菜单中选择“删除幻灯片”命令。

（3）选择要删除的幻灯片，按【Delete】键。

6. 复制并粘贴幻灯片

（1）选择要复制的幻灯片，单击“开始”选项卡中“剪贴板”功能组中的“复制”按钮，然后单击两张幻灯片之间的空白处（即粘贴到的位置），出现一条实线，如图 5-36 所示，再单击“剪贴板”功能组中的“粘贴”按钮。

（2）选择要复制的幻灯片，按【Ctrl+C】组合键复制幻灯片，选择要粘贴的位置，按【Ctrl+V】组合键进行粘贴。

（3）选择要复制的幻灯片，单击鼠标右键，在图 5-33 所示的快捷菜单中选择“复制幻灯片”命令，然后按照上面的方法进行粘贴。

7. 移动幻灯片

除了利用常规的“剪切”和“粘贴”命令之外，用户还可以用鼠标拖曳的方法移动幻灯片。选择要移动的幻灯片，按住鼠标左键将幻灯片拖曳到需要的位置后释放鼠标左键。

5.1.6.5　插入对象

为了避免演示文稿总体布局的单调和呆板，用户可以在制作好的幻灯片中插入丰富多彩的多媒体对象，如文本框、艺术字、图像、形状、表格、图表、SmartArt 图形等。

1. 插入文本框

选择要插入文本框的幻灯片，单击“插入”选项卡中“文本”功能组中的“文本框”下方的下拉按钮，在下拉列表中选择一种文本框，如图 5-18 所示，然后在幻灯片中绘制出一个文本框，文本框内会出现一个闪烁的光标，输入文本即可。文本框格式的设置方法与 Word 2016 中文本框格式的设置方法相同，此处不再赘述。

2. 插入艺术字

艺术字是一种特殊的图形对象，它以图形的方式来表现文字，使文字更具艺术魅力，在幻灯片中通常会在标题处使用艺术字。

选择要插入艺术字的幻灯片，单击“插入”选项卡中“文本”功能组中的“艺术字”按钮，在下拉列表中选择一种艺术字样式，如图 5-37 所示，这时幻灯片编辑区会出现一个艺术字编辑框，在其中输入艺术字内容即可。艺术字格式的设置方法与 Word 2016 中艺术字格式的设置方法相同，此处不再赘述。

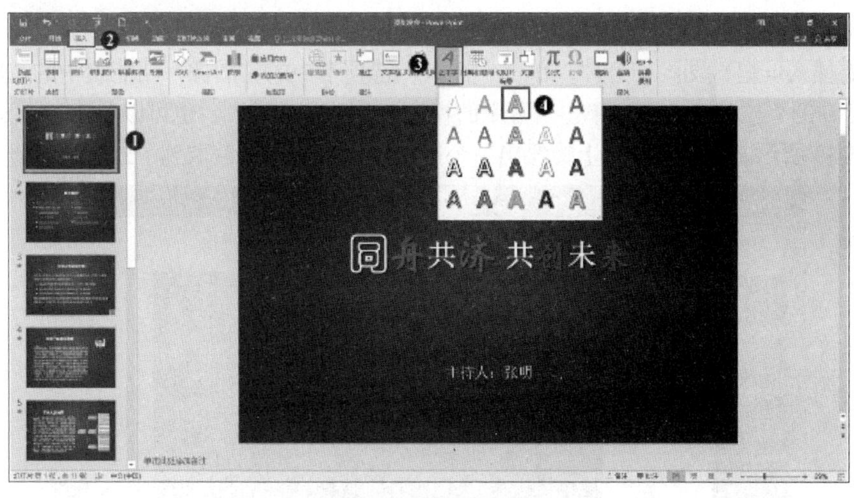

图 5-37　插入艺术字

例如，将“颁奖晚会.pptx”的第 1 张幻灯片中的副标题文字“2019 年终总结大会暨颁奖典礼”设置为艺术字，格式自定义，完成效果如图 5-38 所示。

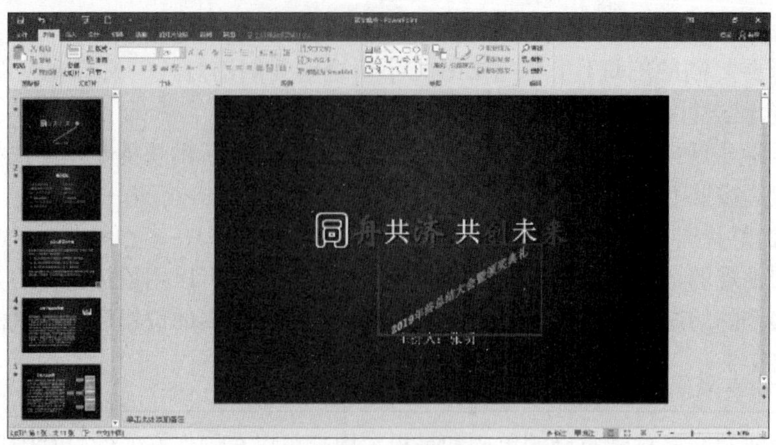

图 5-38　艺术字效果

3. 插入图像

（1）插入图片

在幻灯片中插入图片可以丰富演示文稿的内容，配有图片的文字讲解会更具说服力。

选择要插入图片的幻灯片，单击“插入”选项卡中的“图像”功能组中的“图片”按钮，打开“插入图片”对话框，在其中找到图片的存储路径，选择要插入的图片，单击“插入”按钮即可，如图 5-10 所示。用户也可以单击幻灯片占位符中的“图片”按钮进行图片的插入。

（2）插入联机图片

如果要向幻灯片中插入更多的图片素材，也可插入“联机图片”提供的丰富的在线素材。

选择要插入联机图片的幻灯片，单击“插入”选项卡中的“图像”功能组中的“联机图片”按钮，打开“插入图片”对话框，在“必应图像搜索”框中输入搜索关键字，单击右侧的“搜索必应”按钮，进入搜索结果界面，选择一张图片，单击“插入”按钮，如图 5-19 所示。用户也可以单击幻灯片占位符中的“联机图片”按钮进行图片的插入。

（3）插入屏幕截图

利用屏幕截图功能能够快速获取屏幕上的信息。

选择要插入屏幕截图的幻灯片，单击“插入”选项卡中的“图像”功能组中的“屏幕截图”按钮，在打开的下拉列表中可以单击“可用的视窗”中已有的截图，也可以单击“屏幕剪辑”选项，如图 5-39 所示。然后在屏幕上拖绘出一个区域，该区域便被截取到了幻灯片编辑区中。

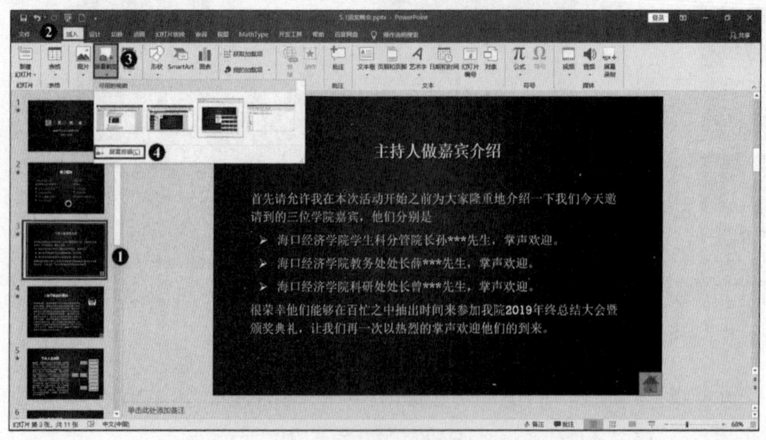

图 5-39　屏幕截图

（4）插入相册

利用“相册”功能可以快速创建具有多张图片信息的演示文稿。

单击“插入”选项卡中“图像”功能组中的“相册”下拉按钮，在下拉列表中选择“新建相册”选项，打开“相册”对话框，单击“文件/磁盘”按钮可以将多张图片导入“相册中的图片”列表框中，此时导入的图片会显示文件名，如图中的“1”“2”“3”“4”“5”“6”“7”均为文件名。选择文件名之前的复选框，单击列表框下方的↑↓按钮可以调整选择的图片的排列顺序；单击✕删除(V)按钮可以删除选择的图片；单击按钮可以旋转图片、增加或降低图片的亮度和对比度。单击“新建文本框”可以在“相册中的图片”列表框中添加文本框。选择“标题在所有图片下面”复选框，图片下方会添加文本框。选择“所有图片以黑白方式显示”复选框，所有图片即以黑白色调显示。“图片版式”可以设置图片的排版方式。“相册形状”可以设置图片的边框效果。“主题”可以设置演示文稿的版面效果。单击“创建”按钮完成创建。具体设置如图 5-40 所示。

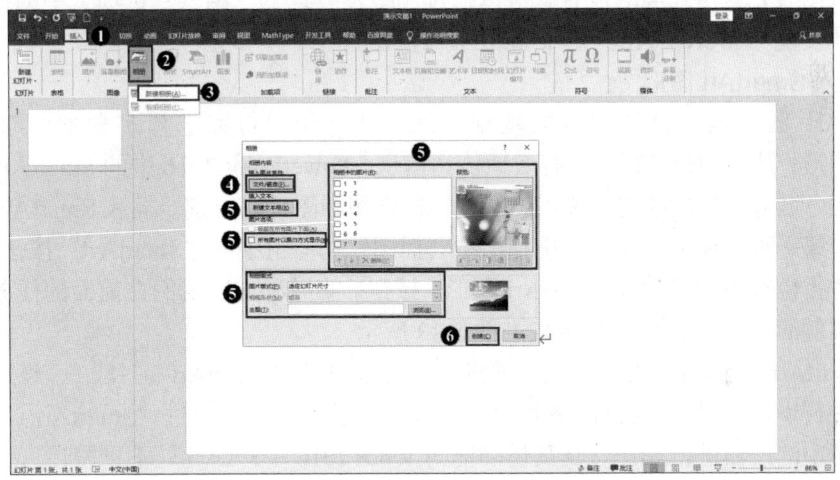

图 5-40　“相册”对话框的设置

新建的相册会保存到一个新建的演示文稿中。

4. 插入形状

在幻灯片中可以插入各种各样的形状，利用这些形状可以绘制出日常工作、学习所需要的各种各样的图形，以丰富演示文稿的功能。

单击“插入”选项卡中“插图”功能组中的“形状”按钮，在打开的下拉列表中选择一个形状，然后在幻灯片中单击或拖曳鼠标指针便可以绘制一个形状，5.1.4 节讲到的“动作按钮”就属于形状，其插入过程如图 5-21 所示。

对形状样式、填充色、轮廓、效果等的修改可以通过“绘图工具”/“格式”选项卡中的按钮进行操作，也可以通过“设置形状格式”窗格进行设置。其具体功能与 Word 2016 类似，此处不再赘述。

5. 插入表格

在 PowerPoint 2016 中插入表格可以分门别类地显示信息。插入表格的方法有两种：第一种，单击“插入”选项卡中“表格”功能组的“表格”按钮；第二种，单击幻灯片占位符中的“插入表格”按钮。第二种方法我们在前面的任务中已经操作过了，实例演示如图 5-17 所示。

对表格的行、列、单元格、对齐方式等的修改，可以通过“表格工具”/“布局”选项卡中的按钮进行操作。对表格样式、边框、底纹等的设置，可以通过“表格工具”/“设计”选项卡的按钮进行操作。其具体功能与 Word 2016 类似，此处不再赘述。

6. 插入图表

在 PowerPoint 2016 中插入图表可以直观地进行数据分析。插入图表的方法有两种：第一种，单击“插入”选项卡中“插图”功能组中的“图表”按钮；第二种，单击幻灯片占位符中的“插入图表”按钮。第二种方法我们在前面的任务中已经操作过了，实例演示如图 5-14 所示。

对图表数据源、图表类型等的设置，可以通过“图表工具”/“设计”选项卡中的按钮进行操作。对图表元素格式等的设置，可以通过“图表工具”/“格式”选项卡中的按钮进行操作。其具体功能与 Word 2016 一样，此处不再赘述。

7. 插入 SmartArt 图形

SmartArt 图形是信息和观点的视觉表示形式。用户可以选择多种不同布局来创建 SmartArt 图形，从而快速、轻松、有效地传达信息。PowerPoint 2016 中的 SmartArt 图形包括列表、流程、循环、层次结构、关系、矩阵、棱锥图和图片等类别。插入 SmartArt 图形的方法有两种：第一种，单击“插入”选项卡中“插图”功能组中的“SmartArt”按钮；第二种，单击幻灯片占位符中的“插入 SmartArt 图形”按钮。第二种方法我们在前面的任务中已经操作过了，实例演示如图 5-11、图 5-12、图 5-13 所示。

对 SmartArt 图形的版式、样式等的设置，可以通过“SmartArt 工具”/“设计”选项卡中的按钮进行操作。对 SmartArt 图形元素格式等的设置，可以通过“SmartArt 工具”/“格式”选项卡中的按钮进行操作。其具体功能与 Word 2016 一样，此处不再赘述。

5.1.6.6 插入超链接

在幻灯片放映视图下，演示文稿是按照幻灯片编号的顺序播放的，但为了按照幻灯片的逻辑关系播放，有时需要改变幻灯片的播放顺序，在演示文稿中插入“超链接”可以实现该功能。

插入“超链接”需要确定“链接源”和“链接目标”。“链接源”即超链接的起点，可以是任何文本或对象，插入了超链接的链接源文本会自动添加下划线；“链接目标”即超链接的终点，可以是“现有文件或网页”“本文档中的位置”“新建文档”“电子邮件”等。

创建超链接的方法有两种，一种是使用“超链接”按钮，另一种是使用动作按钮。下面对这两种方法分别进行介绍。

1. 使用“超链接”按钮

选择要插入“超链接”功能的文本或其他对象（如图片、艺术字等），单击“插入”选项卡中“链接”功能组中的“超链接”按钮，打开“插入超链接”对话框，如图 5-20 所示。该对话框的功能如下。

①“现有文件或网页”：表示“链接目标”为本机上现有的文件或网页，需要进一步设置“查找范围”或“地址”。在“查找范围”下拉列表设置本机上现有的文件，在“地址”

下拉列表输入网址（如海口经济学院官网），最后单击“确定”按钮，完成超链接的插入。

②“本文档中的位置”：表示“链接目标”为当前演示文稿中的某张幻灯片，需要进一步设置“请选择文档中的位置”，最后单击“确定”按钮，完成超链接的插入。

③“新建文档”：表示“链接目标”为一个尚未创建的文件，需要进一步设置“新建文档名称”和“完整路径”，最后单击“确定”按钮，完成超链接的插入。

④“电子邮件地址”：表示“链接目标”为电子邮件，需要进一步设置“电子邮件地址”，最后单击“确定”按钮，完成超链接的插入。

提示

（1）超链接设置好后，需要在幻灯片放映视图下实现其功能。将鼠标指针移到链接源文本或对象上，等鼠标指针变成手形，单击可以激活超链接，跳转到“链接目标”。

（2）超链接的文本颜色可以通过选择“设计”选项卡下“变体”组中的“颜色”中的“自定义颜色”选项，打开“新建主题颜色”对话框进行更改。

2. 使用动作按钮

PowerPoint 2016 提供了许多动作按钮，用户可以将动作按钮插入演示文稿的某些幻灯片中，并为这些按钮设置“超链接”功能。

选择需要插入动作按钮的幻灯片，单击“插入”选项卡中“插图”功能组中的“形状”按钮，打开下拉列表，如图 5-21 所示。PowerPoint 2016 提供的动作按钮大多数已经默认设置了一些动作，如后退或前一项、前进或下一项、开始和结束等，可以直接拿来使用。当然，用户也可以根据需要更改默认动作设置或采用无动作按钮自定义动作。选择一个动作按钮，在幻灯片空白处单击或拖曳鼠标指针，会弹出一个“操作设置”对话框，通过该对话框可以设置按钮的动作，即设置动作按钮的“链接目标”，实例演示如图 5-22 所示。

3. 编辑和删除超链接

（1）编辑超链接

选择已经插入的超链接，单击鼠标右键，在快捷菜单中选择“编辑超链接”命令，可以重新定义链接的目标位置。

（2）删除超链接

选择已经插入的超链接，单击鼠标右键，在快捷菜单中选择“取消超链接”命令，可以删除超链接。

5.1.6.7　演示文稿的版面设计

PowerPoint 2016 有一个很大的优势就是可以给演示文稿中的所有幻灯片设置一致美观的版面。用户可以通过设置母版视图、设置主题和变体、设置背景以及设置幻灯片大小来进行演示文稿的版面设计。

1. 设置母版视图

母版是幻灯片的底版，常用来对演示文稿中的幻灯片进行统一格式的设置等。母版的使用在一定程度上可以简化幻灯片的操作，能够使幻灯片的版面达到统一、美观的效果。原则上，一种版式的幻灯片的母版可以控制所有相同版式的幻灯片。PowerPoint 2016 提供的母版分为 3 类：幻灯片母版、讲义母版和备注母版。下面分别进行介绍。

（1）幻灯片母版

幻灯片母版是最常用的母版。单击“视图”选项卡中“母版视图”功能组中的“幻灯片母版”按钮，可以进入幻灯片母版视图，如图 5-41 所示。

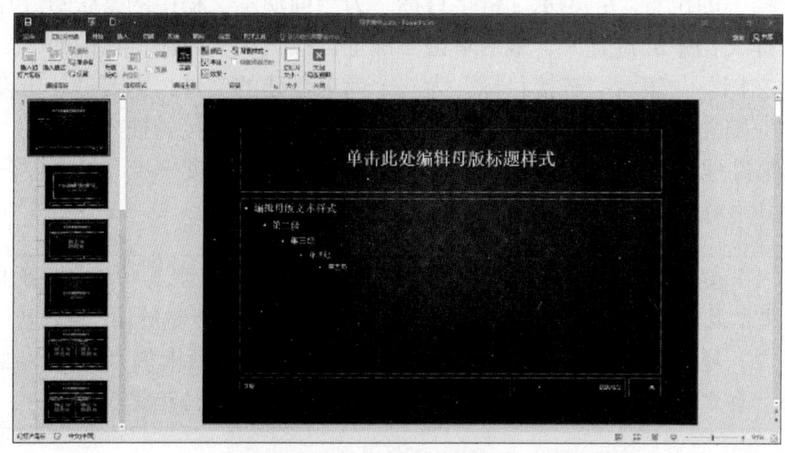

图 5-41　幻灯片母版视图

幻灯片母版视图和普通视图结构很相似，左侧是幻灯片母版显示区，由各种版式的幻灯片构成，该区域的第 1 张幻灯片控制普通视图下所有版式的幻灯片，其余母版幻灯片控制对应版式的幻灯片；右侧是幻灯片母版编辑区，该区域除了显示对应幻灯片母版的版式占位符外，还显示统一的 3 个占位符，默认情况下这 3 个占位符从左向右依次为：日期显示区、页脚显示区和幻灯片编号显示区。

要退出幻灯片母版视图，可以单击“幻灯片母版”选项卡中“关闭”功能组中的“关闭母版视图”按钮，也可以单击状态栏右下角的任一视图按钮退出“幻灯片母版”视图。

下面介绍幻灯片母版常用的功能。

① 幻灯片母版具有统一设置格式的功能。单击幻灯片母版编辑区中的占位符或选择占位符中对应的内容，就可以进行统一格式的设置。例如，选择“内容与标题”版式的幻灯片母版，选择“单击此处编辑母版标题样式”文字信息，在“开始”选项卡中的“字体”功能组设置字体为“黑体”，字号为“44”，字体颜色为“红色”，如图 5-42 所示。单击状态栏右下角的“幻灯片浏览”视图按钮退出幻灯片母版视图，这时你会发现所有“内容与标题”版式幻灯片的标题格式都设置成了“黑体”“44”“红色”的字体效果，显示效果如图 5-43 所示。

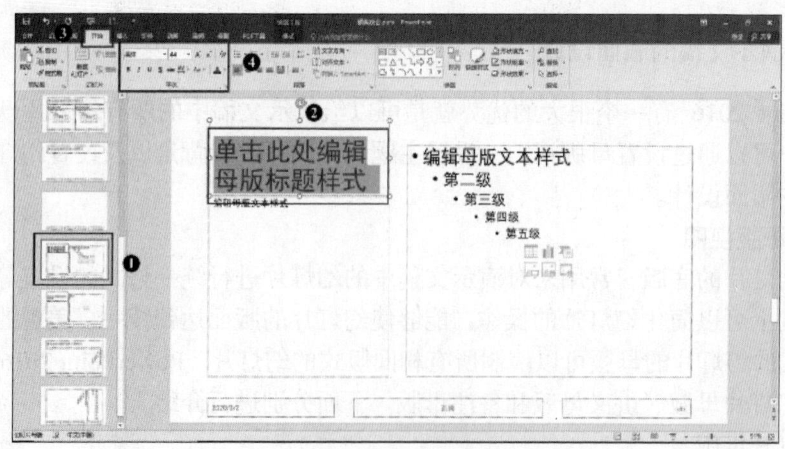

图 5-42　统一设置格式

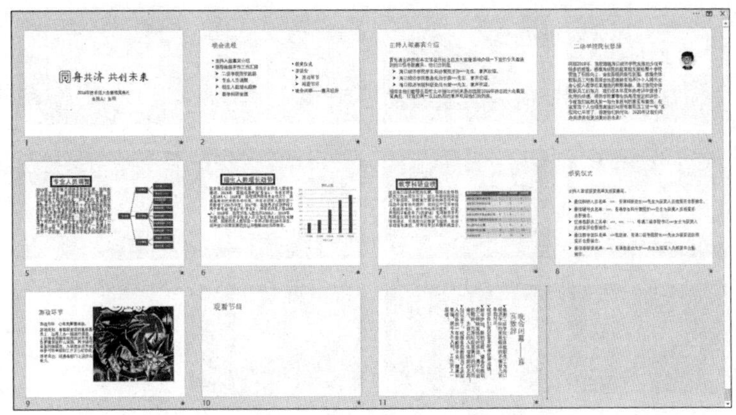

图 5-43　统一设置格式显示效果

② 幻灯片母版具有统一显示日期、页脚和页码的功能。例如，选择幻灯片母版视图下的“内容与标题”版式的幻灯片母版，单击“插入”选项卡中的“文本”功能组中的“页眉和页脚”按钮，打开“页眉和页脚”对话框，默认“幻灯片”选项卡。

选择“日期和时间”复选框，表示在日期显示区显示日期和时间。在“日期和时间”复选框下方有两个单选项，若选择“自动更新”单选项，则日期显示区的时间采用系统时间，会随着系统时间的改变而改变；若选择“固定”单选项，则需要用户在其后面的文本框中输入一个确定的日期。

选择“幻灯片编号”复选框，则在幻灯片编号显示区自动加上幻灯片编号。

选择“页脚”复选框，输入页脚文字，则在页脚显示区显示统一的页脚信息。

单击“应用”按钮，完成操作，如图 5-44 所示。

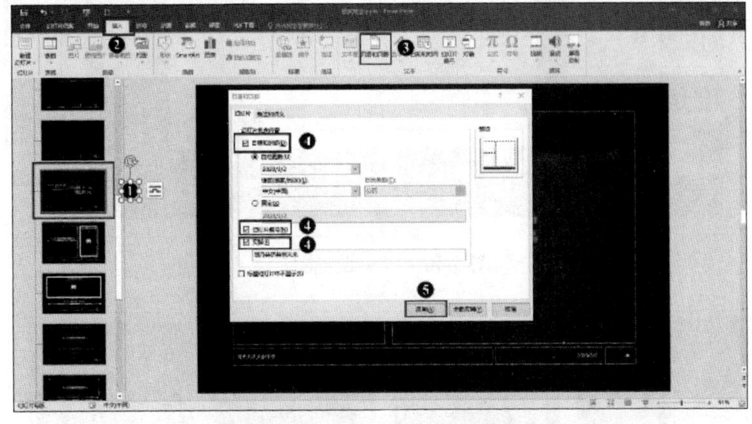

图 5-44　设置日期、幻灯片编号和页脚

单击状态栏右下角的“幻灯片浏览”视图按钮退出幻灯片母版视图，可以看到所有“内容与标题”版式的幻灯片均显示了统一的日期、幻灯片编号和统一的页脚信息。显示效果如图 5-45 所示。

（1）在“页眉和页脚”对话框中，单击“全部应用”按钮，则所有版式的幻灯片都会显示日期、幻灯片编号和页脚信息。

（2）在“页眉和页脚”对话框中，选择“标题幻灯片中不显示”复选框，则采用了“标题幻灯片”版式的幻灯片不会显示日期、幻灯片编号和页脚信息。

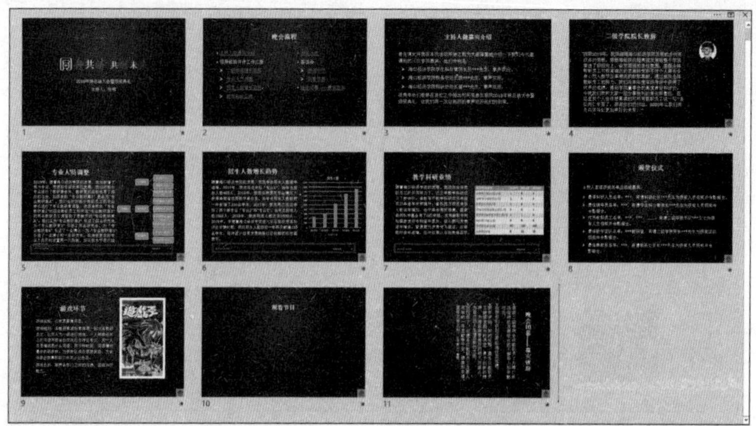

图 5-45　日期、幻灯片编号和页脚显示效果

③ 幻灯片母版具有统一显示对象的功能。要使多张幻灯片在同一位置显示相同的对象信息，则可在幻灯片母版中插入该对象。例如，选择幻灯片母版视图下的一张幻灯片，单击“插入”选项卡中“图像”功能组的“图片”按钮，在弹出的“插入图片”对话框中选择并插入用户所需图片，这时幻灯片母版编辑区会显示该图片，调整图片的格式和位置，如图 5-46 所示。退出幻灯片母版视图，则所有版式相同的幻灯片均显示该图片信息，如图 5-47 所示。

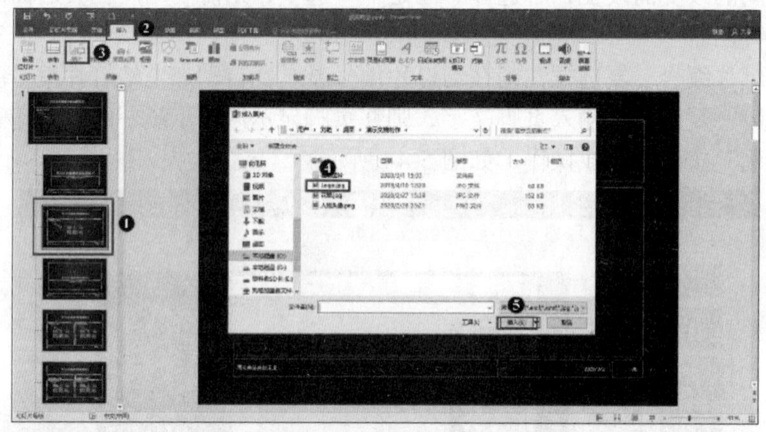

图 5-46　统一设置图片

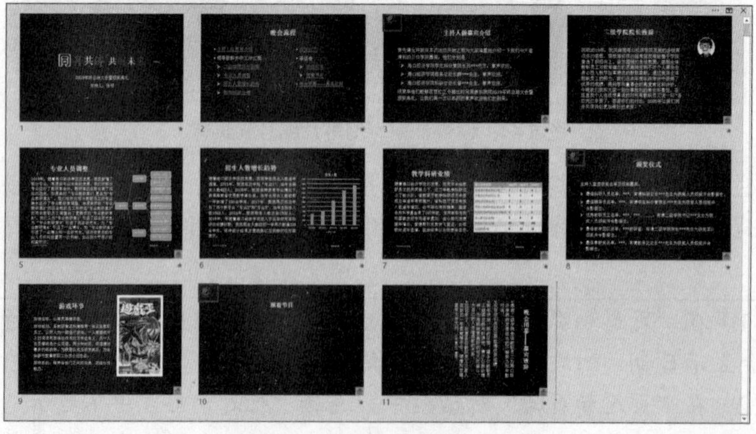

图 5-47　统一设置图片显示效果

（2）讲义母版

单击“视图”选项卡中“母版视图”功能组中的“讲义母版”按钮，可以进入“讲义母版”视图，该母版主要用于控制幻灯片讲义形式打印的格式，可以设置一页中打印幻灯片的数量、页眉格式等。

（3）备注母版

单击“视图”选项卡中“母版视图”功能组中的“备注母版”按钮，可以进入“备注母版”视图，该母版主要用于控制幻灯片备注页形式打印的格式。

2. 设置主题和变体

主题为演示文稿提供完整的幻灯片设计，包括背景设计、字体样式、颜色和版式。单击“设计”选项卡中“主题”功能组列表框右下角的“下拉列表”按钮展开列表框，列表中提供了很多 Office 主题，每个主题有相应的名称，如“花纹”“环保”“回顾”等，选择一个主题，演示过程如图 5-23 所示。该主题效果便应用于所有幻灯片，如图 5-1 所示。

“变体”功能组类似于 PowerPoint 早期版本中的“配色方案”。想要应用特定主题的另一种颜色变体，可以在“变体”功能组中选择一种喜欢的颜色变体，更改所有幻灯片的颜色效果，单击“变体”功能组列表框右下角的“下拉列表”按钮展开列表框，如图 5-48 所示。用户可以自定义“颜色”“字体”“效果”“背景样式”。选择“颜色”→“自定义颜色”选项，打开“新建主题颜色”对话框，如图 5-49 所示，在该对话框中可以设置和更改主题的颜色。

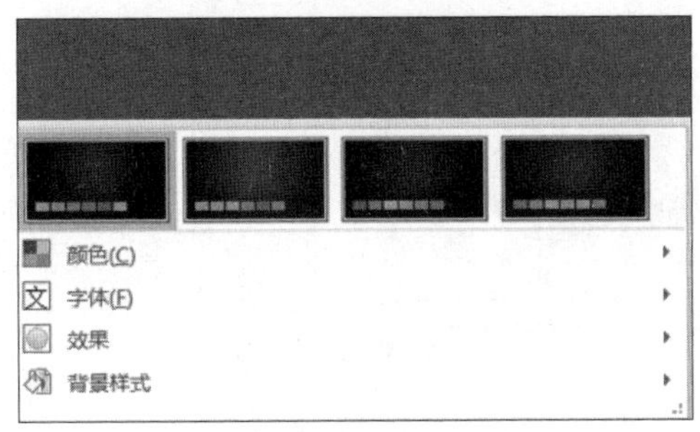

图 5-48　“变体”列表框

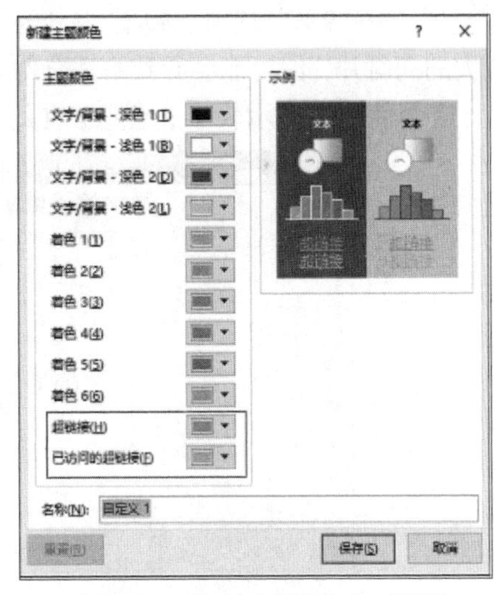

图 5-49　“新建主题颜色”对话框

3. 设置背景

更改幻灯片的颜色除了可以设置主题和变体之外，还可以通过改变幻灯片的背景来完成。PowerPoint 2016 提供了丰富的背景，包括颜色、图案和纹理等。用户也可以选择自己喜欢的图片作为背景。

单击“设计”选项卡中“自定义”功能组中的“设置背景格式”按钮，打开“设置背景格式”窗格，在其中可以通过选择“纯色填充”“渐变填充”“图片或纹理填充”“图案填充”单选项来设置不同的背景效果，设置方法与 Word 2016 中对象格式的设置方法相同，此处不再赘述。最后单击“全部应用”按钮将背景应用到所有幻灯片，如图 5-50 所示。

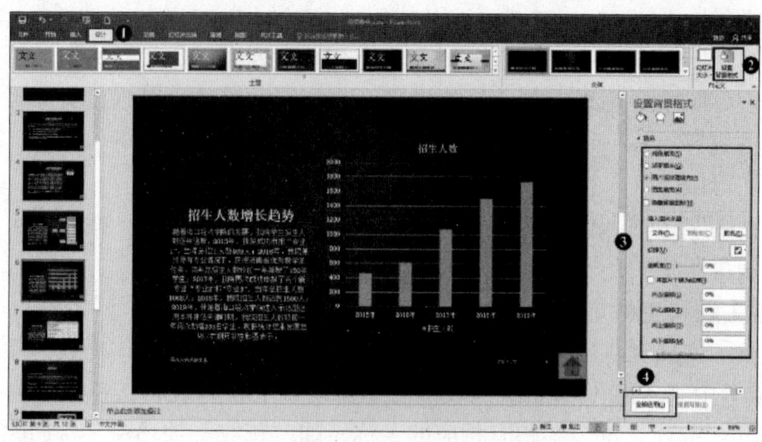

图 5-50 设置背景

4. 设置幻灯片大小

在 PowerPoint 早期版本中，幻灯片大小默认是标准（4∶3）。PowerPoint 2016 中的默认幻灯片大小是宽屏（16∶9）。用户可以根据需要将幻灯片大小调整为 4∶3 或自定义大小，也可以设置幻灯片大小为各种常见的纸张大小和其他屏幕元素的大小。

（1）更改为宽屏或标准幻灯片大小

单击“设计”选项卡中“自定义”功能组中的“幻灯片大小”按钮，选择“标准（4∶3）”或“宽屏（16∶9）”选项，弹出“Microsoft PowerPoint”对话框。单击“最大化”按钮可以变为较大的幻灯片，但可能会导致不适合幻灯片内容。单击“确保适合”按钮可以减小到较小的幻灯片，这会使内容显示较小，但能够在幻灯片上显示所有内容。具体设置过程如图 5-51 所示。

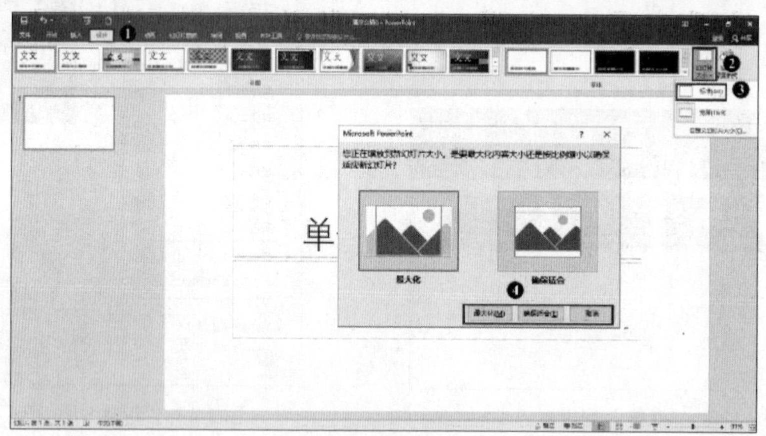

图 5-51 设置幻灯片大小

（2）自定义幻灯片大小

单击“设计”选项卡中“自定义”功能组中的“幻灯片大小”按钮，选择“自定义大小”选项，打开“幻灯片大小”对话框，在“幻灯片大小”下拉列表框中设置幻灯片宽度和高度，在“方向”选项组中选择幻灯片方向，单击“确定”按钮，如图 5-52 所示。

提示

用户可以通过“幻灯片大小”对话框更改幻灯片编号的起始值。

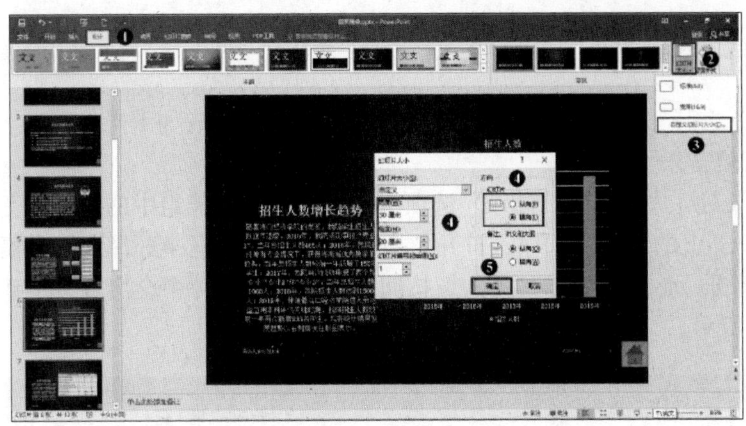

图 5-52 自定义大小

5.1.7 拓展训练

请同学们在配套的实验教程上完成实验 1 和实验 2 的操作。

任务 5.2 为“颁奖晚会”演示文稿添加动画效果

5.2.1 任务目标

- 熟练掌握幻灯片对象动画的设置方法；
- 熟练掌握幻灯片切换动画的设置方法；
- 熟练掌握动画窗格的使用方法；
- 熟练掌握幻灯片音频和视频的添加方法。

5.2.2 任务描述

为了给晚会营造轻松愉快的氛围，张明希望在晚会开始前演示文稿能够播放背景音乐。为了使主持演讲过程更生动、更具有吸引力，张明决定在幻灯片中添加内部对象动画和幻灯片切换动画效果。为了活跃晚会气氛，张明之前设计了游戏环节，之后还打算让大家一起看节目。考虑了很久，张明决定让大家一起看喜剧，享受这开心的时刻。请你协助张明实现这些功能。

“颁奖晚会”演示文稿动画效果

5.2.3 任务分析

为演示文稿的第 1 张幻灯片添加可以手动控制循环播放的背景音乐；为演示文稿添加动态播放效果；为第 10 张幻灯片添加可以全屏幕播放的视频。本任务可以分解为以下 4 个小任务。

（1）添加背景音乐。

（2）添加幻灯片对象动画。

（3）添加幻灯片切换动画。

（4）添加喜剧节目。

5.2.4 任务实现

打开“任务 5.2”文件夹中的“5.2 颁奖晚会.pptx”，完成如下操作。

1. 添加背景音乐

选择第 1 张幻灯片，单击“插入”选项卡中“媒体”功能组中的“音频”按钮，在下拉列表中选择“PC 上的音频”选项，打开“插入音频”对话框，选择演示文稿制作素材文件夹中的“背景音乐.wav”，单击“插入”按钮，这时在幻灯片中会出现一个喇叭状的声音图标，如图 5-53 所示。

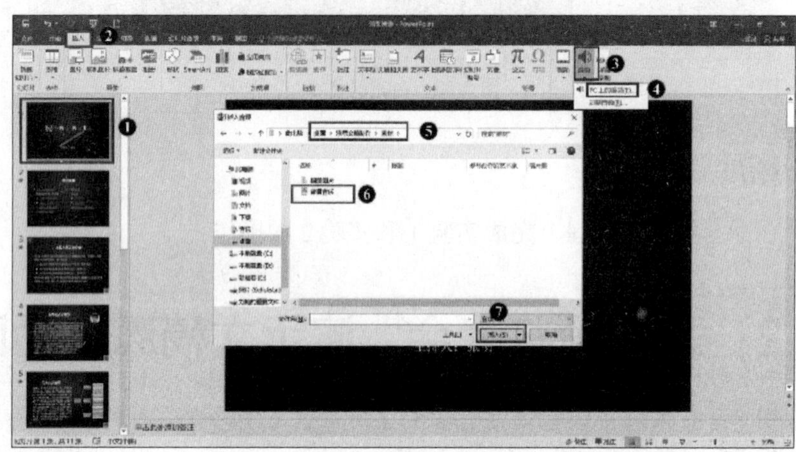

图 5-53 添加背景音乐

继续设置背景音乐。将声音图标移动到第 1 张幻灯片的右下角，选择音乐图标，单击“音频工具”/“播放”选项卡，选择“音频选项”功能组中的“循环播放，直到停止”复选框，完成设置，如图 5-54 所示。

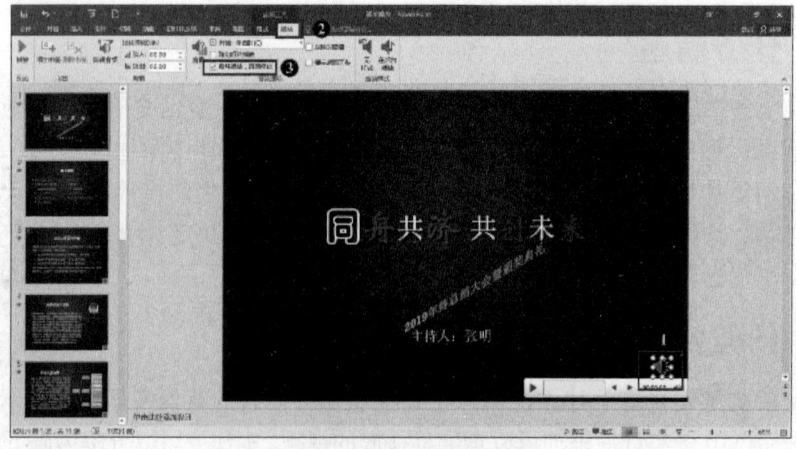

图 5-54 背景音乐播放设置

提示

在幻灯片放映视图下，鼠标指针指向声音图标，会出现播放进度条，单击“播放”按钮即可播放插入的音频。

2. 添加幻灯片对象动画

选择第 4 张幻灯片，选择左侧文本框，单击“动画”选项卡中“动画”功能组的列表框中的“飞入”效果，然后单击“效果选项”按钮，在下拉列表中选择“自左侧”选项，完成动画效果设置，如图 5-55 所示。

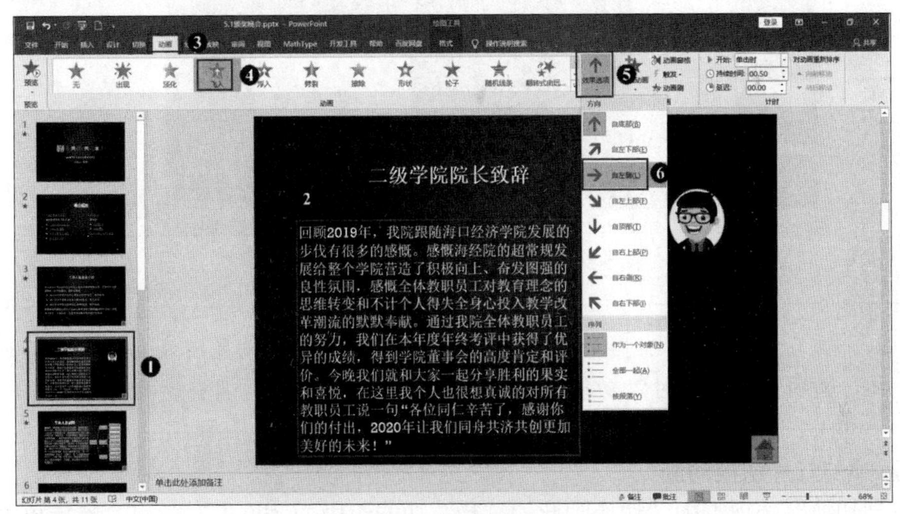

图 5-55　添加对象动画

以同样的方式选择第 5 张幻灯片中的 SmartArt 图形，单击“动画”选项卡中“动画”功能组的列表框中的“缩放”效果，然后单击“效果选项”按钮，在下拉列表中选择“作为一个对象”选项，完成动画效果设置。

选择第 6 张幻灯片中的图表，单击“动画”选项卡中“动画”功能组的列表框中的“轮子”效果，然后单击“效果选项”按钮，在下拉列表中选择“8 轮辐图案”选项。继续单击该幻灯片中的左侧文本框占位符，单击“动画”选项卡中“动画”功能组的列表框中的“擦除”效果，然后单击“效果选项”按钮，在下拉列表中选择“自顶部”选项，完成动画效果设置。

选择第 7 张幻灯片中的表格，单击“动画”选项卡中　“动画”功能组的列表框中的“擦除”效果，然后单击“效果选项”按钮，在下拉列表中选择“自左侧”选项，完成动画效果设置。

选择第 8 张幻灯片中的第 2 个文本框，单击“动画”选项卡中“动画”功能组的列表框中的“出现”效果，然后单击“动画”功能组右下角的“功能组”按钮，打开“出现”对话框，默认“效果”选项卡，在其中设置“动画播放后”为红色，单击“确定”按钮，完成动画效果设置，如图 5-56 所示。选择刚刚设置了动画效果的文本框，双击“动画刷”按钮，依次单击第 3～6 个文本框，为其复制动画效果。

选择第 9 张幻灯片中的图片，单击“动画”选项卡中“动画”功能组的列表框中的“陀螺旋”效果，然后单击“效果选项”按钮，在下拉列表中选择“旋转两周”选项，完成动画效果设置。

选择第 11 张幻灯片中的垂直文本框，单击“动画”选项卡中“动画”功能组的列表框中的“浮入”效果，然后单击“效果选项”按钮，在下拉列表中选择“下浮”选项，完成动画效果设置。

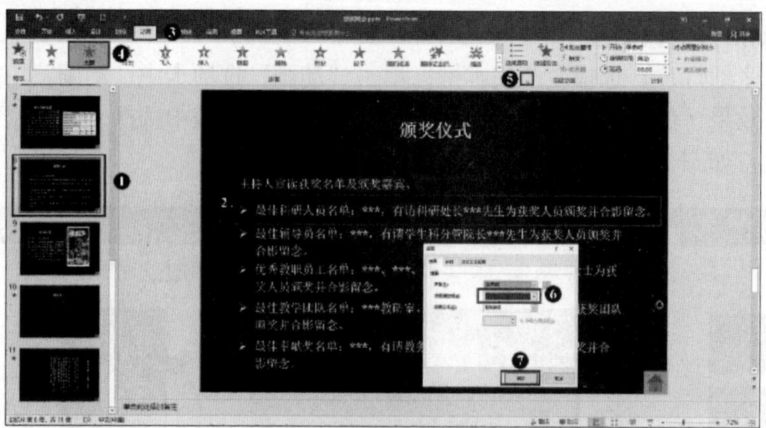

图 5-56　设置第 8 张幻灯片的动画效果

第 6 张幻灯片也可以先设置左侧文本框动画，再设置图表动画，然后通过“动画”选项卡中“计时”功能组中的“对动画重新排序”调整动画播放顺序。

3. 添加幻灯片切换动画

单击“切换”选项卡中“切换到此幻灯片”功能组中的“推进”效果，然后单击“效果选项”按钮，在下拉列表中选择“自右侧”选项，最后单击“计时”功能组中的“全部应用”按钮，完成动画效果的设置，如图 5-57 所示。

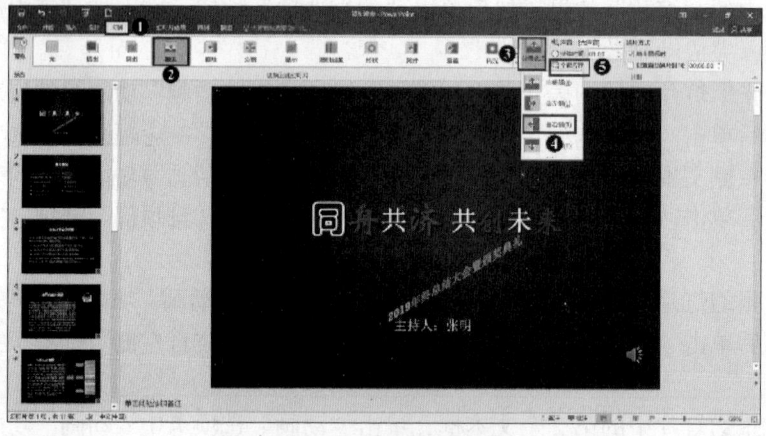

图 5-57　设置切换动画

“切换”与“动画”选项卡设置动画的区别为：“切换”选项卡针对幻灯片进行动画设置，“动画”选项卡针对幻灯片内部对象进行动画设置。

4. 添加喜剧节目

选择第 10 张幻灯片，单击“插入”选项卡中“媒体”功能组中的“视频”按钮，在下拉列表中选择“PC 上的视频”选项，打开“插入视频文件”对话框，选择演示文稿制作素材文件夹中的“喜剧表演.mp4”，单击“插入”按钮，这时在幻灯片中会出现一个带有播放进度条的视频窗口，如图 5-58 所示。

选择刚插入的视频窗口，单击“视频工具”/“播放”选项卡，选择“视频选项”功能组中的“全屏播放”复选框，完成喜剧节目的添加。

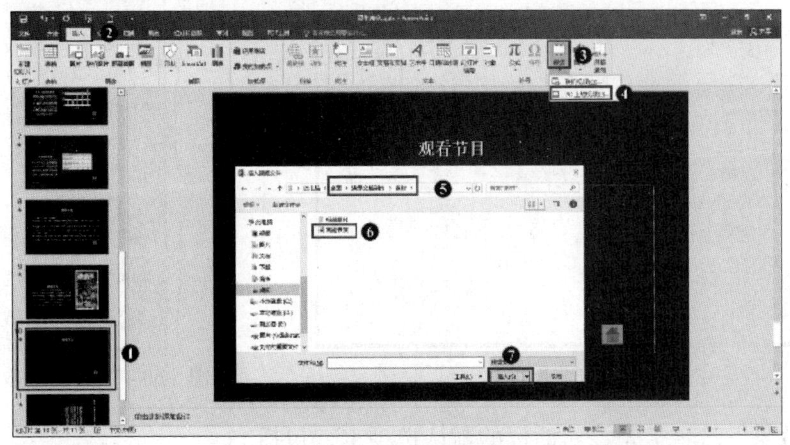

图 5-58　插入喜剧节目

5.2.5　任务小结

通过本任务，我们了解了在演示文稿中添加动态播放效果可以增强演示文稿的表现力，使演示过程更生动、形象和有条理；在演示文稿中添加音频和视频，可以营造场景氛围。

通过本任务，我们还掌握了在演示文稿中插入音频和视频的方法以及部分功能的设置，理解了幻灯片内部动画和切换动画的区别，掌握了幻灯片内部动画和幻灯片切换动画的设置方法以及注意事项。

5.2.6　基础知识

5.2.6.1　幻灯片内部动画的设置

幻灯片内部动画是指针对幻灯片内部对象，包括标题、文本、图形、图像、图表等进行的动画设置。设置好动画效果的对象，在幻灯片放映视图下随着演示的进行，会按照某种顺序显示各个对象的动画效果。

1. 添加内部动画的方法

选择要设置动画的幻灯片为当前编辑的幻灯片，选择该幻灯片中的一个对象，单击“动画”选项卡中“动画”功能组的列表框右下角的“下拉列表”按钮或单击“高级动画”功能组中的“添加动画”按钮，均可打开动画效果列表，如图 5-59 所示，在其中选择一种动画效果，即可完成一个简单动画的添加。PowerPoint 2016 提供了丰富的预置动画效果，动画分为 4 个类别：“进入”“强调”“退出”“动作路径”。每个类别的动画有多种表现形式，如“进入”动画效果包括“出现”“淡出”“飞入”等。要想设置更多类别的动画效果可以选择列表下方的选项打开相应对话框进行设置。例如，单击“更多强调效果”可以打开“添加强调效果”对话框，如图 5-60 所示。

2. 自定义内部动画效果

选择一种动画如“飞入”，如果想自定义该动画效果，可以单击“动画”功能组右下角的“功能组”按钮，打开“飞入”对话框，如图 5-61 所示。该对话框的选项卡的功能如下。

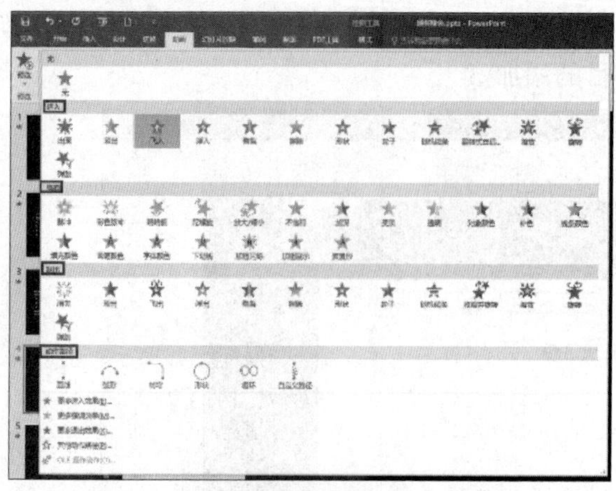

图 5-59　动画效果列表

图 5-60　“添加强调效果”对话框

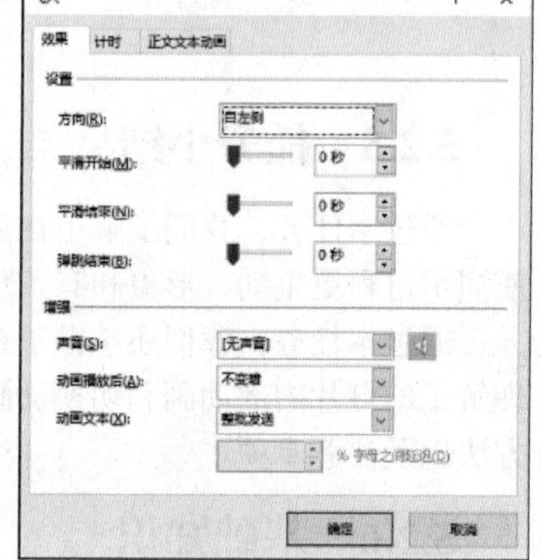

图 5-61　“飞入”对话框

（1）“效果”选项卡是该对话框的默认选项卡，包括“设置”和“增强”两个选项区域。

①“设置”选项区域中的“方向”选项可以设置动画效果的动作方向，等同于“动画”选项卡中 “动画”功能组中的“效果选项”中“方向”的设置。

②“平滑开始”选项可以设置动画从开始到正常速度所需要的时间。

③“平滑结束”选项可以设置动画从正常速度到停止动画所需要的时间。

④“弹跳结束”选项可以设置从正常速度到弹跳停止动画所需要的时间。

⑤“增强”选项区域中的“声音”选项可以设置系统提供或用户自行添加的 WAV 格式的声音，可以通过右侧的按钮调节音量大小或设置静音模式。

⑥“动画播放后”选项可以设置动画播放结束以后对象信息显示的效果，可以设置为“颜色”“不变暗”“播放动画后隐藏”“下次单击后隐藏”等效果。

⑦“动画文本”选项可以设置文本信息按“整批发送”“按字/词”“按字母”3 种方式的动画效果，其中“按字/词”和“按字母”方式可以设置字母间的延迟百分比。

（1）“平滑开始”时间加上“平滑结束”时间或“平滑开始”时间加上“弹跳结束”时间要小于“持续时间”。

（2）“平滑结束”与“弹跳结束”不能同时存在。

（2）“计时”选项卡，如图 5-62 所示。用户在该选项卡中可以设置动画的播放方式、播放速度和重复播放次数等。

①“开始”选项可以设置动画的播放方式。它包括 3 个选项：“单击时”是指通过单击开始播放动画；“与上一动画同时”是指当前动画与前一个动画同时开始播放；“上一动画之后”是指当前动画在前一个动画播放结束后自动开始播放。该项功能等同于“动画”选项卡中“计时”功能组中的“开始”设置。

②“延迟”选项可以设置动画开始播放的延迟时间。该项功能等同于“动画”选项卡中

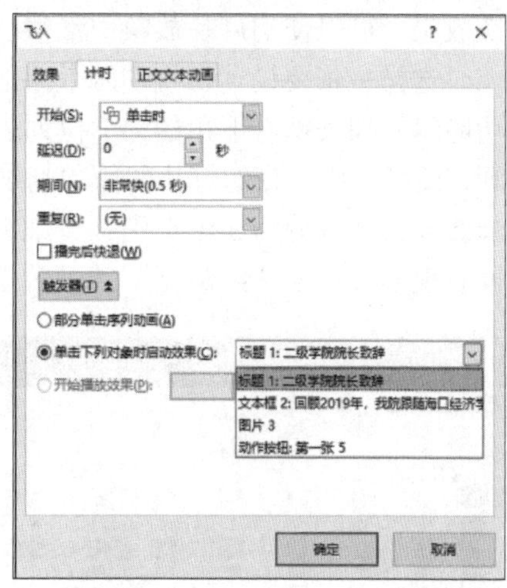

图 5-62 “计时”选项卡

“计时”功能组中的“延迟”设置。

③“期间”选项可以设置动画的播放速度，即播放持续时间。该项功能等同于“动画”选项卡中“计时”功能组中的“持续时间”的设置。

④“重复”选项可以设置动画播放的重复次数等。输入或选择数字，如“3”“4”“5”，表示动画重复播放 3 次、4 次、5 次后停止；设置“直到下一次单击”表示动画会循环播放到下一次单击幻灯片的时候停止；设置“直到幻灯片末尾”表示直到幻灯片结束才能停止动画的播放。

⑤“播放后快退”复选框表示动画播放完后对象快速消失。

⑥“触发器”选项可以设置动画的触发方式。默认

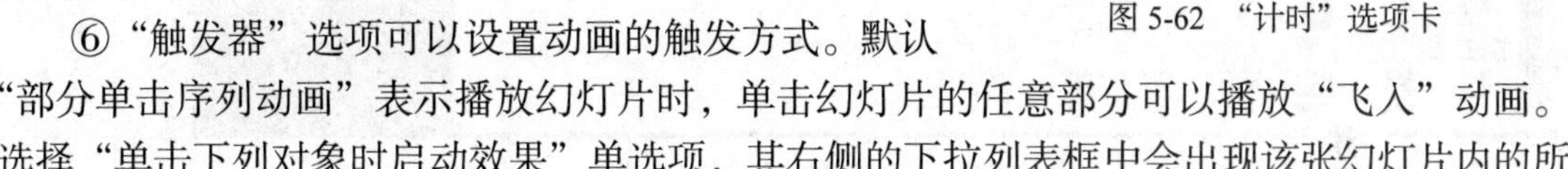

“部分单击序列动画”表示播放幻灯片时，单击幻灯片的任意部分可以播放“飞入”动画。选择“单击下列对象时启动效果”单选项，其右侧的下拉列表框中会出现该张幻灯片内的所有对象，选择其中一个对象，如“图片 3”，则在放映该张幻灯片时，需要单击“图片 3”才能触发“飞入”动画。“开始播放效果”选项是针对音频或视频标签进行的设置，如果“音频”或“视频”中添加了标签，该选项会处于可用状态，并可以将动画的播放设置到某个标签，这样“音频”或“视频”播放到该标签位置时便可以触发“飞入”动画。该项功能等同于“动画”选项卡中“高级动画”功能组中的“触发”设置。

（3）“正文文本动画”选项卡，如图 5-63 所示。该选项卡用于设置段落文本的播放方式，可以整体播放，也可以一个段落一个段落地播放，还可以设置段落之间播放的间隔时间等。该功能等同于“动画”选项卡中“动画”功能组中的“效果选项”的序列设置。

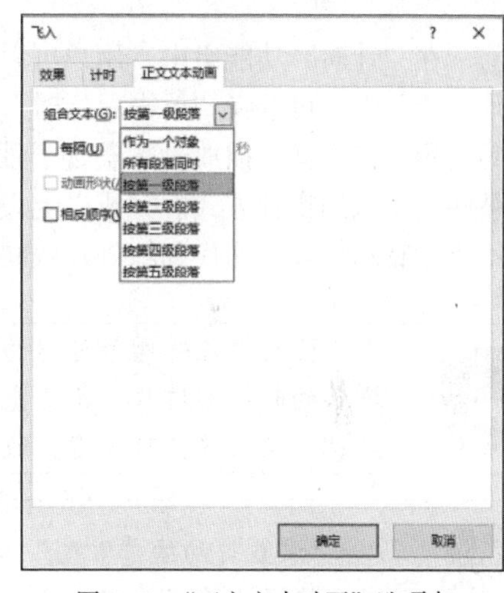

图 5-63 “正文文本动画”选项卡

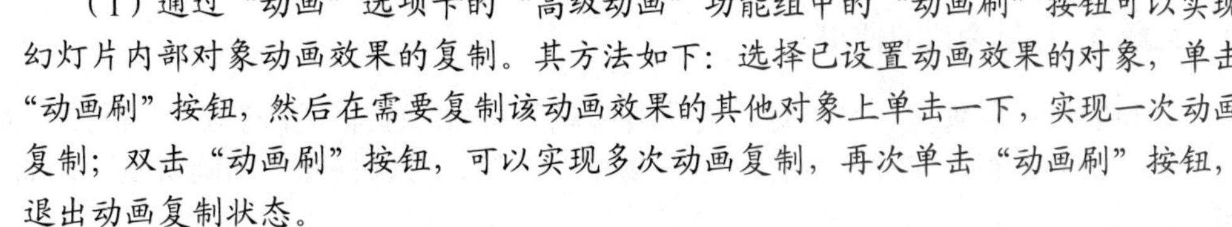

提示

（1）通过“动画”选项卡的“高级动画”功能组中的“动画刷”按钮可以实现幻灯片内部对象动画效果的复制。其方法如下：选择已设置动画效果的对象，单击“动画刷”按钮，然后在需要复制该动画效果的其他对象上单击一下，实现一次动画复制；双击“动画刷”按钮，可以实现多次动画复制，再次单击“动画刷”按钮，退出动画复制状态。

（2）通过“动画”选项卡的“计时”功能组中的“向前移动”或“向后移动”按钮可以更改动画的播放顺序。

（3）音频和视频标签会在音频和视频 5.2.6.4 节详细介绍。

5.2.6.2 幻灯片切换动画的设置

幻灯片切换动画是指幻灯片放映时切换到下一张幻灯片的过渡效果。通过设置幻灯片切

换效果，可以使幻灯片放映更活泼、更生动。

选择一张要设置切换动画效果的幻灯片。单击“切换”选项卡中的“切换到此幻灯片”功能组的列表框右下角的“下拉列表”按钮打开动画效果列表，如图 5-64 所示，选择一种动画，即可完成一张幻灯片的简单切换效果的设置。PowerPoint 2016 提供了丰富的预置切换动画效果，动画分为 3 个类别：“细微型”“华丽型”“动态内容”。每个类别的动画都有多种表现形式。如“细微型”动画效果包括“切出”“淡出”“推进”等。

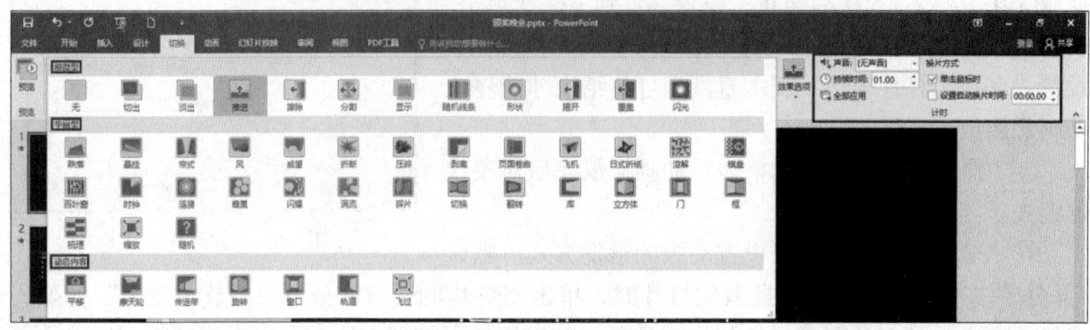

图 5-64　切换动画效果列表框

在“计时”功能组中，用户可以设置切换动画的声音、持续时间及换片方式等。在“换片方式”中，可选择“单击鼠标时”这一换片方式，也可自行“设置自动换片时间”，其时间由用户自定义，播放时每隔若干秒自动换片。如果同时选择两种换片方式，则哪个方式先被触发就采用哪种方式。完成以上设置后，单击“全部应用”按钮，则动画的切换效果将应用于所有幻灯片。切换到幻灯片放映视图，可以测试切换动画效果。

给幻灯片新增节可以为同一节内容设置相同的切换动画。其方法如下：选择新增节的起始幻灯片，单击鼠标右键，在快捷菜单中选择“新增节”命令，输入节的名称，然后选择节标题，设置切换动画即可。

“设置自动换片时间”最好不要少于“持续时间”，否则幻灯片切换动画没有放完，就换片了。

5.2.6.3　动画窗格的使用

动画窗格可以管理一张幻灯片内所有的对象动画。选择一张幻灯片，单击“动画”选项卡中“高级动画”功能组中的“动画窗格”按钮，可以打开“动画窗格”，如图 5-65 所示。

“动画窗格”显示了该幻灯片中设置的所有对象动画，选择其中一个动画对象，单击“播放自”按钮可以从选择的对象开始按顺序播放动画直到所有动画播放结束。“播放自”按钮下方显示了设置动画效果的对象，对象左侧的编号代表了动画播放的顺序，选择对象动画，可以通过单击“播放自”按钮右侧的上下箭头按钮调整对象动画的播放顺序。选择动画对象，单击其右侧的下拉按钮可以对动画进行设置或修改。

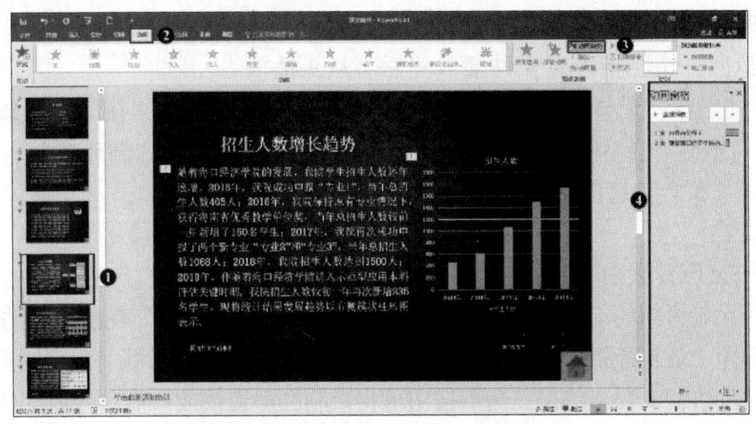

图 5-65　打开“动画窗格”

5.2.6.4　添加音频与视频

在幻灯片中添加音频和视频可以营造场景氛围，使幻灯片在播放的过程中更生动形象，增加演示文稿的感染力。

1．插入音频

在幻灯片中可以插入声音文件，也可以录制旁白。下面分别进行介绍。

（1）插入声音文件

选择需要插入声音的幻灯片，单击“插入”选项卡中“媒体”功能组中的“音频”按钮，在下拉列表中选择“PC 上的音频”选项，打开“插入音频”对话框，选择要插入的声音文件，单击“插入”按钮，这时在幻灯片中会出现一个喇叭状的声音图标，如图 5-53 所示。

选择声音图标，打开“音频工具”/“播放”选项卡，如图 5-66 所示。单击该选项卡中的按钮可以播放音频、添加书签、剪裁音频、设置淡化持续时间、设置音量、设置播放方式、选择是否跨幻灯片播放或循环播放、是否隐藏声音图标等。其具体功能如下。

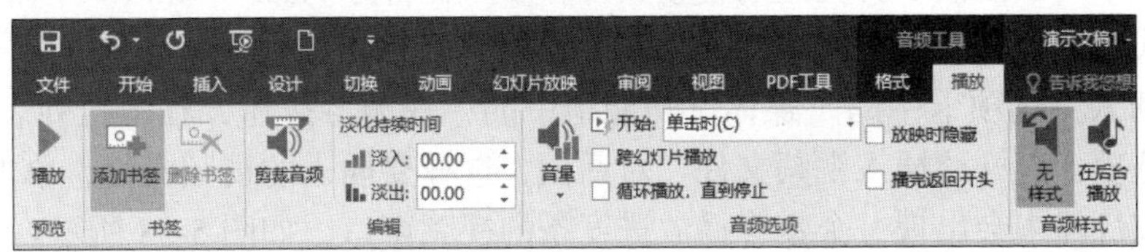

图 5-66　“音频工具”/“播放”选项卡

①“播放”按钮可以播放当前声音文件。

②“添加书签”可以记录音频的播放位置，操作方法是选择音频进度条上的某个音频位置，单击“添加书签”按钮即可给音频添加多个书签。

③“剪裁音频”可以修改当前声音文件的起止播放时间。

④“淡化持续时间”可以设置音频开始到正常播放的“淡入”时间和正常播放到停止的“淡出”时间。

⑤“音量”按钮可以设置当前音频的声音大小，包括低、中、高和静音。

⑥“开始”默认“单击时”，也可以设置“自动”，即自动播放。

⑦“跨幻灯片播放”指幻灯片在放映时声音可以延续到后面的幻灯片继续播放。

⑧“循环播放，直到停止”可以设置声音循环播放直到使其停止。

⑨“放映时隐藏”指幻灯片在放映时，声音图标不可见。

⑩“播完返回开头”指声音文件播放完后会从头播放。

⑪ 音频样式默认“无样式”，即上述选项均未自定义。单击“在后台播放”按钮，“音频选项”中的“开始”会自动设置为“自动”“跨幻灯片播放”“循环播放，直到停止”以及“放映时隐藏”3 个复选框会自动选择。

（2）录制旁白

如果需要记录声音旁白，计算机必须配备声卡和话筒。

选择要进行录制旁白的幻灯片，单击“插入”选项卡中的“媒体”功能组中的“音频”按钮，在下拉列表中选择“录制音频”选项，此时会出现“录制声音”对话框，单击圆形按钮可开始录音，单击方形按钮结束录音，单击三角形按钮可将录制的声音播放一次。录制完毕后，幻灯片上会出现一个声音图标，在幻灯片放映时，只要单击此图标，录制的旁白就会播放，如图 5-67 所示。

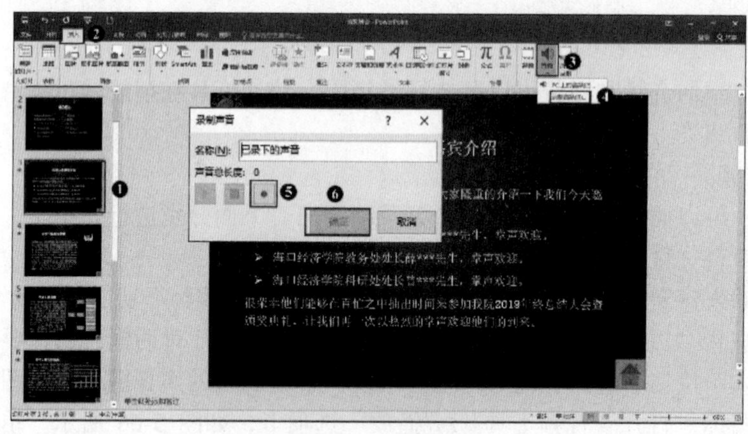

图 5-67　录制旁白

2. 插入视频

在幻灯片中可以插入多种类型的视频文件，如扩展名为“.asf”“.mov”“.wmv”“.mp4”“.avi”等格式的影片文件或动态 GIF 文件。

单击“插入”选项卡中的“媒体”功能组中的“视频”按钮，在下拉列表中选择“PC 上的视频”选项，打开“插入视频文件”对话框，选择要插入的视频文件，单击“插入”按钮，这时在幻灯片中会出现一个带有播放进度条的视频窗口，如图 5-58 所示。

也可以单击“插入”选项卡中的“媒体”功能组中的“视频”按钮，在下拉列表中选择“联机视频”选项，插入在线视频。

视频格式的设置和音频格式的设置类似，单击“视频工具”/“播放”选项卡，单击该选项卡中的按钮可以播放视频、添加书签、剪裁视频、设置淡化持续时间、设置音量、设置播放方式、选择是否全屏播放或循环播放、是否隐藏视频图标等，如图 5-68 所示。各选项功能与音频相似，此处不再一一介绍。

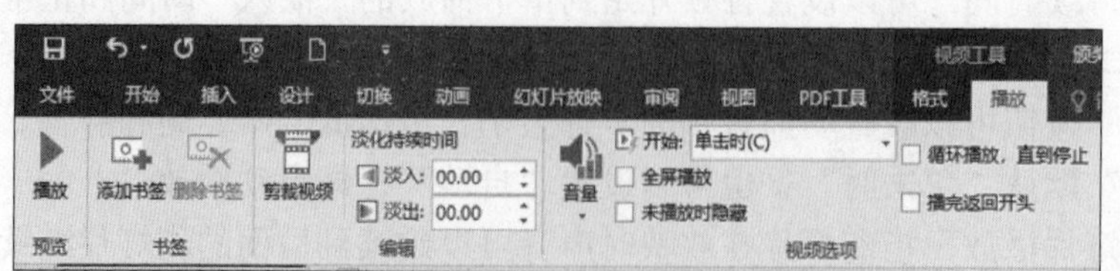

图 5-68　“视频工具”/“播放”选项卡

5.2.7　拓展训练

请同学们在配套的实验教程上完成实验 3 中的动画设置。

任务 5.3　设置“颁奖晚会”演示文稿的播放方式

5.3.1　任务目标

- 熟练掌握演示文稿放映方式的设置方法；
- 熟练掌握演示文稿的放映方法；
- 熟练掌握录制排版与排练计时功能的使用方法；
- 熟练掌握演示文稿的输出方法。

5.3.2　任务描述

为了便于二级学院院长提前熟悉发言稿内容并做好相应的准备工作，张明决定在“颁奖晚会.pptx”的基础上自定义一种幻灯片放映方案，使院长在打开该演示文稿的时候只能浏览包含自己的发言内容的几张幻灯片。晚会开始前，张明还建议院长在熟悉发言内容的基础上，针对发言的几张幻灯片进行排练计时，以控制好发言时间，并录制旁白，最后张明将录制演示的幻灯片导出为视频文件，以备不时之需。为了让与会嘉宾更加熟悉晚会流程，张明也决定将演示文稿打印 3 份赠予嘉宾。请你协助张明实现以上功能。

“颁奖晚会”演示文稿播放效果

5.3.3　任务分析

播放效果的设置包括根据实际需要自定义放映方案、设置放映方式、预演排练计时、录制幻灯片演示以及将演示文稿输出等操作。本任务可以分解为如下 8 个小任务。

（1）自定义幻灯片放映。

（2）设置放映方式。

（3）排练计时。

（4）录制幻灯片演示。

（5）演示文稿另存为。

（6）删除幻灯片。

（7）输出视频文件。

（8）打印演示文稿。

5.3.4　任务实现

打开“任务 5.3”文件中的“5.3 颁奖晚会.pptx”，完成如下操作。

1. 自定义幻灯片放映

单击“幻灯片放映”选项卡中“开始放映幻灯片”功能组的“自定义幻灯片放映”按钮，在下拉列表中选择“自定义放映”选项，打开“自定义放映”对话框，单击“新建”按钮，打开“定义自定义放映”对话框，在“幻灯片放映名称”文本框中输入“院长致辞及工作报告”，在左侧列表框中选择第 4～7 张幻灯片前的复选框，单击“添加”按钮，这时选定的 4 张幻灯片会显示在右侧列表框中，最后单击“确定”按钮，如图 5-69 所示。

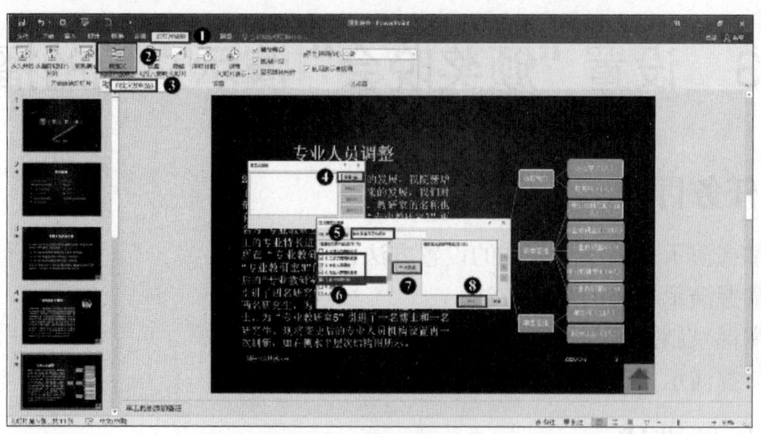

图 5-69　自定义幻灯片放映

2．设置放映方式

单击“幻灯片放映”选项卡中“设置”功能组中的“设置放映方式”按钮，打开“设置放映方式”对话框，在“放映幻灯片”选项区域中选择“自定义放映”单选项，在其下方的下拉列表框中选择刚刚定义好的放映方案“院长致辞及工作报告”，单击“确定”按钮，完成设置，如图 5-70 所示。

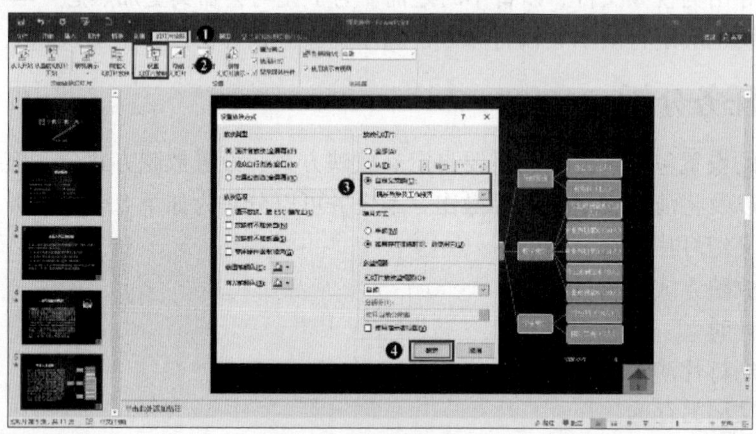

图 5-70　设置放映方式

放映方式设置好后，最好单击状态栏右侧的“幻灯片放映”按钮测试一下。

3．排练计时

单击“幻灯片放映”选项卡中“设置”功能组中的“排练计时”按钮，幻灯片进入全屏录制状态，这时候用户便可以开始录制排练。排练的时间会显示在录制界面左上角的“录制”框中，通过“录制”框最左侧的“下一项”按钮，可以进入下一张幻灯片的录制，单击“暂停录制”按钮⏸，可以暂停录制，单击“重复”按钮↺可以对本张幻灯片重新录制。录制完成后保存录制时间，切换到幻灯片浏览视图可以看到录制的时间，如图 5-71 所示。

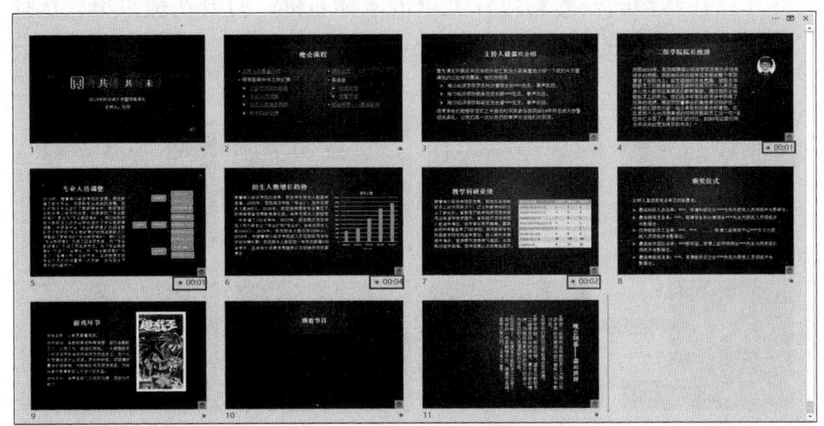

图 5-71　显示幻灯片录制时间

4. 录制幻灯片演示

单击“幻灯片放映”选项卡中“设置”功能组中的“录制幻灯片演示”下方的下拉按钮，在下拉列表中选择“从头开始录制”选项，打开“录制幻灯片演示”对话框，选择“幻灯片和动画计时”及“旁白、墨迹和激光笔”复选框，单击“开始录制”按钮开始录制演示，如图 5-72 所示。

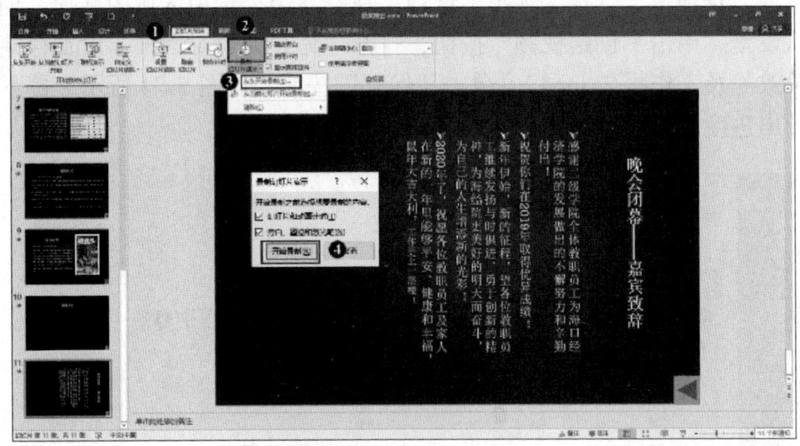

图 5-72　录制幻灯片演示

录制幻灯片演示完成后，在幻灯片放映视图下进行测试，演示过程会连续播放。

5. 演示文稿另存为

单击“文件”选项卡，选择“另存为”选项，单击“浏览”按钮，打开“另存为”对话框，设置存储路径，输入文件名“院长致辞及工作报告.pptx”，单击“保存”按钮，如图 5-4 和图 5-5 所示。

6. 删除幻灯片

切换到“幻灯片浏览”视图，选择第 1 张幻灯片，按【Ctrl】键，同时选择第 2～3 和第 8～11 张幻灯片，在选择的任意幻灯片上单击鼠标右键，打开快捷菜单，选择“删除幻灯片(D)”命令，即可删除选择的幻灯片，如图 5-73 所示。

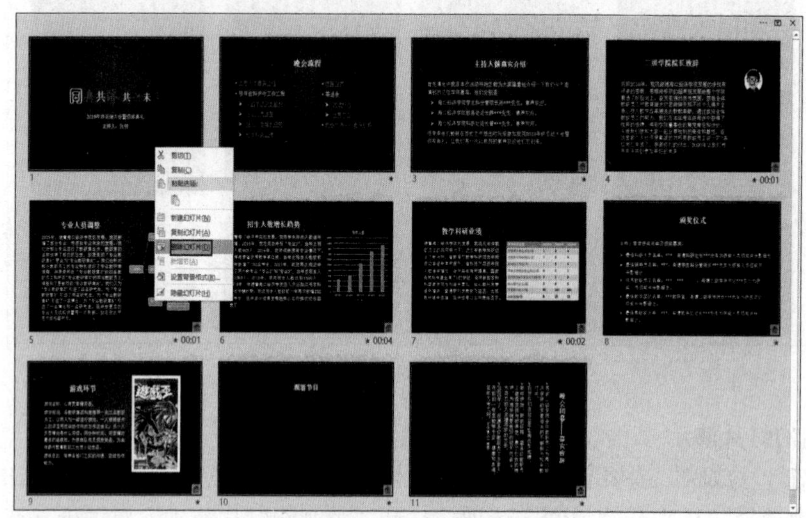

图 5-73　删除幻灯片

7. 输出视频文件

单击“文件”选项卡，选择“导出”选项，在“导出”选项区域中选择“创建视频”选项，保持默认设置，单击“创建视频”按钮，打开“另存为”对话框，设置存储路径，输入文件名“院长致辞及工作报告.mp4”，单击“保存”按钮，如图 5-74 所示。接下来观察状态栏右下方的导出进度条，等待导出完成即可。

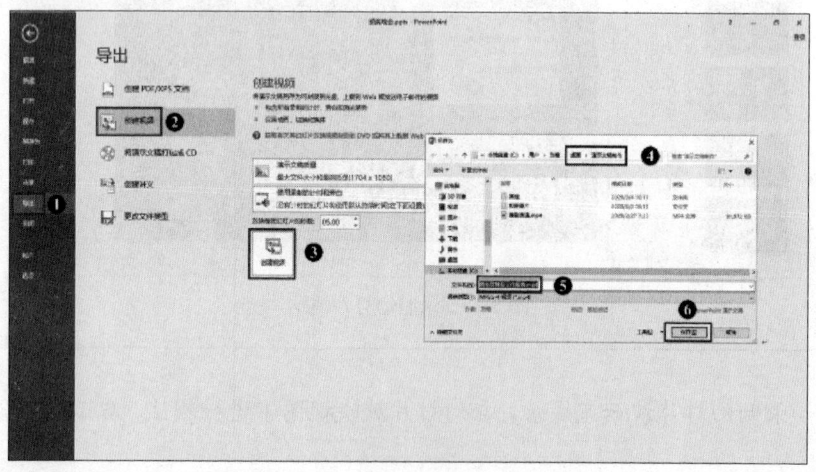

图 5-74　输出视频文件

8. 打印演示文稿

双击打开“颁奖晚会.pptx”，单击“文件”选项卡，选择“打印”选项，设置份数为“3”，打印版式为“四张水平放置的幻灯片”，方向为“横向”，其他采用默认设置，单击“打印”按钮，打印设置如图 5-75 所示。

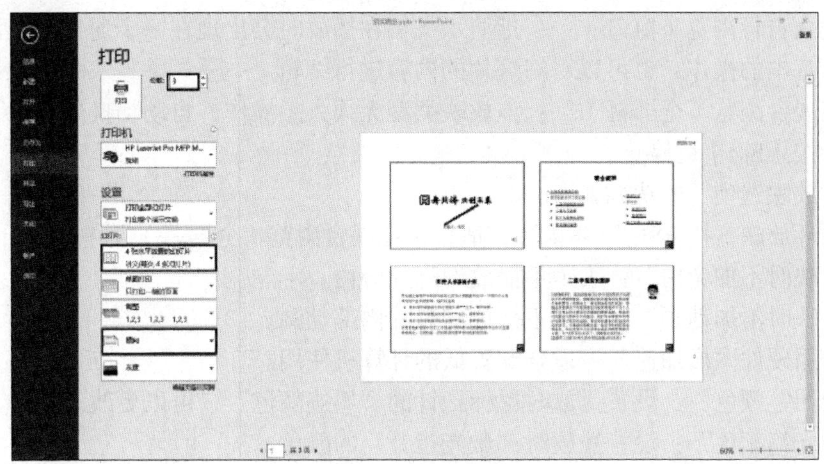

图 5-75　打印设置界面

打印演示文稿需要确保计算机已经连接了打印机，并且打印机内已放好了纸张。

5.3.5　任务小结

通过本任务，我们了解了在演示文稿中设置自定义幻灯片放映方式可以满足有针对性的演示需求，排练计时可以辅助演讲者对幻灯片进行预演以满足实际的演讲时长需求，录制幻灯片演示可以记录演讲者的整个演讲过程，包括“幻灯片和动画计时”以及“旁白、墨迹和激光笔”等信息。

通过本任务，我们还掌握了在演示文稿中自定义幻灯片放映和设置放映方式的方法，掌握了“排练计时”和“录制幻灯片演示”功能的使用方法，掌握了将演示文稿输出为视频文件和打印演示文稿的方法，还掌握了在部分操作过程中需要注意的相关事项。

5.3.6　基础知识

5.3.6.1　演示文稿的放映方式

1. 自定义幻灯片放映

演示文稿创建好后，在默认情况下会播放所有的幻灯片，用户如果想按照自己的需要播放部分幻灯片，可以自定义幻灯片放映，方法如图 5-69 所示。

2. 设置幻灯片放映

演示文稿创建好后，用户可以根据实际需要进行放映，单击“幻灯片放映”选项卡中“设置”功能组中的“设置幻灯片放映”按钮，打开“设置放映方式”对话框，如图 5-70 所示。该对话框的功能具体如下。

（1）“放映类型”指根据演示文稿的性质选择合适的放映类型，一般有以下 3 种。

①“演讲者放映（全屏幕）”：该类型为系统默认放映类型，指将演示文稿进行全屏幕放映，演示者具有完全的控制权，可以通过鼠标左右键、空格键、【PageUp】键或【PageDown】键控制幻灯片的播放，但不能编辑幻灯片内容。

②“观众自行浏览（窗口）”：指演示文稿在播放时会出现在一个窗口中，演示者可以对窗口进行基本的操作，也可以对幻灯片的内容进行编辑。

③“在展台浏览（全屏幕）”：该放映类型无须人工操作，自动切换幻灯片，循环播放直到演示者按【Esc】键停止。

（2）“放映选项”的功能如下。

①“循环放映，按 ESC 键终止”：适合“在展台浏览（全屏幕）”中设置。

②“放映时不加旁白”：表示不播放幻灯片旁白。

③“放映时不加动画”：表示不播放幻灯片内部动画。

④“禁用硬件图形加速”：适合配置低的计算机使用。

⑤“绘图笔颜色”：设置播放时鼠标指针的“墨迹颜色”，可以更改。

⑥“激光笔颜色”：设置播放时“激光指针”的颜色。

（3）“放映幻灯片”的功能如下。

①“全部”：表示播放全部幻灯片。

②“从”和“到”：设置开始和结束幻灯片的编号，播放包含起止幻灯片在内的连续幻灯片。

③“自定义放映”：设置自定义幻灯片放映。

（4）“换片方式”的功能如下。

①“手动”：手动控制幻灯片的播放。

②“如果存在排练时间，则使用它”：自动播放排练幻灯片。

（5）“多监视器”的功能如下。

①“幻灯片放映监视器”：监视器是用来展示演示文稿的设备，当演示文稿只有一个监视器的时候，“自动”和“主要监视器”的效果是一样的。

②“分辨率”：设置“主要监视器”的分辨率。

③“使用演示者视图”：在多个监视器下使用，通过演示者视图，演示者在放映幻灯片的同时可以浏览备注里的信息，还可以提前看到下一页幻灯片的内容，有助于演示者对幻灯片展示更好地把控。

5.3.6.2 演示文稿的放映方法

演示文稿有以下 4 种放映方法。

（1）单击“幻灯片放映”选项卡中“开始放映幻灯片”功能组中的“从头开始”按钮，可从演示文稿的起始幻灯片开始放映。

（2）按【F5】键，可以从演示文稿的起始幻灯片开始放映。

（3）单击“幻灯片放映”选项卡中“开始放映幻灯片”功能组中的“从当前幻灯片开始”按钮，可从当前幻灯片位置开始放映。

（4）单击状态栏上的“幻灯片放映”按钮，可从当前幻灯片位置开始放映。

5.3.6.3 录制排版与排练计时

1. 录制排版

录制排版有录制幻灯片演示和屏幕录制两种。下面分别进行介绍。

（1）录制幻灯片演示。

录制幻灯片演示包括录制“幻灯片和动画计时”以及“旁白、墨迹和激光笔”等信息，操作方法如图 5-72 所示。

如果想删除当前幻灯片或所有幻灯片中的计时，或删除当前幻灯片或所有幻灯片中的旁白，可以通过“录制幻灯片演示”下拉列表中的“清除”选项实现。

（2）屏幕录制。

屏幕录制是 PowerPoint 2016 新增的功能，可以录制计算机屏幕范围中的所有内容，包括音频和鼠标指针。单击“插入”选项卡中“媒体”功能组中的“屏幕录制”按钮，选择屏幕录制的范围，单击“录制”按钮即可进行屏幕录制。通过【Win+Shift+Q】组合键可以结束屏幕录制，录制的视频演示会直接插入幻灯片的编辑区。

2. 排练计时

排练计时是辅助演示者展示幻灯片的预演计时方式，可以有效地控制幻灯片的播放时长，有助于演示者在实际演示中更好地把握时间。排练计时和录制排版功能很相似，但有所区别，排练计时只记录每张幻灯片的播放时间，而录制幻灯片演示既可以记录每张幻灯片的时间，又可以记录幻灯片的旁白、墨迹和激光笔等信息。“排练计时”功能的实现在 5.3.4 节中已讲过，在此不再赘述。

用户可以在“幻灯片浏览”视图中看到排练计时的具体时长。

5.3.6.4　演示文稿的输出

演示文稿除了可以放映外，还可以打印成书面材料以及导出为其他格式的文件。下面分别进行介绍。

1. 演示文稿的打印

单击“文件”选项卡，选择“打印”选项，进入“打印”界面，如图 5-75 所示。其功能如下。

① “打印”按钮：单击该按钮即可打印演示文稿。

② 份数：设置打印份数。

③ 打印机：预设打印演示文稿的打印机。

④ 设置：设置打印幻灯片的范围。

⑤ 幻灯片：适合“自定义范围”，输入要打印的幻灯片的编号，格式可以是“1，2，3”或“1-3”等。

⑥ 打印版式：设置打印幻灯片的版式，默认为“整页幻灯片”。

⑦ 纸张打印方式：设置纸张以单面打印或双面翻页方式打印。

⑧ 打印顺序：设置打印多份演示文稿时的打印顺序。

⑨ 色彩：设置打印纸张的色彩效果，包括颜色、灰度和纯黑白。

设置好打印选项后，单击“打印”按钮即可打印演示文稿。

2. 演示文稿的导出

单击“文件”选项卡，选择“导出”选项，进入“导出”界面，如图 5-74 所示。PowerPoint

2016可以创建PDF/XPS文档、创建视频、将演示文稿打包成CD、创建讲义和更改文件类型。

（1）创建PDF/XPS文档

选择“创建PDF/XPS文档”选项，单击右侧的“创建PDF/XPS”按钮，打开“发布为PDF或XPS”对话框，在该对话框中选择发布后的存储位置，输入发布后的文件名，单击“选项”按钮，打开“选项”对话框，在其中进行相关参数设置，单击“确定”按钮，关闭“选项”对话框，然后单击“发布”按钮，进行演示文稿的发布。这时会显示一个发布进度条，等待完成即可。创建过程如图5-76所示。

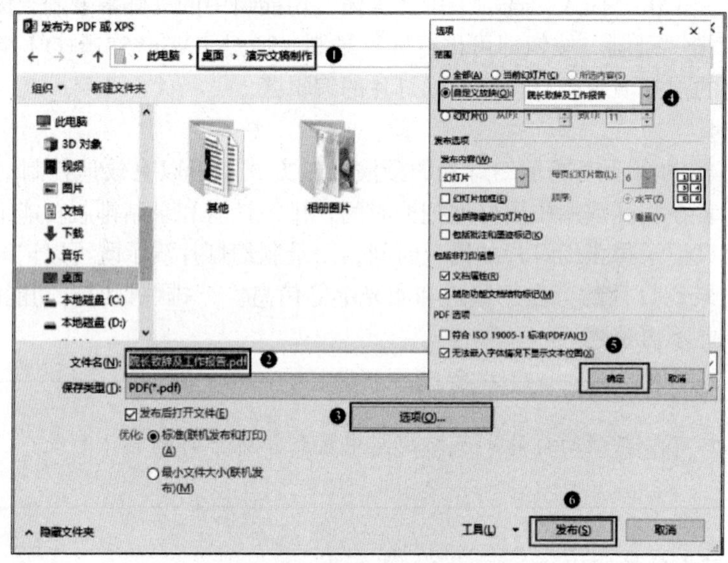

图5-76 创建PDF/XPS文档

（2）创建视频

选择“创建视频”选项，进入创建视频设置界面，如图5-74所示。该界面的功能如下。

①“演示文稿质量”下拉列表框：默认为“演示文稿质量”，还可以选择“互联网质量”或“低质量”。

②“使用录制的计时和旁白”下拉列表框：默认为“使用录制的计时和旁白”，还可以选择“不要使用录制的计时和旁白”。

③“放映每张幻灯片的秒数”微调框：默认为5秒，用于设置没有计时的幻灯片的播放时间。

④“创建视频”按钮：单击该按钮可以打开“另存为”对话框。

（3）将演示文稿打包成CD

选择“将演示文稿打包成CD”选项，单击右侧的“打包成CD”按钮，打开“打包成CD”对话框，在“将CD命名为”文本框中输入文件名，添加、删除或设置“要复制的文件”，单击“复制到CD”按钮，可以将演示文稿刻录成CD，如图5-77所示。

单击“复制到文件夹”按钮，打开“复制到文件夹”对话框，设置“文件夹名称”和“位置”，单击“确定”按钮，开始进行复制，复制完成后单击“关闭”按钮即可，如图5-78所示。

注意

复制到CD需要确保计算机上已经安装了刻录机，并插入了CD或DVD。

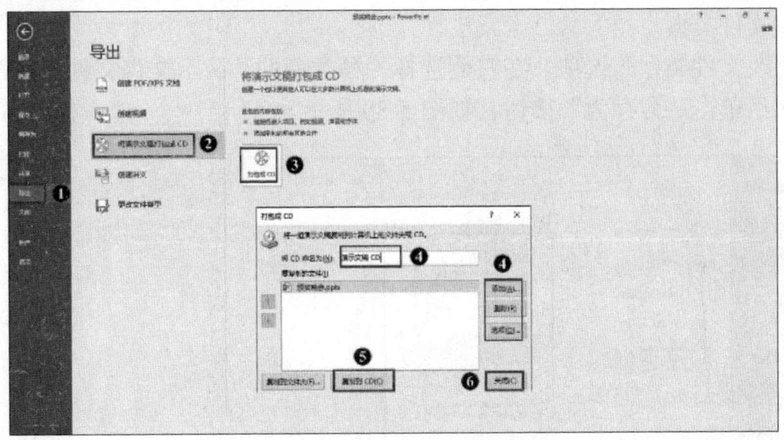

图 5-77　复制到 CD

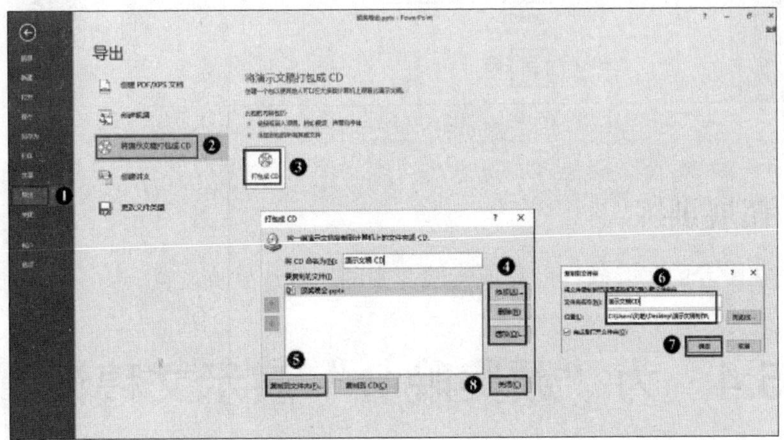

图 5-78　复制到文件夹

（4）创建讲义

选择“创建讲义”选项，单击右侧的“创建讲义”按钮，打开“发送到 Microsoft Word”对话框，在“Microsoft Word 使用的版式”选项区域中选择，选择“将幻灯片添加到 Microsoft Word 文档”的方式，单击“确定”按钮，可以生成一份 Word 文档讲义，如图 5-79 所示。

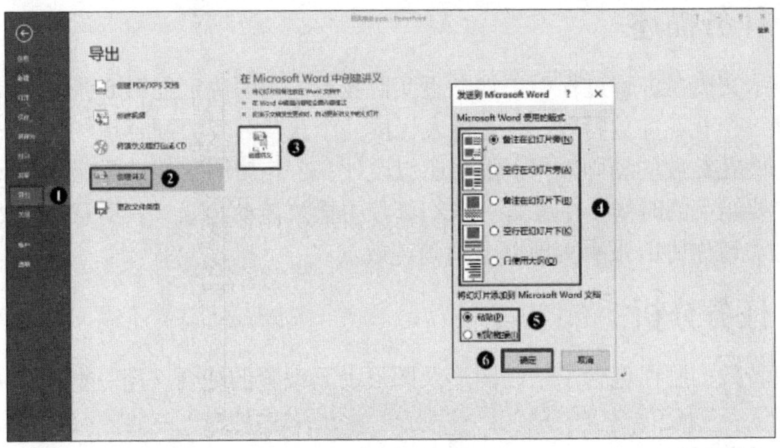

图 5-79　创建讲义

（5）更改文件类型

选择“更改文件类型”选项，在右侧选择一种类型的“演示文稿文件类型”或“图片文件类型”，然后单击“另存为”按钮，如图 5-80 所示。

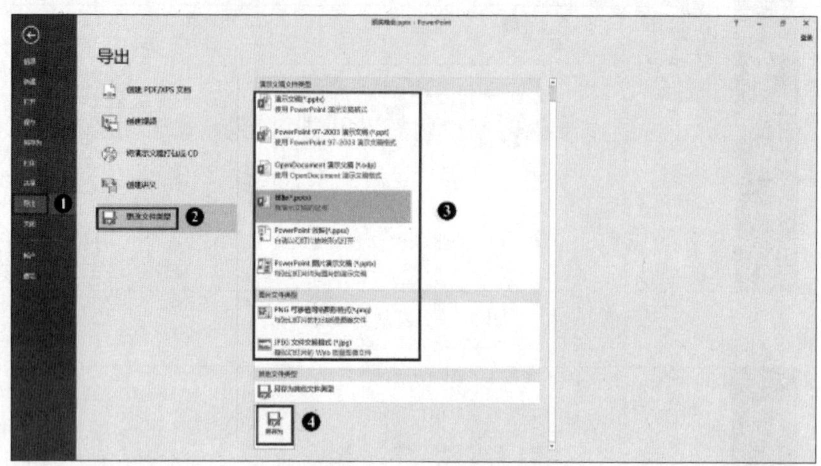

图 5-80　更改文件类型

5.3.7　拓展训练

请同学们在配套的实验教程上完成实验 3 中的幻灯片放映设置。

任务 5.4　为“颁奖晚会”演示文稿设置特效

5.4.1　任务目标

- 熟练掌握图形的绘制方法；
- 熟练掌握动作路径的设置方法；
- 熟练掌握动画特效的制作方法。

5.4.2　任务描述

为了使演示文稿在讲解过程中更加贴近实际场景，张明决定在第 8 张幻灯片中添加 5 个礼花绽放特效，在主持人宣读一个获奖名单后配合现场气氛播放一个礼花绽放的动画效果。张明还想设计一个花瓣飘落的动画特效，当晚会快要结束的时候，在最后一张幻灯片中播放该动画效果，寓意晚会顺利闭幕。请你协助张明实现以上动画特效。

“颁奖晚会”演示文稿特效

5.4.3　任务分析

演示文稿特效的制作包含了绘制图形及图形动画设置的综合应用。本任务可以分解为以下 9 个小任务。

（1）绘制礼花图形。

（2）复制礼花图形和删除幻灯片。

（3）添加礼花图形动画效果。

（4）调整第 8 张幻灯片的动画播放顺序。

（5）插入花瓣图片。

（6）设置动作路径。

（7）叠加花瓣动画效果。

（8）复制并调整花瓣动画效果。

（9）调整第 11 张幻灯片的动画播放顺序。

5.4.4　任务实现

打开“任务 5.4”文件夹中的“5.4 颁奖晚会.pptx”，完成如下操作。

1. 绘制礼花图形

（1）新建一张空白版式的幻灯片

选择第 8 张幻灯片，单击“开始”选项卡中“幻灯片”功能组中的“新建幻灯片”下方的下拉按钮，选择下拉列表中的“空白”选项，完成一张空白版式幻灯片的创建。

（2）插入“十字星”形状

选择空白幻灯片，单击“插入”选项卡中“插图”功能组中的“形状”按钮，打开形状列表，选择“十字星”形状，在幻灯片编辑区绘制一个小小的“十字星”形状，如图 5-81 所示。

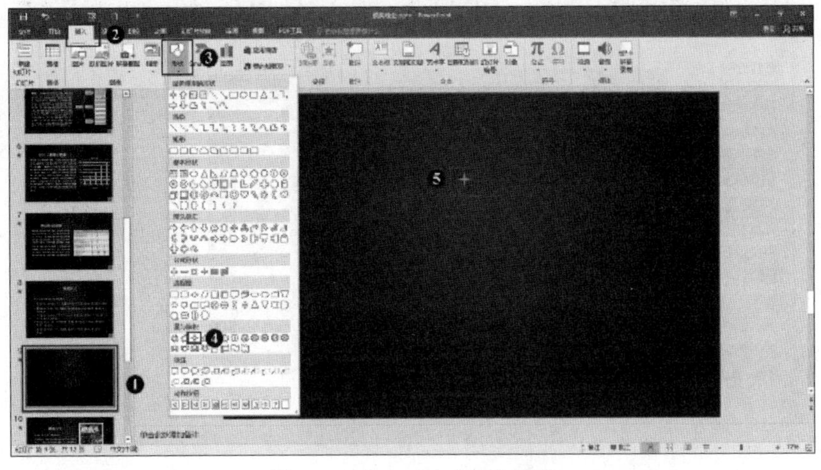

图 5-81　插入“十字星”形状

（3）复制并粘贴 7 个“十字星”形状

选择刚刚插入的“十字星”形状，按【Ctrl+C】组合键复制形状，然后通过【Ctrl+V】组合键粘贴 7 个，形成 8 个“十字星”图形。

（4）设置 8 个“十字星”图形的格式

用鼠标指针拖绘出一个区域框住 8 个“十字星”图形，单击“绘图工具”/“格式”选项卡中“形状样式”功能组中的“功能组”按钮，此时在幻灯片编辑区的右侧打开“设置形状格式”窗格，默认为“填充与线条”选项卡。在该选项卡的“填充”选项区域中选择“渐变填充”单选项。在“类型”下拉列表框中选择“射线”。在“方向”下拉列表框中选择“从中心”。单击“渐变光圈”第 1 个停止点，设置“颜色”为“白色”，“位置”为“0%”；

单击第 2 个停止点，设置“颜色”为“红色”，“位置”为“20%”。其他采用默认设置。在“线条”选项区域中选择“无线条”单选项。其他采用默认设置。其操作过程如图 5-82 所示。

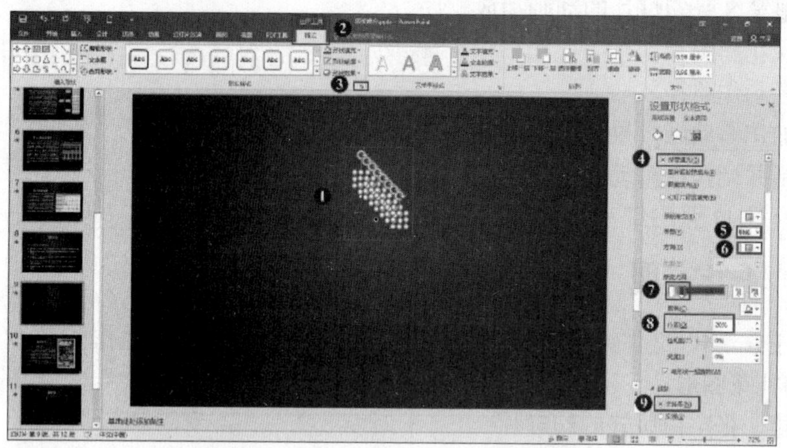

图 5-82　8 个“十字星”的格式设置

（5）组合 8 个“十字星”图形

选择 8 个“十字星”图形，单击“绘图工具”/“格式”选项卡中“排列”功能组中的“组合”按钮，在下拉列表中选择“组合”选项，如图 5-83 所示。

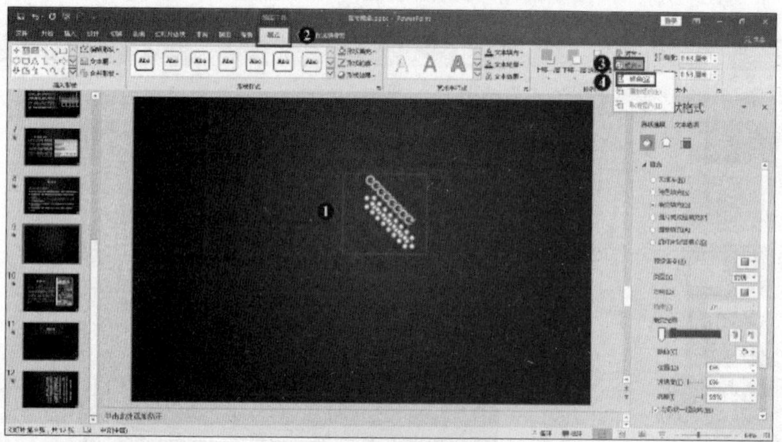

图 5-83　8 个“十字星”的组合

（6）绘制“米字”图形

选择组合的 8 个“十字星”图形，将其复制并粘贴，然后旋转角度，调整位置，使之形成一个“米字”图形，效果如图 5-84 所示。

（7）组合“米字”图形

按照上述组合方法，选择“米字”图形，单击“绘图工具”/“格式”选项卡中“排列”功能组中的“组合”按钮，在下拉列表中选择“组合”选项。

（8）绘制光晕效果

利用上述插入形状的方法选择“椭圆”形状，按住【Shift】键，在“米字”图形上绘制一个正圆，使其正好覆盖“米字”图形，将该正圆置于“米字”图形下层。接下来，设置正圆格式。在“填充与线条”选项卡的“填充”选项区域中选择“渐变填充”单选项。在“类型”下拉列表框中选择“射线”。在“方向”下拉列表框中选择“从中心”。单击“渐变光圈”第 1 个停止点，设置“颜色”为“白色”，“位置”为“0%”；单击第 2 个停止点，设置“颜色”为“红色”，“位置”为“20%”。其他采用默认设置。在“线条”选项区域中单击选中“无线条”单选项。其他采用默认设置。在“效果”图形选项卡中设置“柔化边缘”选项区域中的“大小”为“25 磅”。其设置如图 5-85 所示。

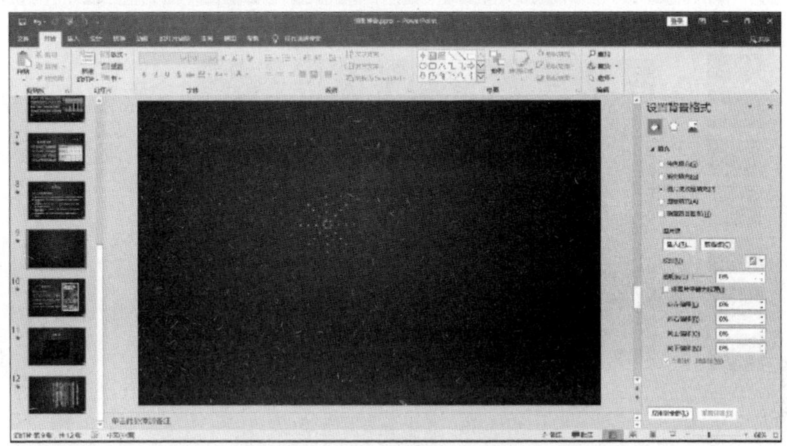

图 5-84　“米字”图形

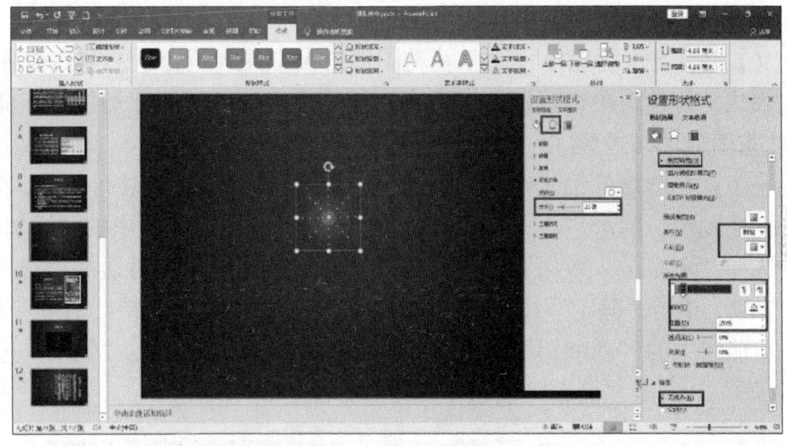

图 5-85　光晕效果设置

（9）组合成礼花图形

将“米字”图形及“光晕”图形进行组合，得到最终的礼花图形。

（10）复制并粘贴 4 个礼花图形

选择制作好的礼花图形，按【Ctrl+C】组合键进行复制，按【Ctrl+V】组合键进行粘贴，将复制后的礼花图形移动到合适位置。以同样的方式继续复制粘贴礼花图形并调整其位置，使幻灯片中共有 5 个礼花图形。

（11）更改礼花图形的格式

选择复制的第 1 个礼花图形，单击“绘图工具”/“格式”选项卡中“排列”功能组中的“组合”按钮，在下拉列表中选择“取消组合”选项。接着在“设置形状格式”窗格中，选择“渐变填充”单选项，出现先前已设置好的格式，单击“渐变光圈”第 2 个停止点，将其

“颜色”设置为“橙色”，其他保持默认，然后单击“绘图工具”/“格式”选项卡中“排列”功能组中的“组合”按钮，在下拉列表中选择“重新组合”选项。以同样的方式分别选择复制的第2～4个礼花图形，单击“渐变光圈”第2个停止点，分别更改其“颜色”为“绿色”“蓝色”“紫色”，然后重新组合。效果如图5-86所示。

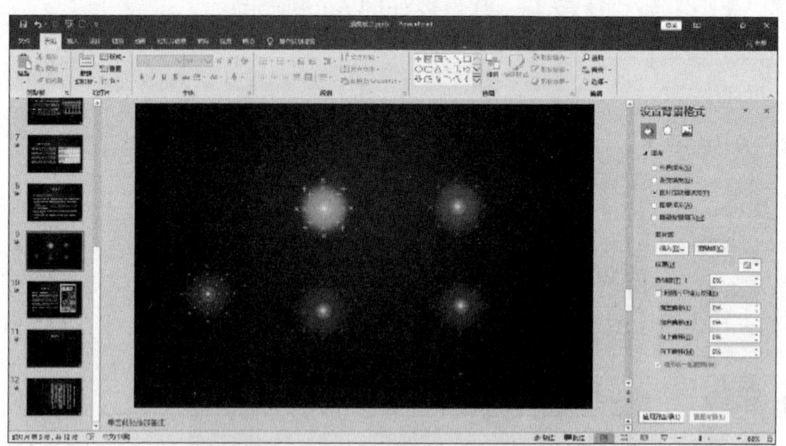

图5-86　5个礼花图形效果

2. 复制礼花图形和删除幻灯片

选择5个礼花图形，按【Ctrl+C】组合键进行复制，切换到第8张幻灯片，在幻灯片编辑区按【Ctrl+V】组合键进行粘贴，调整礼花图形的大小并放至合适的空白位置。

选择空白版式幻灯片，单击鼠标右键，在快捷菜单中选择“删除幻灯片”命令。

3. 添加礼花图形动画效果

（1）设置一个礼花图形的第1个动画效果为：进入-回旋，持续时间2秒，爆炸声。

选择一个礼花图形，单击“动画”选项卡中“高级动画”功能组中的“添加动画”按钮，在下拉列表中选择“更多进入效果”选项，打开“添加进入效果”对话框，选择“温和型”中的“回旋”效果，单击“确定”按钮。在“计时”功能组中设置“持续时间”为“02.00”。单击“动画”功能组中的“功能组”按钮，打开“回旋”对话框，在“效果”选项卡中设置“声音”为“爆炸”，单击“确定”按钮。其设置如图5-87所示。

图5-87　设置第1个动画效果

（2）设置第 2 个动画效果为：强调-放大/缩小，与上一动画同时，持续时间 2 秒，自定义图形尺寸为 300%。

保持礼花图片处于选择状态，单击“添加动画”按钮，在下拉列表中选择“强调”类型中的“放大/缩小”效果，在“计时”功能组中的“开始”下拉列表框中选择“与上一动画同时”，设置“持续时间”为“02.00”。单击“动画”功能组中的“功能组”按钮，打开“放大/缩小”对话框，在“效果”选项卡中设置“尺寸”为“300%”，单击“确定”按钮。其设置如图 5-88 所示。

图 5-88　设置第 2 个动画效果

（3）设置第 3 个动画效果为：退出-向外溶解，与上一动画同时，持续时间 5 秒，延时时间 0.25 秒。

保持礼花图片处于选择状态，单击“添加动画”按钮，在下拉列表中选择“更多退出效果”选项，打开“添加退出效果”对话框，选择“基本型”中的“向外溶解”效果，单击“确定”按钮。在“计时”功能组中的“开始”下拉列表框中选择“与上一动画同时”，设置“持续时间”为“05.00”，“延迟”为“00.25”。其设置如图 5-89 所示。

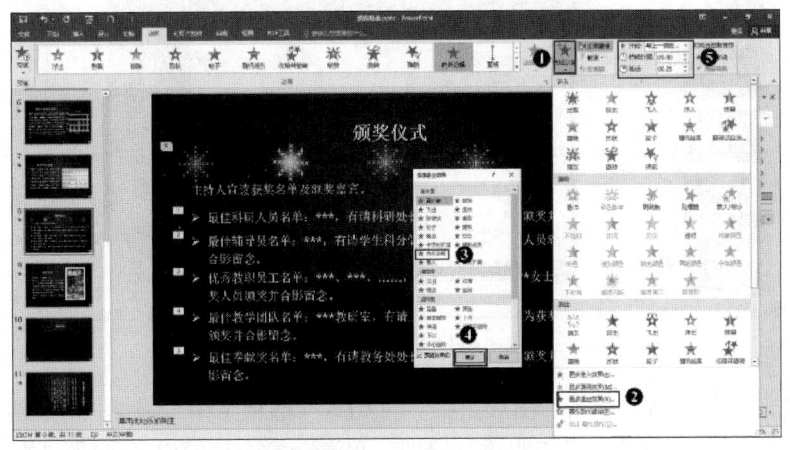

图 5-89　设置第 3 个动画效果

（4）利用格式刷复制动画效果。

选择刚刚设置了动画的礼花图形，双击“高级动画”功能组中的“动画刷”按钮，依次单击其他礼花图形以复制动画效果。复制完动画效果后，再次单击“动画刷”按钮，退出动画复制状态。

4. 调整第 8 张幻灯片的动画播放顺序

单击“动画”选项卡中“高级动画”功能组中的“动画窗格”按钮，打开“动画窗格”，在该窗格中通过【Shift】键同时选择第一个礼花图形的 3 个动画，不断单击向上移动按钮，将这 3 个动画移动到第 1 个文本框动画之后。以同样的方式移动第 2 个礼花图形的 3 个动画到第 2 个文本框动画之后。以这样的方式调整所有动画，效果如图 5-90 所示。

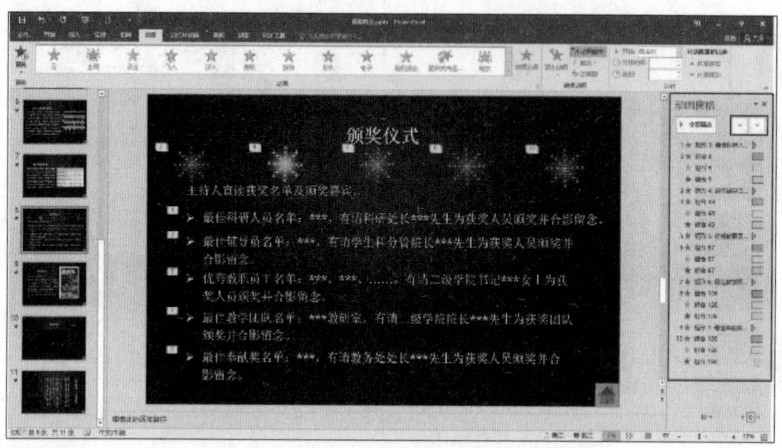

图 5-90　调整礼花动画后的播放顺序

5. 插入花瓣图片

选择第 11 张幻灯片，单击“插入”选项卡中“图像”功能组中的“图片”按钮，选择演示文稿制作素材文件夹中的“花瓣.jpg”图片，将其插入幻灯片，如图 5-91 所示。

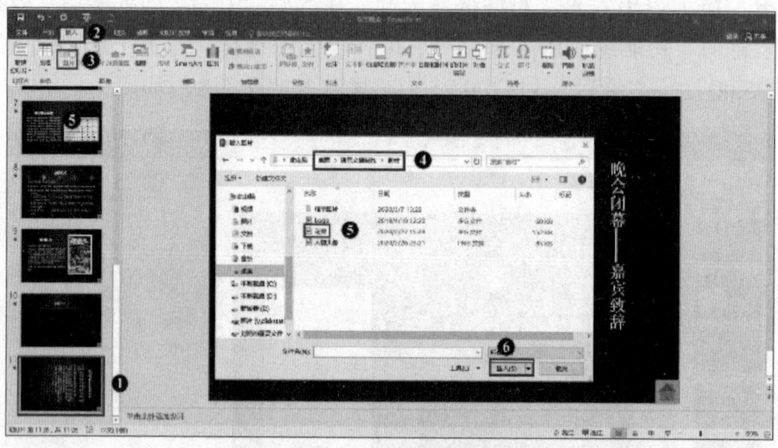

图 5-91　插入“花瓣.jpg”

选择插入的花瓣图片，单击“图片工具”/“格式”选项卡中“调整”功能组中的“颜色”按钮，在下拉列表中选择“设置透明色”选项，单击花瓣图片的白色区域，将其设置为透明花瓣效果。调整花瓣的大小和角度，将花瓣放置于幻灯片左上角。复制多个花瓣图片，调整其大小和角度，放置于幻灯片左侧的合适位置。

6. 设置动作路径

选择一个花瓣，单击“动画”选项卡中“高级动画”功能组中的“添加动画”按钮，在下拉列表中选择“动作路径”类型中的“自定义路径”选项，回到幻灯片编辑区，绘制一条花瓣飘落的轨迹线，双击结束绘制，这时花瓣会按照轨迹线运动一次，然后编辑区会显示一条轨迹线。单击“动画”功能组中的“功能组”按钮，打开“自定义动作”对话框，在“计时”选项卡中的“开始”下拉列表框中选择“与上一动画同时”，“期间”下拉列表框中选择“非常慢（5s）”，“重复”下拉列表框中选择“直到幻灯片末尾”。其他保持默认设置，单击“确定”按钮。其设置如图 5-92 所示。

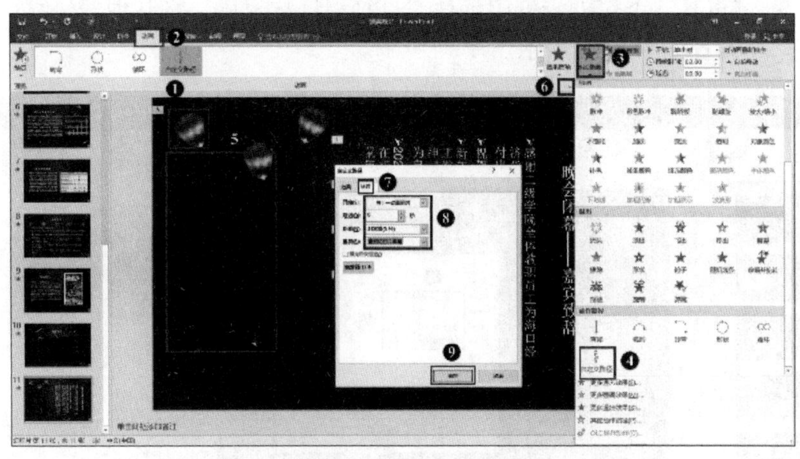

图 5-92　设置动作路径

7. 叠加花瓣动画效果

（1）叠加第 1 个动画效果：强调-陀螺旋，与上一动画同时，非常慢（5s），循环直到幻灯片末尾。

保持第 1 个花瓣处于选择状态，单击“添加动画”按钮，在下拉列表中选择“强调”类型中的“陀螺旋”效果（如果找不到，可以单击“更多强调效果”进入“添加强调效果”对话框进行选择）。单击“动画”功能组中的“功能组”按钮，打开“陀螺旋”对话框，在“计时”选项卡中的“开始”下拉列表框中选择“与上一动画同时”，“期间”下拉列表框中选择“非常慢（5s）”，“重复”下拉列表框中选择“直到幻灯片末尾”。其他保持默认设置，单击“确定”按钮。其设置如图 5-93 所示。

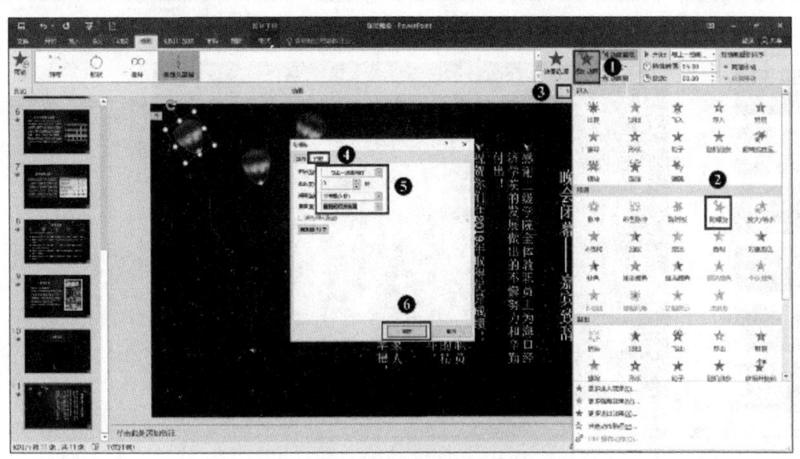

图 5-93　叠加第 1 个动画效果

（2）叠加第 2 个动画效果：进入-旋转，与上一动画同时，非常慢（5s），循环直到幻灯片末尾。

保持第 1 个花瓣处于选择状态，单击“添加动画”按钮，在下拉列表中选择“进入”类型中的“旋转”效果（如果找不到，可以单击“更多进入效果”进入“添加进入效果”对话框进行选择）。单击“动画”功能组中的“功能组”按钮，打开“旋转”对话框，在“计时”选项卡中的“开始”下拉列表框中选择“与上一动画同时”，“期间”下拉列表框中选择“非常慢（5s）”，“重复”下拉列表框中选择“直到幻灯片末尾”。其他保持默认设置，单击“确定”按钮。其设置如图 5-94 所示。

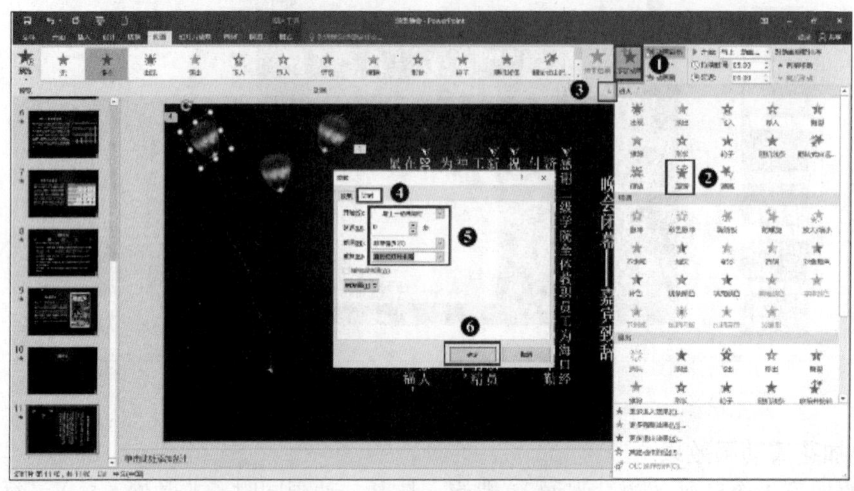

图 5-94　叠加第 2 个动画效果

8. 复制并调整花瓣动画效果

选择刚刚设置好了动画的花瓣图片，双击“高级动画”功能组中的“动画刷”按钮，依次单击其他花瓣图片复制动画效果。选择第 1 个复制的花瓣图片的“动作路径”轨迹线，拖曳调整花瓣的飘落轨迹至满意为止。以同样的方式完成其他花瓣图片动画效果的复制和轨迹调整。其设置如图 5-95 所示。

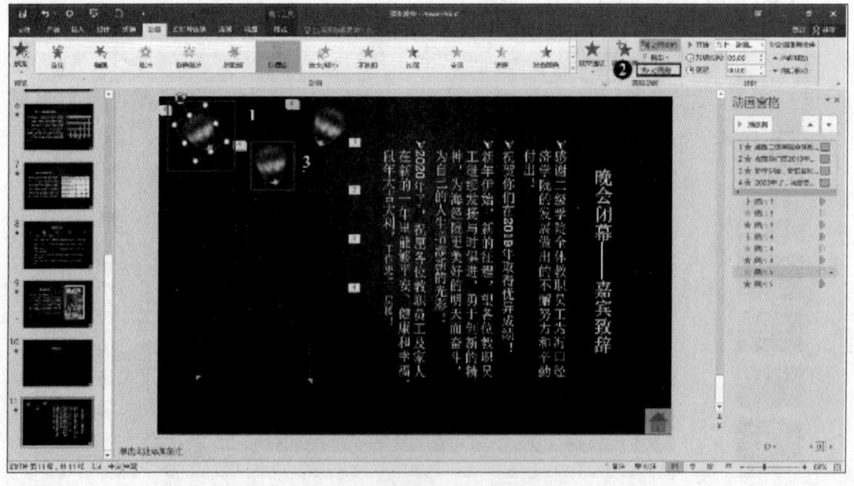

图 5-95　复制调整动画效果

9. 调整第 11 张幻灯片的动画播放顺序

单击“动画”选项卡中“高级动画”功能组中的“动画窗格”按钮，打开“动画窗格”，同时选择第 1 个花瓣图片的 3 个动画效果，不断单击向上移动按钮，将动画调整到所有文本动画之前，以同样的方式将其他花瓣动画调整到所有文本动画之前。效果如图 5-96 所示。

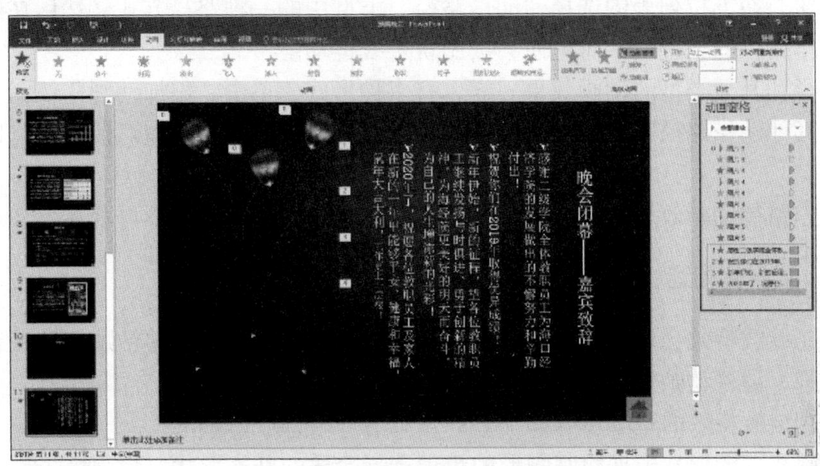

图 5-96　调整花瓣动画后的播放顺序

5.4.5 任务小结

通过本任务，我们了解了通过几个基本形状的排列和组合可以创建出丰富多彩的复杂图形，了解了通过几个基本动画的叠加可以创建出逼真的动画特效，了解了动作路径在创建对象动画中的作用。

通过本任务，我们还掌握了绘制图形的一般步骤和方法，掌握了利用动画叠加方法创建礼花绽放特效步骤和方法，掌握了利用动作路径制作花瓣飘落效果的步骤和方法。

5.4.6 基础知识

5.4.6.1 绘制图形

PowerPoint 2016 提供了丰富的基本形状，对这些基本形状的颜色、轮廓等进行修改可以产生不同的效果。对几个基本形状进行合并与组合，可以产生更为复杂的图形，以达到用户想要的效果。

绘制图形的一般步骤如下。

（1）插入基本形状。单击“插入”选项卡中“插图”功能组中的“形状”按钮，在下拉列表中选择一种基本形状，在幻灯片空白处单击或拖曳绘制出一个基本形状。

（2）对基本形状进行格式设置。选择基本形状，单击“绘图工具”/“格式”选项卡，通过相应功能按钮进行格式设置，也可以通过“设置形状格式”对话框进行格式设置。

（3）复制基本形状。选择基本形状，通过复制、粘贴命令或快捷键进行形状的复制并粘贴。

（4）组合基本形状。选择多个基本形状，通过单击“绘图工具”/“格式”选项卡中“排列”功能组中的“组合”按钮，在列表中选择“组合”选项将其组合成一个整体。

5.4.6.2 设置动作路径

设置动作路径可以使某个对象按照设定的轨迹线运行，实现特定动画的播放。

设置动作路径的方法：选择对象，单击“动画”选项卡中“高级动画”功能组中的“添加动画”按钮，在下拉列表中选择“动作路径”类型中的一种路径方式，然后在幻灯片中绘制出一条动作路径的轨迹线，对象便会按照轨迹线运动。

动作路径和其他类型的动画效果一样，有多种形式，单击“添加动画”按钮，在下拉列表中选择“其他动作路径”选项可以打开“添加路径”对话框，在该对话框中可以选择更多的路径方式。

设置动作路径动画效果的方法与其他基本动画效果一样，此处不再赘述。

5.4.6.3 制作礼花绽放特效

制作礼花绽放特效会用到插入形状、形状格式设置、形状复制并粘贴、形状组合、添加内部对象动画、设置动画效果、复制动画等基本知识。

制作礼花绽放特效的基本步骤如下。

（1）绘制礼花图形。根据绘制图形的步骤选择合适的基本形状，绘制一个相对美观的礼花图形。

（2）复制礼花图形。通过复制、粘贴命令或快捷键复制并粘贴礼花图形。

（3）更改礼花图形格式，使每个礼花呈现不同的显示效果。方法是先取消组合礼花图形，对每个基本形状进行格式设置，然后再次组合礼花图形。

（4）设置礼花图形基本动画效果。方法与幻灯片内部对象动画的设置相同。

（5）叠加礼花图形基本动画效果。通过设置“与上一动画同时”实现同一对象动画的叠加。

（6）复制礼花图形动画效果。通过动画刷复制其他礼花图形动画效果。

5.4.6.4 制作花瓣飘落特效

制作花瓣飘落特效会用到插入图片、设置图片格式、添加内部对象动画、设置动作路径、设置动画效果、复制动画等基本知识。

制作花瓣飘落特效的基本步骤如下。

（1）绘制或插入花瓣图片。绘制方法同绘制礼花图形。将准备的花瓣图片利用插入图片的方法插入幻灯片。

（2）对花瓣图片进行格式设置。对花瓣图片的颜色、位置、角度等进行设置和调整。

（3）复制花瓣图片。通过复制、粘贴命令或快捷键进行花瓣图片的复制并粘贴。

（4）设置花瓣图片动作路径。选择花瓣图片，通过自定义路径绘制一个花瓣运动轨迹，设置花瓣图片动作路径动画效果的方法与其他动画效果相同。

（5）叠加花瓣图片基本动画。通过设置“与上一动画同时”实现同一对象动画的叠加。

（6）复制花瓣图片动画效果。通过动画刷复制其他花瓣图片动画。

（7）调整花瓣图片路径。调整每个花瓣图片的路径直到满意为止。

5.4.7 拓展训练

请同学们在配套的实验教程上完成 PowerPoint 2016 综合实验的操作。

课后思考与练习

1. 如何通过母版将幻灯片中的动作按钮统一设置到页面的右下角？
2. 如何利用文字动画结合视频制作 MV 效果？
3. 如何利用文字动画给一段音乐配上歌词播放？
4. 请设计一个供观众在展台浏览的商场产品的演示文稿。
5. 如何手动播放录制幻灯片演示？
6. 简述录制幻灯片演示与排练计时功能的区别和联系。
7. 请思考并设计几个日常生活中的动画特效。

模块 6
计算机网络与信息安全

能力目标：

- 熟悉计算机网络的基本概念；
- 熟悉计算机网络的常用设备；
- 理解计算机网络的体系结构；
- 掌握 IP 地址的基础知识；
- 熟练掌握 Outlook 2016 的使用；
- 掌握因特网基本原理及应用；
- 熟悉信息安全基础知识。

计算机网络是计算机技术与通信技术相互渗透、密切结合而形成的一门交叉学科，本模块主要针对计算机网络的发展、网络定义、网络分类、拓扑结构、常见网络设备、IP 地址与网络体系结构等问题进行介绍；同时对使用 Outlook 2016 收发电子邮件的基本操作进行介绍，还讲解了因特网的基础知识和相关网络原理；另外针对信息安全基础理论和实践进行了简明阐述。希望通过对这些知识的讲解和实践，读者可以对计算机网络技术、Outlook 2016 的使用、因特网技术以及信息安全技术有一个全面而准确的认识和理解。

任务 6.1　计算机网络概述

6.1.1　任务目标

- 理解 IP 地址相关设置和属性；
- 掌握计算机网络的相关概念；
- 熟悉常用的网络传输介质；
- 熟悉常用网络设备的特点。

6.1.2　任务描述

进入大学，很多同学会陆续拥有自己的计算机，为了实现同学之间的学习资料共享和偶尔的联机游戏，同学们考虑在经济实用的情况下，将宿舍的计算机进行内部组网，从而实现上述功能。

6.1.3　任务分析

大学宿舍内网的组网形式，一般是将同一宿舍的多台计算机组建成一个星形局域网，这里主要分析利用交换机组建有线网络的方法。因此，同学们在选购组网材料和设备时，除了购买双绞线、水晶头等必备的材料外，还应准备一台拥有足够端口数量的桌面交换机。购买的交换机最好还要考虑到以后的扩容。一般购买一台 8 口的 100Mbit/s 自适应交换机即可满足基本需求。本任务可以分解为如下 3 个小任务。

（1）结合宿舍现有环境，考虑有线网络布线方式（或采用无线组网方式）。

（2）结合宿舍计算机数量，准备相关网络硬件设备和连接线缆。

（3）实现基于 Windows 10 操作系统的 IP 地址设置。

设置计算机 IP 属性

6.1.4　任务实现

1. 设计网络连接拓扑结构

宿舍网络应以交换机为中心设备，计算机通过它相互连接后传递信息。星形拓扑结构如图 6-1 所示。此结构很适合宿舍网络，每一台计算机都可以随时接入网络或离开网络，而不会对网络中的其他计算机造成影响。

2. 准备组网所用设备和线缆

组建宿舍内网所需的硬件主要包括网卡、双绞线、水晶头（RJ-45 接口）、集线器（Hub）或交换机（Switch）。

布线：确认有几台计算机需要连入网络，以及每台计算机所处的位置，然后决定网络集线器或交换机的摆放地点，以及每台计算机之间的双绞线长度。

联网：在确定好摆放位置后，就可以通过双绞线把计算机和集线器或交换机连接起来。首先准备好若干条直通双绞线，接着将双绞线两端的 RJ-45 接口，一端接在计算机的网卡上，另一端插入集线器或交换机的 RJ-45 插槽内即可，如图 6-2 所示。

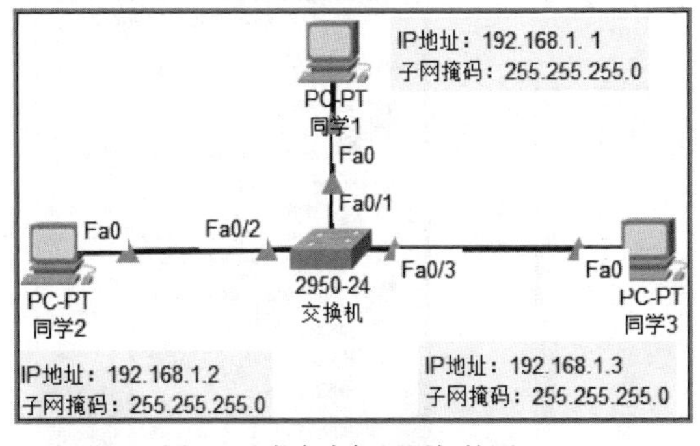

图 6-1　宿舍内部组网拓扑图

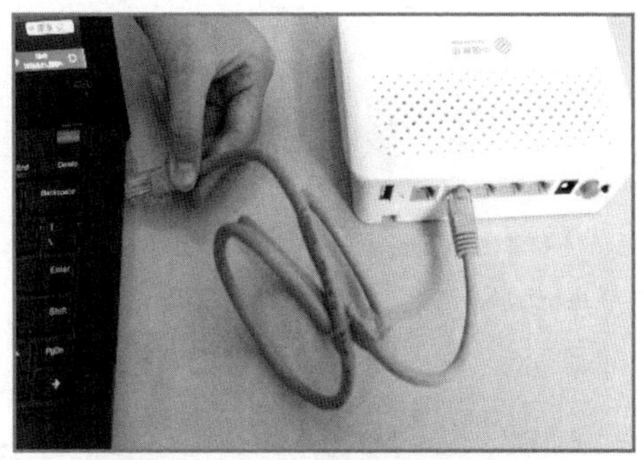

图 6-2　双绞线两端设备连接示意图

3. 设置计算机 IP 属性

这里组建的是宿舍内网，因而计算机 IP 属性的设置选择私有地址即可。具体操作如下。

（1）首先在计算机桌面的 Windows 10“开始”图标上单击鼠标右键，在快捷菜单中选择“设置”命令，如图 6-3 所示。

（2）进入“设置”界面，选择“网络和 Internet”选项，如图 6-4 所示。

（3）在弹出的界面中，先选择左侧的“以太网”选项，再选择右侧的“更改适配器选项”，如图 6-5 所示，即可进入计算机 IP 属性设置界面。

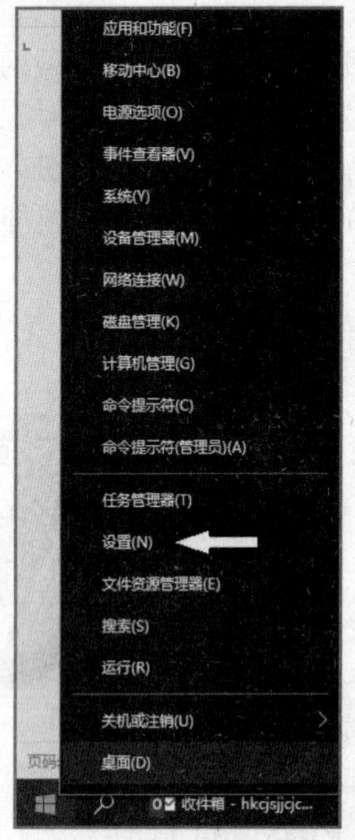

图 6-3　用鼠标右键单击“开始”图标

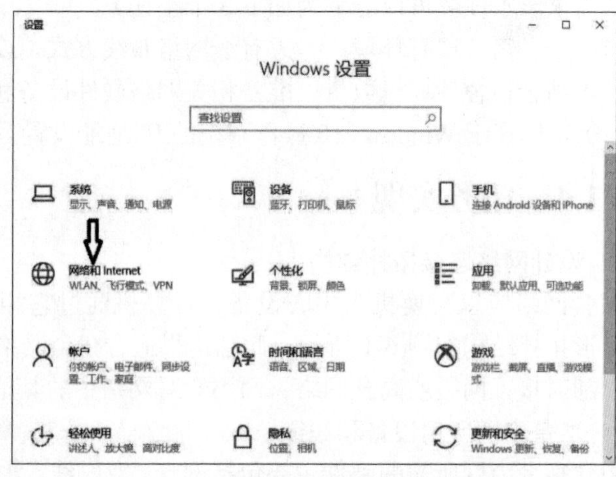

图 6-4　“设置”界面

（4）进入图 6-6 所示的界面，这里需要选择待配置的网卡。界面中可能会出现若干选项，如针对 WLAN 的、以太网的、蓝牙网络连接的，这时候根据自己的计算机的硬件配置情况和网络需求，选择其中针对有线网络连接的“以太网”网卡后，单击鼠标右键，在快捷菜单中选择“属性”命令。

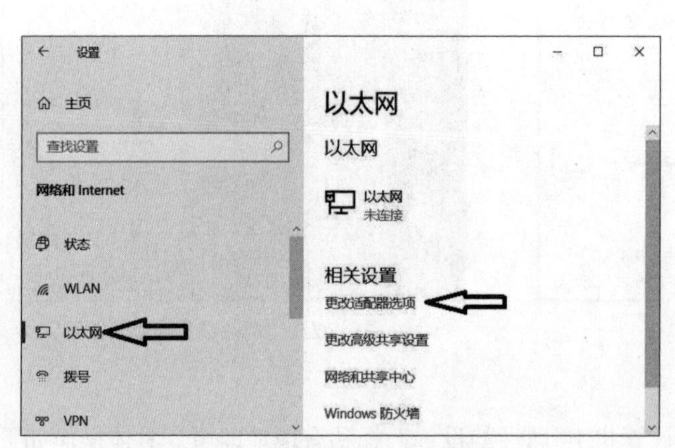

图 6-5　计算机以太网配置界面

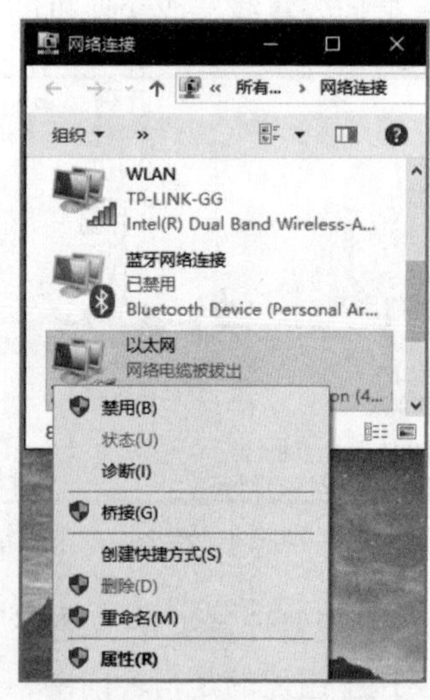

图 6-6　选择“以太网”网卡

（5）在图 6-7 所示的界面中，双击“Internet 协议版本 4（TCP/IPv4）”后进入图 6-8 所示界面。在此可以配置计算机 IP 属性。如果网络中有 DHCP 服务器，可以选择“自动获得 IP 地址”。这里我们选择“使用下面的 IP 地址”方式进行手动配置。可在每台计算机的“IP

地址”文本框中输入“192.168.1.X”（X范围为 2～254），确保每台计算机 IP 地址的最后一部分不一样即可。在“子网掩码”文本框中输入“255.255.255.0”，“默认网关”文本框可以不输入任何内容。这样，宿舍计算机的系统防火墙如果没有“阻止”两台计算机相互访问的规则，即组网成功。

图 6-7　选择“Internet 协议版本”

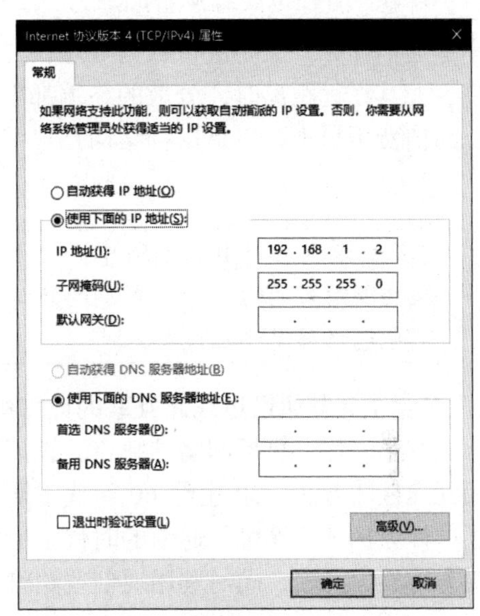

图 6-8　设置计算机 IP 属性

6.1.5　任务小结

通过本任务，我们主要学习了基于有线传输介质的宿舍网络的组建，了解了网络拓扑结构的设计理念，熟悉了相关网络设备的特点和双绞线的使用方法，同时掌握了计算机 IP 地址的设置流程和注意事项，这有助于我们更好地理解计算机网络的相关概念和结构。

6.1.6　基础知识

近几年，随着“互联网+”概念在各行各业的不断深入，计算机网络技术正迅速发展并获得广泛应用。

6.1.6.1　计算机网络的发展及功能

计算机网络源于 20 世纪 50 年代，发展至今经历了以下 4 个阶段。

1. 以单台计算机为中心的面向终端的网络

1946 年，全世界第一台电子数字计算机在美国诞生，当时计算机技术与通信技术并没有直接联系。20 世纪 50 年代，由于美国军方的需要，麻省理工学院林肯实验室开始为美国空军设计称为 SAGE 的半自动化地面防空系统。该系统于 1963 年建成，也被认为是计算机技术和通信技术结合的先驱。

计算机通信技术应用于民用方面，最早是美国航空公司与 IBM 公司在 20 世纪 50 年代初开始联合研究，在 20 世纪 60 年代初投入使用的飞机票订票系统 SABRE-1。这个系统由一台中央计算机与整个美国本土范围内的 2 000 个终端组成，这些终端采用多点线路与中央计算机相连。

在这个阶段，联机终端是一种主要的系统结构形式。图 6-9 所示为以单主机互联系统为中心的系统。虽然联机终端网络在当时的历史条件下已充分显示了计算机与通信相结合的巨大优势，但它仍然有严重的缺点：一是主机负荷较重，既要承担通信任务，又要进行数据处理；二是通信线路的利用率低，尤其在远距离时，分散的终端都需要独占一条通信线路，通信费用昂贵；三是这种结构是集中控制方式，可靠性低。

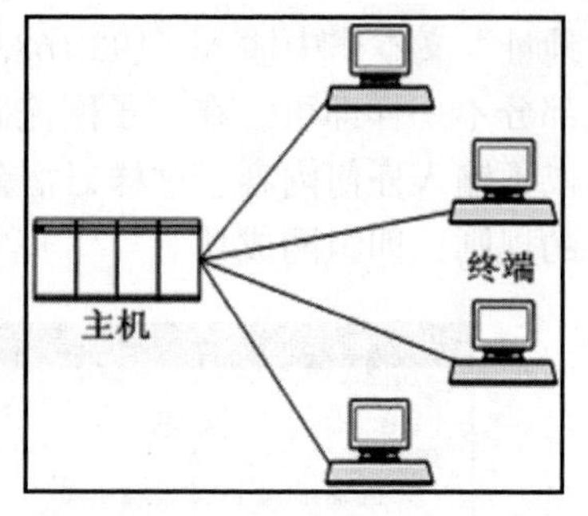

图 6-9　面向终端的单主机互联系统

终端是指计算机网络中，处于网络最外围的设备，主要用于用户信息的输入以及处理结果的输出等。早期的终端是指不具有处理和存储能力的计算机。现在的终端也包括移动终端设备。

2. 多台主计算机通过线路互联的计算机网络

为克服第一代计算机网络的缺点，提高网络的可靠性和可用性，人们开始研究将多台计算机相互连接的方法。20 世纪 60 年代中期开始，出现并发展了若干个计算机互联的系统，开创了“计算机—计算机”通信的时代，形成了将多个单主机互联系统相互连接起来，以多处理机为中心的网络，同时利用通信线路将多台主机连接起来，为终端用户提供服务，其结构如图 6-10 所示。

这个阶段的网络的典型代表是美国国防部高级研究计划局的 ARPANET（阿帕网），它标志着现代意义上计算机网络的出现。

在 ARPANET 中，计算机网络分为资源子网和通信子网，如图 6-11 所示。资源子网主要负责数据处理业务和为主计算机系统（主机）与终端提供服务，而通信子网主要负责数据通信处理的通信控制处理设备和通信线路。

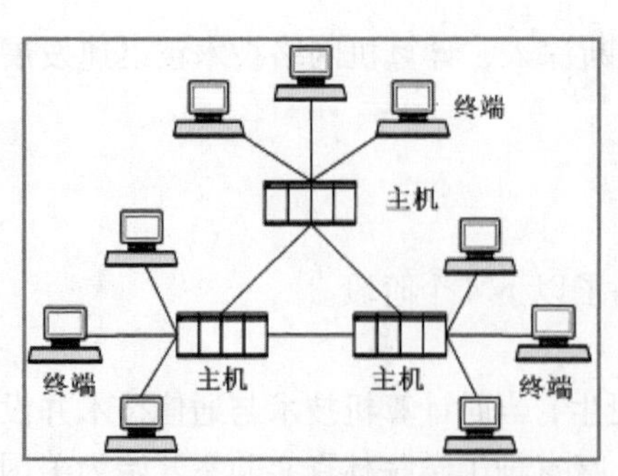

图 6-10　多台主机互联系统

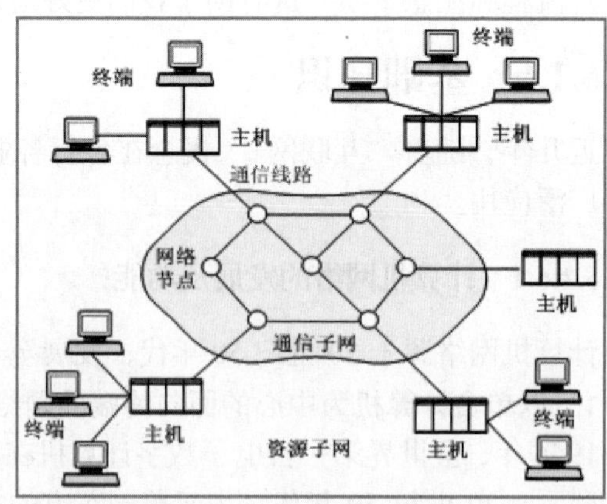

图 6-11　资源子网和通信子网

3. 具有统一的网络体系结构、遵循国际标准化协议的计算机网络

在第三代网络出现以前，网络是无法实现不同厂家的设备互连的。1977 年，国际标准化组织（International Organization for Standardization，ISO）提出标准框架开放系统互连参考模型（Open System Interconnection/ Reference Model，OSI/RM），共 7 层，可以实现网络大范

围发展和不同厂家设备的互连。

当时，在一个局域网中，工作站可能是 IBM 公司的，服务器可能是戴尔（Dell）公司生产的，网卡可能是 3Com 公司生产的，交换机可能是思科（Cisco）公司生产的，而网络上所运行的软件则可能是微软公司开发的。如果没有网络标准化，这些设备或软件高度的兼容性是不可能实现的。

4. 因特网时代

20 世纪 90 年代至今的网络，都属于第四代计算机网络，即因特网（Internet）时代。第四代网络是随着数字通信技术和光纤接入技术的出现而产生的，其特点包括网络化、综合化、高速化及计算协同能力强。

Internet 的网络体系结构采用了 TCP/IP 协议簇。原则上，任何计算机只要遵守 TCP/IP 协议簇，都能按一定的规则接入 Internet。历经几代计算机网络的发展后，计算机网络的主要功能如下。

（1）资源共享

① 硬件资源：主要包括大型主机、大容量磁盘、光盘库、打印机、网络通信设备和通信线路、服务器硬件等。

② 软件资源：主要包括网络操作系统、数据库管理系统、网络管理系统、应用软件、开发工具和服务器软件等。

③ 数据资源：主要包括数据文件、数据库、存储系统等保存的各种数据。数据包括文字、图表、图像和视频等。数据是网络中最重要的资源。

资源共享是计算机网络产生的主要原动力。资源共享可以使网络中各处的资源互通有无、分工协作，从而大大提高系统资源的利用率。

（2）数据通信

计算机网中的通信是指在计算机之间传送信息，这是计算机网络最基本的功能之一。不同地区的用户可以通过计算机网络快速而准确地传送信息。这些信息包括数据、文本、图形、动画、声音和视频等。用户还可以使用 E-mail、VOD（视频点播）和 IP 电话等功能。

（3）分布处理与负载均衡

计算机网络中，各用户可根据需要合理地选择网内资源，以便就近处理。例如，用户在异地通过远程登录直接进入自己办公室的网络，当需要处理综合性的大型作业（如人口普查、淘宝网“双十一”促销、春运期间销售火车票等）时，通过一定的算法将负载比较大的作业分解并交给多台计算机进行分布式处理，起到负载均衡的作用，这样可以充分提高设备的利用率和可靠性。

（4）提高可靠性

提高可靠性表现在计算机网络中的多台计算机可以通过网络互为备份，一旦某台计算机出现故障，其任务可由其他计算机代为处理。

6.1.6.2　计算机网络的定义

在计算机网络发展的不同阶段，人们对计算机网络提出了不同的定义。其中资源共享观点将计算机网络定义为“以能够相互共享资源的方式，互连起来的自治计算机系统的集合”。资源共享观点的定义符合当前计算机网络的基本特征，它主要包含 3 层意思：建立计算机网络的目的是实现计算机资源共享；彼此独立则强调在网络中，计算机之间不存在明显的主从关系，即网络中的计算机不具备控制其他计算机的能力，每台计算机都具有独立的操作系统；连网计算机之间的通信必须遵循共同的网络协议。

注意　ARPANET 建成后，计算机网络的定义变为“以相互共享（硬件、软件和数据）资源的方式连接起来，且彼此功能独立的计算机系统的集合”。

6.1.6.3　计算机网络的分类

计算机网络发展到现在，应用非常广泛，其种类也有很多，主要按以下几种方法分类。

1．按网络覆盖地理范围分类

按照计算机网络所覆盖的地理范围对其分类，可以很好地反映不同类型网络的技术特征。网络覆盖的地理范围不同，所采用的传输技术也有所不同，因此形成了不同的网络技术特点和网络服务功能。按覆盖地理范围的大小，计算机网络可分为局域网、城域网和广域网，其特点如表 6-1 所示。

表 6-1　计算机网络按照覆盖地理范围分类

网 络 分 类	覆盖地理范围	特　点
局域网（LAN）	房间	范围小、速率高、组建灵活、成本低、误码率低
	建筑物	
	校园	
城域网（MAN）	城市	速度比 LAN 慢、但比 WAN 快，设备昂贵，误码率中等
广域网（WAN）	国家、洲或洲际	速度一般比 LAN 和 MAN 慢很多、误码率最高、网络设备昂贵

2．按网络的工作模式分类

（1）对等网

在对等网（Peer to Peer）中，所有计算机地位平等、没有从属关系，也没有专用的服务器和客户机。网络中的资源是分散在每台计算机上的，每一台计算机都有可能成为服务器，也可能成为客户机，如图 6-12 所示。对等网能够提供灵活的共享模式，组网简单、方便，但难于管理，安全性较差。它可满足一般数据传输的需要，所以一些小型单位在计算机数量较少时可选用“对等网”结构，例如宿舍网。

（2）客户机/服务器模式

为了使网络通信更方便、更稳定、更安全，引入了基于服务器的网络，即客户机/服务器（Client/Server，C/S）模式，如图 6-13 所示。这种类型的网络中有一台或几台性能较好的计算机，称为服务器，集中进行共享数据库的管理和存取，而将其他应用处理工作分散到网络中的其他计算机上，构成分布式处理系统。

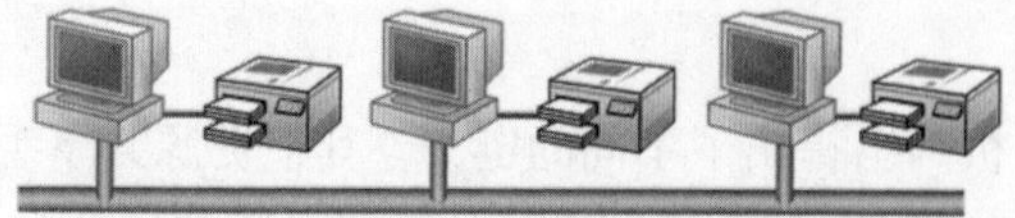

图 6-12　对等网

图 6-13　基于服务器的网络

与之类似的，还有浏览器/服务器（Browser/Server，B/S）模式。它是 Web 兴起后的一种网络结构，Web 浏览器是客户端最主要的应用软件。这种模式统一了客户端，将系统功能实现的核心部分集中到服务器上，简化了系统的开发、维护和使用。客户机上只需安装一个浏览器，服务器上需安装数据库平台。表 6-2 列出了 C/S 和 B/S 模式的基本区别。

表 6-2 客户机/服务器（C/S）模式和浏览器/服务器（B/S）模式的基本区别

特点	C/S 模式	B/S 模式
优点	系统数据预处理和数据库操作分别在客户机和服务器上进行，运行效率较高； 客户机操作界面设计可满足客户个性化的操作要求，可充分满足客户的个性化美观追求	客户端的功能由浏览器完成，统一的浏览器不随系统变化，只需编制服务器上的一套软件； 维护方便，只需改变有关页面，即可实现所有用户同步更新，开发简单，共享性强
缺点	由于是针对性开发，因此缺少通用性；需要编制客户机、服务器两套软件，系统安装、维护和管理不方便；兼容性差，开发成本较高	个性化特点明显降低，无法实现具有个性化的设计要求； 功能相对弱化，难以实现一些特殊功能

3. 按网络管理性质分类

根据对网络组建和管理的部门的不同，计算机网络常分为公用网和专用网。

（1）公用网

公用网由电信部门或其他提供通信服务的经营部门组建、管理和控制，网络内的传输和转接装置可供任何部门和个人使用；公用网常用于广域网的构造，支持用户的远程通信。我国的移动网、电信网、联通网等就属于公用网。

（2）专用网

专用网是由用户部门或单位组建、经营的网络，不容许其他部门和用户随意使用。由于投资的因素，专用网常为局域网或通过租借电信部门的线路而组建的广域网。由学校组建的校园网、由企业组建的企业网等就属于专用网。

（3）利用公用网组建专用网

许多部门直接租用电信部门的通信网络，并配置一台或多台主机，向社会各界提供网络服务，这些部门构成的应用网络称为增值网络，即在通信网络的基础上提供了增值服务，如全国各大银行的网络等。

4. 按网络传输技术分类

网络所采用的传输技术决定了网络的主要技术特点，因此根据网络所采用的传输技术对网络进行划分是一种很重要的方法。

在通信技术中，通信信道的类型有两类：广播通信信道与点到点通信信道。在广播通信信道中，多个节点共享一个物理通信信道，一个节点广播信息，其他节点都能够接收这个广播信息；而在点到点通信信道中，一条通信信道只能连接一对节点，如果两个节点之间没有直接连接的线路，那么它们只能通过中间节点转接。

显然，网络要通过通信信道完成数据传输任务，网络所采用的传输技术也只可能有两类，即广播方式和点到点方式。这样，相应的计算机网络也可以分为两类。

（1）广播式网络

广播（Broadcast）式网络中的广播是指网络中所有联网计算机都共享一个公共通信信道，当一台计算机利用公共通信信道发送报文分组时，所有其他计算机都会接收并处理这个分组。

（2）点到点式网络

点到点（Point-to-Point）式网络中每两台主机、两台节点交换机之间或主机与节点交换机之间都存在一条物理信道，即每条物理信道连接一对设备。机器（包括主机和节点交换机）利用某信道发送的数据确定只有信道另一端的唯一一台机器能收到。采用分组存储转发是点到点式网络与广播式网络的重要区别之一。

在广播式网络中，若分组是发送给网络中的某些计算机，则称为多播或组播；若分组只发送给网络中的某一台计算机，则称为单播。

除了以上几种分类方法之外，还有如按通信介质划分、按通信速率划分、按网络控制方式划分、按网络拓扑结构划分、按所使用的网络协议划分等分类方法。

6.1.6.4 计算机网络的拓扑结构

拓扑是从数学图论演变而来的，是一种研究与大小、形状无关的点、线、面关系的方法。计算机网络也引入了拓扑的概念，即将网络节点抽象为点，把网络中的通信连接介质抽象为线，这样从拓扑学的观点看计算机和网络系统，就形成了点和线所组成的几何图形，能抽象出网络系统的具体结构。这种采用拓扑学方法抽象出的网络结构称为计算机网络的拓扑结构，它反映了网络中各实体之间的结构关系。

所谓网络节点，是指在网络中独立工作的设备。网络节点可能是服务器、工作站等网络主机，也可能是路由器、交换机、集线器、网卡等网络连接设备。

网络拓扑结构图是理解和研究网络结构和分布的语言。它可以体现整个网络的设计、功能、可靠性、费用及维护等方面的内容。从某种意义上说，网络拓扑结构图就是网络建设的蓝图。网络的拓扑结构主要有星形、总线、环形、网状、混合等几种基本构型，这里主要介绍前3种。

1. 星形拓扑结构

星形拓扑结构由中央节点设备通过点到点链路连接到各节点组成。工作站到中央节点的线路是专用的，不会出现拥挤的瓶颈现象。星形拓扑结构如图6-14（a）所示。

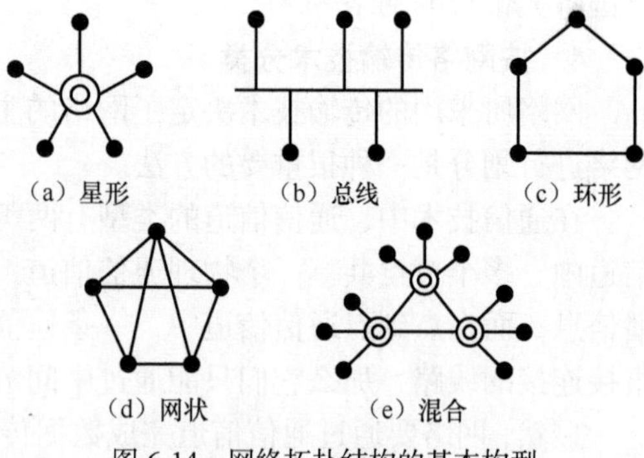

图6-14 网络拓扑结构的基本构型

星形拓扑结构中，中央节点一般为集线器或局域网交换机，其他外围节点为服务器或工作站，传输介质为双绞线或光纤。该拓扑结构被广泛应用于网络中，其优缺点如下。

（1）优点

① 可靠性高。在星形拓扑结构中，每个连接点只与一个设备相连，因此，单个连接点的故障只影响一个设备，不影响全网。

② 方便服务。中央节点和中间接线都有一集中点，可方便地提供服务和进行网络配置。

③ 故障诊断容易。如果网络中的节点或通信介质出现问题，只会影响该节点或与通信介质相连的节点，不会波及整个网络，从而比较容易判断故障的位置。

（2）缺点

① 扩展困难、安装费用高。增加网络新节点时，无论有多远，都需要与中央节点直接

连接，布线困难且费用高。

② 对中央节点的依赖性强。如果中央节点出现故障，则全部网络都不能正常工作。

2. 总线拓扑结构

总线拓扑结构采用单根数据传输线作为通信介质，所有的节点都通过相应的硬件接口（如网卡）直接连接到通信介质，而且能被所有其他节点接受，其结构如图 6-14（b）所示。

总线拓扑结构中的节点为服务器或工作站，通信介质为同轴电缆或双绞线，其优缺点如下。

（1）优点

① 布线容易、电缆用量小。总线拓扑结构中的节点都连接在一个公共的通信介质上，所以需要的电缆长度短，减少了安装费用，易于布线和维护。

② 可靠性高。总线拓扑结构简单，从硬件来看，十分可靠。

③ 易于扩充。在总线拓扑结构中，如果要增加长度，可通过中继器加上一个附加段；如果需要增加新节点，只需要在总线的任何点将其接入。

④ 易于安装。总线拓扑结构的安装比较简单，对技术要求不是很高。

（2）缺点

① 故障诊断困难。虽然总线拓扑结构简单，可靠性高，但故障检测却不容易。因为具有总线拓扑结构的网络不是集中控制的，故障检测需要在网络中的各个节点进行。

② 故障隔离困难。对于介质故障，不能简单地撤销某工作站，这样会切断整段网络。

③ 如果通信介质或中间某一接口点出现故障，整个网络随即瘫痪。

3. 环形拓扑结构

环形拓扑结构是一个像环一样的闭合链路，在链路上有许多中继器和通过中继器连接到链路上的节点。在环形拓扑结构中，所有的通信共享一条物理通道，即连接网中所有节点的点到点链路。图 6-14（c）为环形拓扑结构，其优缺点如下。

（1）优点

① 电缆长度短。环形拓扑结构所需的电缆长度与总线拓扑结构相当，比星形拓扑结构短。

② 适用于光纤。光纤传输速度快，环形拓扑结构是单向传输，适用于光纤通信介质。如果在环形拓扑结构中把光纤作为通信介质，将大大提高网络的速度和抗干扰的能力。

③ 无差错传输。由于采用点到点通信链路，被传输的信号在每一节点上再生，因此，传输信息误码率可减到最小。

（2）缺点

① 可靠性差。在环形拓扑结构中传输数据是通过接在环上的每个中继器完成的，所以任何两个节点间的电缆或中继器故障都会导致全网故障。

② 故障诊断困难。环上任意一点出现故障都会引起全网故障，所以难以对故障进行定位。

③ 调整网络比较困难。要调整网络中的配置，例如扩大或缩小，都是比较困难的。

6.1.6.5　计算机网络的传输介质

网络中各站点之间的数据传输必须依靠某种传输介质来实现。其中，有线传输介质的种类较多，主要有双绞线、同轴电缆和光纤 3 种。

1. 双绞线

双绞线（Twisted Pair，TP）是把 4 对 8 根不同颜色的绝缘铜线，每 2 根拧成有规则的螺旋形，如图 6-15 所示。双绞线的抗干扰性较差，易受各种电信号的干扰，可靠性差。

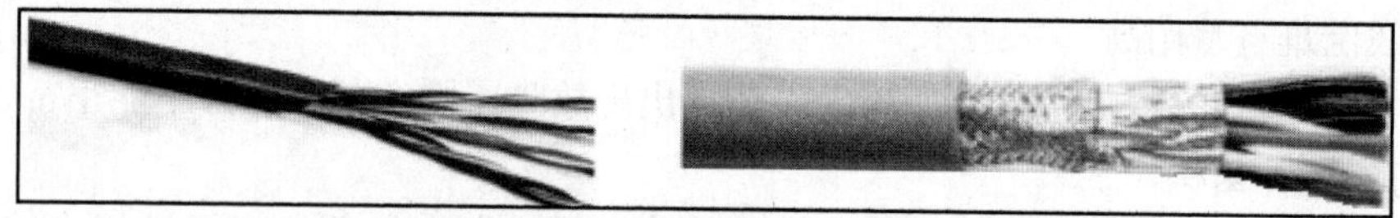

图 6-15 非屏蔽双绞线（左）和屏蔽双绞线（右）

双绞线分为屏蔽双绞线（Shielded Twisted Pair，STP）和非屏蔽双绞线（Unshielded Twisted Pair，UTP）。目前在局域网中常用的双绞线一般是非屏蔽双绞线，一般分为 3 类、4 类、5 类、超 5 类双绞线。

在北美乃至全球，双绞线标准中应用最广的是 ANSI/EIA/TIA-568A（简称为 T568A）和 ANSI/EIA/TIA-568B（实际上应为 ANSI/EIA/TIA-568B.1，简称为 T568B）。这两个标准最主要的不同就是芯线序列不同。

ANSI/EIA/TIA-568A 的线序为：绿白、绿、橙白、蓝、蓝白、橙、棕白、棕。

ANSI/EIA/TIA-568B 的线序为：橙白、橙、绿白、蓝、蓝白、绿、棕白、棕。

日常所用的直通双绞线一般两端都采用 T568B 的标准排线。交叉双绞线一端采用 T568A 标准，另外一端采用 T568B 标准来排线。

ANSI（American National Standards Institute，美国国家标准）、EIA（Electronic Industry Association，美国电子工业协会）、TIA（Telecommunication Industry Association，美国通信工业协会）为美国制定标准的 3 家机构。由于 TIA 和 ISO 两组织经常进行标准制定方面的协调，所以 TIA 和 ISO 颁布的标准差别不是很大。

2. 同轴电缆

同轴电缆是由一根空心的外圆柱形的导体围绕着单根内导体构成的。内导体为实芯或多芯硬质铜线电缆，外导体为硬金属或金属网。内外导体之间有绝缘材料隔离，外导体外还有外层保护套或屏蔽物，如图 6-16 所示。同轴电缆可以用于长距离的电话网络、有线电视信号的传输通道以及计算机局域网络。在抗干扰性方面，对于较高频率的信号，同轴电缆优于双绞线。

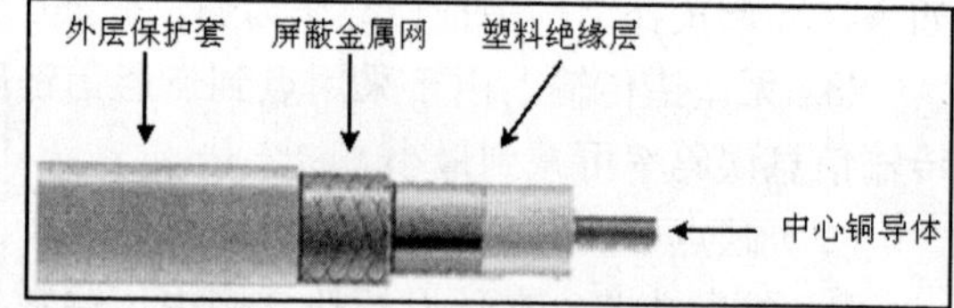

图 6-16 同轴电缆

同轴电缆按直径分为粗缆和细缆。细缆的直径为 0.26cm，最大传输距离为 185m，使用时与 50Ω终端电阻、T 型连接器、BNC 接头与网卡相连，线材价格和连接头成本都比较低，而且不需要购置集线器等设备，十分适合架设终端设备较为集中的小型以太网。缆线总长不能超过 185m，否则信号将严重衰减。细缆的阻抗是 50Ω。

粗缆（RG-11）的直径为 1.27cm，最大传输距离达到 500m。由于直径相当大，因此它的弹性较差，不适合在室内等狭窄的环境内架设，而且 RG-11 连接头的制作方式也相对复杂得多，并不能直接与计算机连接，它需要通过一个转接器转成 AUI 接头，然后再连接到计算机上。由于粗缆的强度较高，最大传输距离也比细缆长，因此粗缆的主要用途是扮演网络主干的角色，以连接数个由细缆所结成的网络。粗缆的阻抗是 75Ω。

3. 光纤

光纤（光缆）是一种细小、柔韧并能传输光信号的介质，一根光缆中可以包含多条光纤。

在光纤上有光脉冲信号用 1 来表示，没有光脉冲信号用 0 来表示。光纤通信系统由光端机、光纤和光纤中继器组成，其抗干扰性好。光纤如图 6-17 所示。

光纤通信应用光学原理，由光发送机产生光束，将电信号变为光信号，再把光信号导入光纤，在光纤的另一端由光接收机接收光纤上传来的光信号，并把它变为电信号，经解码后再处理。

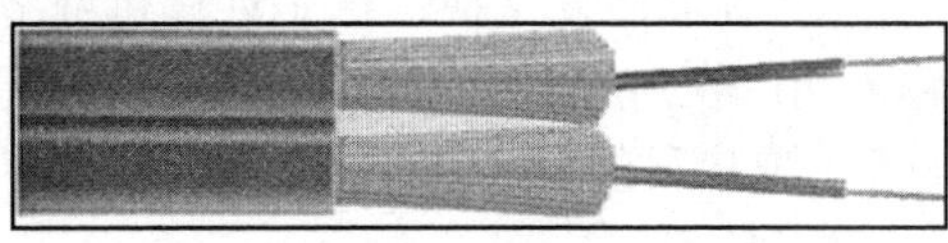

图 6-17　光纤

光纤分为单模光纤和多模光纤。单模光纤由激光作光源，仅有一条光通路，传输距离长，在 2km 以上；多模光纤由二极管发光，低速、短距离，传输距离在 2km 以内。

随着吉比特局域网应用的不断普及和光纤产品及其设备价格的不断下降，“光纤连接到桌面”成为目前网络发展的一个趋势。但是光纤也存在一些缺点，将光纤切断和将两根光纤精确地熔接起来所需要的技术和设备要求较高。目前，光纤的价格比同轴电缆和双绞线都高。

6.1.6.6　计算机网络的常用设备

1. 网卡

网络适配器又称网卡，全称为网络接口卡（Network Interface Card，NIC）。网卡插在计算机主板插槽中，负责将用户要传送的数据转换为网络上其他设备能够识别的格式，通过网络介质传输。普通网卡如图 6-18 所示。网卡的基本功能如下。

（1）数据转换：因为数据在计算机内是并行的，而数据在计算机之间的传输是串行传输的，所以网卡要对数据进行并、串间的相互转换。

（2）数据缓存：由于在网络系统中，工作站与服务器对数据进行处理的速率通常不一样，为此，网卡必须设置数据缓存存储器，以防止数据在传输过程中丢失并实现数据传输控制。

（3）通信服务：网卡实现的通信服务可以包括开放系统互连参考模型的任何一层协议。但在大多数情况下，网卡中提供的通信协议服务是在物理层和数据链路层上的，而这些通信协议软件通常都被固化在网卡内的只读存储器中。

2. 中继器

传输介质超过了网段长度后，可用中继器扩展网络的范围，对弱信号予以放大再生。中继器在物理层工作，不提供网段隔离功能。

3. 集线器

集线器是中继器的一种形式，它与中继器的区别在于能够提供多端口服务，因此集线器也称为多口中继器。它是一种以星形结构将通信线路集中在一起的设备，在物理层工作。

4. 交换机

交换机，也称为交换式集线器，如图 6-19 所示。局域网交换机有 3 个主要功能：一是在发送节点和接收节点间建立一条虚连接；二是转发数据帧；三是实现数据过滤。

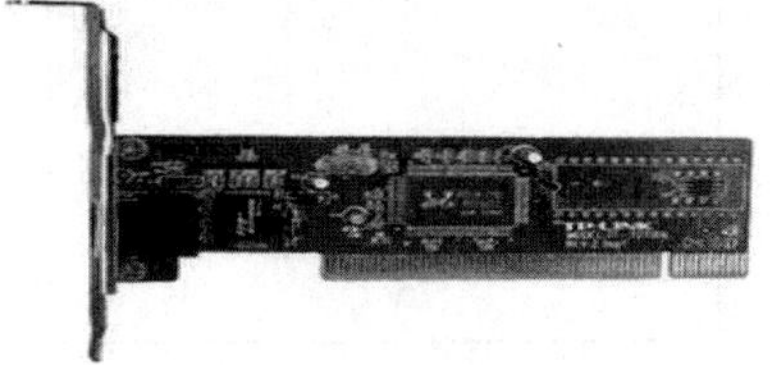

图 6-18　普通网卡

图 6-19　交换机

按采用的数据交换技术，交换器可分为以下两类。

① 直通交换：一旦收到信息包中的目标地址，在收到全帧之前便开始转发。

② 存储转发交换：这是计算机网络领域使用最为广泛的技术之一。以太网交换机先将输入端口收到的数据包缓存起来，检查数据包是否正确，并过滤冲突包错误，确定数据包正确后，取出目的地址，通过查找表找到想要发送的输出端口地址，然后将该数据包发送出去。

5. 路由器

路由器是网络层上的设备，主要用于不同网络之间的互连，路由器的背板如图 6-20 所示。它主要用于实现路径选择、拥塞控制及网络管理等方面的功能。

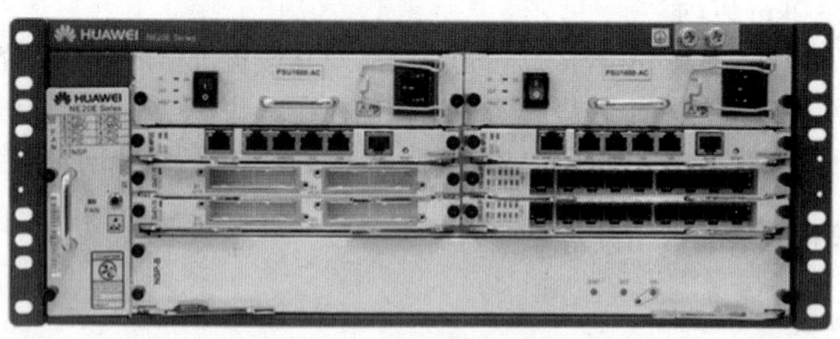

图 6-20　路由器的背板

路由器负责将数据分组并将其从源端主机经最佳路径传送到目的端主机。为此，路由器必须具备两个最基本的功能，那就是确定通过互联网到达目的网络的最佳路径和完成信息分组的传送，即路由选择和数据转发。

6. 网关

网关的主要功能为把一种协议变成另一种协议，把一种数据格式变成另一种数据格式，把一种速率变成另一种速率，以实现两者的统一。

在 Internet 中，网关是一台计算机设备，它能根据用户通信用的计算机的 IP 地址，界定是否将用户发出的信息送出本地网络，同时它还可以接收外界发送给本地网络计算机的信息。例如语音网关，如图 6-21 所示，可将公用电话交换网与 IP 网络连接起来，从而实现通过 Internet 进行语音通话的功能。

7. 无线 AP

无线 AP（Access Point）是无线设备（手机及笔记本电脑等）进入有线网络的接入点，主要用于家庭宽带、大楼内部、校园内部、园区内部，以及仓库、工厂等需要无线监控的地方，典型距离覆盖几十米至上百米，主要技术标准为 IEEE 802.11 系列，无线 AP 如图 6-22 所示。

图 6-21　语音网关

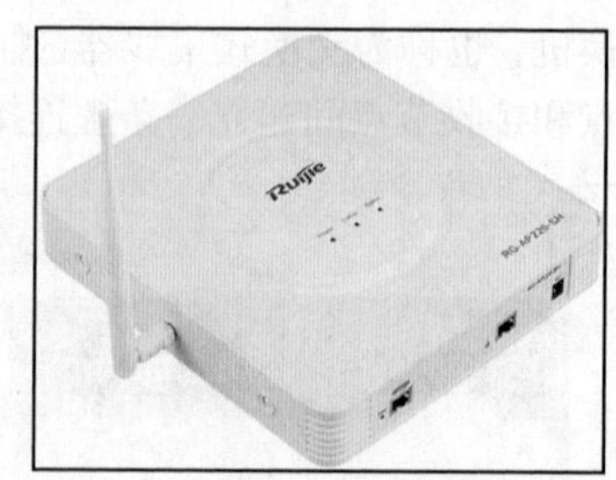

图 6-22　无线 AP

一般的无线 AP，其作用有以下两个。

（1）作为无线局域网的中心点，供其他装有无线网卡的设备接入该无线局域网。

（2）通过为有线局域网提供长距离无线连接，或为小型无线局域网提供长距离有线连接，达到扩展网络范围的目的。

无线 AP 与无线路由器的功能区别：无线 AP 的功能是把有线网络转换为无线网络，形象地说，无线 AP 是无线网和有线网之间沟通的桥梁；无线路由器就是一个带路由功能的无线 AP，接在 ADSL 宽带线路上，通过路由器功能实现自动拨号接入网络，并通过无线功能建立一个独立的无线局域网。

6.1.6.7　计算机网络的体系结构

随着局域网和广域网规模的不断扩大，不同设备互连成为头等大事，为解决早期网络之间不能兼容和不能通信的问题，国际标准化组织提出了网络模型方案。该组织从 1979 年开始创建了一个有助于开发和理解计算机的通信模型，即开放系统互连模型。1984 年，该组织正式发布了 ISO/OSI 七层网络参考模型。

1. 计算机网络的体系结构简介

计算机网络的各层以及其协议的结合，称为网络的体系结构。换言之，计算机网络的体系结构即这个计算机网络及其部件所应该完成功能的精确定义。需要强调的是，这些功能究竟由何种硬件或软件完成，则是一个遵循这种体系结构的实现问题。可见，体系结构是抽象的，是存在于纸上的，而实现是具体的，是运行在计算机软件和硬件之上的。

标准计算机网络体系结构的定义由国际标准化组织（ISO）、国际电信联盟（ITU）、美国通信工业协会（TIA）、美国电子工业协会（EIA）、电气和电子工程师协会（IEEE）提出，下面主要介绍国际标准化组织定义的结构。

2. OSI 参考模型

国际标准化组织是一个全球性的非政府组织，是国际标准化领域中一个十分重要的组织。国际标准化组织制定了网络通信的标准，它将网络通信分为 7 层，开放的意思是通信双方必须都要遵守 OSI 参考模型。

国际标准化组织制定的 OSI 参考模型的逻辑结构如图 6-23 所示，它将网络结构划分为 7 层：物理层、数据链路层、网络层、传输层、会话层、表示层和应用层。下 3 层是依赖网络的，涉及将两台通信计算机连接在一起所使用的数据通信网的相关协议，实现通信子网功能。上 3 层是面向应用的，涉及允许两个终端用户应用进程交互作用的协议，通常是由本地操作系统提供的一套服务，实现资源子网功能。中间的传输层为面向应用的上 3 层，屏蔽了与网络有关的下 3 层的技术细节。

（1）物理层

物理层是 OSI 参考模型的最底层或第一层，定义了网络的物理结构和传输介质的电气、机械规格等物理特性。除了不同的传输介质自身的物理特性外，物理层还对通信设备和传输媒体之间使用的接口做了详细的规定，同时在相连的网络系统间提供传输比特流服务。

工作在物理层的设备主要有调制解调器、集线器等。

（2）数据链路层

数据链路层在物理层和网络层之间提供通信，建立点到点之间的可靠数据链路，传送按一定格式组织起来的位组合，即数据帧。

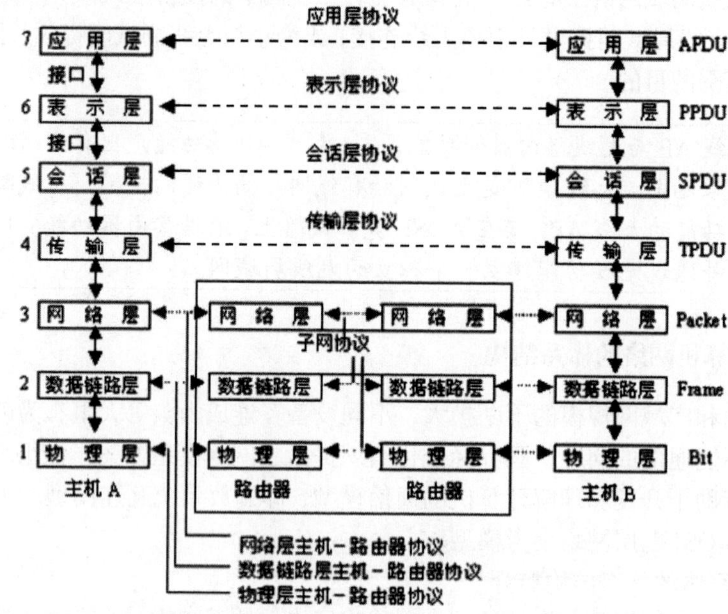

图 6-23　国际标准化组织制定的 OSI 参考模型的分层

数据链路层为网络层提供可靠的信息传送机制，实现应答、差错控制、数据流控制和发送顺序控制，确保接收数据的顺序与原发送顺序相同等功能。

工作在数据链路层的主要设备有网卡、交换机等。

（3）网络层

网络层，即 OSI 参考模型的第三层，它提供不同网络系统间的连接和路由选择，并定义了逻辑地址。该层的数据单元叫作数据包或分组（Packet）。

网络层的任务包括基于网络层地址即逻辑地址（如 IP 地址）进行不同网络系统间的路径选择；数据包的分割和重新组合（组合数据包或分组）；差错检验和可能的修复；分组的数据流量控制、拥塞控制等。

工作在网络层的设备主要有路由器、三层交换机等。

（4）传输层

数据在传输层进行数据分割和数据重组为数据段（Segment），传输层保证端到端之间的数据可靠传输。传输层提供两种服务：面向连接服务和面向非连接服务。

面向连接服务就像打电话，当需要与人通电话时，需要拿起听筒并拨号，然后开始交谈，最后挂断电话。与此类似，使用面向连接服务时，首先要建立连接，然后使用连接进行数据传输，最后释放连接。面向连接服务能够保证数据准确、可靠地传送到目的地。

面向非连接服务就像寄信一样，填写收信人地址和邮政编码并封装好信件后，把它放进邮筒，发信人便完成了通信过程，而信件通过邮局和运输系统最终到达收信人的过程和路径与发信人无关。而且发信人在同一时刻发往同一收信人的不同信件，可能会出现晚发早到情况。所以在无连接下，当两条消息发送到同一个目的地时，就有可能先发的延迟而后发的先到。但在面向连接服务下，这是不可能发生的。

常见的工作在传输层的一种可靠的面向连接服务的协议是 TCP/IP 协议簇中的传输控制

协议（Transmission Control Protocol，TCP）；另一项在传输层服务的协议是用户数据报协议（User Datagram Protocol，UDP），它是一种不可靠的面向非连接服务的协议。

传输层还负责在不同物理节点的应用程序间建立连接。因为可能在一个给定的节点上有许多应用程序，它们在同一时间内都在进行通信。比如用户有可能利用一台计算机一边收发邮件，一边上网浏览。此时传输层必须使用一种机制来处理节点上的应用程序寻址，使得各个应用程序之间的数据区分开来。传输层采用不同的端口号（Port）标识不同的应用程序，以处理这些数据。

（5）会话层

会话类似于人们之间的一次谈话。为了使谈话双方能够有序地、完整地进行信息交流，谈话中应有一些约定。会话层也是如此，有相关的协议。

（6）表示层

表示层保证一个系统的应用层送出的信息可被另一个系统的应用层读取，它如同应用程序和网络之间的翻译官。如果必要，表示层会利用一种公用的信息格式统一多种信息。

表示层提供的相关服务有数据表示、数据安全和数据压缩。

（7）应用层

应用层是 OSI 参考模型的最高层，也是最接近用户的一层。它是计算机网络与最终用户间的接口，它包含了系统管理员管理网络服务所涉及的所有问题和基本功能。简单地说，用户通过应用层的协议去完成自己想要完成的任务。

3. TCP/IP 模型

前面已讲述了 7 层结构的 OSI 参考模型，但是在实际应用中，完全遵从 OSI 参考模型的协议几乎没有。尽管如此，OSI 参考模型为人们考查其他协议各部分间的工作方式提供了框架和评估基础。下面介绍 TCP/IP 体系结构也将以 OSI 参考模型为框架进行进一步解释。图 6-24 所示为 TCP/IP 模型与 OSI 参考模型的对应关系。

TCP/IP 是一组通信协议的代名词，是由一系列协议组成的协议簇。它本身指两个协议集：TCP（传输控制协议）和 IP（互联网络协议）。TCP/IP 模型与 TCP/IP 协议簇的对应关系如图 6-25 所示。

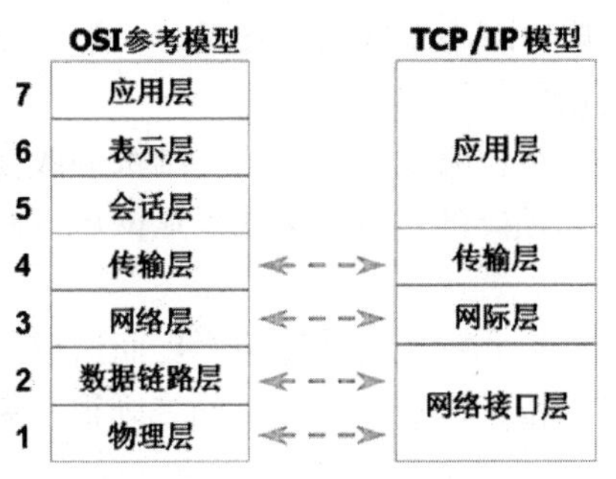

图 6-24　TCP/IP 模型与 OSI 参考模型的对应关系

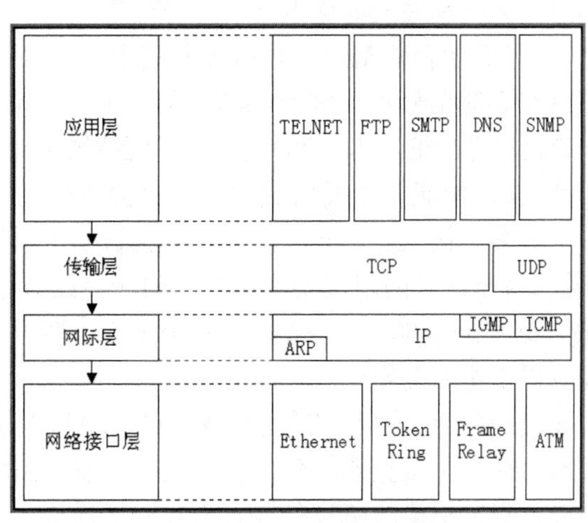

图 6-25　TCP/IP 模型与 TCP/IP 协议簇的对应关系

表 6-3 为 TCP/IP 模型中常见应用层协议的对应层次及网络服务。

表 6-3　　TCP/IP 协议簇的主要协议及服务

协　议	提供的服务	相应 OSI 参考模型层次
DNS	域名解析服务	应用层
HTTP	超文本传输协议	应用层
TELNET	远程登录服务	应用层
FTP	文件传输协议	应用层
SNMP	简单网络管理协议	应用层
SMTP	简单邮件传输协议	应用层
TCP	传输控制协议	传输层
UDP	用户数据报协议	传输层
ARP	地址解析协议	网络层
ICMP	Internet 控制报文协议	网络层

6.1.6.8　无线局域网

无线局域网（Wireless Local Area Networks，WLAN）使用电磁波取代由双绞线构成的有线局域网络，在空中进行通信连接。无线局域网能实现“信息随身化、便利走天下”的理想境界。无线局域网标准如表 6-4 所示。

表 6-4　　常用无线局域网标准

标　准	频　段	传输速率	兼容性
IEEE 802.11a	5GHz	54Mbit/s	与 802.11b 不兼容
IEEE 802.11b	2.4GHz	11Mbit/s	
IEEE 802.11g	2.4GHz	54Mbit/s	可向下兼容 802.11b
IEEE 802.11n	2.4GHz 或 5GHz	目前主流 300Mbit/s	
IEEE 802.11ac	2.4GHz 或 5GHz	400Mbit/s 2.4GHz，900Mbit/s 5GHz	全兼容

（1）无线局域网的优点

① 灵活性和移动性。在有线网络中，网络设备的安放位置受网络位置的限制，而无线局域网在无线信号覆盖区域内的任何一个位置都可以确保无线设备接入网络。无线局域网另一个最大的优点在于其移动性，连接到无线局域网的用户可以在移动的同时与网络保持连接。

② 安装便捷。无线局域网可以免去或最大限度地减少网络布线的工作量，一般只要安装一个或多个接入点设备，就可建立覆盖整个区域的局域网络。

③ 易于进行网络规划和调整。对于有线网络来说，办公地点或网络拓扑结构的改变通常意味着重新建网。重新布线是一个昂贵、费时、浪费和琐碎的过程，无线局域网可以避免或减少以上情况的发生。

④ 故障定位容易。有线网络一旦出现物理故障，尤其是由于线路连接不良而造成的网络中断，往往很难查明故障位置，而且检修线路需要付出很大的成本。无线网络则很容易定位故障，只需更换故障设备即可恢复网络连接。

⑤ 易于扩展。无线局域网有多种配置方式，可以很快地从只有几个用户的小型局域网扩展到拥有上千用户的大型网络，并且能够提供节点间“漫游”等有线网络无法实现的功能。

（2）无线局域网的缺点

① 性能。无线局域网是依靠无线电波进行传输的。这些电波通过无线发射装置发射，而建筑物、车辆、树木和其他障碍物都可能阻碍电磁波的传输，进而影响网络的性能。

② 速率。无线信道的传输速率与有线信道相比要低得多。目前无线局域网的最大传输速率为 1Gbit/s，只适合于个人终端和小规模网络应用。

③ 安全性。从本质上讲，无线电波不要求建立物理的连接通道，无线信号是发散的。从理论上讲，用户很容易监听到无线电波广播范围内的任何信号，易造成通信信息泄露。

6.1.7　拓展训练

请同学们观察一下宿舍网络环境，判断其所采用的网络拓扑结构类型、有线连接线缆的种类，并对个人计算机进行 IP 地址的设置。

任务 6.2　因特网基础及应用

6.2.1　任务目标

- 熟悉个人邮箱申请流程；
- 掌握利用 Outlook 2016 管理个人邮箱的方法；
- 熟练掌握利用 Outlook 2016 收发邮件的方法。

6.2.2　任务描述

在学习生活中，很多时候，我们需要与同学、朋友、老师、家人互道问候、相互交流，传递资料，甚至是进行更加私密的沟通。目前较为方便、可靠的方法是采用个人电子邮件。因此，我们首先要有自己的邮箱，还要学会电子邮件的收发操作。同时为了更方便、高效地使用电子邮箱，我们有必要掌握邮箱管理软件 Outlook 2016 的使用方法。

6.2.3　任务分析

Outlook 2016 是 Office 2016 的组件之一，它对 Windows 自带的 Outlook Express 的功能进行了扩充。Outlook 2016 的功能很多，可以收发电子邮件、管理联系人信息、记日记、安排日程、分配任务等。本任务可以分解为如下 4 个小任务。

（1）申请个人邮箱账户。

（2）创建 Outlook 2016 账户，利用 Outlook 2016 对邮箱进行管理。

（3）利用 Outlook 2016 收发电子邮件及其附件。

（4）设置 Outlook 2016 邮件信纸。

6.2.4　任务实现

1. 申请个人邮箱账户

采用电子邮件方式交流前，首先需要拥有个人邮箱。在一台能够接入互联网的计算机中，打开浏览器，在地址栏中输入域名（https://email.163.com/），可以看到图 6-26 所示的界面，单击“注册新账号”，打开注册界面，如图 6-27 所示，输入正确的注册信息后单击“立即注册”按钮，即可获得一个免费的个人网易邮箱账户。

图 6-26　网易邮箱登录/注册主界面

图 6-27　申请网易邮箱

2. 创建 Outlook 2016 账户

（1）为了使用 Outlook 2016 管理个人邮箱，首先需要通过浏览器登录刚注册的邮箱。如图 6-28 所示，单击“设置”选项卡，选择左侧的“POP3/SMTP/IMAP”选项，然后开启“IMAP/SMTP”服务和“POP3/SMTP 服务”。

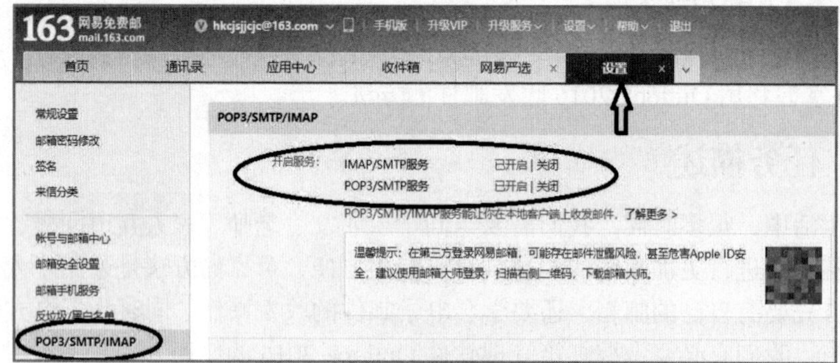

图 6-28　通过浏览器访问邮箱

（2）还是在此界面中，在“授权密码管理”中单击“新增授权密码”按钮，如图 6-29 所示。然后打开“账号安全验证”对话框，如图 6-30 所示，按提示进行验证后，单击“我已发送”按钮，新增授权密码成功后会打开“新增授权密码成功”对话框，如图 6-31 所示。

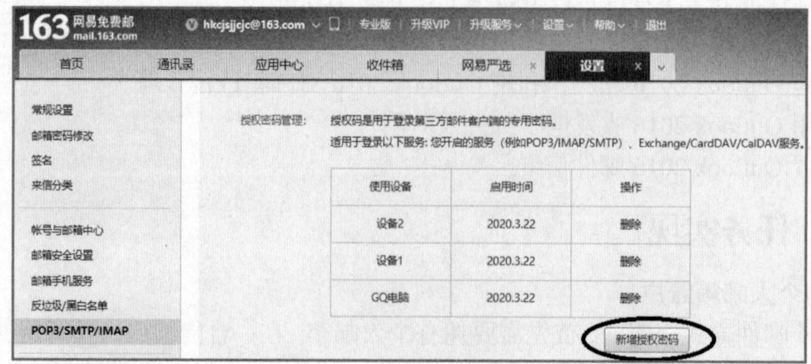

图 6-29　新增授权密码

（3）在图 6-31 中，所出现的授权密码，将在后面 Outlook 创建账户，关联管理该邮箱起到关键作用，请务必牢记。

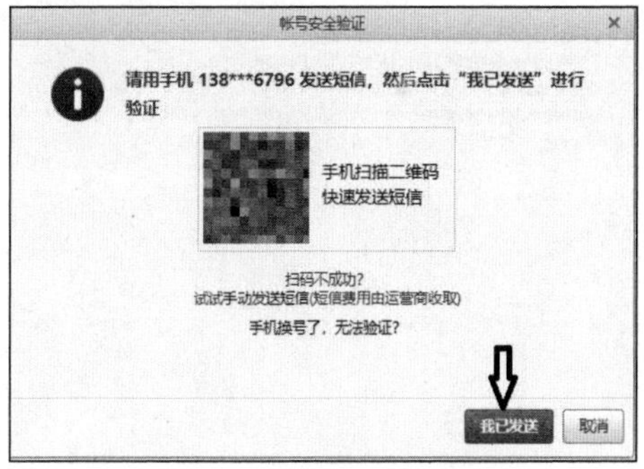

图 6-30 账号安全验证

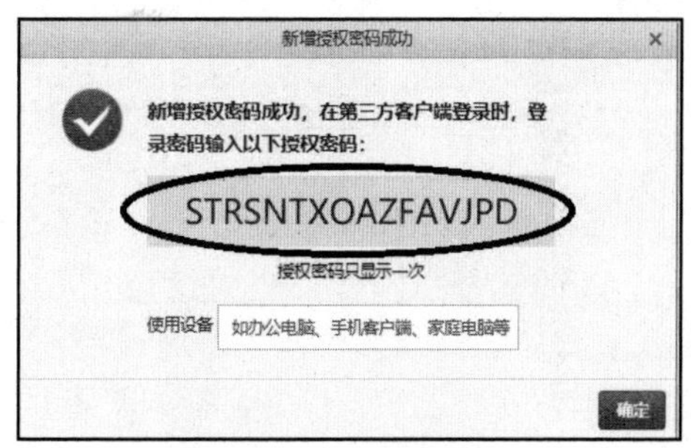

图 6-31 新增授权

（4）接着打开计算机上安装的 Outlook 2016 软件，相继出现图 6-32、图 6-33 所示的启动和欢迎界面。

图 6-32 Outlook 2016 启动界面

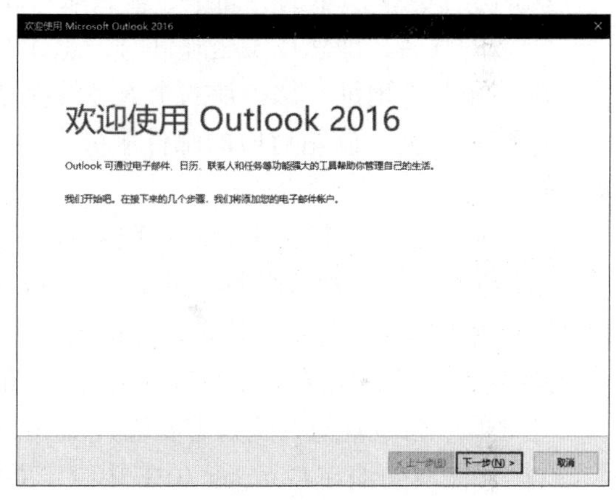

图 6-33 Outlook 2016 欢迎界面

（5）如图 6-34 所示，选择“是”单选项，即采用 Outlook 2016 对邮箱账户进行管理。下面将开始进行绑定个人电子邮件地址的操作。如图 6-35 所示，选择手动绑定，在图 6-36 所示的界面中选择邮箱服务类型。

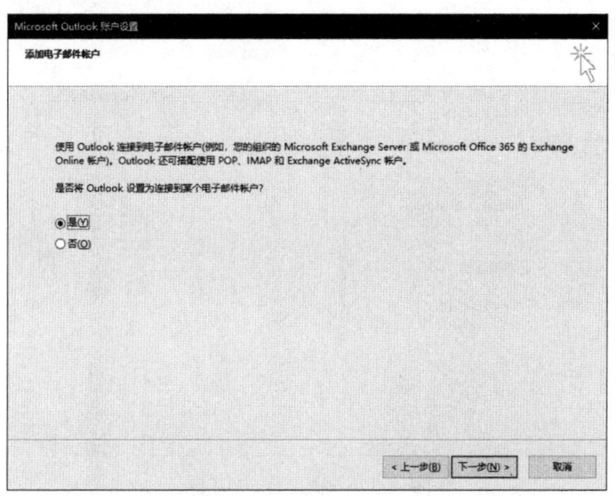

图 6-34 是否采用 Outlook 2016 关联邮箱账户

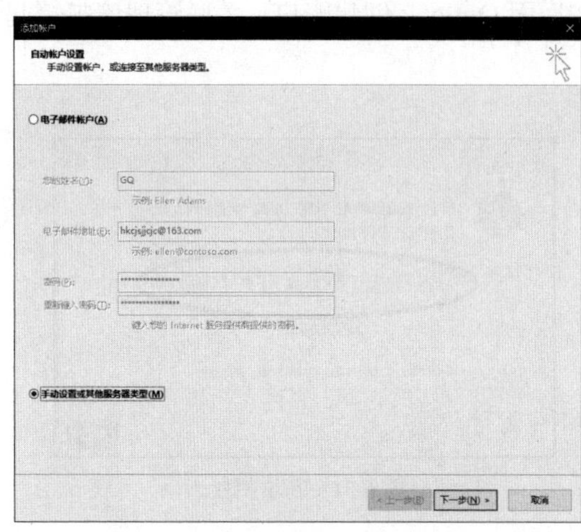

图 6-35　手动绑定 Outlook 2016 邮箱账户　　图 6-36　选择邮箱服务类型

（6）在图 6-37 所示的界面中，输入账户相关信息。

① 您的姓名：即您在发送邮件时，想让对方看到的您的名字。

② 电子邮件地址：您申请的个人邮件完整地址。

③ 账户类型：邮箱对应的邮件服务类型，可上网查询不同邮箱对应的服务类型，一般为 POP3。

④ 接收邮件服务器、发送邮件服务器：不同的邮箱都有专门的服务器配置属性。

网易免费邮箱：发送服务器为 smtp.163.com，接收服务器为 pop.163.com。

新浪免费邮箱：发送服务器为 smtp.sina.com.cn，接收服务器为 pop3.sina.com.cn。

QQ 免费邮箱：发送服务器为 smtp.qq.com，接收服务器为 pop.qq.com。

⑤ 密码：特别注意，此处需要输入图 6-31 中所出现的授权密码，而不是邮箱登录密码。只有这样才能成功地在 Outlook 2016 中绑定并管理该账户。

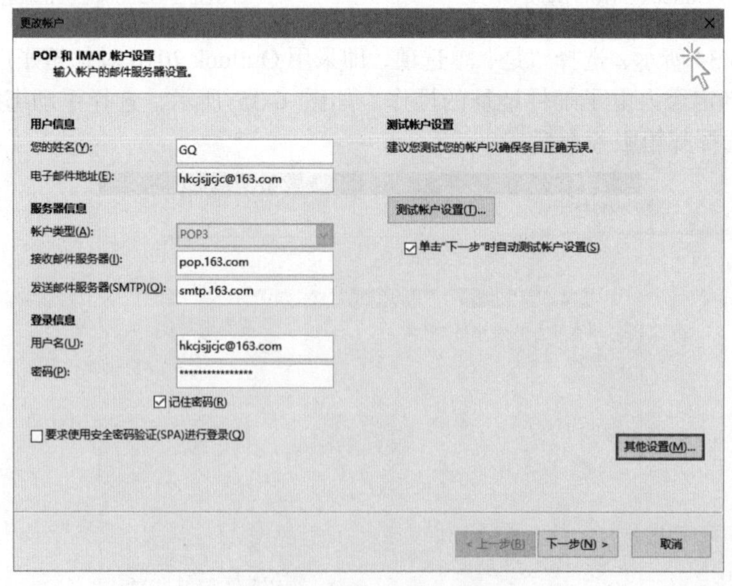

图 6-37　输入账户信息

（7）在图 6-37 所示的界面中单击“其他设置”按钮，打开“Internet 电子邮件设置”对话框，如图 6-38 所示，选择“发送服务器”选项卡，选择“我的发送服务器（SMTP）要求身份验证”复选框，单击“确定”按钮。

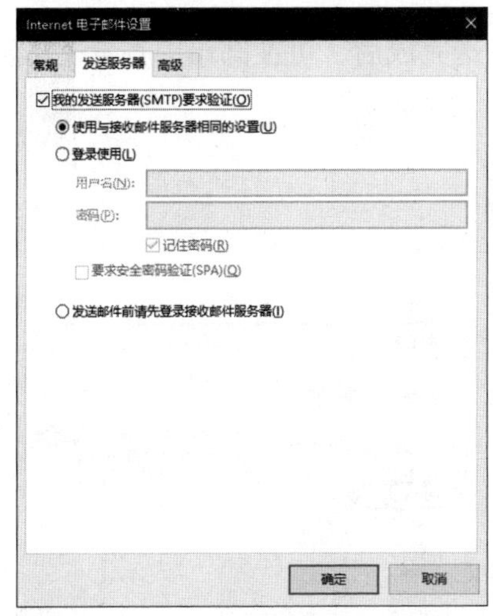

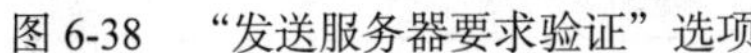

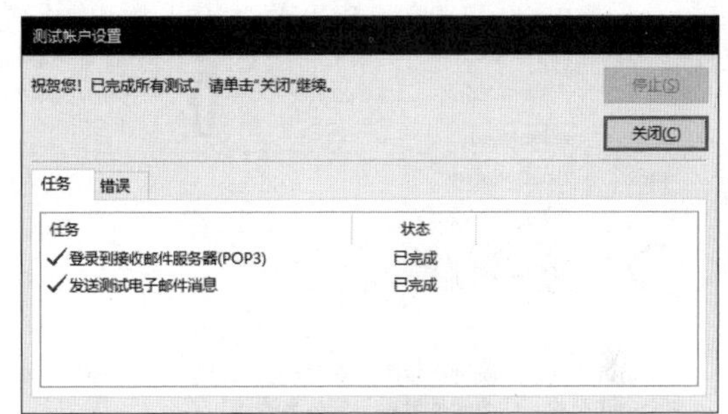

图 6-38　“发送服务器要求验证”选项　　　　图 6-39　创建账户测试

（8）到此基本完成在 Outlook 2016 中创建账户的操作。最后在图 6-37 所示的界面中单击“测试账户设置”按钮，出现图 6-39 所示的两个“已完成”状态，即表示成功实现 Outlook 2016 账户的创建。

3. 利用 Outlook 2016 收发电子邮件及其附件

（1）打开 Outlook 2016，在“开始”选项卡中单击“新建电子邮件”按钮，如图 6-40 所示。

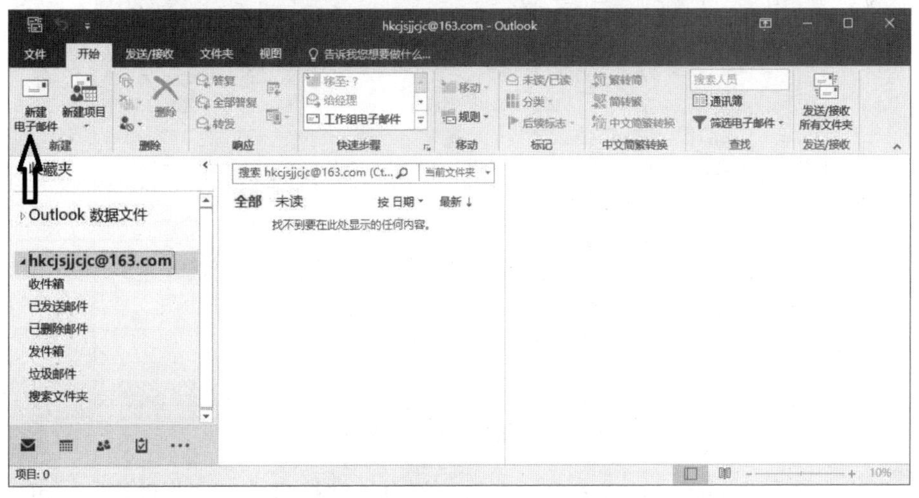

图 6-40　Outlook 2016 工作界面

（2）打开新的“邮件”窗口，如图 6-41 所示，在“收件人”文本框内输入收件人的电子邮件地址；在“抄送”文本框中输入除上述“收件人”以外的接收者的邮件地址；在“主题”文本框内输入对邮件内容的简明注解，如“Outlook 发送邮件测试！”；在下方的编辑框内输入信件的主要内容。

（3）在如图 6-41 所示的“邮件”窗口中，单击“附加文件”按钮，按提示选择本地计算机或网络上的电子资料（如电子文档、电子表格、演示文稿、图片、视频文件、音频文件等），选择后即可将其插入邮件并作为附件一并发送给对方。

（4）邮件信息、设置完毕，单击“发送”按钮。发送完成后，可在邮箱中查看“已发送邮件”以及邮件内容，如图 6-42 所示。

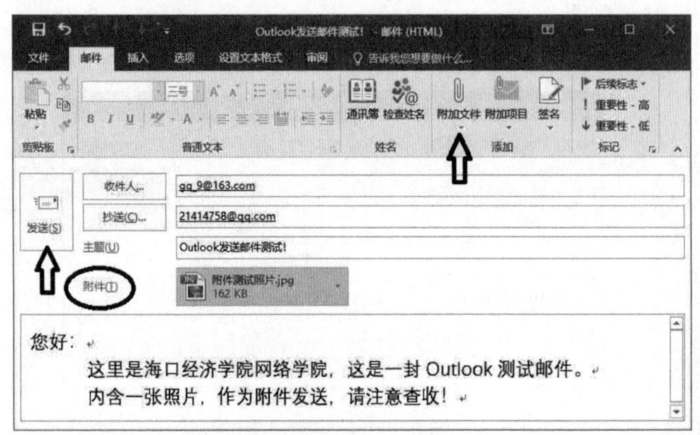

图 6-41 “邮件”窗口

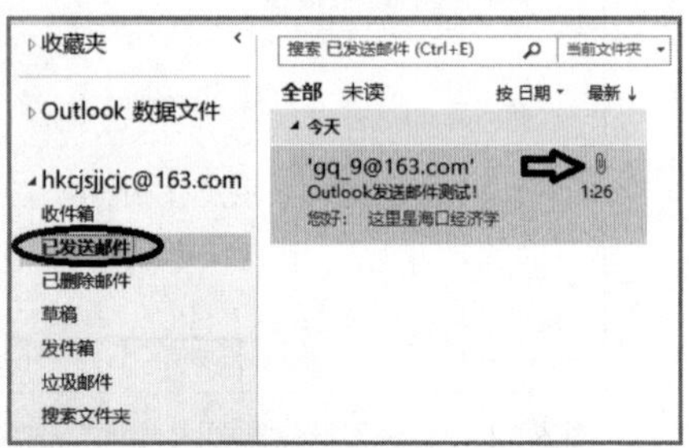

图 6-42 查看“已发送邮件”

（5）按照上述步骤给自己发送一封邮件，并添加附件。邮件中的收件人地址为自己的真实电子邮箱地址，主题为“保存附件测试！”，附件为个人计算机中的一张名为“附件测试照片”的图片，如图 6-43 所示。将收件人地址、主题、附件添加完成后，单击“发送”按钮，发送邮件。

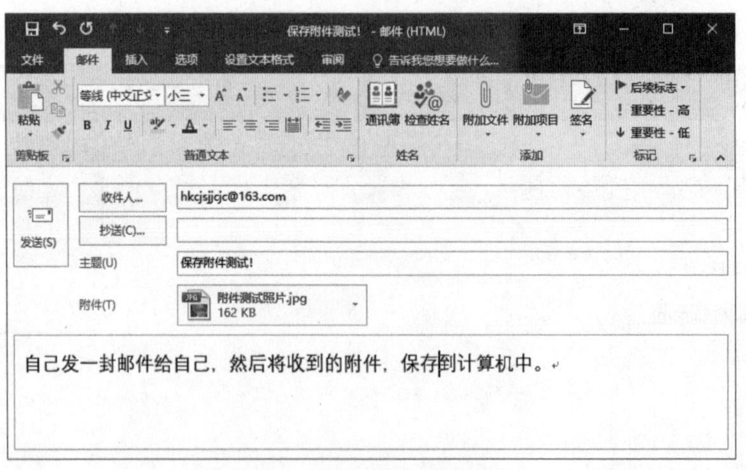

图 6-43 给自己发送一封邮件

（6）发送完毕，在 Outlook 2016 窗口左侧选择自己邮箱对应的“收件箱”，可以看到邮件列表中已列出刚刚发送给自己的邮件，如图 6-44 所示。

（7）在图 6-44 中，单击“附件”文件，可以打开该图片。单击“附件”文件右侧的下拉按钮，在下拉列表中选择“另存为”选项，打开“保存附件”对话框，选择要保存的位置，并在“文件名”文本框中输入自定义名称，单击“保存”按钮即可完成对附件的保存。

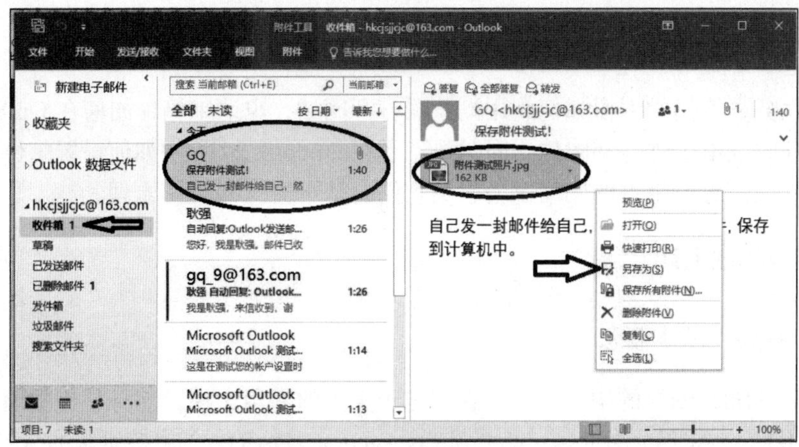

图 6-44　在收件箱中查看邮件

4. 设置 Outlook 2016 邮件信纸

（1）在 Outlook 2016 工作界面的“插入”选项卡中，单击“签名”按钮，如图 6-45 所示。

（2）打开“签名和信纸”对话框，如图 6-46 所示，可看到“个人信纸”选项卡。如已安装“主题或信纸”，单击“主题”按钮可看到图 6-47 所示的候选信纸主题。

（3）可选择其中一个信纸主题，撰写信件时，邮件内容版式即按此信纸主题排版。

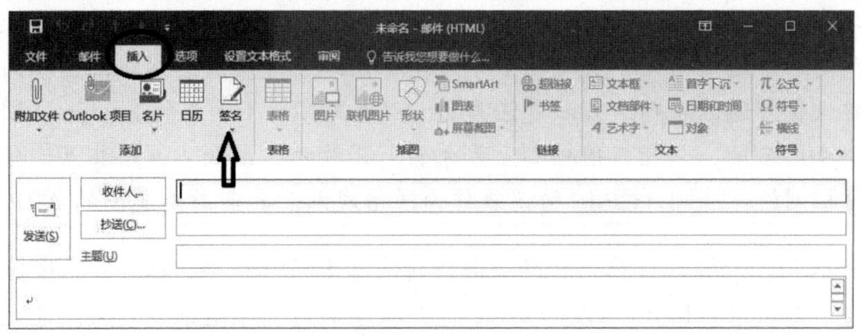

图 6-45　Outlook 2016 工作界面中的“签名”按钮

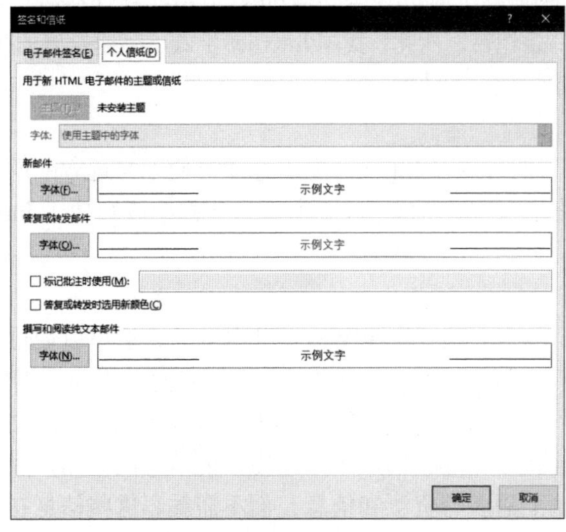

图 6-46　“个人信纸”选项卡

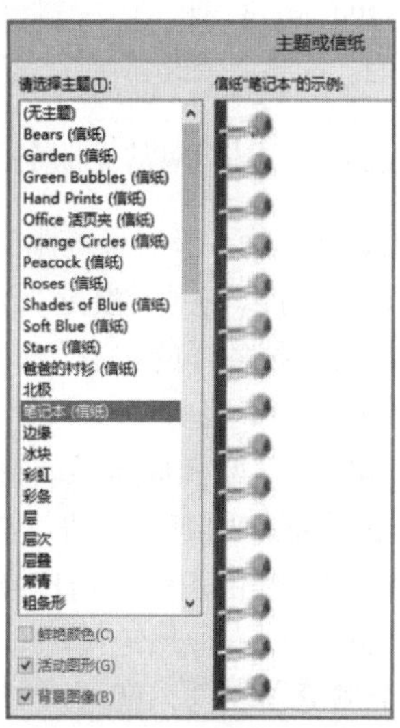

图 6-47　主题或信纸选项

6.2.5 任务小结

通过本任务，我们学习了如何利用浏览器打开网站，申请邮箱，如何在 Outlook 2016 中创建账户，并收发电子邮件和附件，同时熟悉了在 Outlook 2016 中如何设置邮件信纸。这些内容可以引导我们思考常见的网络服务以及它们的基本概念和工作原理。

6.2.6 基础知识

6.2.6.1 因特网基本概念

因特网是“Internet”的中文译名，它起源于美国的五角大楼，前身是美国国防部高级研究计划局（Defense Advanced Research Projects Agency，DARPA）主持研制的 ARPANET。因特网是通过产业、教育、政府和科研部门中的自治网络将用户连接起来的世界范围的网络。

因特网是基于 TCP/IP 实现的，TCP/IP 由很多协议组成，不同类型的协议被放在不同的层，其中位于应用层的协议有很多，如 FTP、SMTP、HTTP 等。

互联网是由两个或多个子网络构成的一种网络。这种网络包括网桥、路由器、网关或它们的组合。互联网和因特网的关系是：互联网包含因特网，即因特网（Internet）是互联网（Internet）的其中一种形式，反过来却不然。

internet 代表互联网，Internet 代表因特网。以小写字母 i 开头的 internet（互联网）是一个通用名词，它泛指多个计算机网络互连而成的网络，这些网络之间的通信协议（即通信规则）可以是任意的。以大写字母 I 开头的 Internet（因特网）则是一个专用名词，它指当前世界上最大的、开放的、由众多网络相互连接而成的特定计算机网络，采用 TCP/IP 协议簇作为通信规则，其前身是美国的 ARPANET。

我国第一次与国外通过计算机和网络进行通信始于 1983 年，这一年，中国科学院高能物理研究所（Institute of High Energy Physics，IHEP）通过商用电话线与美国建立了电子通信连接，实现了两个节点间电子邮件的传输，从此拉开了我国 Internet 的帷幕。

1994 年 5 月，中国科学院高能物理研究所通过一条 64kbit/s 卫星线路连接到美国的 Internet，这是中国联系国际 Internet 的第一条纽带。从此，我国 Internet 步入了高速发展的时期。

6.2.6.2 因特网常见服务及应用

Internet 是一个信息资源的大海洋，人们可以在 Internet 上迅速而方便地与远方的朋友交流信息，还可以在网上漫游、访问和搜索各种类型的信息资源。所有这些都应该归功于 Internet 所提供的各种各样的服务。

1．WWW 服务

1989 年，欧洲原子核研究机构（CERN）成功开发 WWW。此服务让人们可以通过客户端 IE 浏览器使用 HTTP 协议浏览 WWW 服务器里面的网页文件，实现信息的发布或搜索。

WWW 提供了一个用户容易使用的图形化界面，以方便浏览和查阅 Internet 上的文档。这些文档采用一种超链接的非线性结构连接在一起，构成了一个庞大的信息网。用户只需安装一个浏览器软件，就可以浏览 Internet 上的所有资源和信息，而不需关心这些信息在什么地方。

WWW 的主要特点：采用 C/S 结构，双向数据通信和信息收集；主要采用 TCP/IP 中的 HTTP（协议）；Web 文档均采用超文本标记语言（Hyper Text Markup Language，HTML）编写，并采用超文本和超链接结构，使用非常简单；允许客户机程序访问各种多媒体信息系统，如文字、图像、声音、视频等；通过统一资源定位器（Uniform Resource Locator，URL）进行文档和资源的访问，并采用交互式浏览和查询方式，可输入查询条件查询；信息分散存放，可随时修改。图 6-48 所示为 WWW 服务中有关概念之间的关系。

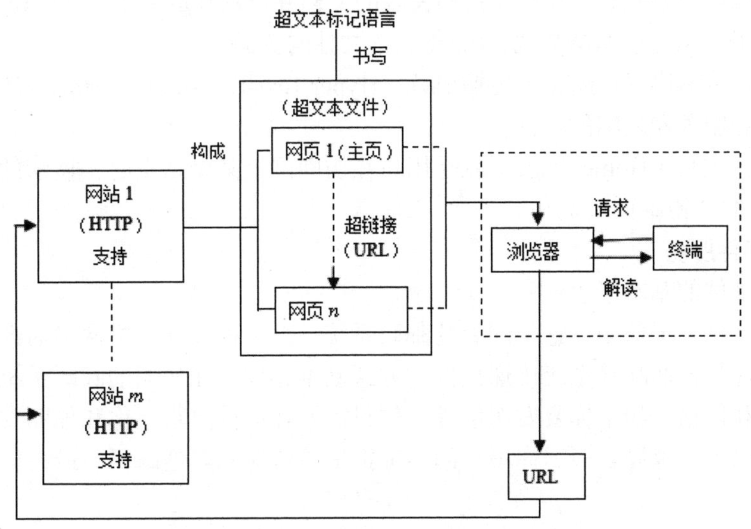

图 6-48　WWW 服务中有关概念之间的关系

WWW 服务中主要涉及以下基本概念。

（1）统一资源定位器：统一资源定位器（URL）用来描述 Internet 上某个信息资源的位置，它可能代表了 Internet 上某个网站中的某一网页或 FTP 站内的某个文件。

URL 地址格式为：协议名称://服务器主机名或域名［:端口号］/目录名/…/文件名

例如：http://sf.hkc.edu.cn/web/jsj/content/?1065.html

URL 地址以信息资源协议名开头，目前在 WWW 系统中编入 URL 中最普遍的服务连接协议有以下几种。

http://——使用 HTTP 提供超级文本信息服务的 WWW 信息资源空间。

https://——HTTP 的安全版，提高通信的安全性。

ftp://——使用 FTP 提供文件传送服务的 FTP 资源空间。

file://——用于访问本地计算机中的文件，就如同在 Windows 资源管理器中打开文件一样。

telnet://——使用 Telnet 协议提供远程登录信息服务的 Telnet 信息资源空间。

gopher://——由全部 Gopher 服务器构成的 Gopher 信息资源空间。

提示

基于 HTTP 的 C/S 模式信息交换过程分为 5 个步骤：客户端提出连接请求、服务端确认请求建立连接、客户端发送信息请求、服务端响应信息请求、关闭连接。

（2）超链接：超链接（Hyperlink）是文件中一些特殊的文字和图形，一般单击这些文字和图形时，会从一个文本跳到另一个文本。

（3）超文本：含有超链接的文本称为超文本（Hypertext）。超文本在形式上仍然是 ASCII 文件，可以用一般的文字处理软件进行编辑、处理。它对不同来源的信息加以链接，可以指向任何形式的文件。

（4）超文本标记语言：超媒体方式的关键除了超文本和超媒体思想的形成，还在于这种思想实现机制提出的一种全新的文档语言“超文本标记语言”（HTML）。它使用户能够将文档中的词和图像与其他文档链接起来，不论这些文档存放在何处，只需单击一下那些嵌入链接项，就可以将 Internet 上查找与其相关联的文档并显示在屏幕上。HTML 是一种专用的编程语言，用于编制通过 WWW 显示的超文本文件的页面。

（5）超文本传输协议：超文本传输协议（Hyper Text Transfer Protocol，HTTP）可以简单地看成浏览器和服务器之间的会话。

（6）主页：主页（Home Page）就是用户在访问网上某个站点时，显示的第一个页面，也称为 WWW 的“初始页”。

2. 电子邮件服务

（1）电子邮件的基本概念

电子邮件又称电子信箱，它是网上的邮政系统，是一种以计算机网络为载体的信息传输方式。电子邮件与普通邮政系统传递信件的方式基本相似。在普通的邮政系统中，每个用户都有一个地址和信箱，如果你要发送信件，你只需要在信件上写上你和你朋友的地址，然后送到邮局就可以了，邮局会根据你填写的地址把信件传递到其他邮局，最终你的朋友会收到你的来信。

在电子邮件系统中，其实也一样，如果你想要给你的朋友发送一封邮件，首先你要在邮件客户端写好信件内容，然后写上你朋友的邮件地址并发送。发送的过程中，邮件可能要经过 Internet 中的多个邮件服务器（类似于邮局）进行转发，最终会传输到你朋友的信箱所在的邮件服务器中，然后你的朋友就可以登录邮件服务器，输入邮件账户的用户名和密码查看你发送的信息。你的朋友也可以以相反的过程给你发送信息。电子邮件不仅可以发送文本信息，而且可以发送任何数据，如图形、图像、声音、动画等各种数据。

在电子邮件系统中主要涉及的协议有 SMTP、POP3 和 IMAP。

简单邮件传输协议（Simple Mail Transfer Protocol，SMTP）的一个重要特点是它能够采用接力方式传送邮件，即邮件可以通过不同网络上的服务器以接力方式传送。它包括两种情况：一是电子邮件从客户机传输到服务器；二是电子邮件从某一个服务器传输到另一个服务器。SMTP 是请求/响应协议，它监测 25 号端口，用于接收用户的邮件请求，并与远端邮件服务器建立 SMTP 连接。

第三代邮局协议（Post Office Protocol-Version 3，POP3）采用客户机/服务器工作模式，默认监测 110 端口。当客户机需要服务时，客户端的软件（Outlook 2016 等）将与 POP3 服务器建立 TCP 连接，此后要经过 POP3 的 3 种工作状态。首先是认证状态，确认客户机提供的用户名和密码；在认证通过后便转入处理状态，在此状态下用户可收取自己的邮件或进行邮件的删除；在完成响应的操作后客户机便发出退出（quit）命令，此后便进入更新状态，将做了删除标记的邮件从服务器端删掉。到此，整个过程完成。

Internet 邮件访问协议（Internet Mail Access Protocol，IMAP）以前称作交互邮件访问协议（Interactive Mail Access Protocol）。IMAP 是与 POP3 对应的一种协议。IMAP 除了提供与 POP3 同样方便的邮件下载服务，让用户能进行离线阅读外，还提供了摘要浏览功能，可以让用户在读完所有的邮件到达时间、主题、发件人、大小等摘要信息后，才做出是否下载邮件的决定。不过由于服务成本高等原因，目前能提供 IMAP 服务的电子邮件系统还较少。IMAP 运行在 TCP/IP 之上，使用的端口是 143 号。

（2）电子邮件系统的工作原理

电子邮件系统采用所谓“存储转发”（Store and Forward）的工作方式。其实这也是目前绝大多数计算机网络所采用的数据交换技术。

在 Internet 上，一封电子邮件的实际传送过程是这样的：首先由发送方计算机（客户机）的邮件管理程序将邮件进行分拆并封装成传输层协议（TCP）下的一个或多个 TCP 邮包（分组），而这些 TCP 邮包又按网络层协议（IP）包装成 IP 邮包（分组），并在它上面附上目的计算机的地址（IP 地址）。一旦客户机完成对电子邮件的编辑处理，客户机软件便自动启动，根据目的计算机的 IP 地址确定与哪一台计算机进行联系，请求与对方建立 TCP 连接。如果连接成功，便将 IP 邮包送入网络。

（3）电子邮件的一般格式

① 电子邮件头部的格式：每一个电子邮件的头部，都有类似的标准格式。它主要用于说明发件人、收件人、发件日期和时间、邮件的主题等信息。通常邮件的头部是以 From、To、Date 和 Subject 开始的。

② 电子邮件的地址格式：一个完整的电子邮件地址看起来不太方便记忆，它是一个由字符串组成的式子。这些字符串由“@”分成两部分，如 login name@host name.domain name，即结构为用户邮箱名@主机名.邮件服务器域名。

这里的“@”表示“在”（英文单词 at）。它的左边为用户邮箱名，也就是用户的账号，是用户注册时所取的名字；它的右边由主机名和邮件服务器域名构成。

③ 一封电子邮件可以发送给多个收件人：现在电子邮件系统均允许用户将一封邮件同时发给多个收件人。发件人只需将收件人中的多个用户邮箱用“；”隔开，系统便会向每一个收件人发送一个信件的副本。

3. 流媒体

（1）流媒体的基本概念

流媒体是指采用流式传输的方式，在 Internet 中播放的媒体格式，包括音/视频文件等。流式传输时，音/视频文件由流媒体服务器向用户计算机连续、实时地传送，即“边下载边播放”。

目前，流媒体技术已广泛应用于多媒体新闻发布、在线直播、网络广告、电子商务、视频点播、远程教育、远程医疗、网络电台、实时视频会议等领域。

（2）流媒体的工作原理

实现流媒体需要两个条件：合适的传输协议和缓存。

使用缓存的目的是消除时延和抖动的影响，以保证数据包顺序正确，从而使媒体数据能够按顺序输出。流媒体的格式很多，如 ASF、RM、RA、MPG、FLV 等，不同格式的流媒体文件需要不同的播放软件来播放。常见的流媒体播放软件有 RealNetworks 公司出品的 Real Player、微软公司出品的 Media Player 等。

4. 文件传输协议

文件传输协议（File Transport Protocol，FTP）用于在 Internet 上把文件准确无误地从一个地址传输到另一个地址。利用 Internet 进行交流时，经常需要传输大量的数据或信息，所以文件传输是 Internet 的主要用途之一，在 Internet 上，许多 FTP 服务器对用户都是开放的，有些软件公司在发布软件时，常常将一些试用软件放在特定的 FTP 服务器上，用户只要把自己的计算机连入 Internet 就可以访问和下载这些软件。

注意

通常通过浏览器的地址栏访问 FTP 服务器，如果有专门的用户名和密码，访问的格式为“ftp://用户名:密码@服务器 IP 地址”。

访问示例：FTP://ceshi:123456@192.168.1.1。

通过 FTP 程序连接匿名 FTP 主机的方式同连接普通 FTP 主机的方式差不多，只是前者要求用户使用匿名标识“anonymous”，该匿名用户的口令可以是任意的字符串。

使用 IE 浏览器访问 FTP 站点并下载文件的步骤如下。

（1）打开 IE 浏览器，在地址栏中输入要访问的 FTP 站点地址。

（2）若不是匿名站点，则 IE 浏览器会提示输入用户名和密码，然后再登录；如果是匿名站点，IE 浏览器会自动匿名登录。

（3）若需下载文件，则在链接上单击鼠标右键，在快捷菜单中选择“目标另存为”命令，即可以下载到本地。

5. 域名服务

当你上网的时候，你愿意输入 202.100.206.136，还是愿意输入 http://www.hkc.edu.cn 呢？大多数人都会选择后者。因为记忆一个网站的 IP 地址要比记忆一个中英文网址难很多，所以把 IP 地址用域名的方式表示，能够实现一个域名和一个 IP 地址之间相互转换的服务，这就是我们经常提到的域名服务（Domain Name Service，DNS）。

域名的特点：易于记忆和理解；使网络服务更易于管理；在应用上与 IP 地址等效。

常见域名后缀及其意义如表 6-5 所示。

表 6-5 常见域名后缀及其意义

域名代码	意　义
com	商业组织
edu	教育机构
gov	政府部门
mil	军事部门
net	主要网络支持中心
org	其他组织
int	国际组织

6. 远程登录协议

远程登录（Telnet）协议是实现在一端管理另一端的一种协议。比如在本地计算机上为其他计算机创建用户账户，启动或停止一个服务，管理 Windows 操作系统和 Linux 操作系统，或者在 Windows 操作系统中配置和管理路由器、交换机等。实现远程管理的方法很多，系统自带的 Telnet 协议使用户管理网络变得更简单。

Internet 通过 Telnet 协议提供远程登录服务，该协议位于 TCP/IP 协议簇的应用层。使用 Telnet 协议进行远程登录时，应当满足如下条件。

（1）在本地计算机上必须装有包含 Telnet 协议的客户程序。

（2）必须知道远程主机的 IP 地址或域名、登录标识和密码。

（3）在本地计算机与远程主机之间建立通信连接。

7. 动态主机配置协议服务

动态主机配置协议（Dynamic Host Configuration Protocol，DHCP）服务主要用于在网络中实现为每台主机动态分配 IP 地址，无论在广域网还是局域网，DHCP 服务都是非常有用的。在 Internet 中拨号上网后，ISP 提供商的 DHCP 服务器会为用户的主机动态分配一个 IP 地址，这个 IP 地址不是永久的，而是暂时的，一旦用户断线则地址将被收回，下次上网时将重新获取一个新的 IP 地址。在局域网中经常使用 DHCP 服务器来给公司内部员工动态分配地址，以减轻网络管理负担。

6.2.6.3　因特网接入技术

Internet 本质上就是一个使用 IP 地址分配方案，支持 TCP/IP 并向用户提供服务的网络。

1. 网络协议定义

网络协议是为在计算机网络中进行数据交换而建立的规则、标准或约定的集合。它由以下 3 个要素组成。

（1）语义：解释控制信息每个部分的意义。它规定了需要发出何种控制信息，以及完成的动作与做出什么样的响应。

（2）语法：用户数据与控制信息的结构与格式，以及数据出现的顺序。

（3）时序：对事件发生顺序的详细说明，也可称为“同步”。

我们把这 3 个要素简单描述为：语义表示要做什么，语法表示要怎么做，时序表示做的顺序。

2. 数据通信主要指标

（1）数据传输速率：指每秒能传输的二进制代码的位数，单位为比特/秒（bit/s）。如调制解调器的传输速率由早期的 300bit/s 逐步提高到现在的 28.8kbit/s、33.6kbit/s 和 56kbit/s，传输速率越来越快。

（2）误码率：衡量数据通信系统在正常工作情况下传输可靠性的指标，指的是二进制码元传输出错的概率。如收到 10000 个码元，经检查后发现有一个错了，则误码率为万分之一。

（3）信道容量：表示一个信道的传输能力，对数字信号用数据传输速率作为指标，以信道每秒钟能传输的比特为单位，记为比特/秒或位/秒。

3. IP 地址

（1）物理地址

介质访问控制（Media Access Control，MAC）地址，也叫硬件地址或物理地址，长度是 48bit（6Byte），由 16 进制的数字组成，分为前 24 位和后 24 位。前 24 位叫作组织唯一标志符（Organizationally Unique Identifier，OUI），是由 IEEE 的注册管理机构分配给不同厂家的代码，用以区分不同的厂家；后 24 位由厂家自己分配，称为扩展标识符。同一个厂家生产的网卡中 MAC 地址的后 24 位是不同的。

MAC 地址对应于 OSI 参考模型的第二层——数据链路层，工作在数据链路层的交换机维护着计算机 MAC 地址和自身端口的数据库，交换机根据收到的数据帧中的“目的 MAC 地址”字段来转发数据帧。

网络的物理地址给 Internet 统一全网地址带来了两个方面的问题：第一，物理地址是物理网络技术的一种体现，不同的物理网络，其物理地址的长短、格式各不相同，这会给跨网通信设置障碍；第二，物理地址一般不能修改，否则将与原来的网络技术发生冲突。

（2）IP 地址的定义

针对物理地址的相关问题，Internet 引入 IP 地址这一概念。IP 地址（Internet Protocol Address）是指互联网协议地址，又译为网际协议地址。它是 IP（协议）提供的一种统一的地址格式，它为互联网上的每一个网络和每一台主机、网络设备分配一个逻辑地址，以此来屏蔽物理地址的差异。

目前 IP 地址主要有 IPv4 和 IPv6 两种类型，下面主要讨论的是 IPv4 类型的地址。

在 TCP/IP 中，IP 地址是以二进制数字形式出现的，但这种形式非常不适合用户阅读，为了便于用户阅读和理解 IP 地址，Internet 管理委员会决定采用“点分十进制”法来表示 IP 地址。

IPv4 地址由 32 位的二进制数（0 和 1）构成，用 3 个“.”将其分成 4 部分的十进制数来表示，其中每一个十进制整数对应一个字节（8 个比特为一个字节，称为一段），可参见表 6-6 中给出的点分十进制数和二进制数表示的 IP 地址对应关系举例。

表 6-6　点分十进制数和二进制数表示的 IP 地址对应关系举例

点分十进制数表示的 IP 地址	对应二进制数表示的 IP 地址
109.128.255.254	01101101.10000000.11111111.11111110
202.38.185.64	11001010.00100110.10111001.01000000

IP 地址由网络号和主机号两部分组成，其基本结构如图 6-49 所示。

IP 地址分为 A、B、C、D、E 5 类，常用的是 A、B、C 3 类。另外两种类型，一种是 D 类地址，专供多播传送用的多播地址；另一种是 E 类地址，为保留实验用地址，用于 Internet 的实验和开发。5 类 IP 地址的基本结构如图 6-50 所示。

网络号	主机号

图 6-49　IP 地址基本结构

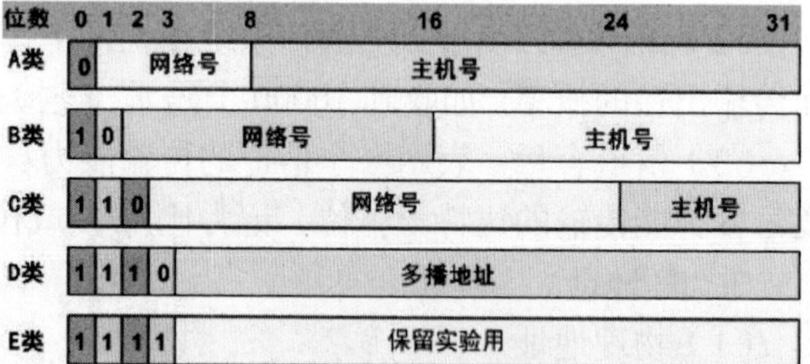

图 6-50　5 类 IP 地址的基本结构

参考图 6-50 可理解常用的 A、B、C 3 类地址的结构，它们的网络号和主机号长度如表 6-7 所示。

表 6-7　A、B、C 3 类地址的网络号和主机号长度

IP 地址类别	网络号长度	主机号长度
A	1B（8 位，可变的为 7 位）	3B（24 位）
B	2B（16 位，可变的为 14 位）	2B（16 位）
C	3B（24 位，可变的为 21 位）	1B（8 位）

A、B、C 3 类地址可容纳的网络数和主机数如表 6-8 所示。

表 6-8　　A、B、C 3 类地址可容纳的网络数和主机数

类别	第 1 字节范围	可容纳最大网络数（个）	可容纳最大主机数（台）	适用网络
A	1～126	2^7-2	$2^{24}-2$	大型
B	128～191	$2^{14}-1$	$2^{16}-2$	中型
C	192～223	$2^{21}-1$	2^8-2	小型

注意

目前 IP 地址主要有 IPv4 和 IPv6 两种类型，下面主要讨论的是 IPv4 类型的地址。

A 类 IP 地址的完整范围为：1.0.0.0～127.255.255.255，有效范围是：1.0.0.1～126.255.255.254。

B 类 IP 地址的完整范围为：128.0.0.0～191.255.255.255，有效范围是：128.1.0.1～191.255.255.254。

C 类 IP 地址的完整范围为：192.0.0.0～223.255.255.255，有效范围是：192.0.1.1～223.255.255.254。

（3）IP 地址的管理

Internet IP 地址由互联网网络信息中心（Internet Network Information Center，InterNIC）统一负责规划、管理。同时由 Inter NIC、APNIC、RIPE 等网络信息中心具体负责美国及全球其他地区的 IP 地址分配。亚太互联网络信息中心（Asia-Pacific Network Information Center，APNIC）负责亚太地区，我国申请 IP 地址要通过 APNIC，申请时要考虑申请哪一类的 IP 地址，然后向国内的代理机构提出申请。

（4）IP 地址的发展

IPv4 地址由 32 位二进制数组成，而 IPv6 地址由 128 位二进制数组成，极大地增加了可用 IP 地址的数量。同时 IPv6 保持了 IPv4 的许多优点，还有一些新的特点。

① 更大的地址空间。IPv6 最大的变化是地址位数由 32 位增加到 128 位。

② 增强的选项。提供了 IPv4 所不具备的新选项，可提供新的设施。

③ 支持资源分配。IPv6 提供一种机制，允许对网络资源进行预分配。

④ 对协议扩展的保障，适应底层网络硬件或新的应用。

（5）子网掩码

子网掩码主要用于划分子网，一是为了避免小型或微型网络浪费 IP 地址；二是可将一个大规模的物理网络划分成几个小规模的子网，各个子网在逻辑上独立，不能直接通信，子网 IP 划分结构如图 6-51 所示。

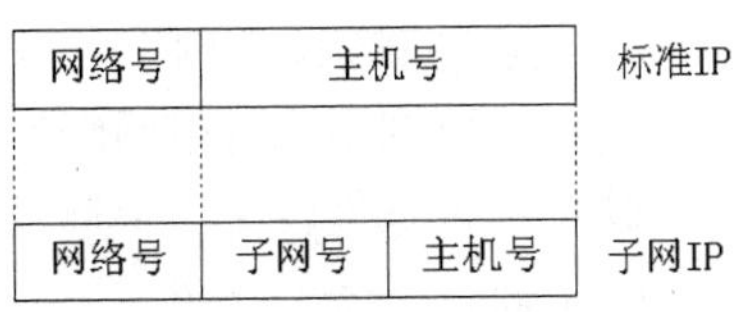

图 6-51　子网 IP 划分结构

子网掩码的构成如下。

① 将 IP 地址的主机号部分（注意：不同类 IP 的主机号长度不同）进一步划分成子网号部分和主机号部分。

② 从标准 IP 地址的主机号部分“借”位并把它们指定为子网号部分。

③ 在“借”位时至少要借用 2 位，在“借”位时必须使主机号部分至少剩余 2 位。

④ 与 IP 地址的网络号和子网号相对应的位用“1”表示，与 IP 地址的主机号相对应的

位用“0”表示。

子网掩码总是和 IP 地址成对出现，它和 IP 地址的格式一模一样，也由 32 位二进制数组成，并且和 IP 地址的 32 位二进制数是一一对应的。子网掩码默认值如表 6-9 所示。

表 6-9　　子网掩码默认值

IP 地址类别	子网掩码默认值（点分十进制）	子网掩码默认值（二进制）
A	255.0.0.0	11111111 00000000 00000000 00000000
B	255.255.0.0	11111111 11111111 00000000 00000000
C	255.255.255.0	11111111 11111111 11111111 00000000

例如，IP 地址 192.168.5.88 对应的网络号、主机号、网络地址分别是多少?

该 IP 是 C 类地址，其对应的网络号长度为前 3B（点分十进制中的前 3 段）。

所以，该 IP 地址对应的网络号是 192.168.5，主机号是 88。

网络地址是 192.168.5.0　　　　（网络地址 = 网络号 + 全是“0”的主机号）；

广播地址是 192.168.5.255　　　（直接广播地址 = 网络号 + 全是“1”的主机号）。

4. 因特网服务提供商

因特网服务提供商（Internet Service Provider，ISP）能提供拨号上网、网上浏览、下载文件、收发电子邮件等服务，是网络终端用户进入 Internet 的入口和桥梁。它提供 Internet 接入服务和 Internet 内容服务。

5. Internet 接入方式

（1）拨号接入方式（适用于小型子网或个人用户接入）：通过公用电话交换网（Public Switched Telephone Network，PSTN）拨号接入；通过综合业务数字网（Integrated Services Digital Network，ISDN）拨号接入；通过非对称数字用户线（Asymmetric Digital Subscriber Line，ADSL）接入；无线（Wireless Local Area Networks，WLAN）接入等。

（2）专线接入方式（适用于中型子网接入）：通过路由器经数字数据网（Digital Data Network，DDN）专线接入；通过帧中继（Frame Relay，FR）接入；通过分组交换网（如 X.25）接入；通过微波或卫星接入。

个人用户连接 Internet 的方式有以下几种。

（1）通过 PSTN 采用 56kbit/s 调制解调器（Modem）拨号上网。

优点：经济、方便、适用地区广。

缺点：带宽过小、稳定性差。

（2）通过 ISDN 上网。

优点：可利用原有电话线实现多种功能，适用地区广，目前较少使用。

缺点：带宽仍较小（单通道：64kbit/s；双通道：128kbit/s）。

（3）通过 ADSL 上网。

ADSL 属于 DSL 技术的一种，全称为非对称数字用户线路，亦可称作非对称数字用户环路。ADSL 技术提供的上行和下行带宽不对称，因此称为非对称数字用户线路。

优点：带宽较大（上行：1Mbit/s；下行：8Mbit/s），并且为用户独享，安装方便。

缺点：初装费较高，终端（ADSL Modem）价格适中，可安装地区较多，但网速受与电信局端设备的距离影响较大。

（4）通过电缆调制解调器（Cable Modem，CM）上网。

优点：接入稳定，可 24 小时在线，收费适中。

缺点：前期投入较高，多用户共享带宽（10Mbit/s～40Mbit/s），目前可安装地区正在逐步增多。

（5）通过光纤宽带网（FDDI）上网。

优点：接入稳定，可 24 小时在线，收费适中。

缺点：初装费用较贵，安装较麻烦，线路普及程度逐步提高，多用户共享带宽。

（6）无线局域网接入。

此种网络构建不需要布线，省时省力，也易于更改维护。想要无线接入网络，一台无线 AP 是必需的，再有装有无线网卡的计算机或支持 WiFi 功能的手机等设备就可以接入 Internet。

WIFI、wifi、WI-FI 是不规范写法，正规写法为 WiFi 或 Wi-Fi。

6.2.7　拓展训练

请同学们在配套的实验教程上，找到项目 5 的实验 2，完成相应的操作。

任务 6.3　网络信息安全基础

6.3.1　任务目标

- 掌握日常上网的基本安全技能；
- 了解网络信息安全常识；
- 理解网络信息安全相关概念、技术原理。

6.3.2　任务描述

赵亮刚买了一台计算机，考虑到以后不仅仅是用它上网查资料、做作业、在线学习，还涉及在网上购买一些学习资料和生活用品。而针对网上购物，涉及使用计算机系统、各类网络平台中的个人账户和银行卡等安全问题，他还是有一些安全顾虑。于是他向计算机基础课程的老师咨询，想要保障自己的计算机系统安全、网络资源访问安全、银行账户安全等，以此提升自己的网络信息安全意识并掌握一些基本的网络安全技能。

6.3.3　任务分析

网络安全是指网络系统的硬件、软件及其系统中的数据受到保护，不因偶然的或者恶意的情况而遭到破坏、更改、泄露，系统连续、可靠、正常地运行，网络服务不中断。本任务可以分解为以下 4 个小任务。

（1）掌握如何更新系统补丁，提升操作系统的安全性。

（2）理解系统防火墙功能，完善系统访问权限。

（3）了解反病毒软件安装以及查杀病毒的基本操作。

（4）熟练掌握 IE 浏览器安全属性的设置方法。

6.3.4 任务实现

1. 更新系统补丁

Windows 系统漏洞是指 Windows 操作系统本身所存在的技术缺陷。病毒往往会利用系统漏洞侵入并攻击用户计算机。Windows 操作系统供应商会定期对已知的系统漏洞发布补丁程序，用户只要下载并安装补丁程序，就可以保证计算机不会轻易被病毒入侵。其具体操作如下。

（1）给 Windows 10 操作系统更新系统补丁，首先打开计算机，在桌面的 Windows 10 “开始”图标上单击鼠标右键，在快捷菜单中选择“设置”命令，接下来在打开的界面中选择“更新和安全”选项，再选择左侧的“Windows 更新”选项，如图 6-52 所示。

（2）然后找到“检查更新”按钮并单击，之后计算机就会自动检查补丁程序，完成后选择立即重启。重启后，计算机的补丁程序就下载安装完成了，如图 6-53 所示。

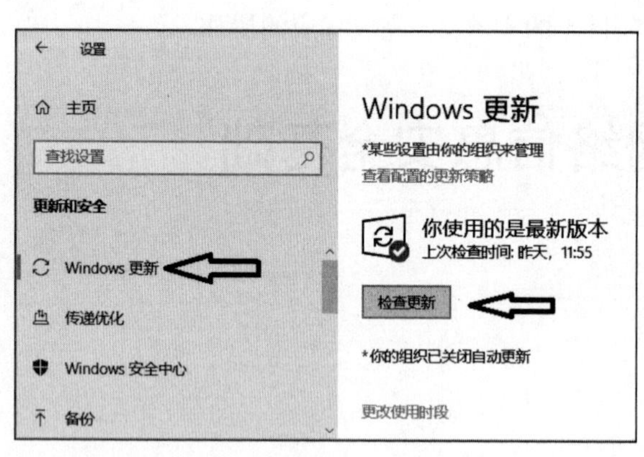

图 6-52 “Windows 10 更新”选项

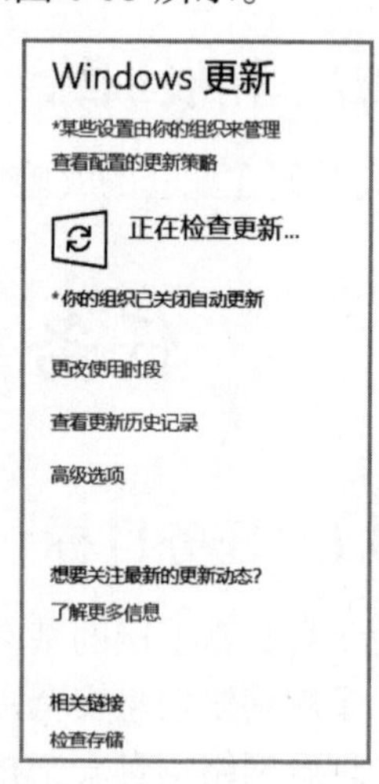

图 6-53 Windows 10 正在检查更新

2. 开启系统防火墙

（1）首先打开计算机，在桌面的 Windows 10“开始”图标上单击鼠标右键，在快捷菜单中选择“设置”命令，进入“Windows 设置”界面，在搜索框内输入“控制面板”。

（2）单击搜索出的“控制面板”选项后，如图 6-54 所示，打开“控制面板”界面，如图 6-55 所示。

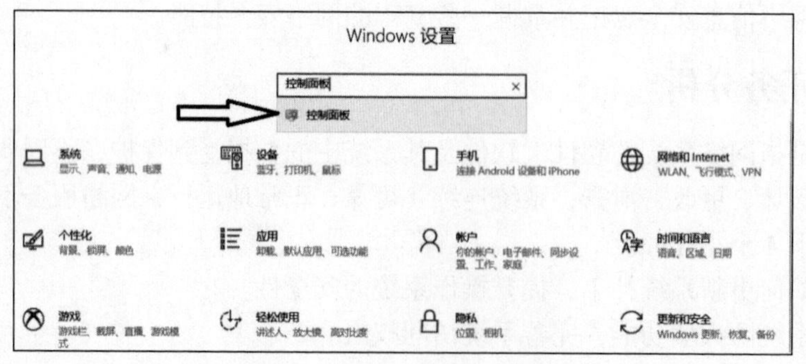

图 6-54 “Windows 设置”界面

图 6-55 “控制面板”界面

（3）选择“控制面板”中的“Windows Defender 防火墙”选项，打开“Windows Defender 防火墙”对话框，选择左侧的“启动或关闭 Windows Defender 防火墙”选项，如图 6-56 所示。

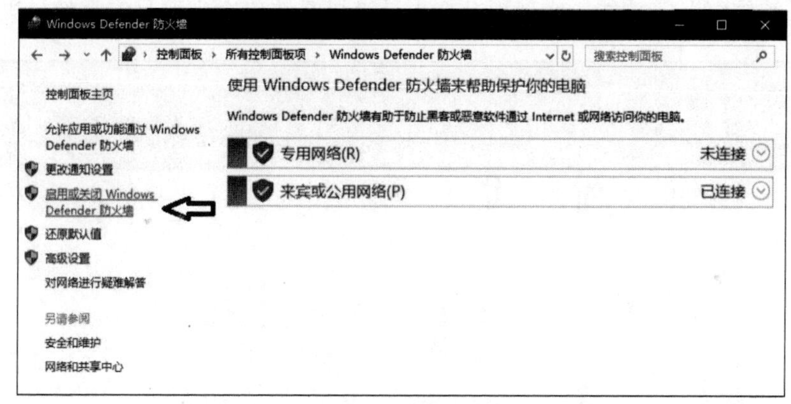

图 6-56 “Windows Defender 防火墙”对话框

（4）最后在“自定义设置”对话框中，根据需要，设置在不同网络类型中关闭或开启 Windows 防火墙，如图 6-57 所示。

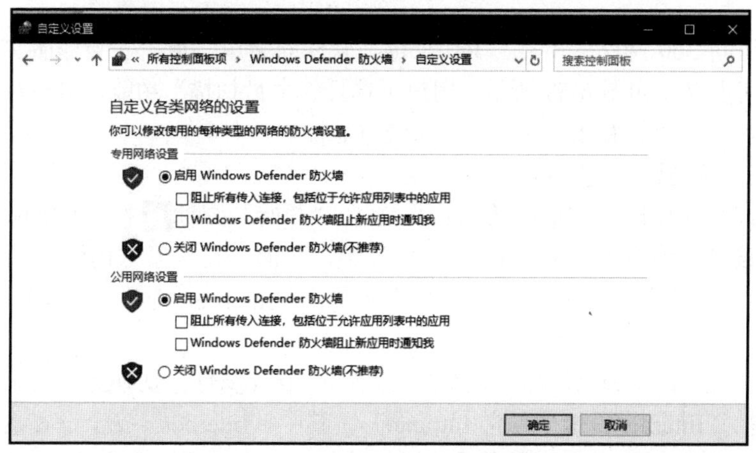

图 6-57 “自定义设置”对话框

3. 安装、使用反病毒软件

反病毒软件是一种可以对病毒、木马等一切已知的对计算机有危害的程序代码进行清除的程序工具。“杀毒软件”是由国内的老一辈反病毒软件厂商起的名字，后来由于和世界反病毒业接轨，便统称为“反病毒软件”“安全防护软件”或“安全软件”。集成防火墙的“互联网安全套装”“全功能安全套装”等用于消除计算机病毒、木马和恶意软件的一类软件，都属于反病毒软件范畴。

反病毒软件的任务是实时监控和扫描磁盘。部分反病毒软件通过向系统添加驱动程序的方式，进驻系统，并且随操作系统启动。大部分的反病毒软件还具有防火墙功能。反病毒软件的实时监控方式因软件而异。有的反病毒软件是通过在内存里划分一部分空间，将计算机里流过内存的数据与反病毒软件自身所带的病毒库（包含病毒定义）的特征码相比较，以判断其是否为病毒。另一些反病毒软件则在所划分的内存空间里面，虚拟执行系统或用户提交的程序，根据其行为或结果做出判断。这里以 360 公司开发的反病毒软件为例讲解。

（1）打开 360 网站（https://www.360.cn/），下载“360 安全卫士”软件安装包，单击安装程序文件，安装完成后打开软件，其主界面如图 6-58 所示。用户可选择“木马查杀”“电脑清理”“系统修复”等功能，实现提升个人计算机系统安全和账号安全的效果。

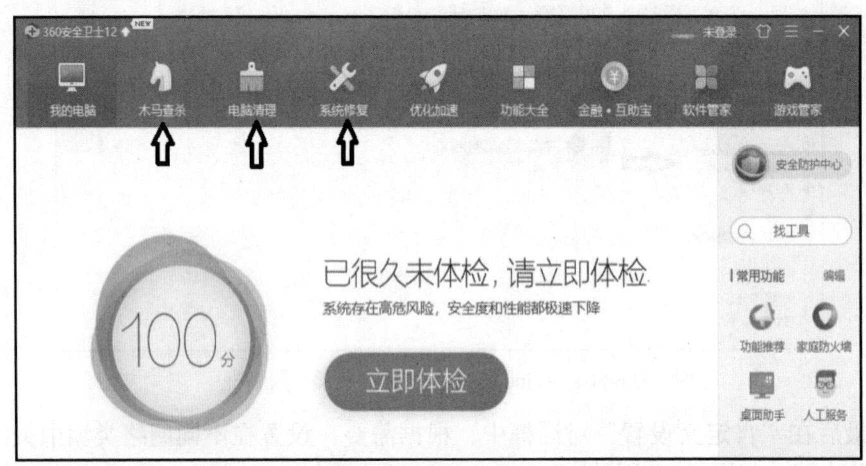

图 6-58　360 安全卫士主界面

（2）同样访问 360 网站，下载“360 杀毒”软件安装包，单击安装程序文件，安装完成后打开软件，其主界面如图 6-59 所示，用户可选择“全盘扫描”功能，实现对个人计算机系统的全盘病毒查杀，清除潜在威胁，提升系统可靠性。

4. 设置 IE 浏览器安全属性

（1）首先打开计算机，在桌面的 Windows 10“开始”图标上单击鼠标右键，在快捷菜单中选择“设置”命令，进入“Windows 设置”界面，在搜索框内输入“internet”，再单击“显示所有结果”选项，在搜索结果列表中单击“Internet 选项”，如图 6-60 和图 6-61 所示。

（2）在打开的“Internet 属性”对话框中设置 Internet 属性。切换到“安全”选项卡，安全设置区域包括“Internet”和“本地 Intranet”，其中“Internet”安全设置主要针对浏览网站，“本地 Intranet”主要考虑到本地受信任的网址。用户应根据需求进行选择。

图 6-59　360 杀毒主界面

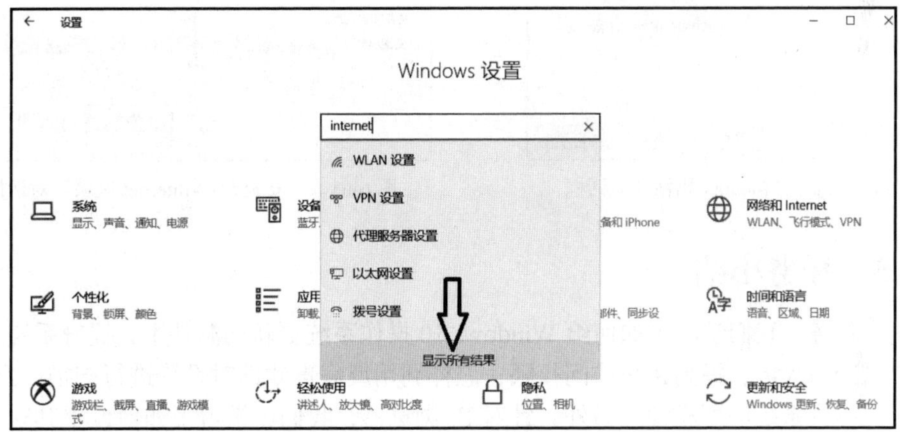

图 6-60　在“Windows 设置”界面中搜索“internet”

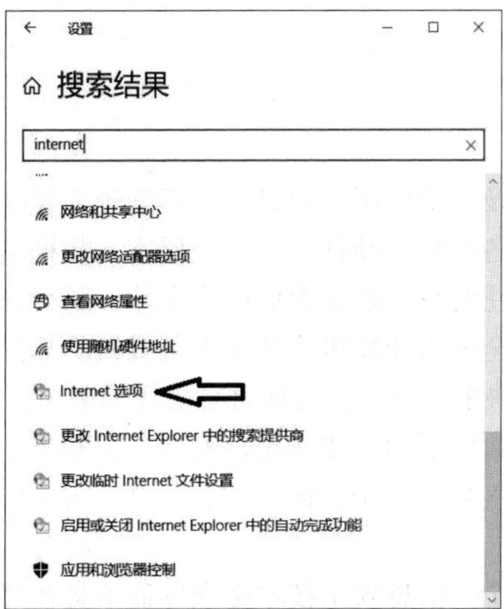

图 6-61　显示所有搜索结果

（3）完成第（2）步选择后，用户可以单击如图 6-62 所示的“自定义级别”按钮，打开“安全设置-Internet 区域”对话框，如图 6-63 所示，根据访问要求，自定义不同项目的安全级别，然后再单击“确定”按钮，保存退出。

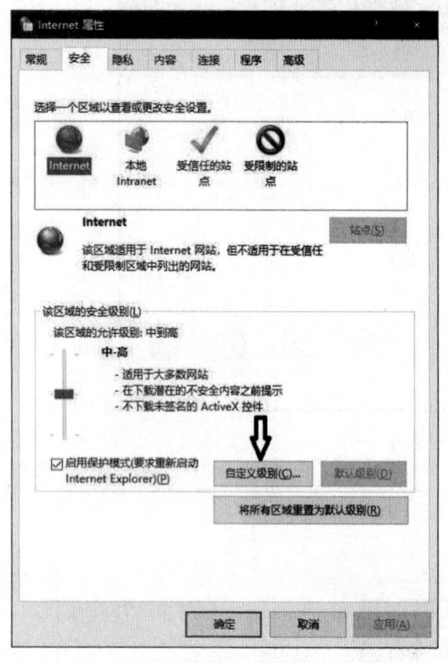

图 6-62 “Internet 属性”对话框

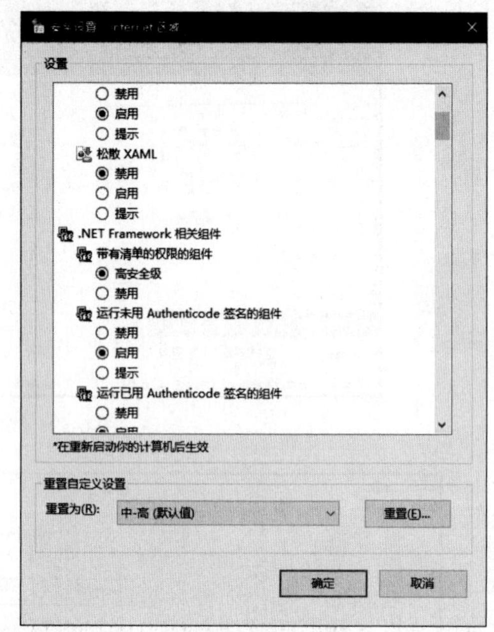

图 6-63 “安全设置-Internet 区域”对话框

6.3.5 任务小结

通过本任务，我们学习了如何给 Windows 10 操作系统更新漏洞补丁，提升系统安全性；怎样开启系统防火墙，提高系统访问权限；怎样利用反病毒软件对系统进行扫描，及时查杀各类病毒，提升系统的可靠性。另外，针对 IE 浏览器，我们还学习了如何设置其安全属性，从而提升通过浏览器访问网站的安全性，达到保护个人信息的目的。

6.3.6 基础知识

6.3.6.1 信息安全概述

随着计算机网络的发展及广泛应用，信息安全问题越来越受到人们的重视。信息安全包括保护计算机信息系统中的各种软、硬件资源不受侵害；数据信息不被替换、盗窃或丢失。早期，人们使用计算机所关注的只是数据存储的安全性，随后开始关注计算机病毒，现在由于互联网的开放性，信息安全成为计算机系统中不可或缺的部分。

现实中，信息安全的威胁主要来自人为地蓄意破坏和盗窃，属于计算机犯罪，涉及社会、道德、经济与法律等各个层面。下面主要从用户安全意识和防范技术的角度，介绍保护信息安全的数据加密技术、数字签名、身份认证、数字证书、防火墙技术、计算机病毒及防治。

1. 信息安全要素

信息安全又称为数据安全，信息安全技术必须保证信息在网络传输过程中的保密性、完整性、可用性和不可否认性。

（1）保密性：指信息不泄露，不被非法利用。信息在网络传输过程中，只有信息的发件者和收件者知道信息的内容。即使有非授权用户截获了传输的数据包，也不能解读出真实的信息内容。实现保密性，一般是通过对信息的加密并根据授权用户的权限划分密级等。

（2）完整性：指信息未经授权不能发生改变，在网络传输过程中未受损或破坏。只有得到授权才能修改信息，并且能判断出信息是否已被篡改或根本就是伪造的。

（3）可用性：指保证授权的用户在需要时，总能够及时得到信息和信息系统随时提供的服务，攻击者不能占用所有的资源，阻碍授权者对系统中信息的利用。

（4）不可否认性：指网络信息系统应能提供一种机制，确保信息的行为人对于自己的信息行为负责，不能抵赖自己曾经有过的行为，也不能否认自己曾经接到对方的信息。这在电子商务、电子政务和各种电子交易系统中是不可或缺的要求。

“黑客”可定义为利用自己在计算机程序编制方面的技术，设法在未经授权的情况下通过网络访问他人计算机文件或给计算机网站制造麻烦且危害网络安全的人。

2. 信息安全相关概念

5 种可选的安全服务：鉴别、访问控制、数据保密、数据完整性和防止否认。

8 种安全机制：加密机制、数据完整性机制、访问控制机制、数据完整性机制、认证机制、通信业务填充机制、路由控制机制和公证机制。

网络攻击分为主动攻击和被动攻击。主动攻击包含攻击者访问自己所需信息的故意行为，比如远程登录指定机器的 25 号端口，找出公司运行的邮件服务器的信息；伪造无效 IP 地址连接服务器，使接收到错误 IP 地址的系统浪费时间连接非法服务器。攻击者是在主动地做一些不利于他人或公司系统的事情。正因为如此，他们是很容易被发现的。主动攻击包括拒绝服务、信息篡改、资源使用、欺骗等方法。

被动攻击主要是收集信息而不是进行访问，数据的合法用户一点也不会觉察到这种活动。被动攻击包括嗅探、信息收集等方法。

从攻击的目的来看，网络攻击可分为拒绝服务攻击（Denial of Service，DoS）、获取系统权限的攻击、获取敏感信息的攻击；从攻击的切入点来看，有缓冲区溢出攻击、系统设置漏洞的攻击等；从攻击的纵向实施过程来看，又有获取初级权限攻击、提升最高权限的攻击、后门攻击、跳板攻击等；从攻击的类型来看，包括对各种操作系统的攻击、对网络设备的攻击、对特定应用系统的攻击等。

6.3.6.2　数据加密

1. 数据加密的基本概念

所谓数据加密技术就是对数据进行一组可逆的数学变换，加密前的数据称为明文，加密后的数据称为密文。

将明文变换成密文的过程称为加密，加密在加密密钥的控制下进行，用于对数据加密的一组数学变换称为加密算法。密文数据通过网络公开传输，而只有合法的收件者拥有密钥。合法的收件者在收到密文后，施行与加密算法相逆的变换得到明文，这一过程称为解密。解密在解密密钥的控制下进行，用于对数据解密的一组数学变换称为解密算法。

可见加密和解密都需要有密钥和相应的算法，密钥一般就是一串数字，而加密和解密算法则是分别作用于明文或密文及相应密钥的数学函数。

加密和解密算法没有必要保证是保密的，唯一使得数据保密的因素就是密钥。

2. 对称密钥密码体系

经典密码体系中加密密钥和解密密钥是相同的，或者可以简单地相互推导出来，所以加密密钥和解密密钥必须同时保密。这种密码体系称为对称密钥密码体系。图 6-64 所示为甲方向乙方发送信息，甲乙双方用同一个密钥加密和解密的过程。

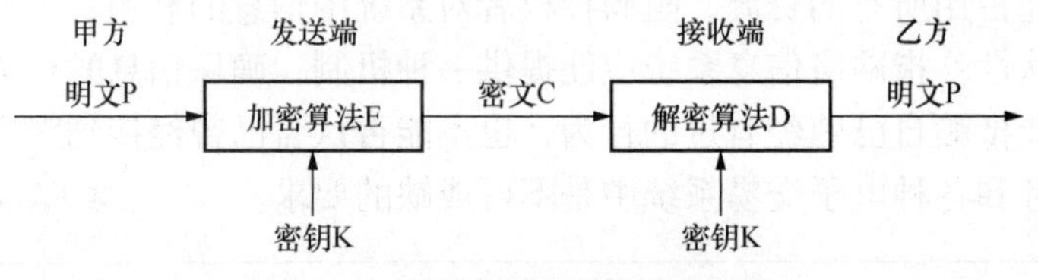

图 6-64　对称密钥密码体系示意图

对称密钥密码体系的主要问题是：一开始收件者怎么得到密钥呢？如果通过网络传送，那么这个密钥只能是明文，也就失去了保密性。因此必须事先通过一个安全信道交换密钥，所以对称密钥密码体系中密钥的分发和管理非常复杂。例如，如果 N 个用户都要和其他 $N-1$ 个用户进行加密通信，那么他就需要 $N(N-1)$ 个密钥，但如果每两人共享一个密钥，则密钥数为 $N(N-1)/2$。要存储这么多密钥，系统的开销也很大，而且存在安全隐患。此外，双方都可以否认发送过或接收到信息，这就没有解决不可否认性问题。

3. 公开密钥密码体系

公开密钥密码体系科学地解决了密钥的分发和管理问题，它的加密密钥和解密密钥是不同的，也不可以相互推导出来，因此也称为非对称密钥密码体系。

公开密钥密码体系中每个用户有两个密钥：公共密钥（公钥）和私有密钥（私钥），这两个密钥在数学上是相关的，但不可以在有限的时间内相互推导出来。每个用户的公钥是公开的，而私钥是保密的。发送信息方用对方的公开密钥加密，收信者用自己的私钥进行解密。图 6-65 所示为甲向乙发送信息，发送方（甲）用接收方（乙）的公钥加密，而接收方（乙）用自己的私钥解密的过程。

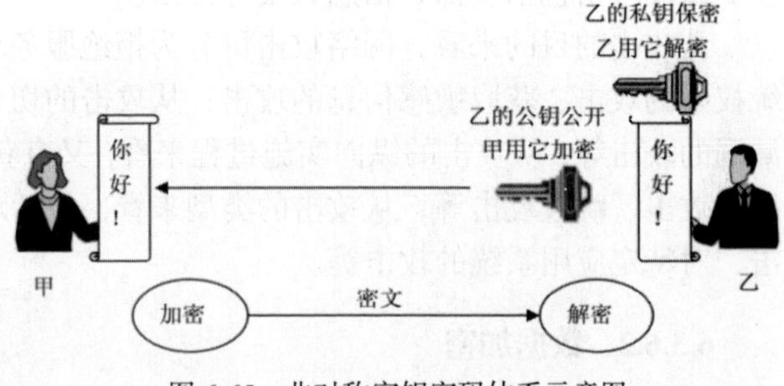

图 6-65　非对称密钥密码体系示意图

公开密钥加密算法的核心是运用一种特殊的数学函数——单向散列函数。该函数从一个方向求值是容易的，但其逆向计算很困难，以至于在有限的时间里被认为是不可行的。公开密钥密码体系不仅保证了安全性，又易于管理。由于用于加密的公钥是公开的，密钥的分发和管理很简单。例如，一个网络有 N 个用户需要相互通信，仅需要 N 对密钥。其不足之处是，算法实现的复杂性导致了其加、解密的速度低于对称密钥密码体系。

4. DES 算法

该算法为密码体制中的对称密码体制，又被称为美国数据加密标准，是 1972 年由美国 IBM 公司研制的对称密码体制加密算法。明文按 64 位进行分组，密钥长 64 位。事实上，密钥只有 56 位参与 DES 运算。其特点为分组较短、密钥较短、密码生命周期较短、运算速度较慢。

5. RSA 算法

在公开密钥密码体系中，RSA 算法是第一个较为完善的公钥算法，不仅能够用于数据加密，还能用于数字签名技术。RSA 算法从提出到现在，经历了各种考验，被普遍认为是目前最优秀的公钥算法之一。

在电子交易日益普及的今天，公开密钥密码体系的应用已经相当普及，RSA 公钥体系作为公开密钥密码体系的代表，正得到越来越广泛的应用。

6.3.6.3　身份鉴别与访问控制

1. 数字签名

在人们的交往中，有很多事务的办理需要当事者签名，签名起到确认、核准、生效和负责任的作用。实际上，签名是证明当事者身份和当事者对所签署的文件负责的信息。既然签名是一种信息，那么签名就可以用不同的形式来表示，传统上采用手写签名或印鉴或按手印的方法，这种书面签名得到司法部门的支持，具有法律效力。随着信息时代的来临，数字签名成了电子交往中的重要组成部分。数字签名是对传统签名的模拟，因此它同样必须能够证明和鉴别当事者身份且具有法律效力。

数字签名与传统签名的本质区别是：传统签名中签名与所签署的文件是一个整体，不可分割、不可复制；而数字签名中签名与所签署的文件是电子形式，而电子形式是可以任意分割、复制的。

一个数字签名方案主要由两部分组成，即签名算法和验证算法。签名者能使用一个签名算法签一个消息，所得的签名能通过一个公开的验证算法来验证。给定一个签名，验证算法根据签名是否真实来做出“真”或“假”的判断。

目前已有大量的数字签名方案，如 RSA 数字签名方案就是具有代表性的一种。RSA 公钥体系既可以应用于加密，又可以应用于数字签名，这是对其加密和解密密钥的不对称特性的应用。公钥签名系统是利用与加密系统相反的思想来实现签名的，将公开密钥密码体系中的加密算法作为签名算法，密钥保密，而将解密算法作为验证算法，密钥公开。

2. 身份认证

信息安全仅仅靠保密还远远不够，身份认证也是很重要的。比如，网上交易的双方大多素昧平生、相隔千里，要使交易成功，首先要能确认对方的身份。银行的自动取款机对账户持卡人的身份识别、电子门禁出入和放行等都是以准确的身份认证为基础的。

基本的身份认证方法如下。

（1）主体特征认证：使用电子化生物唯一识别信息（如指纹、掌纹、声纹、视网膜、脸形等）对个人特征进行认证，具有很高的安全性；但由于代价高、可靠性低、存储空间大和传输过程中存在被窃听的危险，因此只能作为辅助措施应用。

（2）口令机制：口令是使用最广泛的一种身份识别方式。口令是相互约定的代码，一般是由数字、字母、特殊字符、控制字符等组成的字符串。假设只有用户和系统知道用户的口令，用户先输入自己的口令，然后系统确认它的正确性。

（3）智能卡：访问不仅需要口令，也需要使用智能卡。智能卡的作用类似于钥匙，用于启动电子设备。智能卡与普通磁卡的主要区别在于智能卡带有智能化的微处理器和存储器。智能卡已成为目前身份认证的一种更有效、更安全的方法。智能卡仅仅为身份认证提供了一个硬件基础，要想实现安全的认证，还需要与安全协议配套使用。

（4）一次性口令：用户每次登录时使用一次性有效的口令。用户通过一种口令发生器设备获得口令，口令发生器内含加密程序和一个唯一的内部加密密钥。这种方案的优点是用户不需口令保密，只需保护口令发生器的安全。

3. 数字证书

以互联网技术为核心的网上银行和电子商务业务，极大地丰富了人们的生活。只要能够上网，无论在家里、办公室，还是在旅途中，用户就能够查询、转账、缴费，就能购买商品。但是面对这一新兴事物，人们却有一个很大的疑惑：网上银行和电子交易安全吗？每当我们通过网络提交自己的银行账号和密码时，心里总会有一些忐忑。怎么才能保证电子交易的公正性和安全性，保证电子交易双方身份的真实性？那就要建立安全证书体系结构。数字证书提供了一种在网上验证身份的方式。

数字证书就是在网上建立的一种信任机制，是一种电子身份证，以保证互联网上的网上银行和电子交易及支付的双方都必须拥有合法的身份，并且在网上能够有效无误地进行验证。

数字证书就是包含了用户身份信息的一系列数据，是一种由权威机构发行的权威性的电子文档。类似于日常生活中的验证身份证的方式，在互联网交往中用数字证书来识别对方的身份。当然在数字证书认证的过程中，数字证书认证中心（Certificate Authority，CA）作为权威的、公正的、可信赖的第三方，其作用是至关重要的。

实际上，数字证书是一个经数字证书认证中心授权数字签名的包含公开密钥拥有者信息以及公开密钥的文件。最简单的数字证书包含一个公开密钥、名称以及证书中心的数字签名。一般情况下，数字证书还包括密钥的有效时间、发证机关名称、该证书的序列号等信息。

数字证书的颁发过程一般为：用户首先产生自己的密钥对，并将公共密钥及部分个人身份信息传送给认证中心；认证中心在核实身份后，将执行一些必要的步骤，以确认请求确实由用户发送，然后认证中心将发给用户一个数字证书。该证书内包含用户的个人信息和他的公钥信息，同时附有认证中心的签名信息。用户可以使用自己的数字证书进行相关的电子交易及支付活动。

随着 Internet 的普及、各种电子商务活动和电子政务活动的飞速发展，数字证书具有安全性、保密性等特点，可有效防范电子交易过程中的欺诈行为，已经广泛地应用于各个领域。目前，它主要应用于网上银行、电子商务、电子政务、网上招标投标、网上签约、网上公文传送、网上缴费、网上缴税、网上炒股和网上报关等。

在人与人互不见面，通过互联网进行交易和作业时，使用数字证书，通过运用对称和非对称密码体制等密码技术建立起一套严密的身份认证系统，可以保证信息不被除发件者和收件者外的其他人窃取；信息在传输过程中不被篡改；发件者能够通过数字证书来确认收件者的身份；发件者对于自己发出的信息不能抵赖。

4. 防火墙

防火墙是一个由计算机硬件和软件组成的系统，部署于网络边界，是内部网络和外部网络之前的连接桥梁，同时对进出网络边界的数据进行保护，防止恶意入侵、恶意代码的传播等，保障内部网络数据的安全。

防火墙技术是建立在网络技术和信息安全技术基础上的应用性安全技术，几乎所有的企业内部网络与外部网络（如因特网）相连接的边界设都会放置防火墙，防火墙能够起到安全过滤和安全隔离外网攻击、入侵等有害的网络安全信息和行为。

防火墙技术主要包括两大类：包过滤防火墙（网络级防火墙）和应用代理防火墙（应用

级防火墙）。

（1）包过滤防火墙

数据包过滤是指在网络层对数据包进行分析、筛选和过滤。虽然普通路由器就能通过检查分组的网络层报头的信息来决定数据包的转发，但包过滤防火墙是在规则表中定义各种规则，通过检查传输层 TCP 报头的端口号字节就可决定同意或拒绝数据包的转发。由于包过滤在网络层、传输层进行操作，因此这种操作对应用层来说是透明的。

实现包过滤的关键是制定包过滤的规则，包过滤规则一般基于源 IP 地址、目的 IP 地址、协议类型以及源端口号、目的端口号来判断转发或丢弃。

（2）应用代理防火墙

由于包过滤是在网络层、传输层对数据包进行监控，而用户对网络资源和服务的访问发生在应用层，因此必须在应用层上对用户的身份认证和访问操作进行检查和过滤。应用代理防火墙能够将所有跨越防火墙的网络通信链路分为两段，使得网络内部的用户不直接与外部的服务器通信，防火墙内外的计算机系统间应用层的连接由两个代理服务器之间的连接来实现。代理服务器接收到用户的请求后会检查验证其合法性，如果是合法代理服务器，则取回所需的信息再转发给用户。

6.3.6.4 计算机病毒及防治

用户在使用计算机时，有时会碰到一些莫名其妙的现象，如计算机无缘无故地重新启动，程序运行越来越慢或突然死机，屏幕上出现一些异常的图像或文件，硬盘中的文件或数据丢失等。这些现象有可能是硬件故障或软件配置不当引起，但多数情况下可能是计算机病毒引起的。

1. 计算机病毒的定义

1994 年 2 月 18 日颁布的《中华人民共和国计算机信息系统安全保护条例》中对计算机病毒的定义如下：计算机病毒，是指编制或者在计算机程序中插入的破坏计算机功能或者毁坏数据，影响计算机使用，并能自我复制的一组计算机指令或者程序代码。

2. 计算机病毒的特点

计算机病毒具有类似于生物学中的病毒的某些特点：隐蔽性、传染性、潜伏性、破坏性。

（1）隐蔽性：指计算机病毒程序代码可能会隐蔽在合法的可执行文件和数据文件中，因此用户无法用操作系统提供的文件管理方法直接观察和删除它。

（2）传染性：指病毒具有把自身复制到其他程序中的特性。病毒可以附着在程序上，以用户不能察觉的方式通过磁盘、光盘、计算机网络等载体进行传播，被传染的计算机又成为病毒的生存环境及新传染源。

（3）潜伏性：指病毒的发作是由触发条件来确定的，在触发条件不满足时，系统没有异常症状，一旦触发条件成熟，病毒则与合法程序争夺系统的控制权。如某个日期或时间、特定文件的出现或使用、特定的用户标识符的出现、用户的安全保密等级或一个文件使用的次数等，都可能使病毒被激活并发起攻击。

（4）破坏性：计算机系统被计算机病毒感染后，一旦病毒触发条件满足，计算机就表现出一定的症状。其破坏性包括占用 CPU 时间、占用内存空间、破坏数据和文件、干扰系统的正常运行等。

3. 计算机病毒的分类

计算机病毒的种类很多，分类方法也很多。计算机病毒主要有以下几种分类方式。

（1）按传染方式分类

① 引导型病毒。所有的磁盘都有一个引导区，一般是磁盘上的第一个扇区。在系统启动、引导或运行的过程中，病毒利用扇区（引导区）及相关功能的疏漏，直接或间接地修改扇区，实现直接或间接的传染、侵害或驻留等。

② 操作系统型病毒。这是最常见、危害最大的病毒。这类病毒把自身贴附到一个或多个操作系统模块或系统设备驱动程序或一些高级的编译程序中，保持主动监视系统的运行，一旦用户调用这些系统软件，病毒即实施感染和破坏。

③ 文件型病毒。这种病毒一般只传染磁盘上的可执行文件（扩展名为“.com”“.exe”的文件），当用户调用感染病毒的可执行文件时，病毒首先被运行，然后驻留内存，伺机传染其他文件。

（2）按病毒破坏的能力分类

① 无害型：除了传染时减少磁盘的可用空间外，对系统没有其他影响。

② 无危险型：这类病毒仅仅会减少内存、显示图像、发出声音等。

③ 危险型：这类病毒会使计算机系统操作发生严重的错误。

④ 非常危险型：这类病毒会删除程序、破坏数据或硬件、清除系统内存和操作系统中的重要信息。

（3）按计算机病毒传染的方法分类

① 驻留型病毒：感染计算机后，把自身的内存驻留部分放在内存（RAM）中，这一部分程序挂接系统调用并合并到操作系统中去，处于激活状态，一直到关机或重新启动。

② 非驻留型病毒：在得到机会激活时并不感染计算机内存，一些病毒在内存中留有小部分，但是并不通过这一部分进行传染，这类病毒被划分为非驻留型病毒。

4. 典型病毒

（1）“特洛伊木马”病毒。“特洛伊木马”病毒通常是指伪装成合法软件的非感染型病毒，主要用于窃取远程计算机上的各种信息（比如各种登录账号、机密文件等），对远程计算机进行控制，但它不进行自我复制，如“网络神偷”等。

（2）“网络蠕虫”病毒。“网络蠕虫”病毒是一种通过间接方式复制自身的非感染型病毒，是互联网上危害极大的病毒，该病毒主要借助计算机对网络进行攻击，传播速度非常快。如“冲击波”病毒可以利用系统漏洞，使计算机重启，无法上网，而且它能不断复制，造成系统瘫痪。

（3）宏病毒。这是一种特殊的文件型病毒，由于宏功能的强大，一些软件开发商在产品研发中引入宏语言，并允许这些产品在生成载有宏的数据文件之后出现。宏病毒主要利用Microsoft Word 提供的宏功能将病毒驻入带有宏的“.doc”文档中。宏病毒的传输速度很快，对系统和文件都可能造成破坏。

5. 计算机病毒的主要传播途径

（1）U 盘：全称 USB 闪存盘，英文名为“USB flash disk”。它是目前最常用的交换媒介之一，许多执行文件均通过 U 盘相互复制、安装，这样文件型病毒就会通过 U 盘进行传播。另外，利用 U 盘引导计算机时，引导区病毒会在 U 盘与硬盘引导区互相感染。因此，U 盘也成了计算机病毒寄生的“温床”。

（2）光盘：光盘因为容量大，存储了大量的可执行文件，大量的病毒就有可能藏身于光盘。只读式光盘不能进行写操作，因此光盘上的病毒不能被清除。盗版光盘的泛滥给病毒的传播带来了极大的便利。

（3）硬盘：带病毒的硬盘在本地或移动到其他地方使用、维修等，会使得病毒扩散。

（4）网络：现代通信技术的巨大进步使空间距离不再遥远，数据、文件、电子邮件可以方便地在各个网络工作站间通过电缆、光纤或电话线路进行传送，但这也为计算机病毒的传播提供了新的“高速公路”。网络的简易性和开放性使得这种威胁越来越严重。

6. 计算机感染病毒的常见症状

计算机受到病毒感染后会表现出如下症状。

（1）计算机不能正常启动。

（2）系统运行速度降低。

（3）磁盘空间异动较大。

（4）文件内容、名称和长度或显示属性等有所改变。

（5）经常出现“死机”现象。

（6）外部设备工作异常。

7. 计算机病毒防范策略

首先在思想上重视，加强管理，防止病毒的入侵。凡是从外来的 U 盘向计算机中复制信息，都应该先对其进行查毒，若有病毒可立即清除。这样可以保证计算机不被新的病毒传染。其次，由于病毒具有潜伏性，可能计算机中还隐藏着某些旧病毒，一旦时机成熟它们还将发作，所以要经常对磁盘进行杀毒检查，若发现病毒需及时清除。

（1）防治计算机病毒

对计算机病毒的防治应遵循以下原则，防患于未然。

① 使用新设备、新 U 盘、新软件之前要进行查毒。

② 使用反病毒软件，及时升级反病毒软件的病毒库，开启病毒实时监控。

③ 制作应急盘/急救盘/恢复盘，以便恢复系统急用。

④ 有规律地制作备份，养成备份重要文件的习惯。

⑤ 不要随便下载网上的软件。

⑥ 扫描系统漏洞，及时更新系统补丁。

⑦ 不要打开陌生可疑的邮件。

⑧ 禁用远程功能，关闭不需要的服务。

（2）清除计算机病毒

① 使用反病毒软件清除病毒

计算机一旦感染了病毒，最好立即关闭系统。如果继续使用，会使更多的文件遭受破坏。针对已经感染病毒的计算机，建议使用反病毒软件进行全面杀毒。

一般来说，使用反病毒软件是能清除病毒的，但考虑到病毒在正常模式下比较难清理，可以重新启动计算机后，选择在安全模式下查杀。若遇到比较顽固的病毒，可通过下载专业查杀工具来清除，更严重的情况就只能通过重装系统或还原系统来彻底清除。

② 重装系统并格式化硬盘是最彻底的杀毒方法

格式化会破坏硬盘上的所有数据，因此格式化前必须确定硬盘中的数据是否还需要，要先做好备份工作。格式化时一般是进行高级格式化。需要说明的是，用户最好不要轻易进行低级格式化，因为低级格式化是一种损耗性操作，它对硬盘寿命有一定的负面影响。

③ 手工清除方法

手工清除计算机病毒对技术的要求高，需要熟悉计算机指令和操作系统，难度比较大，一般只能由专业人员操作。

6.3.7 拓展训练

设置浏览器安全属性：基于 Windows 10 操作系统，打开系统自带的 IE 浏览器，设置其安全属性；针对“Internet 选项”中的“安全”模块，设置“本地 Intranet 区域”的“区域安全级别”，效果如图 6-66 所示。

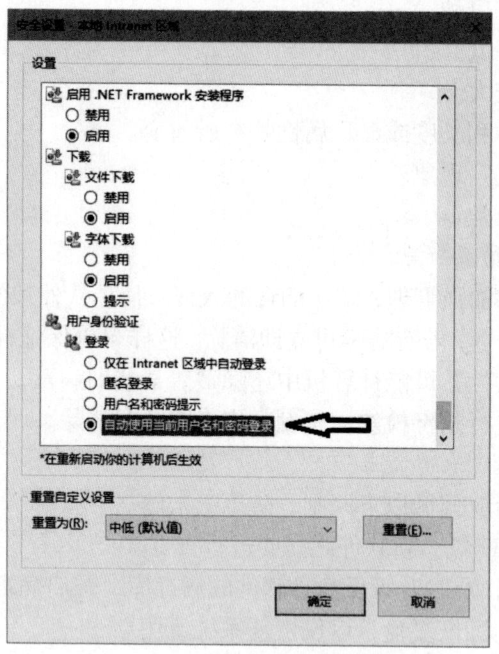

图 6-66 浏览器的安全设置

课后思考与练习

1. 按照网络覆盖的地理范围，计算机网络可以分成哪几类？
2. 常见的网络拓扑结构主要有哪几种？
3. 在网络互联中，中继器、交换机、路由器、网关的作用有何区别？
4. 如何区分 A、B、C 3 类 IP 地址？
5. OSI 参考模型中，每一层的功能和传输的信息单位是什么？
6. TCP/IP 协议簇主要包括哪些常见的应用协议？
7. 如何区分 MAC 地址、IP 地址、域名、URL？
8. 简述子网划分的意义与子网掩码的作用。
9. 简述数据加密和数字签名的区别。
10. 计算机病毒常见的分类方式有哪几种？

模块 7 多媒体技术基础

能力目标：

- 熟练掌握多媒体技术的基本概念、特性、数据类型和关键技术；
- 熟练掌握多媒体计算机系统的组成；
- 熟练掌握多媒体数据的关键指标；
- 初步掌握多媒体素材制作软件的使用方法。

多媒体技术的发展始于20世纪80年代，是计算机技术发展的一个必然趋势。多媒体技术实现了三大技术的融合，它将音像技术、计算机技术和通信技术三大信息处理技术紧密地结合起来，为信息处理技术的发展奠定了新的基石。多媒体技术也促进了三网合一技术的实现。三网合一指计算机网络、电信网络和有线电视网络的一体化，三网之间相互渗透、相互融合，将视频、语音和数据3种业务建立在一个网络平台上，实现视频、语音和数据等各种信息的一网传输，提供较好的、完备的服务。

多媒体技术历经多年发展，到目前为止，声音、视频、图像压缩方面的基础技术已逐步成熟，通信硬件技术（手机、平板电脑）、数字声像技术（MP4、MP5）、网络电视、5G网络技术等已经形成产品并进入市场。目前，热门的技术如云计算、人工智能、模式识别和虚拟现实技术也逐步走向成熟，并有相应的产品逐步走向市场。

多媒体技术可以处理文字、数据和图形等信息，而多媒体计算机除了处理以上信息之外，还可以综合处理图像、声音、动画、视频等信息，开创了计算机应用的新纪元。多媒体技术作为当今时代最受关注的技术热点基础理论，是一门应用前景十分广阔的计算机应用技术，多媒体技术的应用使计算机可以处理人类生活中最直接、最普遍的信息，从而使计算机的应用领域及功能得到了极大的扩展，也使计算机系统人机交互的界面和手段更加友好、方便。多媒体技术势如破竹，正在不断地改变人们的生产和生活方式，在我国大力推动的创新创业领域发挥着举足轻重的作用。

任务 7.1 多媒体技术概述

7.1.1 任务目标

- 了解多媒体技术在日常生活中的实际意义；

- 了解常用的手机端多媒体软件工具；
- 熟练使用 PC 端常用的多媒体素材制作软件；
- 了解多媒体压缩和解压缩技术；
- 了解多媒体数据的常用传输方法；
- 掌握多媒体技术的基本概念和关键技术。

7.1.2 任务描述

信息技术的发展已经进入了机器学习和人工智能的时代，生活在这一时代的人，其生活和学习方式都在发生巨大的变革。我们可以通过物联网设备一键开启家庭的智能家居设备，智能厨房电器可以给我们做出可口的饭菜，扫地机器人可以帮助我们完成家庭卫生任务。电子商务和外卖业务 App 可以帮助我们在忙碌的工作学习中快速解决购物和吃饭问题。外出旅行不再需要口头问路，一键导航便可行走天下。各种指纹支付和刷脸支付 App 方便我们在支付的同时保障资金的安全。数据传输既实现了无纸化办公，节约了资源，还借助网络实现实时的数据共享。而日常生活中各种 IT 技术的应用，都与多媒体技术密切相关。如图 7-1 所示，一部安装了相应 App 的手机，可以帮助我们解决生活、工作和学习中的各种问题。

本节通过分析移动端（手机端）和 PC 端（电脑端）数据的查询、存储、修改和传输，帮助大家理解多媒体和多媒体技术在日常生活中的应用，掌握使用多媒体技术解决实际问题的能力，提高大家的信息素养。

7.1.3 任务分析

多媒体技术与我们的生活、工作和学习息息相关，因此，我们要学会利用多媒体技术，在享受海量信息随手可得的便捷时，也学会对数据进行鉴别、筛选和利用，在保护他人劳动成果的同时，学会从中海量数据中学习与创新。本任务可以分解为如下 2 个小任务。

（1）了解常用 App 的功能，学会对信息进行筛选和利用。

（2）学会数据资源的搜索、下载、存储与传输。

7.1.4 任务实现

1. 了解常用 App

为了解决生活中的各类问题，知名的 IT 企业和软件开发商为大家开发了各类实用的 App，每款 App 都有自己的应用领域。图 7-1 列出了几款常用的 App。

图 7-1 常用的手机 App

（1）通信社交软件：解决日常实时通信问题，也可实现数据的实时传输。

（2）生活类软件：解决日常的衣食住行等问题。

（3）学习类软件：随时随地开启学习模式，充分利用碎片时间，学习各类咨询和在线课程。

（4）资讯类软件：实现新闻阅读与实时搜索，同类软件还包括新浪新闻、搜狐新闻和谷歌搜索等。

（5）支付软件：实时完成线上线下支付任务，支付方式有输入密码支付、指纹支付和刷脸支付等。

（6）常规软件：手机常规小软件，完善手机功能，解决日常问题。

（7）娱乐社交软件：美化和分享生活，增添生活乐趣。

2. 数据资源的搜索、下载、存储与传输

（1）打开浏览器，进入百度首页，在搜索框中输入“桌面背景”关键字，然后单击“百度一下”按钮，如图 7-2 所示。

图 7-2　百度主页面

（2）单击“图片”，页面只显示符合关键字的图片素材，显示效果如图 7-3 所示。

图 7-3　图片搜索结果页面

单击左下角注明“广告”二字的图片，则会打开广告商链接页面，请慎重单击。

（3）单击导航条下方的“高清”和“尺寸”等选项，进一步筛选所需图片资源，如图 7-4 所示。

（4）单击喜欢的图片，打开图片页面，在图片上单击鼠标右键，在快捷菜单中选择“图片另存为”命令，如图 7-5 所示。

（5）在计算机硬盘中新建文件夹存储图片。根据个人喜好，可采用同样的方式存储多张桌面背景图片，效果如图 7-6 所示。

图 7-4　对搜索结果的筛选

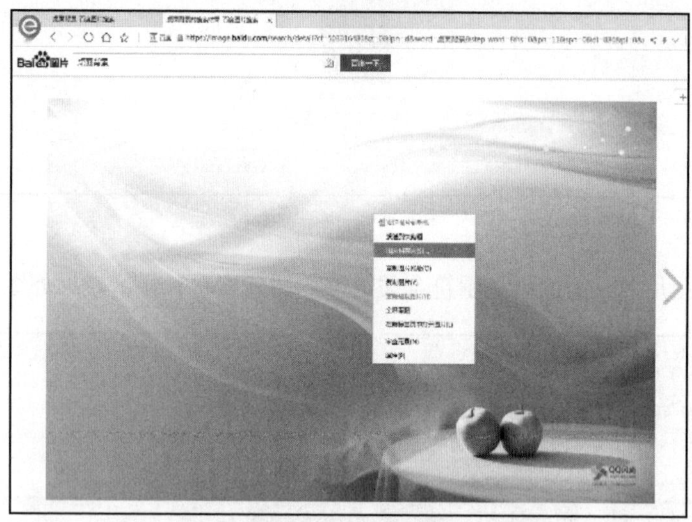

图 7-5　图片的下载

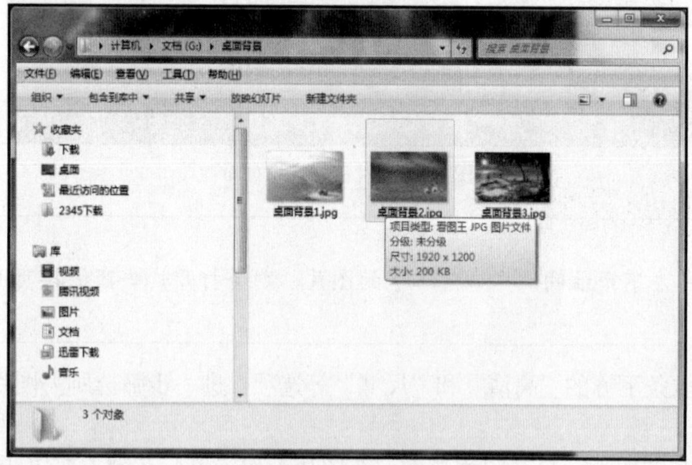

图 7-6　图片的存储

（6）如需使用桌面背景图片，则回到桌面空白处单击鼠标右键，在快捷菜单中选择“个性化”命令，弹出“设置”界面，单击“背景”链接，如图 7-7 所示。单击“背景”下拉列表框右侧的下拉按钮，在弹出的下拉列表中可以对背景的样式进行设置，包括图片、纯色、幻灯片放映。

（7）如果选择“图片”选项，则可以在所列的图片列表中进行选择，也可以单击“浏览”按钮，找到在第（5）步中存储的图片，选择其一作为背景。此时单击“选择契合度”下拉列表框右侧的下拉按钮，在弹出的下拉列表中选择图片契合度，包括填充、适应、拉伸、平铺、居中、跨区。设置方法如图 7-8 所示。

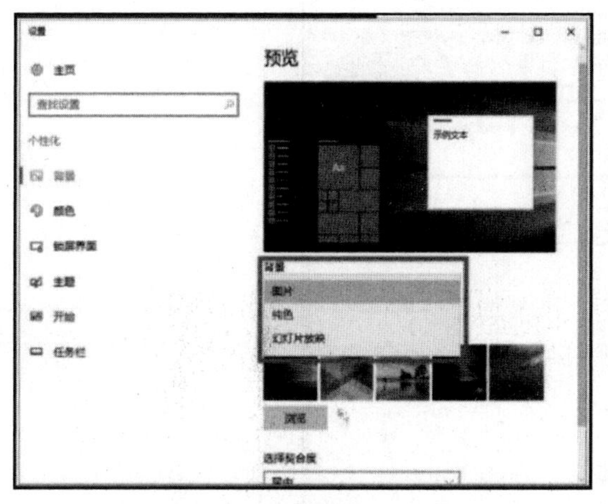

图 7-7　桌面背景设置

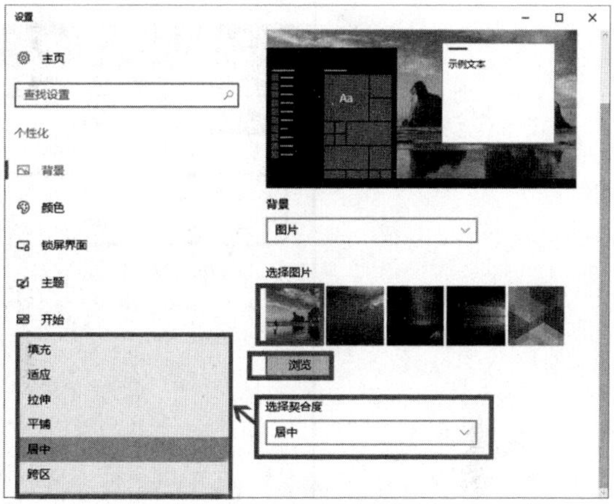

图 7-8　设置桌面背景图片

（8）如果需要将下载的桌面图片文件或其他已有的文件与好友分享，则可先对数据进行压缩，选择“桌面背景”文件夹，单击鼠标右键，在快捷菜单中选择“添加到压缩文件”命令，如图 7-9 所示，打开“您将创建一个压缩文件-360 压缩”对话框，单击“立即压缩”按钮，即可在原文件夹同一位置创建同名的压缩文件，如图 7-10 所示。

图 7-9　文件夹压缩快捷菜单

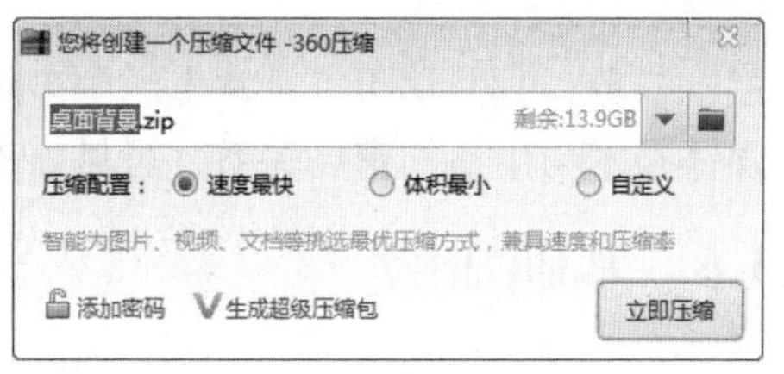

图 7-10　压缩软件对话框

（9）压缩文件可通过微信、QQ 和邮箱等工具发送给指定人员。如用邮箱发送文件，首先在打开的邮箱网站（此处以网易 126 邮箱为例）输入用户名和密码，登录自己的邮箱，单击“写信”按钮，进入发件窗口，在“收件人”位置输入对方的邮箱地址，“主题”处可添加主题内容，单击“添加附件”按钮，打开本地磁盘，选择刚才压缩好的“桌面图片.zip”文件，即可添加为附件。如需留言，可在下方编辑区编写内容。最后单击“发送”按钮即可。具体操作如图 7-11 所示。

信息时代，海量数据的共享终结了“闭门造车”的时代，人们可以通过各类通信软件、网络平台和传输渠道广泛地学习他人的研究经验和成果，与此同时，知识产权的保护面临着巨大的挑战。处在信息时代的我们，获取信息虽然便捷，但是，我们要尊重别人的劳动成果，尊重版权保护。每个时代都是在学习前一个时代的成果的基础上不断进步的，“闭门造车”会影响社会的发展速度，但是，我们是学习别人的经验、汲取别人的教训，学习别人解决问题的思路和方法，而不是照搬、照抄别人的思想和成果，因此，大家一定要在尊重他人劳动成果的基础上，合理合法地开展学习和研究。

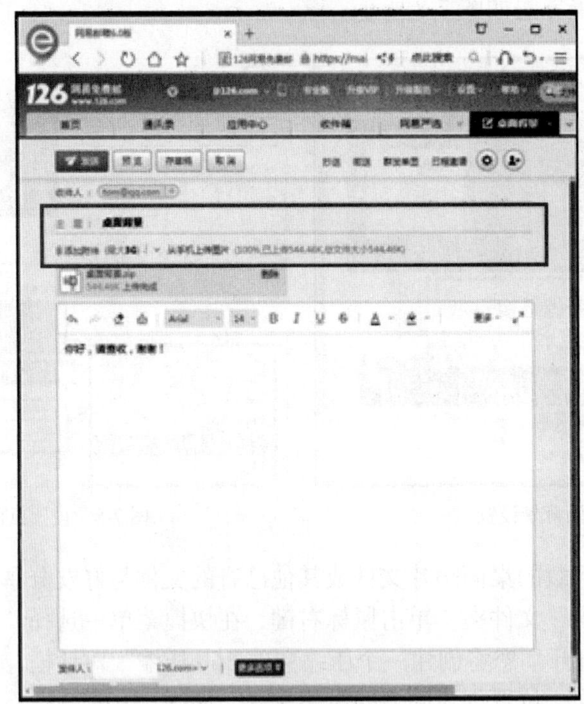

图 7-11　通过邮箱发送文件

7.1.5　任务小结

通过本任务，我们学习了日常生活中多媒体技术的应用和获取相关资源的操作方法，了解了多媒体技术与生活的密切关系，可见，多媒体技术基础知识是必不可少的知识储备。

7.1.6　基础知识

7.1.6.1　多媒体技术简介

多媒体技术（Multimedia Technology）是指通过计算机对文本、数字、图形、图像、动画、声音和视频等多种媒体信息进行综合处理和管理，使用户可以通过多种感官与计算机进行实时信息交互的技术，多媒体技术又称为计算机多媒体技术。多媒体技术的知识涉及多媒体的基本概念、多媒体的类型、多媒体技术的特点、多媒体关键技术和多媒体技术的应用等相关内容。

1. 多媒体的基本概念

（1）媒体

媒体（Media）又称为媒介或媒质，它是信息的载体。因信息的载体类型不同，通常媒体在计算机领域有两种含义：一是从硬件角度讲，媒体就是承载信息的实体，如 U 盘、光盘、磁盘等；二是从软件层面定义，媒体不再是指承载信息的某个实体，而是信息的表现形式，如数字、文本、声音、图形、图像、动画和视频等。在多媒体计算机系统中，大家通常意义上所讲的媒体多指后者。

（2）多媒体

多媒体（Multimedia），顾名思义，对象在表现信息的类型时选择的媒体类型并非单一的一种。所谓的多媒体，重在体现媒体的开发和应用过程中使用多种媒体设备，并且媒体的数据类型多样化，可作用于用户的多种感官，使用户有最直接、最真实的体验。

通常意义来讲，多媒体是指两个或两个以上媒体的有机结合，即将数字、文本、图形、图像、声音、动画、视频等各种媒体信息进行有机组合；也指人们使用计算机及其他辅助设备进行交互式处理媒体信息的方法和手段，旨在更有效地传播信息。

（3）多媒体技术

多媒体技术就是将数字、文本、声音、图形、图像、动画、视频等多种媒体信息通过计算机进行模数转换，经过数字化处理后再现，使得多种媒体信息之间能够建立一定的逻辑连接，并集成为具有交互性系统的一项技术。简而言之，多媒体技术是以计算机为中心，有机整合多媒体信息并能实现交互性的新技术。

2. 多媒体的类型

（1）感觉媒体

感觉媒体是指直接作用于人们的感觉器官，从而使人产生直接感觉的媒体，如作用于人类听觉感官的音频媒体；作用于人类视觉感官的文字、图形、图像等媒体；以及综合作用于人类视听感官的动画和视频媒体等。

（2）表示媒体

表示媒体是为了传送感觉媒体而开发的媒体类型。表示媒体可以理解为为了在多个设备之间有效地传输信息而开发使用的一些编码规则，如语音编码和条形码等。

（3）显示媒体

显示媒体是指在通信过程中，将使用的电信号转换成人类能够识别的感觉媒体信息的一种转换媒体类型。显示媒体通常分为两种类型，一是输入媒体，如鼠标、键盘、数码相机和扫描仪等；二是输出媒体，如显示器、投影仪和打印机等。

（4）存储媒体

存储媒体是用于存储信息的媒体。常用的存储媒体有计算机中的磁盘，便于携带的移动存储设备，如光盘、U 盘和移动硬盘等，以及移动终端设备中使用的 SD 卡（手机和相机中的存储卡），摄像机中使用的 P2 卡等。

（5）传输媒体

传输媒体是用于传输信息的一类媒体，如用于固定电话传输的电话线，用于网络传输的光纤、同轴电缆和双绞线等，以及用于无线电传输的微波、红外线和 Wi-Fi 等。

3. 多媒体技术的特点

多媒体技术是计算机综合处理多种媒体信息的技术，与单一的媒体技术相比，前者不仅仅呈现出多样性，也包括集成性、交互性等多个特点。

（1）多样性

多媒体技术的多样性主要体现在两个方面。一方面是信息类型的多样性和多维化。人类获取信息主要通过视觉、听觉、触觉、嗅觉和味觉等，其中通过视听触觉获取的信息占人类获取信息总量的95%以上。多媒体技术的多样性可以作用于人类的多种感官，调动各种感官的积极性，从而使人更有效地获取信息。多媒体技术的多样性还体现在人类对信息的加工方面，人类对信息的加工不再单纯地只是实现模数转换和记录重放，还可以对数字化的信息进行构思、设计、变化以及再加工等处理，使得信息在原有的基础上不断地变换与创造，以呈现出多样化、多维化的信息效果。目前，作为研究热点的虚拟现实技术在调用人类更多感官系统，给人类营造多感官“沉浸式”获取信息效果的领域里做出了大胆的创新和尝试，是基于多媒体技术的多样性的一个很好的应用。

（2）集成性

多媒体技术是将多种媒体进行有机结合，而非简单的混合。因此，多媒体技术的集成性可以指信息载体的集成，即把数字、文本、图形、图像、声音、动画和视频等多种媒体信息有机结合，以达到更高效地传递信息的目的；也可以指存储信息实体的集成，即多种硬件设备的合理集成、优势互补，从而更大限度地发挥设备的优势，为信息的加工和传播提供功能强大的硬件平台。多媒体技术的集成性在计算机人工智能技术研究方面有一定的体现。

（3）交互性

交互性是多媒体技术的主要特性之一。交互性是指用户和计算机之间的多重交互，即人与人、人与机器、机器与机器的双向沟通。交互性使得人类和计算机之间的沟通不仅仅限于被动地接收，人类可以干预计算机的工作进程，计算机也可以“积极主动”地响应人类的各项指令，如苹果手机的Siri和微软的小冰、小娜等都是多媒体技术交互性的重要应用。

4. 多媒体关键技术

多媒体技术是研究多媒体数据信息的获取、加工、存储、管理、传播和输出的一项综合技术，因此多媒体技术具有较强的综合性和交叉性，多媒体技术涉及与计算机有关的多项技术，如人机交互技术、计算机图形图像处理技术、多媒体数据存储技术和多媒体数据压缩技术等。

（1） 人机交互技术

人机交互技术是多媒体技术的关键技术之一，是计算机用户界面设计的重要内容，也是虚拟现实技术的研究核心。人机交互技术是指机器通过输出和显示设备给人类提供大量信息展示及提示应用，人类通过输入设备向机器中输入有关信息，机器回答问题及响应操作等。

人机交互技术主要由媒体变换技术、媒体识别技术、媒体理解技术和媒体综合技术支撑，其基础是现代传感技术。人机交互技术应用微电子、光电转换、超导、光导和精密加工等新材料、新技术和新工艺，使制造的新型传感器具有集成化、多功能化和智能化的特点。

人机交互技术在我们日常使用的移动终端设备，如智能手机、平板电脑、智能手表、游戏体验（如体感游戏X-box）等中都有广泛的应用。

（2）计算机图形图像处理技术

计算机图形图像处理技术是使用图形输入技术将表示对象的影像输入计算机，并实现用户对物体及其影像内容、结构、呈现方式的控制的技术。另外，计算机图形图像处理技术也可使用图形建模技术中的线架、曲面、实体和特征等造型技术构建几何形状。图形图像处理和输出技术也可以在显示设备上显示图形对象。

计算机图形图像处理技术主要是研究和探索计算机图形学和图像处理领域的前沿技术及技术的应用。计算机图形图像处理技术主要包括虚拟现实技术及算法、高动态范围（High Dynamic Range，HDR）图像技术和算法、非真实感图像绘制、图像加速硬件（Graphics

Processing Unit，GPU）的应用等内容。

目前，市场上流行的数字水印加密技术以及室内室外建筑设计等都是计算机图形图像处理技术的常见应用。

（3）多媒体数据存储技术

多媒体数据种类繁多、形式多样，除了数值型数据外，还有文本、图形、图像、音频、动画和视频等多种类型，这些数据的数据编码形式差异较大，数据长度可变。在组织和存储这些数据时，数据结构和检索处理方式都与常规数据不同。多媒体数据存在多重数据流，因此多媒体数据占用的存储空间较大，例如存储 1 小时的影视节目大约需要占用 500MB 的空间。从多媒体技术发展角度来讲，数据存储技术将一直是多媒体技术发展过程中一项亟待解决的关键技术。

当前，多媒体技术的数据存储技术有了较大的发展。从 30MB 的计算机硬盘存储到 1TB 的免费云存储空间的提供，从早期的 1.44MB 软盘存储到目前流行的 32GB U 盘存储，从约 600MB 的 CD 存储到近 200GB 的 BD 存储，多媒体数据存储技术日新月异。

（4）多媒体数据压缩技术

多媒体数据是计算机将自然界存在的客观事物的连续模拟信号转换成的计算机能够识别读取的离散数字化信息。在模数转换的过程中，为了更真实、更形象地记录客观事物，人们会采用较高的采样频率来保留事物的更多细节。较高的采样频率就会产生较多的数据量，加之后期进一步的编码、加工、变换和处理，数据量会呈爆炸式增长。为了便于存储和传输，多媒体数据必须经过数据压缩。

多媒体数据之所以能够被压缩，一是因为数据本身存在较大的冗余，例如相邻的两个视频画面之间存在着重复的画面信息；二是因为人类自身的视觉和听觉惰性，即人类视觉和听觉的“掩蔽效应”。在多媒体数据出现时，人类对一部分视听觉信息的感知并不明显，这些信息即使存在人类也无法感知获取，因此，我们便可以在一定的程度上实现数据的压缩。

常见的压缩方法通常分为两类。一是有损压缩，如静态图像的 JPEG 压缩和动态图像的 MPEG 压缩等。二是无损压缩，如 RLE 压缩和哈夫曼压缩等。

5. 多媒体技术的应用

任何一种技术得以不断地提高和发展，都源于它在日常生活中的应用热度，越能快速更新和发展的技术，其在生活中的应用就越广泛。多媒体技术的发展时间虽然短，但是多媒体技术的发展速度却不容小觑。短短几十年，多媒体技术已经融入人类生活的方方面面，时时刻刻改变着人类的生活、学习与认知方式。下面简单介绍多媒体技术的几项重要应用。

（1）办公自动化

办公自动化（Office Automation，OA）是将现代化办公和计算机网络功能结合起来的一种新型的办公方式。办公自动化没有统一的定义，凡是在传统的办公室中采用各种新技术、新机器、新设备从事办公业务都属于办公自动化。办公自动化可以优化现有的管理组织结构，调整管理体制，在提高效率的基础上增强协同办公能力，强化决策的一致性，最后实现提高决策效能的目的。微软公司开发的 Office 办公组件在企业的商务办公领域发挥着巨大的作用。

（2）教育培训

使用多媒体技术可以调动人类的多种感官，使信息从多重角度对人类感官产生刺激，以达到高效、全面获取信息的目的。多媒体技术的这一特点，使得多媒体技术在教育和培训行业有着广泛的应用。尤其是在幼儿的启蒙教育和中小学的辅助教学过程中，它可以化抽象为形象，通过情景教学、多向感知等方法帮助低龄儿童更好地理解所学知识。此外，它在人类终身学习领域也发挥着举足轻重的作用。

（3）广告宣传

多媒体数据的多样性使得多媒体系统图文并茂，再经由开发人员的进一步拟人、夸张和巧妙构思，使用多媒体技术制作的广告宣传作品会达到传统技术所无法达到的效果和影响力。另外，使用多媒体技术制作的广告宣传作品作为数字化的信息，无论设计、修改、传播都非常方便，并且成本相比其他媒体形式的广告更低。再者，商品经济的发展对广告的需求量越来越大，利用多媒体技术制作广告已成为广告设计宣传的优先选择之一。

（4）影视娱乐

随着人类生活品质的不断提高，人们的精神需求越来越多，影视作品和游戏娱乐产品在人们的生活中层出不穷，并且制作标准越来越高。影视娱乐是多媒体技术应用的一个重要方面，现在市场上面向家庭的影视娱乐产品琳琅满目，如益智类的儿童动画作品及游戏产品、适合成年人的健康运动型娱乐放松游戏及卫生保健类的老年人娱乐节目等，这些影视娱乐产品在满足人们日常放松娱乐的需求之外，寓教于乐，不断提升人们的艺术修养和整体素质，改善着人们的生活质量。

（5）网络通信

多媒体技术的一个重要的交叉应用就是网络通信。通信网络推动“三网合一”，改变了人类的生存与交往的方式。通信网络使电子政务、电子商务、远程医疗、远程学习和远程会议有更好的发展平台。通信网络给人们的生活带来便利，也给国家的政治、经济带来了巨大的改变。

（6）信息服务

多媒体技术的多样性和交互性在公共信息服务领域应用得非常广泛。机场、码头、车站、景点、商务中心及政府机构、企业单位，乃至银行金融等领域均应用多媒体技术开发交互软件，帮助用户快速、全面地获取所需信息并及时做出决策反应。

7.1.6.2 多媒体计算机系统

多媒体计算机是指能够同时处理多媒体数据的计算机。目前我们使用的计算机基本属于多媒体计算机。某计算机是否属于多媒体计算机，主要从硬件系统和软件系统两个方面进行分析。

1. 多媒体计算机硬件系统

多媒体计算机硬件系统主要包括两大部分：计算机系统和多媒体接口及外部设备。计算机系统在模块 2 中已经做了详细介绍，如 CPU、主板、内存、硬盘、显示器、键盘和鼠标等基本的硬件设备，在此就不再重复。下面重点介绍与多媒体技术相关的一些接口及外部设备。

（1）多媒体接口类型

多媒体的常用接口卡有显卡、音频卡和视频卡等。

显卡又称为显示适配器，是计算机主机和显示器之间的接口，主要用于将主机中处理的数字信息转换成用户可以识别的图像信号并最终呈现在显示器上。现在的显卡都具有 2D、3D 的图形加速功能。显卡的性能决定了计算机处理图像的能力，好的显卡能使显示效果更佳，能够进行更为复杂和更快的图形运算。最新的图形图像处理软件的运行、最新的 3D 游戏和高分辨率影片的播放都需要更好的显卡支持。

音频卡，又称为声卡，其功能是实现计算机对声音的加工和处理。安装音频卡后，计算机可以采集、编辑和播放数字音频文件，可以对声音文件进行压缩和解压缩处理，也可以使用语音处理相关技术实现语音合成和语音识别。

视频卡，全称为视频采集卡（Video Capture Card），其功能是实现计算机对视频信息的采集、编辑、存储和输出处理等。根据视频卡的具体功能不同，视频卡又分为图像采集卡、视频转换卡、图像加速卡和电视卡等。

（2）输入设备

多媒体计算机除了使用鼠标和键盘作为输入设备之外，也会根据实际工作需要选择其他的输入设备。

触摸屏是一种能够对物体的触摸进行定位的屏幕，在目前常用的智能手机、平板电脑等移动终端中都有所应用。触摸屏简化了计算机的输入方式，方便了用户的操作，扩大了计算机的应用领域和用户群。优质的触摸屏应该具有快速感应、精确定位、可靠性高和经久耐用等特点。

数码相机和数码摄像机等数字化影像设备使用光学镜头元件，通过电荷耦合器件（Charge-Coupled Device，CCD）进行图像感知并传输，将光信号最终转换为数字信号并记录在存储卡上。数码设备成像的基本原理是光电和模数转换。用户可以即刻观看通过数码类设备采集处理的图像的拍摄效果。另外，用户对拍摄素材的删减不会增加拍摄成本，拍摄所得的数字信息也便于用户后期使用计算机进行再次编辑、加工和传播。

扫描仪主要由光源、光学聚焦透镜、CCD、控制电路和信号处理电路组成。扫描仪通过光源照射纸质印刷品、胶片和照片后获取其影像，然后将光信号转换成数字信号，再存储于计算机中，以便于后期的编辑与使用。扫描仪根据使用场合的不同，主要分为手持扫描仪、台式扫描仪、滚筒式扫描仪和胶片扫描仪等。扫描仪的扫描分辨率、扫描速度、色彩深度和扫描幅面都是衡量扫描仪性能的指标。

（3）输出设备

打印机是计算机非常重要的输出设备之一。打印机可以将计算机的最终处理结果输出打印到相关的介质载体上。根据打印机工作原理的不同，打印机主要分为针式打印机、喷墨打印机和激光打印机等。照相馆打印照片时多会选用喷墨打印机，而商务办公领域则较多使用激光打印机。衡量打印机性能的指标主要有打印分辨率、打印速度和噪声等。

投影仪主要用于将计算机内的信息投射到大屏幕上显示。使用投影仪时，通常配有一定尺寸的幕布，计算机屏幕上的输出信息通过投影仪投射到幕布上显示。因此，投影仪多用于教学培训、广告展示和大型会议等受众数量较多的场合。常见的投影仪分为阴极射线管（Cathode Ray Tube，CRT）投影仪、液晶（Liquid Crystal Display，LCD）投影仪、数字光处理（Digital Light Processor，DLP）投影仪和硅液晶（Liquid Crystal on Silicon，LCOS）投影仪。投影仪的亮度、对比度、均匀度、分辨率、行频、场频及光源寿命是衡量投影仪好坏的重要指标。

虚拟现实交互工具是目前人们使用得越来越多的一种输出设备。虚拟现实（Virtual Reality，VR）指采用计算机技术生成一个逼真的眼、耳、鼻、口等多种感官可以感知的虚拟世界。虚拟现实技术涉及计算机图形学、人机交互技术、传感技术和人工智能技术等多种技术。虚拟现实交互工具是实现虚拟现实效果的关键设备，主要包括跟踪设备、触觉设备、音频设备、图形显示与观察设备和一台高性能的计算机设备。谷歌的虚拟现实头盔和眼镜都是虚拟现实技术的代表性应用。

2. 多媒体计算机软件系统

硬件系统是多媒体计算机的基础，软件系统是多媒体计算机的灵魂。多媒体计算机软件系统不仅要实现计算机系统的正常工作，同时要表现多媒体技术的特有内容，因此，多媒体计算机软件系统会高度集成各种媒体信息，将其融合并进行综合处理。在有效地组织多媒体信息的基础上，多媒体计算机软件系统为用户提供了一个友好的交互界面，便于用户控制和使用。

多媒体计算机软件系统根据功能的不同，由低到高可以分为 5 个层次：多媒体驱动软件、多媒体操作系统、多媒体素材制作软件、多媒体创作软件和多媒体应用软件。

（1）多媒体驱动软件

多媒体驱动软件主要负责计算机及其相关设备的初始化，为每一个设备安装驱动程序，控制设备的打开、操作和关闭等。多媒体驱动软件主要与硬件设备打交道，一般常驻在内存中。

（2）多媒体操作系统

多媒体操作系统是多媒体计算机的核心系统，主要负责多媒体环境下多任务的调度以及多媒体数据的转换和同步控制。常见的操作系统是微软公司推出的 Windows 系列操作系统。

（3）多媒体素材制作软件

多媒体素材制作软件是多媒体数据的处理平台。多媒体素材制作软件种类繁多，如文字的编辑软件、图形图像处理软件、声音的录制与编辑软件、动画素材制作软件和视频的采集处理软件等。

（4）多媒体创作软件

多媒体创作软件主要由专业人员在多媒体操作系统的基础上，对处理好的多媒体素材进行整合、加工、编辑、管理、控制等操作，以开发出让用户满意、功能齐全、方便实用的应用软件。

（5）多媒体应用软件

多媒体应用软件是指面向应用的软件系统，如多媒体数据库系统等。多媒体应用软件界面简洁且交互功能强大，被广泛地应用于教育、培训、影视特技、咨询服务和产品展示等领域。

7.1.6.3 多媒体信息的基本概念

1. 音频信息的基本概念

人类在逐步认知世界和不断获取信息的过程中，获取信息总量的约 80%主要依靠视觉，约 15%主要依靠听觉，嗅觉和触觉次之。因此，除了视觉信息之外，音频信息也是一种非常重要的多媒体数据类型。

人类可听声音的频率范围是 20Hz～20kHz，频率低于 20Hz 的声音称为次声，频率超出 20kHz 的声音称为超声。随着人类对音频信号研究的不断深入，音频信号被广泛地应用于地质勘测、自然灾害预测以及工业和医疗等不同领域。音频技术在前沿科技——人工智能领域也发挥着重要的作用，如语义解析、语音识别等。

（1）数字音频的基础知识

声音是人们获取的外界信息中的一个重要内容，声音的种类繁多，有人类的声音、动物的声音、乐器演奏的声音、自然界的风雨声等。在对所有的音频文件进行采集、加工和处理之前，我们必须了解音频的基础知识。

① 声音的基本特征

声音就是一个机械波，是由物体的振动产生，然后依靠介质进行传播的信号。单一频率的声波可以用一条正弦波表示。作为一种机械波，声波有非常重要的两个属性：振幅和频率。

振幅描述声波的高低幅度，主要表示声音的强弱，以分贝（dB）为单位。

频率描述每秒波形振动的次数，其中频率越高，声音越细；频率越低，声音越浑厚。

② 声音的三要素

区别不同声音并影响声音质量的主要因素有 3 个，即音调、音强和音色。

音调表示人耳对声调高低的主观感受。从客观角度来讲，音调主要和声波的基频相关，一般情况下，频率越高，音调就越高，反之，音调则越低。

音强表示声音能量的强弱。音强主要取决于声波的振幅大小，音强与声波的振幅成正比。音强一般用声压和声强来计量，单位为分贝（dB）。正常人的听觉范围为 0dB～25dB。

音色是某一声音的特殊属性，是一个声音区别另一个声音的主要参数。例如，同一首乐曲，用不同的乐器进行演奏，听众的听觉感受完全不同，这就是因为不同的乐器振动所形成的声波波形不同。因此，不同的乐器，不同的人，音色都各不相同。

③ 声音的分类

自然界的声音通过一定的设备及技术处理，可以成为数字音频。多媒体数字音频按用途主要分为 3 种：语音、音乐和音效。

语音是人类发声器官发出的声音。语音主要通过话筒和录音软件将语音录入计算机。语音主要用于解说、对白、画外音等场合。

音乐是一段有节奏的声音。音乐一般通过 MIDI 接口进行编辑录制。音乐多用于多媒体作品中的背景音乐。

音效也称为效果声，音效主要用于模拟特殊效果声，如鼓掌声、刹车声、机器运转声和马儿奔跑声等。

（2）音频的数字化过程

声波是随着时间变化的一种连续的机械波。为了记录音频信号，人们早期主要通过电压或电流信号来模拟声音。但随着多媒体技术研究的不断深入，音频信号只有被计算机识别并处理后，才能制作出更丰富的效果，才能更好地存储和传播。因为计算机只能识别数字信号，所以声音必须经过数字化的变换过程。声音的数字化主要有采样、量化和编码 3 个步骤。

① 采样

模拟音频信号是连续的、随时间变化的函数。采样就是以固定的时间间隔多次在模拟音频的波形上抽取一个幅度值。每个采样点所获得的数据称为一个采样样本。将一连串的采样样本连接起来，就是一段数字音频文件的样本。

采样样本的多少直接影响模拟信号转换成数字信号后的声音质量。一般采样样本越多，声音保存的细节就越多，还原后的音频质量就越好。计算机每秒在声波幅度值进行样本采集的次数称为采样频率。采样频率越高，单位时间内采集的样本越多，声音的数据量越大，声音还原的效果越接近原声。

常见的采样频率有 3 种形式，分别是电话音质的 11.025kHz、广播音质的 22.05kHz 和 CD 音质的 44.1kHz。

② 量化

采样得到的样本是模拟信号上离散的点，但还是用模拟数值表示样本值。为了使采样得到的离散数据能被计算机接收识别，需要对数值进行二进制转换，这一过程即为量化。

量化分为均匀量化和非均匀量化。均匀量化获得的音频品质较高，但音频文件容量较大。非均匀量化获得的音频文件容量相对较小，但误差较大。

量化过程中，量化位数的选择对数字音频的质量影响很大，量化位数的多少决定对声音细节描述的程度。因此，量化位数越高，音频质量越好，同时，数据量也会越大。

③ 编码

编码就是把量化后的数据转换成二进制比特流的过程。

（3）常见数字音频文件格式

采用不同的编码技术会生成不同存储格式的数字音频文件。常见的音频文件格式主要有以下几种。

① WAV 文件

WAV（Waveform audio format）是微软公司开发的一种声音文件格式。WAV 文件也称波形文件，其扩展名为“.wav”。WAV 文件是计算机中最基本的声音文件，被 Windows 操作系统及其应用程序广泛支持。WAV 文件支持多种压缩算法、多种音频位数、多种采样率和多声道。标准的 WAV 文件可以做到与 CD 文件的音质相当，但是该文件占用存储空间较大。

② CDA 文件

CDA（CD Audio）是 CD 唱片的文件格式，CDA 文件用于记录数字波形流，其扩展名为“.cda”，CDA 文件有较高的采样频率，因此声音可以保持最好、最真实的品质。CDA 文件多以光盘为载体进行传播。

③ MP3 文件

MP3（MPEG Audio Layer-3）文件是使用 MPEG-1 视频压缩标准中的立体声伴音三层压缩方法所得到的音频文件。MP3 文件的最大特点是压缩比较高，最高压缩比可以达到 12:1。MP3 文件在高压缩比情况下依然能够保持较好的音质，所以 MP3 文件是当下较为流行的音频文件格式之一。

④ RA 文件

RA（Real Audio）是 RealNetworks 公司开发的一种音频文件格式，其最大特点是可以实时传输，尤其是在网络带宽严重受限的情况下，仍然可以较为流畅地进行传输。此外，RA 文件的压缩率非常高，但音质稍差，主要用于有限带宽下的网络实时传输。

⑤ MIDI 文件

MIDI（Musical Instrument Digital Interface）意为“乐器数字化接口”，是计算机和 MIDI 设备之间进行信息交换的一套规则。MIDI 文件包含音符、定时和 16 个通道的乐器定义。MIDI 文件的扩展名多为“.mid”，MIDI 文件的数据量较小，适合作为音乐背景，但不支持真人原唱或者人声。

⑥ WMA 文件

WMA（Windows Media Audio）是微软公司针对 RealNetworks 公司的竞争而开发的一种音频文件格式。它兼顾了较高压缩率和较好音质的需要，属于一种折中的音频解决方案，也在许多网络多媒体应用中使用。

2. 图形图像信息的基本概念

人类获取信息主要依靠视觉系统，图形图像是人类视觉可以感受到的一种形象化的信息，便于识别和认知。计算机图形图像处理技术也是多媒体技术的重要研究内容，其应用涉及科技、教育、商业、艺术、军事和医学等各个领域。

（1）图形与图像的基本概念

计算机呈现的画面类型主要有两种，一种称为矢量图，也称为图形；另一种称为点阵图像，也称为位图（即图像）。

① 图形

图形是一系列指令的集合，一般是用计算机绘制出的直线、圆、圆弧、矩形和不规则曲线等。计算机可以通过记录这些基本几何对象的位置、维度、大小、形状和颜色等构造出一个更加复杂的图形对象。图形与分辨率参数无关，图形可以任意缩放而不会失真。

产生图形的程序称为绘图程序。绘图时，计算机不需要记录画面的像素点阵。人们使用计算机绘图程序可以绘制和修改图形，并可以任意移动、缩放、旋转和扭曲几何对象的各个部分，当几何对象出现位置上的相互覆盖和重叠，依然可以保持各自的属性不被影响。

根据图形的产生原理，可知图形是通过指令集合绘制的，而不需要计算机记录其像素点阵，所以图形的文件数据量较小，图形在缩放和变换时不失真。但是因为图形主要依靠计算机进行绘制和着色，所以图形的色彩不够丰富逼真，同时也不易于在不同的软件之间进行交换。

从图形的特点来看，图形主要用于标志设计、工程制图、三维图像制作等领域。

② 图像

图像是实际景物的影像，它是利用图像数字化设备对客观景物进行采集和捕捉得到的画面。图像是画面中各个像素点的亮度和颜色深度等所有参数的集合。图像与分辨率密切相关，当用户对图像进行缩放时，图像尺寸就会发生改变，但图像的分辨率并不会随之变化，这会使得线条和形状变得参差不齐，出现“锯齿”现象。

生成图像的工具称为绘画程序。人们可以利用计算机重现画面中每个像素点的亮度、颜色深度、大小和位置等参数。当用户对图像进行编辑时，画面中的像素点的参数值就会发生改变，从而影响用户的观看效果。

因为图像是通过记录画面中每个像素点的具体参数成像的，所以分辨率越高，同一尺寸的画面中记录的像素点就越多，描述的图像的细节就越细致，图像就越逼真，同时，图像的数据量就越大。另外，图像是由数字化设备捕捉到的自然界的真实画面，所以图像的色彩丰富逼真。

图像的色彩丰富，细节表现真实，所以图像被广泛用于人像摄影、广告设计、网页设计和影视制作等领域。

（2）图像处理的基本概念

图像呈现的是自然界中的客观事物，人们评价图像质量的好坏时主要从图像的清晰度和真实度两个方面进行衡量，而计算机对这两个指标则是用分辨率和颜色深度两个参数进行描述。

① 分辨率

分辨率是影响图像显示质量的重要因素。分辨率是指在单位长度内画面所含的像素点的数目。相同长度内画面所含的像素点数目越多，则图像细节表现得越多，图像的清晰度越高。

分辨率一般用每英寸点数（Dots Per Inch，DPI）来表示。在计算机领域，分辨率主要有3 种类型，分别是图像分辨率、屏幕分辨率和显示分辨率。

- 图像分辨率是指数字化图像文件的大小，以水平和垂直的像素点相乘表示，如高精度图片图像分辨率为 6 000Px × 4 000Px。

- 屏幕分辨率是指用户当前所使用的计算机屏幕的分辨率。
- 显示分辨率是显示器本身所能支持的各种显示方式下的最大的屏幕分辨率。

② 颜色深度

图像中每个像素点的颜色都是用二进制数表示的，颜色深度就是指图像中用于描述每个像素点颜色的二进制位数的值。如果颜色深度为 1，则每个像素点可表现的颜色数量为 $2^1=2$，即只能表现两种颜色。因此，颜色深度值越大，则每个像素点可表现出的颜色数量就越多，图像的整体色彩就越丰富饱满。当颜色深度达到或高于 24 时，图像表现的颜色就可以称为“真彩色”。

（3）常见图像文件格式

在编辑图像文件时，不同的编辑软件处理后的图像文件格式不同，不同的图像文件的数据量大小、色彩效果及应用领域都不同，下面介绍几种常见的图像文件格式。

① BMP 文件

BMP（Bitmap）位图文件格式，是 Windows 操作系统采用的标准图像格式，是一种与设备无关的图像格式。BMP 文件采用位映射的存储方式，不使用任何压缩方法，图像质量只与采用的位深相关，可选位深有 1bit、4bit、8bit、24bit。位图文件的优点是解码速度快，绝大多数图形图像软件都支持 BMP 文件；其缺点是文件占用存储空间较大。

② JPG 文件

JPG/JPEG 是由联合图像专家组（Joint Photographic Experts Group）开发制定的图像标准，是一种常用的图像文件格式。JPEG 格式文件采用 JPEG 压缩方法去除了图像中的冗余色彩信息。JPEG 算法的压缩比较高，数据量比较小，图像色彩失真少，图像质量比较好，是网页展示图像的常用文件格式。

③ GIF 文件

GIF（Graphics Interchange Format）是一种索引颜色模式，只支持 256 色以下的图像色彩，因此 GIF 文件在色彩表现方面稍弱一些。GIF 文件适用于具有单调颜色和清晰度细节的图像，此类文件所占存储空间较小，但是图像质量不高。GIF 文件在同一个文件中可以存放多张图片，查看时多张图片连续显示即可形成简单的动画，此类文件在网络广告中使用较为广泛。

④ PNG 文件

PNG（Portable Network Graphic）采用无损压缩算法减小图像的占用空间，同时支持文件透明。PNG 文件图像的质量好于 GIF 文件，但是 PNG 不支持动画，在网页设计开发过程中通常会用到此类格式的文件。

⑤ TIF/TIFF 文件

TIF/TIFF（Tagged Image File Format）文件支持多种色彩位数、多种色彩模式以及压缩和非压缩算法，通常文件容量非常大，保留的图像细微层次信息非常多，有利于图像原稿的存储，多用于扫描和桌面出版系统。

3. 动画信息的基本概念

动画能够把原本没有生命的对象变得拟人化并具有生命力。动画多是创作者的大胆想象和巧妙构思的结果，动画制作可以极大地发挥创作者天马行空的想象力，它的无尽幻想、模仿、夸张和拟人化处理是普通影视拍摄无法做到的。因此，动画在科学研究、军事仿真、过程模拟、工业及建筑设计、教学训练和电子游戏等领域均有广泛应用。

（1）动画技术简介

随着现代科学技术的不断发展，动画技术也在不断地改进更新。纵观历史，动画技术的发展大概经历了两大阶段。

① 传统动画技术

传统动画技术采用连续的画面技术，将一系列手工制作的单独画面拍摄在胶片上，然后以每秒 24 帧的速度连续播放从而实现动画效果。1909 年，美国人温瑟·麦凯（Winsor Mccay）用一万张图片表现了一段动画故事，这是全世界公认的第一部动画短片。

② 计算机动画技术

随着计算机图形学的不断发展，计算机技术在动画制作中发挥着巨大的作用。计算机动画技术是借助计算机生成一系列动态实时演播的连续图像的技术。计算机动画技术把计算机图形、美术和摄影摄像等学科融为一体。

（2）动画的基本概念

动画通过快速、不间断地播放一些连续画面，从而给人类视觉营造一种连贯的动态画面效果。动画的产生主要利用人类的“视觉暂留效应”。当一个画面在人的眼前出现后，画面的影像会在视网膜上和大脑中暂时停留一段时间，当下一个相似的画面出现在人眼前时，人会自觉地将两个画面连接在一起“放映”，这就形成了动画效果。

4．视频信息的基本概念

随着计算机技术和多媒体技术的发展，视频信息的获取及处理显得越来越重要。视频信息处理技术是多媒体技术的一项核心技术。

（1）视频的基础知识

视频和动画都是动态地展示画面信息，因为活动图像的信息量最为丰富、直观、生动和形象，可以最大限度地调动人的感官，可以使人在有限的时间内积极主动地获取更多的信息。动画由人工或计算机绘制的图形组成，而视频则由实时捕获的自然影像组成，但其原理都是利用人类的“视觉暂留效应”。

视频分为模拟视频和数字视频。模拟视频是一种用于传输图像和声音并且随时间连续变化的电信号。数字视频是用数字化设备捕捉的自然影像，并能被计算机识别、采集、加工和处理。

数字视频可以被传送到计算机内，用户可对其进行存储、处理，也可以进行创造性地编辑与合成，因此，数字视频较模拟视频的可编辑性更强。另外，模拟视频无论初始精确度多高，在经过多次翻录复制后，物理上的损害都会导致视频文件失真。而数字视频是以数字化的形式存储于计算机中的，它不会因为复制、传输及环境变化而出现视频质量下降的情况，因此，数字视频的再现还原性较好。再次，数字视频可以借助网络实现资源的共享，传输距离的远近不会影响传输的数字视频的质量。

（2）常见视频文件格式

① AVI 文件

AVI（Audio Video Interleaved）是一种视音频交叉记录的视频文件格式。AVI 文件允许视频和音频交错在一起同步播放，支持 256 色和 RLE 压缩，但并未限定压缩标准。采用不同压缩算法生成的 AVI 文件必须使用相应的解压缩算法来播放，不具备兼容性。AVI 文件是 Windows 操作系统最基本、最常用的媒体文件格式之一，常用于各种多媒体光盘和影视文件。

② MPEG 文件

MPEG（Moving Picture Experts Group）/MPG/DAT 称为动态影像压缩算法，其中包括

MPEG-1、MPEG-2、MPEG-4。常见的 VCD 使用的是 MPEG-1 格式压缩（被转换为 DAT 文件），而 DVD 以及一些 HDTV 则使用 MPEG-2，MPEG-2 的图像质量远高于 MPEG-1。MPEG-4 应用于可视电话、数字电视等交互性更强的多媒体。

③ RM/RMVB 文件

RM/RMVB（Real Media Variable Bitrate）是 Real Networks 公司推出的视频文件格式。RM 文件最早常用于 VCD-RM，但由于受到 VCD 本身的限制，RM 文件的清晰度较低，由于文件占用存储空间很小曾流行一段时间，现在使用较少。RMVB 是比 RM 更新一代的格式，RMVB 文件有着更好的图像质量和较高的压缩率，在网络上进行视频传播时应用较多。

④ MOV 文件

MOV 是苹果公司开发的一种视音频文件格式，MOV 文件具有跨平台、存储空间要求小等技术特点。

⑤ FLV 文件

FLV（Flash Video）文件具有数据量小、加载速度快和版权保护等特点，特别适合网络传播。目前流行的在线视频网站大多采用此类文件格式。

7.1.7 拓展训练

通过本任务，我们了解了多媒体技术在日常生活、工作和学习中的应用。请大家在此基础上进一步思考以下问题：多媒体技术的知识和自己所学的专业方向有什么联系？多媒体技术在目前热门的云计算、虚拟现实和人工智能领域是否有所应用？若有，它们分别存在怎样的应用意义？

任务 7.2 多媒体常用软件介绍

7.2.1 任务目标

- 掌握 Photoshop 软件的操作方法；
- 掌握 Flash 软件制作动画的基本思路；
- 熟悉 GoldWave 软件的基本操作方法；
- 了解 Premiere 视频编辑的操作思路。

7.2.2 任务描述

每个人在工作、学习中都会参加很多场考试和面试。对于每一次的考试和面试，我们都需要先提交申请，上传或粘贴证件照，然后发送申请，等待审核，审核通过后才有机会参加考试或面试。可见，证件照的制作是我们必备的一项技能。本节任务是结合实际需要，使用 Photoshop 软件修改证件照底色，并学会制作不同尺寸的证件照。

7.2.3 任务分析

日常生活中我们经常遇到需要修改证件照底色和尺寸的问题，目前有一些手机 App 给大家提供了快速获取证件照的方法，但是，专业的证件照处理还是需要借助 Photoshop 图像处理软件完成。本任务可以分解为以下 2 个小任务。

（1）修改证件照的底色。

（2）修改证件照的尺寸。

修改证件照

7.2.4　任务实现

1. 修改证件照的底色

（1）首先，准备一张拍摄好的证件照图像，然后找到已经安装好的 Photoshop 软件，打开 Photoshop 软件，选择“文件”→“打开”，找到原证件照的存储位置并确认打开，效果如图 7-12 所示。

（2）单击“图层”按钮，打开“图层”面板，选择“图层”面板中的“图层 1”，按住鼠标左键并拖曳到“图层”面板下方的“创建新图层”按钮上，完成“背景”图层的复制操作，生成一个新的“背景副本”图层，效果如图 7-13 所示。

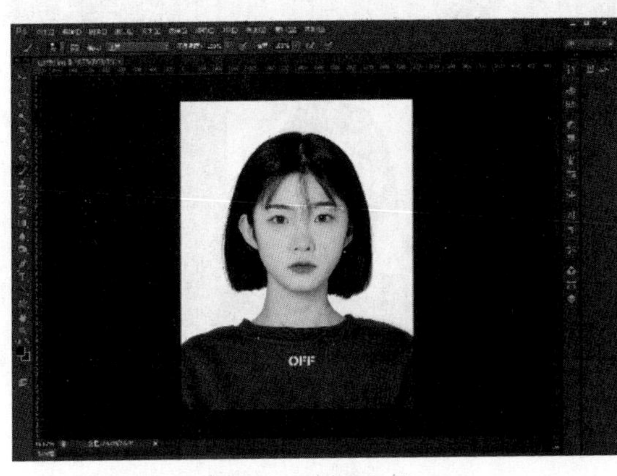

图 7-12　打开文件

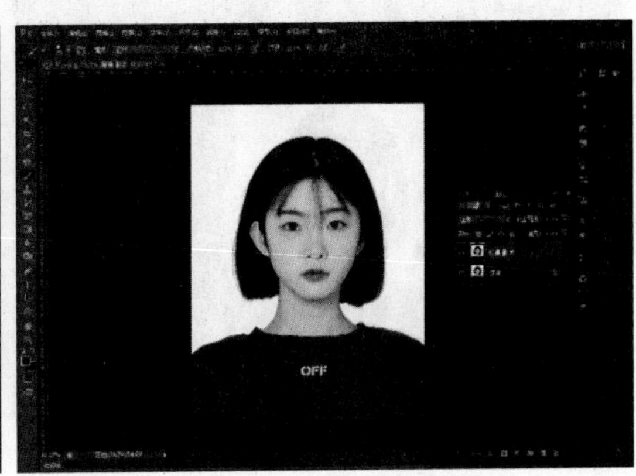

图 7-13　复制图层效果

（3）单击左侧工具箱中的“魔棒工具”，设置属性栏容差值为“5”，效果如图 7-14 所示。

（4）单击图像的背景白色区域，即可选择人像背后的部分白色区域，选择的区域出现虚线框，提示已处于选择状态，效果如图 7-15 所示。

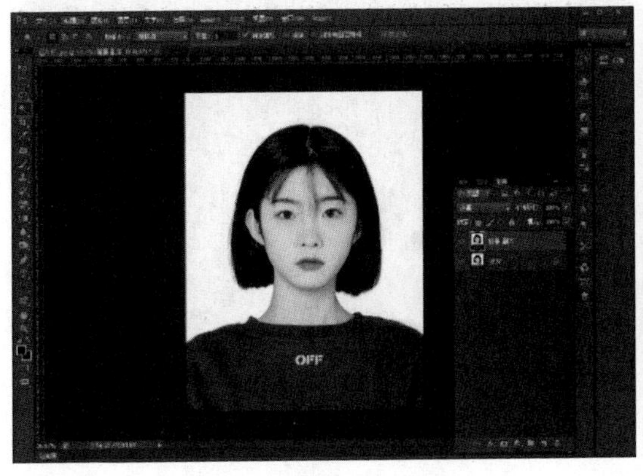

图 7-14　魔棒工具设置效果

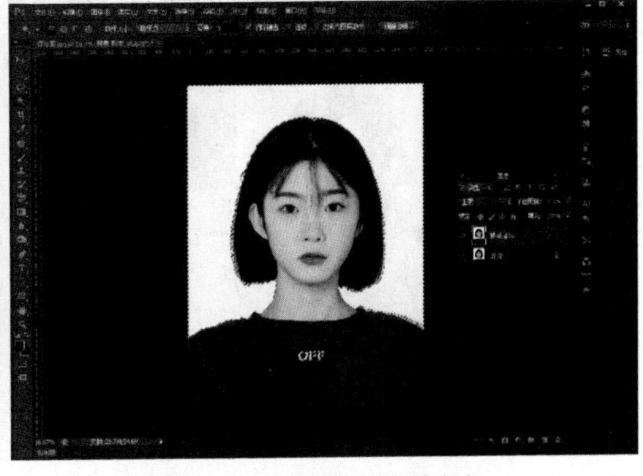

图 7-15　选择部分背景底色

（5）用“魔棒工具”选择的区域中，头发刘海部分和左肩上方的区域选择错误，此时，单击工具箱中的“套索工具”，再单击界面上方属性栏区域的“选区运算”按钮，先单击“从选区减去”按钮，然后使用“套索工具”选择刘海和头顶被选中的头发区域以及领口下方的白色文字区域，然后单击属性栏“添加到选区”按钮，使用“魔棒工具”单击左肩上方闪烁的区域。此时已选择除人物之外的所有白色背景区域。

（6）选择菜单栏的“选择”→“反向”，或者按【Ctrl+Shift+I】组合键，在原来已选择的人物背后的白色背景的基础上反向选择，则此时选择了人物，按【Ctrl+C】组合键复制人物。

（7）打开“图层”面板，单击“创建新图层”按钮，新建“图层 1”对象，按【Ctrl+V】组合键将人物粘贴到新图层上。隐藏“背景”图层和“背景副本”图层。具体操作如图 7-16 所示。

（8）用同样的方法继续新建“图层 2”，单击“图层 2”，按住鼠标左键并向下拖曳鼠标指针，将“图层 2”移动到“图层 1”的下方，效果如图 7-17 所示。

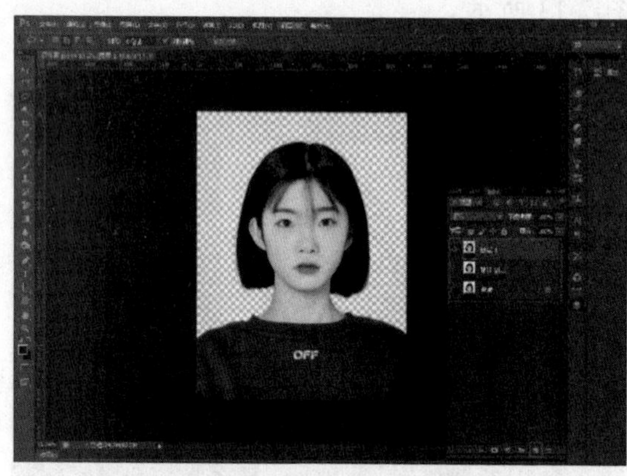

图 7-16　将选择的人物粘贴到“图层 1”

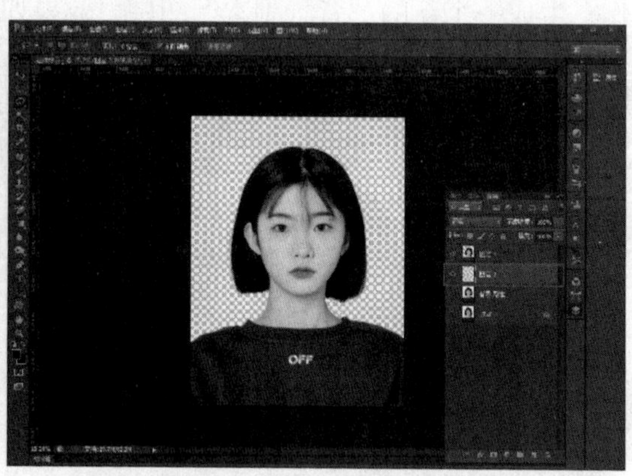

图 7-17　移动“图层 2”到“图层 1”的下方

（9）单击左侧工具箱下方的“前景色”按钮，打开“颜色”面板，设置颜色为蓝色（R:67 G:142 B:219），单击“确定”按钮，然后按【Alt+Delete】组合键，填充“图层 2”为蓝色，效果分别如图 7-18 和图 7-19 所示。

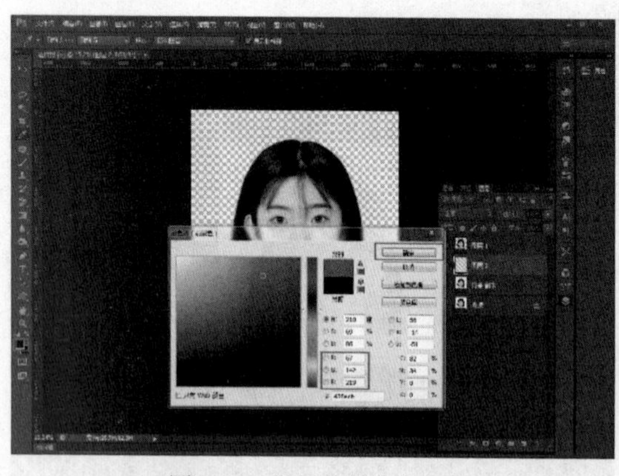

图 7-18　设置前景色为蓝色

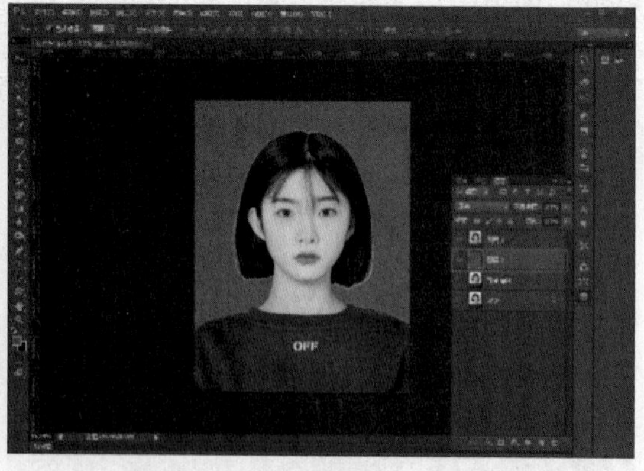

图 7-19　填充“图层 2”为蓝色

（10）此时完成了为证件照换底色的操作，但是，人物头发边缘出现白色，效果不真实。

（11）选择“图层 1”，然后单击“创建新图层”按钮，新建“图层 3”。在“图层 3”上单击鼠标右键，在弹出的快捷菜单中选择“创建剪切蒙版”命令。效果如图 7-20 所示。

（12）单击工具箱中的“吸管工具”，单击人物头发区域，吸取头发颜色。然后单击工具箱中的“画笔工具”，在头发边缘的白色位置涂抹即可使头发更加真实、自然。效果如图 7-21 所示。

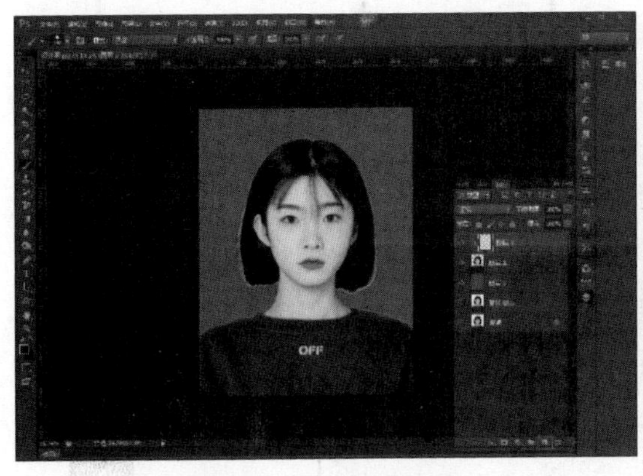

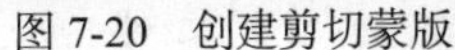
图 7-20　创建剪切蒙版

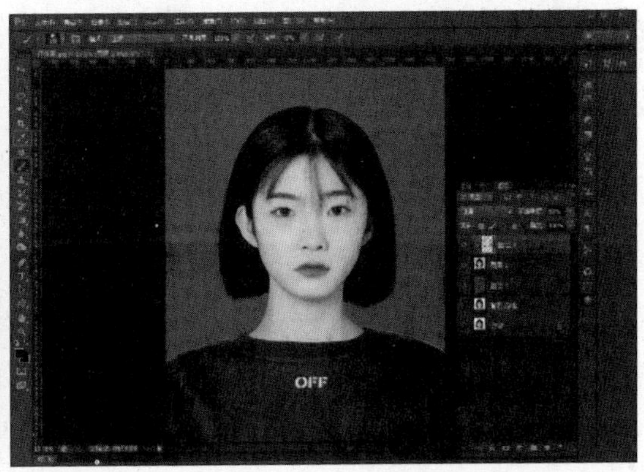

图 7-21　除抹头发边缘的白色后的效果

（13）选择“图层 3”，设置混合模式为“强光”，调整不透明度约为“60%”。至此，白底照片换蓝底便操作完成了，最终效果如图 7-22 所示。

（14）如需将照片换成红底，只需将前景色设置为红色，选择“图层 2”，按【Alt+Delete】组合键，填充“图层 2”为红色即可。换为红底的效果如图 7-23 所示。

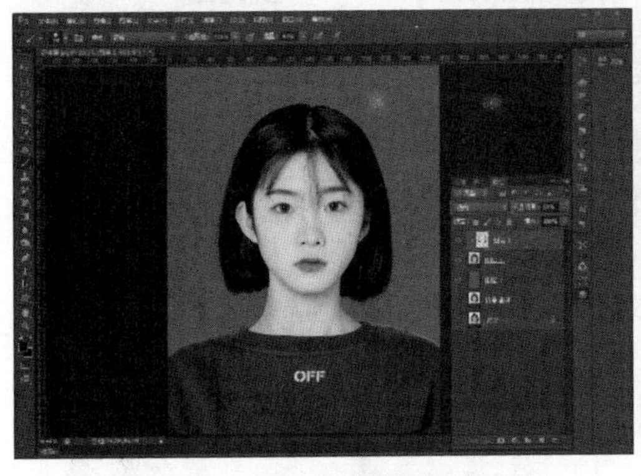

图 7-22　照片换蓝底最终效果图

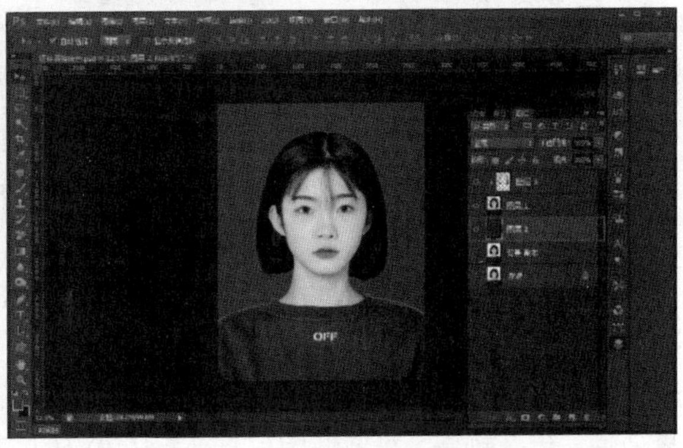

图 7-23　照片换红底最终效果图

（15）选择“文件”→“存储为”，保存制作好的 Photoshop 源文件，即保留所有图层的 PSD 格式文件，如图 7-24 所示。

（16）照片在使用时，不能使用 PSD 格式，PSD 格式的文件是为了方便后期编辑修改，上传提交的证件照多数为 JPG 格式的文件。再次选择“文件”→“存储为”，选择“格式”为 JPG，单击“保存”按钮即可存储一个 JPG 格式的证件照文件，如图 7-25 所示。

（17）至此，我们完成了为证件照换底色的任务。今后如果需要再次更换底色，则只需打开 PSD 格式的文件执行上述步骤修改为不同的底色即可，各底色效果如图 7-26 所示。

2. 修改证件照的尺寸

证件照的尺寸一般有两种。

（1）1 寸照片：2.5cm × 3.5cm 或 1in × 1.5in。

（2）2 寸照片：3.5cm × 5.3cm 或 1.5in × 2in。

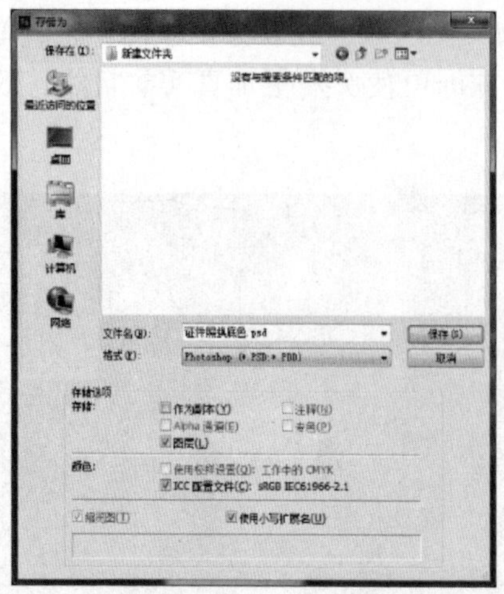

图 7-24　将文件存储为 PSD 格式

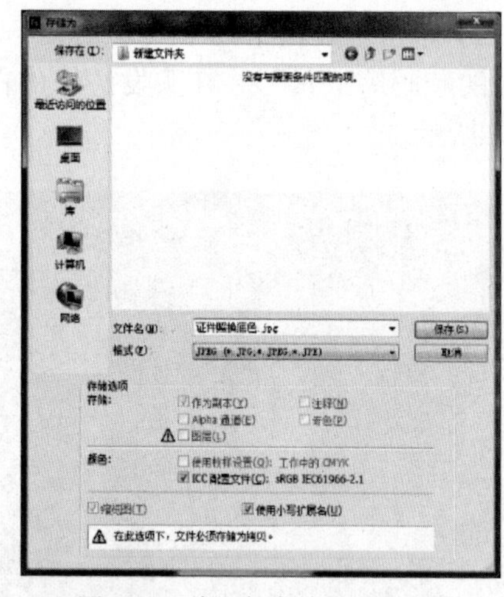

图 7-25　将文件存储为 JPG 格式

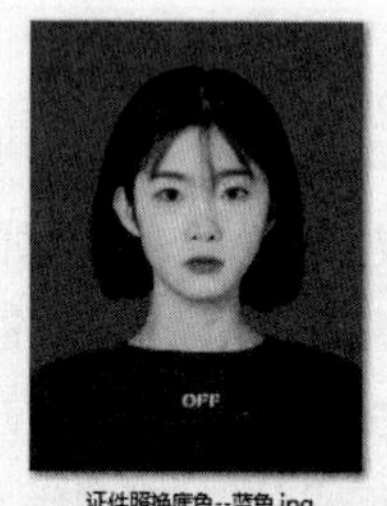

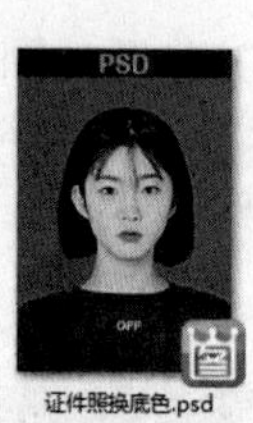

图 7-26　证件照换底色效果

照片的尺寸通常以英寸为单位，1in≈2.54cm，我国证件照使用较多的也是 1 寸照片，比如毕业证书、入职证明、机动车驾驶证等都是使用 1 寸照片。

修改证件照尺寸的具体操作步骤如下。

（1）在 Photoshop 软件中打开前面制作的 JPG 格式的证件照，此处选择蓝底证件照，并将其修改为 1 寸证件照。

（2）选择“文件”→“新建”，打开“新建”对话框，在“新建”对话框中设置文件大小为 1 寸相片尺寸，文件的宽度和高度单位可以选择“英寸”，也可以选择“厘米”，用户只需输入正确的 1 寸照片尺寸即可，如图 7-27 所示。

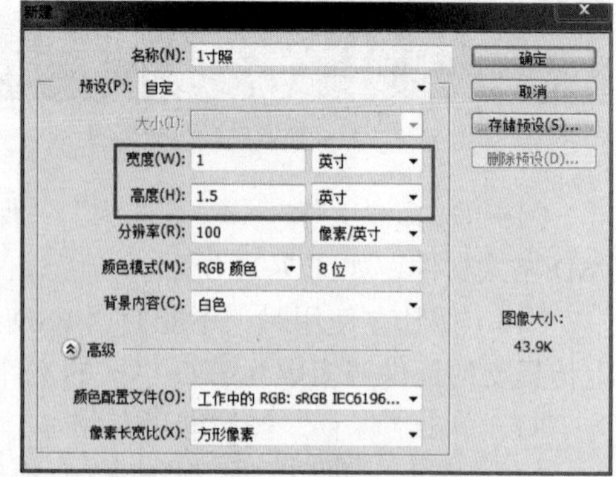

图 7-27　“新建”对话框

（3）回到已经打开的证件照图片界面，单击图片，按住鼠标左键不放并拖曳鼠标指针到图片进入 1 寸证件照窗口，释放鼠标左键，如图 7-28 所示。

（4）在 1 寸证件照窗口，按住【Shift】键的同时，按住鼠标左键，拖曳照片四周的控制柄，等比例改变图像大小。切记，为了保持图像的原始比例，在拖曳控制柄改变图像大小时，一定要按住【Shift】键。完成效果如图 7-29 所示。

（5）将文件保存为 JPG 格式。

（6）用同样的方式可以制作 2 寸证件照。

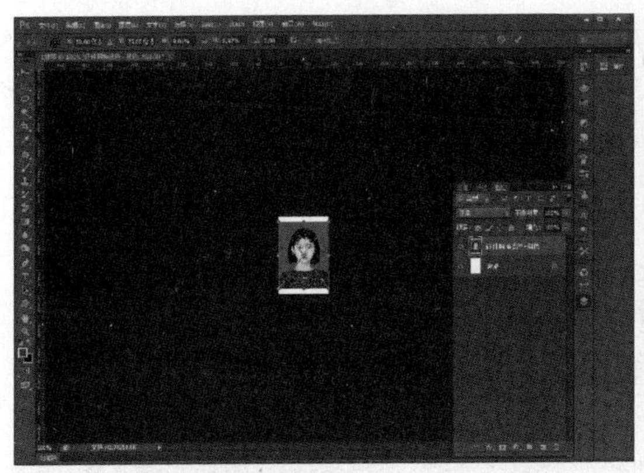

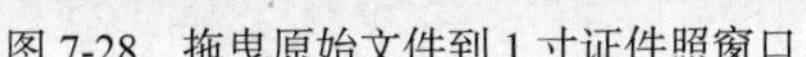

图 7-28 拖曳原始文件到 1 寸证件照窗口

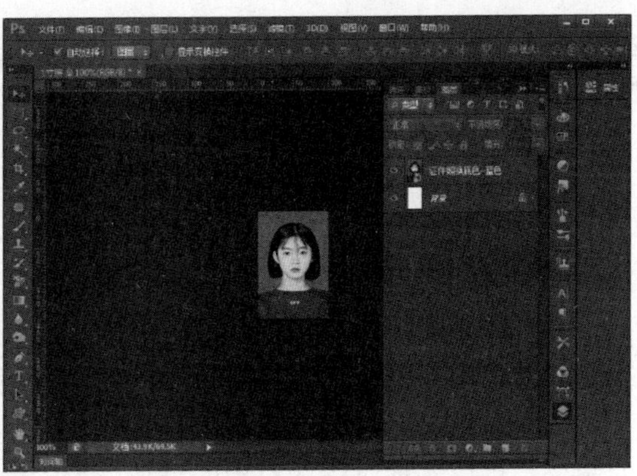

图 7-29 修改为 1 寸证件照的效果

7.2.5 任务小结

通过本任务，我们初步了解了 Photoshop 软件的使用，学会了使用 Photoshop 软件处理证件照的操作方法。软件的操作思路是有共性的，希望通过本任务的学习，大家能够举一反三，逐步将此操作思路迁移到其他软件的学习中。

7.2.6 基础知识

7.2.6.1 Photoshop 软件介绍

在众多的图像处理软件中，Adobe 公司推出的 Photoshop 软件以其强大的图像处理功能为许多专业人士所青睐，成为目前市场上最为流行的图像处理软件之一。下面介绍 Photoshop CS6 软件的简单应用。

1. Photoshop CS6 软件工作界面介绍

启动 Photoshop CS6，其工作界面如图 7-30 所示。

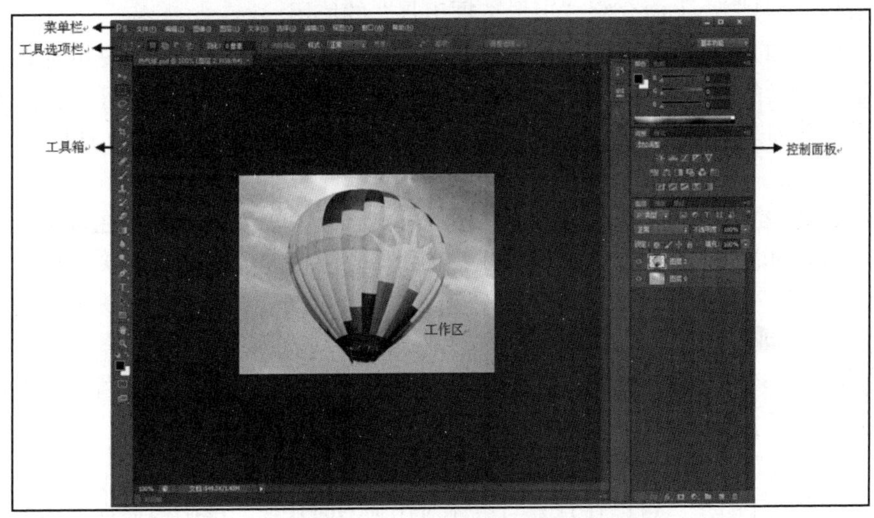

图 7-30 Photoshop CS6 工作界面

默认情况下软件工作界面由菜单栏、工具选项栏、控制面板、工具箱和工作区几部分组成。其中，工具箱、工作区和控制面板可以通过拖曳鼠标指针的方式将其改为浮动窗口或浮动面板。

2. Photoshop CS6 软件常用功能介绍

（1）图像基本操作

① 更改图像文件大小。选择“图像”→“图像大小”，弹出“图像大小”对话框，在对话框中可设置图像文件大小。

② 裁剪图像。单击工具箱中的“裁剪工具”，可以通过手动的方式自由控制裁剪的大小和位置，也可以在裁剪的同时对图像进行旋转变形。

③ 变换图像。打开一幅图，选择某一对象，选择“编辑”→“变换”中某一级联菜单的命令，可以实现对所选对象的缩放、旋转、扭曲、变形等操作。

图 7-31 所示为选择“变形”命令后的视图效果。用户可以通过鼠标拖曳图像中的控制节点，通过改变节点的位置达到变形的目的，变形效果合适后按【Enter】键确认。

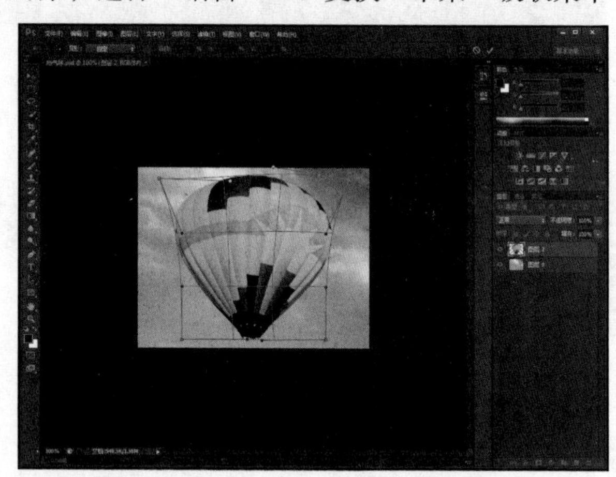

图 7-31　选择“变形”命令后的变换效果

（2）选区的操作

对图像的所有操作要在已经选择了目标对象的前提下进行，选择目标对象是利用 Photoshop 软件进行图像处理的关键步骤。

在 Photoshop CS6 软件中，用于选取对象的工具主要有“选框工具”“套索工具”“魔棒工具”“快速选择工具”。

① 选框工具

选框工具主要用于选取规则形状。选框工具包括“矩形选框工具”“椭圆形选框工具”“单行/单列选框工具”。下面介绍“矩形选框工具”的使用。

- 简单选区的建立。使用“矩形选框工具”在某一图层中单击并拖曳鼠标指针即可建立一个大小自定义的矩形选区。如果需要建立一个特殊大小的选区，则可以打开工具选项栏中的“样式”列表，从列表中选择“固定比例”或“固定大小”来建立选区，如图 7-32 所示。
- 复杂选区的建立。选择工具选项栏中的“选区运算”工具，可以在基本矩形选区的基础上进行选区的添加、交叉或减去等操作，从而建立一个复杂的选区形状。图 7-33 所示是使用“添加到选区”功能后，通过建立两个交叉的矩形区域合并得到的选区效果。

② 套索工具

套索工具主要用于创建不规则的图像选区。套索工具又包括“套索工具”“磁性套索工具”“多边形套索工具”。

- “套索工具”：可以创建一个不精确的不规则区域。
- “磁性套索工具”：可以在背景与主体对比强烈时快速、准确地捕捉主体的边缘并自动添加节点。
- “多边形套索工具”：可以通过连续单击创建不规则多边形选区。

图 7-32　“矩形选区工具”的“样式”设置

图 7-33　“添加到选区”的效果

③ 魔棒工具

选框工具和套索工具都是通过区域范围创建选区，而魔棒工具是通过颜色范围来创建选区。

④ 快速选择工具

使用快速选择工具，利用可调整的圆形画笔笔尖快速建立选区，拖曳鼠标指针时，选区会向外扩展并自动查找和跟随图像中定义的边缘。

（3）图层应用

图层类似一张张透明的图画纸，把图像的不同部分画在不同的图层中，再把图层叠放在一起便形成了一幅完整的图像。对每一个图层内的图像进行修改时，其他图层中的图像不会受到影响。

使用图层，可以对多幅图像进行修剪、叠加，产生所需要的图像效果，还可以任意设置图像的混合模式、图层蒙版、图层样式等，使图像产生神奇的艺术效果。

在图像设计过程中，使用最频繁的就是“图层”面板。在“图层”面板中，用户可以创建、隐藏、显示、复制、合并、链接、锁定及删除图层。

“图层”面板常用功能如图 7-34 所示。

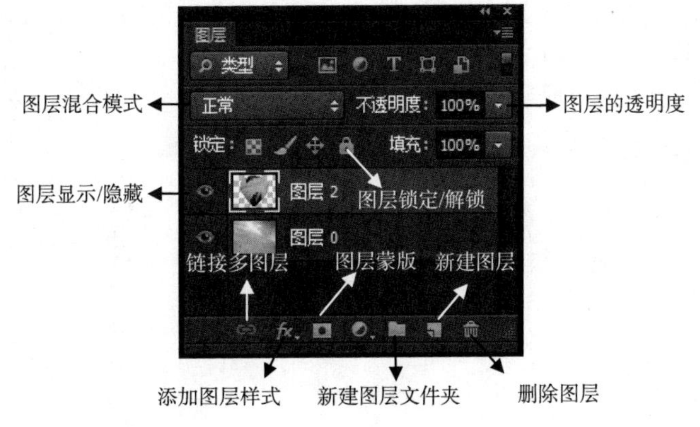

图 7-34　“图层”面板常用功能

（4）色彩调整

日常摄影时，根据天气情况的不同，图像有时会出现曝光过度、照片发黄、色彩对比不够强烈的情况，选择“图像”→“调整”，即可以将图像的显示效果调整到最佳状态。

常用的色彩调整主要有“亮度/对比度”“色阶”“曲线”“色相／饱和度”等。图 7-35 显示的是选择“图像”→“调整”→“曲线”后弹出的对话框。

（5）滤镜功能

Photoshop CS6 软件自带许多滤镜效果，其功能各不相同。用户在使用滤镜功能前应先创建选区，选择使用某一滤镜效果时将对选区发挥作用；如果用户在使用滤镜之前没有创建选区，则系统默认为整幅图像添加滤镜效果。图 7-36 所示是选择“滤镜”→“模糊”→“动感模糊”时弹出的对话框。

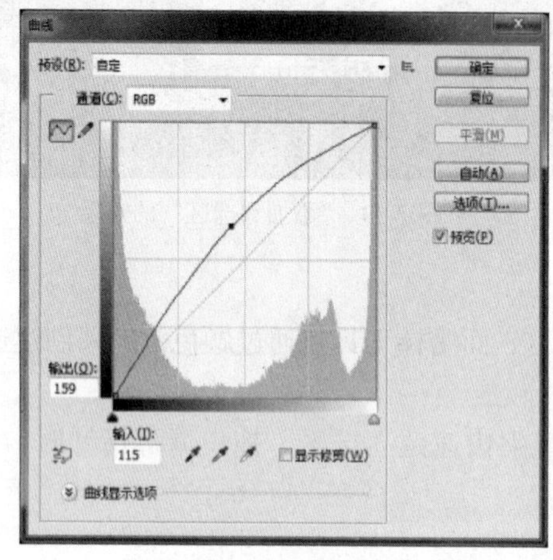

图 7-35 “曲线”对话框

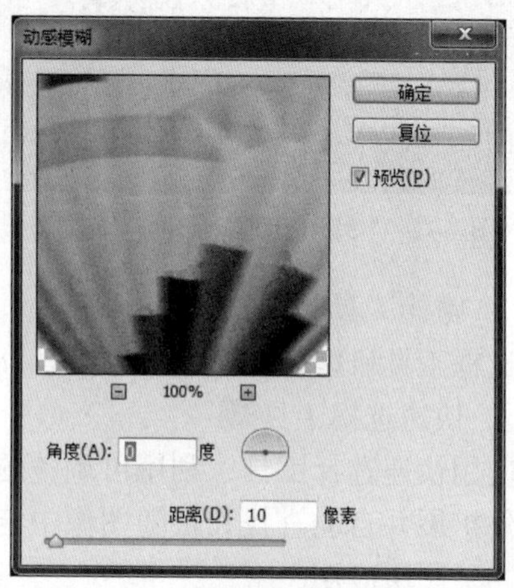

图 7-36 “动感模糊”对话框

7.2.6.2 Flash 软件介绍

Flash 软件是动画创作者比较喜爱的一款动画制作软件，并且 Flash 动画发布后的文件数据量比较小，便于发布在网络上或借助网络进行传播学习。下面介绍 Flash CS5 软件的简单应用。

1. Flash CS5 软件工作界面介绍

Flash CS5 软件工作界面如图 7-37 所示。

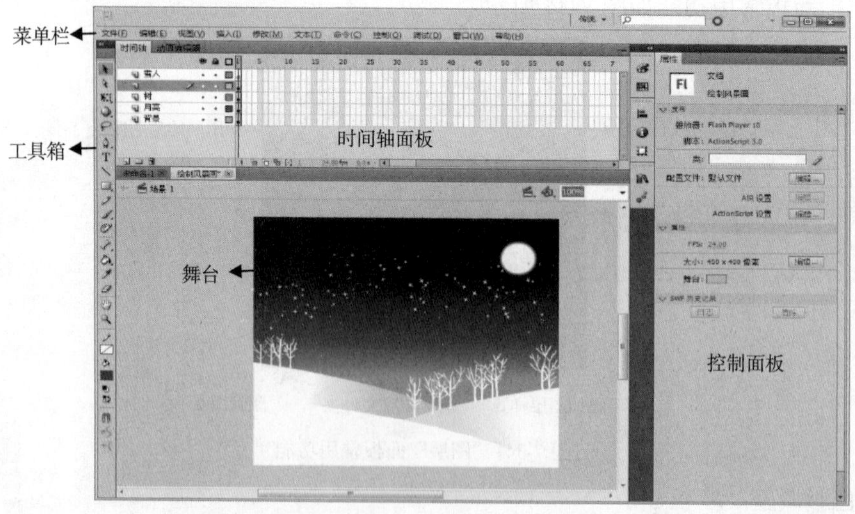

图 7-37 Flash CS5 软件工作界面

2. Flash CS5 软件功能简介

（1）绘制编辑图形

Flash 软件是矢量动画软件，使用工具箱中的“矩形”“椭圆”“多边星形”“钢笔”

“铅笔”“直线”“刷子”等工具可以绘制出复杂的图形对象，如场景、角色、道具等。“工具”面板如图 7-38 所示。使用工具箱中的“选择工具”可以选择和移动舞台上的图形对象。使用“部分选择工具”可以选择被选图形上的关键节点来改变图形的形状。使用“喷涂刷工具”可以喷涂出随机图案效果，图 7-37 所示的星星的效果即是用“喷涂刷工具”喷涂完成的。

选择 Flash CS5 中的“Deco 工具”，在舞台上单击，可以绘制出图 7-39 所示的图形对象。使用“颜料桶工具”可以为闭合图形填充内部颜色，使用“墨水瓶工具”则可以对矢量图进行描边处理。

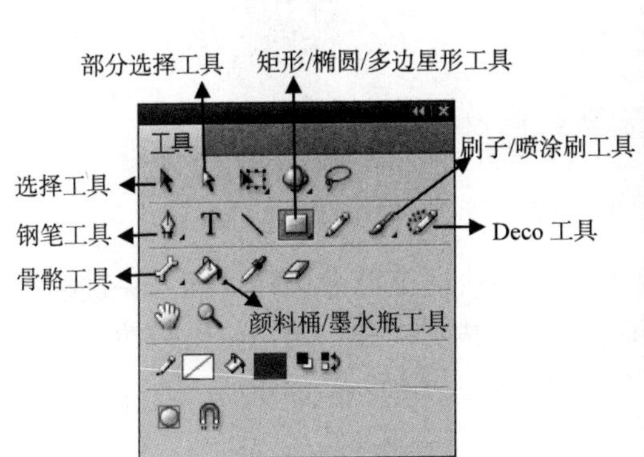

图 7-38　Flash CS5“工具”面板

图 7-39　Flash CS5“Deco 工具”展示效果

（2）时间轴操作

时间轴是 Flash 软件最重要的界面元素之一，Flash 软件中的动画效果主要通过操作时间轴面板中的图层和帧来实现。

① 图层

在 Flash 软件中，图层主要有 4 种类型：普通图层、图层文件夹、引导层和遮罩层。“普通图层”主要存放绘制好的动画对象；“图层文件夹”将同类型的图层对象打包归类，类似于 Windows 操作系统中文件夹的作用；“引导层”用于做引导动画时存放用户设定的特殊运行轨迹，引导层和被引导层成对出现才能实现引导动画；“遮罩层”在遮罩动画中出现，主要用于存放“镜头”对象，遮罩层和被遮罩层成对出现并且需要同时锁定，被遮罩层中的对象需要透过遮罩层才能被用户观察到。Flash 软件中的图层类型如图 7-40 所示。

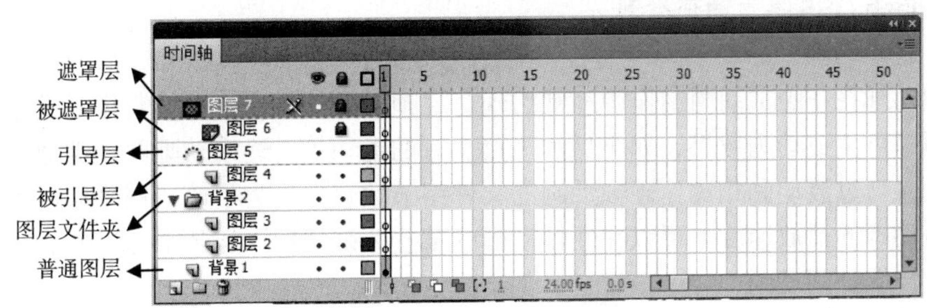

图 7-40　Flash 软件中的图层类型

② 帧

在 Flash 动画的制作过程中，离不开对帧的操作。在 Flash 软件中，帧主要有 3 种类型：

普通帧、关键帧和空白关键帧。

● 普通帧。选择要插入帧的位置，单击鼠标右键，在快捷菜单中选择“插入帧”命令即可插入一个普通帧。普通帧能够延长图形的显示时间。一般在“背景”图层中常会用到普通帧。普通帧的显示效果如图 7-41 中“背景”图层的第 25 帧所示。

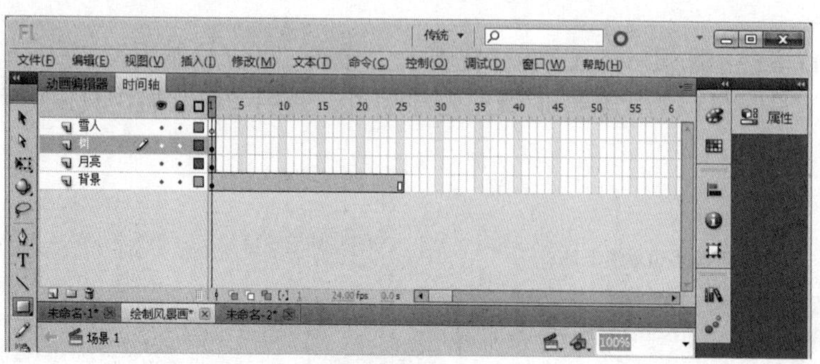

图 7-41 普通帧的显示效果

● 关键帧。选择要插入帧的位置，单击鼠标右键，在快捷菜单中选择“插入关键帧”命令，则可插入一个实心圆点型的关键帧。关键帧表示该帧内有对象，可以继续修改编辑。关键帧的显示效果如图 7-42 中“月亮”图层的第 25 帧所示。

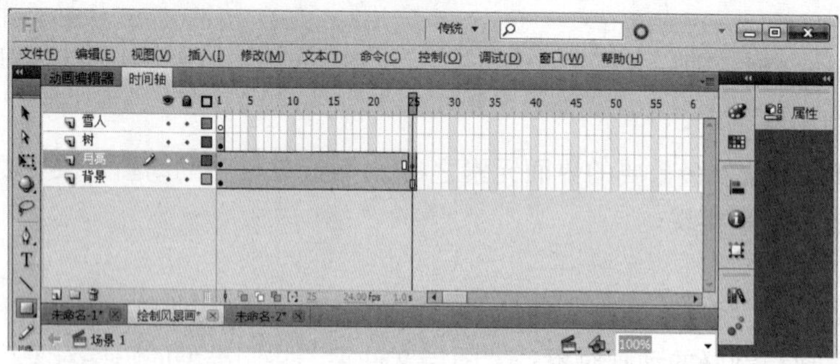

图 7-42 关键帧的显示效果

● 空白关键帧。用同样的方式选择“插入空白关键帧”命令，在帧单元格内出现一个空白的空心的圆圈，这表示它是一个没有内容的关键帧，可以在其中创建各种对象。空白关键帧的显示效果如图 7-42“雪人”图层的第 1 帧所示。

3. Flash CS5 基本动画类型

（1）逐帧动画

逐帧动画在 Flash 动画制作中经常出现。逐帧动画的每一帧都由制作者设定，连续播放这些画面即可生成动画效果，如小鸟的飞翔、人的走动等。逐帧动画原理类似于早期的传统手工动画，与过渡动画相比，逐帧动画的文件字节数较大。为了使一帧画面显示的时间长一些或减缓动画的播放速度，可以在逐帧动画的某些关键帧后添加几个普通帧。

（2）传统补间动画

传统补间动画可以创建出丰富多彩的动画效果，可以使某一对象在画面中沿直线或曲线运动，变换对象大小、形状及颜色，实现旋转变换、淡入淡出效果等。

（3）补间形状动画

补间形状动画的变形对象是直接绘制在舞台上的各种矢量图形和矢量线段。补间形状动画可以使矢量图形和矢量线段在形状、颜色和位置上产生各式各样的渐变效果。

4. Flash CS5 高级动画类型

（1）引导动画

引导动画，顾名思义，就是让对象按照引导路线进行运动和变换。在普通的传统补间动画里，对象只能实现点到点的运动，如果要实现螺旋运动，则必须依靠引导动画来完成。制作引导动画时，首先要在被引导图层中创建运动对象，再在引导图层中绘制运动轨迹，将对象的中心注册点分别放在引导线的起点和终点位置，然后创建传统补间动画即可实现物体沿任意轨迹运动的动画效果。

（2）遮罩动画

遮罩动画的原理是遮罩层中的对象就像用户观察事物的“镜头”，透过遮罩层中的“镜头”，用户才能看到下方被遮罩层中的内容。对遮罩层和被遮罩层中的对象进行编辑及设置各种动画轨迹，可以产生令人炫目的动画效果，例如植物生长动画、探照灯动画和卷轴动画等。

5. Flash 动画的保存与发布

Flash 动画文件的源文件格式为 FLA 格式，扩展名为“.fla”，而源文件必须依赖 Flash 软件才能打开、编辑和观看，因此不便于版权保护和用户随时随地播放、观看。在 Flash 动画传播发行之前，需要对文件进行发布设置。

选择“文件”→“发布设置”，弹出图 7-43 所示的“发布设置”对话框。用户需要输出哪种格式的文件，选择对应文件类型的复选框，再单击“确定”按钮即可发布该格式的文件。

Flash CS5 可以发布跨平台使用的动画文件，如支持 Windows 操作系统放映的扩展名为“.exe”的文件和支持 Mac 操作系统放映的扩展名为“.app”的文件。

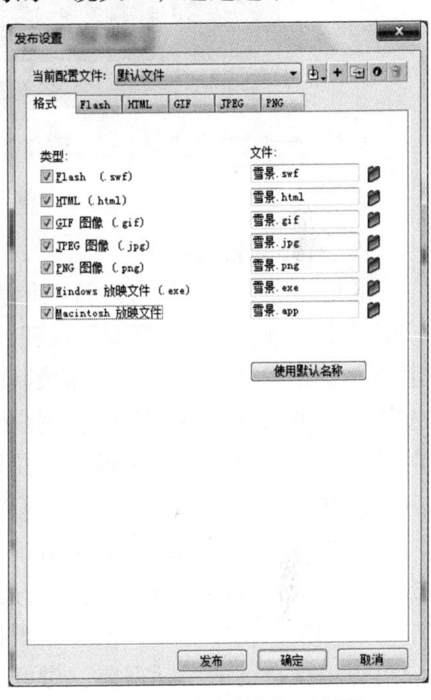

图 7-43　“发布设置”对话框

7.2.6.3　GoldWave 软件介绍

音频处理软件较多，如 GoldWave、Cool Edit 等，Cool Edit Pro 是由 Syntrillum 公司开发的。下面以轻巧便捷的 GoldWave 软件为例介绍音频处理软件的应用。

1. GoldWave 软件工作界面介绍

GoldWave 软件的工作界面及其功能介绍如图 7-44 所示。

GoldWave 软件的标题栏、菜单栏和工作区的分布与其他软件相似。在 GoldWave 软件中，比较有特点的栏目如下。

（1）常用工具栏：对声音文件进行新建、打开、保存、复制、剪切和粘贴等操作，也可以实现对声波视图大小的管理。

（2）效果工具栏：对打开的声音进行特效处理。

（3）控制器：录音时的关键面板，可以进行声音录制的设置与试听。

（4）状态栏：显示当前声音文件的基本属性。

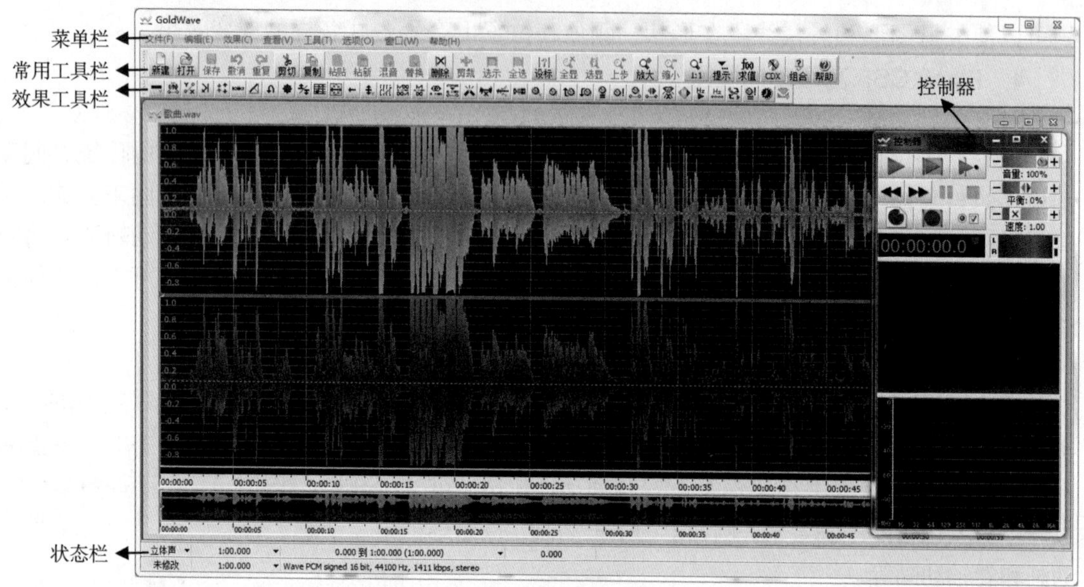

图 7-44　GoldWave 软件工作界面

2. 音频的录制

装好声卡，将话筒与计算机相连，然后运行 GoldWave 软件，选择“文件”→“新建”，或者单击工具栏中的“新建”按钮，弹出图 7-45 所示的对话框。在弹出的对话框中选择“声道数”，设置“采样速率”和录制时长，然后单击“确定”按钮即可进入软件编辑窗口。用户除了可以自定义新建声音的参数，也可以选择“预置”下拉列表框里已有的音质类型进行录制。

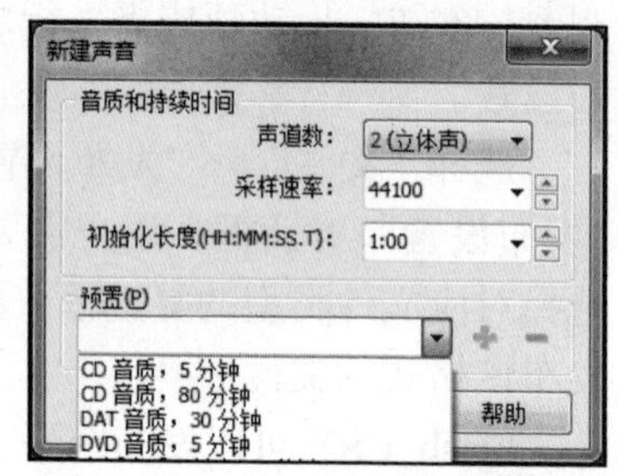

图 7-45　“新建声音”对话框

新建文件后即可进入编辑窗口，此时，在“控制器”面板中做好录音前的准备工作。鼠标指针分别指向“控制器”中的各个按钮稍做停留，便会出现按钮的功能提示文字。用户可以根据自己的实际需要，做好录制前的设置工作，完成各项设置后单击红色按钮开始录音，录音完毕后单击“停止”按钮停止录音。最后选择“文件”→“另存为”存储录制完成的声音文件。

3. 音频的基本编辑

在 GoldWave 软件中，用户经常需要对音频文件进行编辑和再加工处理，可以使用“编辑”选项卡对声音文件进行编辑。在需要选择的声音文件的开始位置单击鼠标右键，在快捷菜单中选择“设置开始标记”命令，同理，在需要选择的声音文件的结束位置单击鼠标右键，选择“设置结束标志”命令，此时两个标志之间的蓝色区域则为选择的声音区域。然后选择“编辑”选项卡中的选项，便可轻松实现对音频文件的基本编辑，具体操作如图 7-46 所示。

4. 音频特殊效果处理

为音频文件添加特殊效果，用户可以利用“效果”选项卡中的列表及各级子列表中的选项来完成，也可单击“效果工具栏”里的各个按钮，为选择的声音添加合适的效果，如图 7-47 所示。使用“效果”选项卡可为一段音频文件添加多普勒、动态、回声、混响和反向等各种效果。

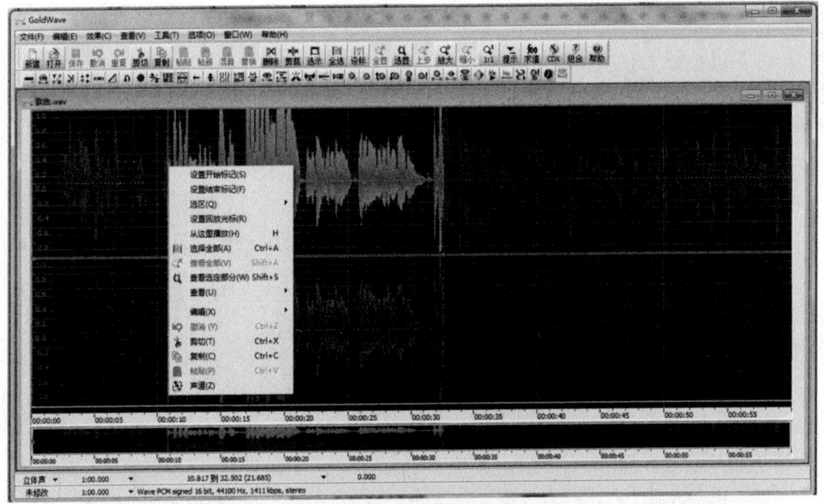

图 7-46　音频的基本编辑操作

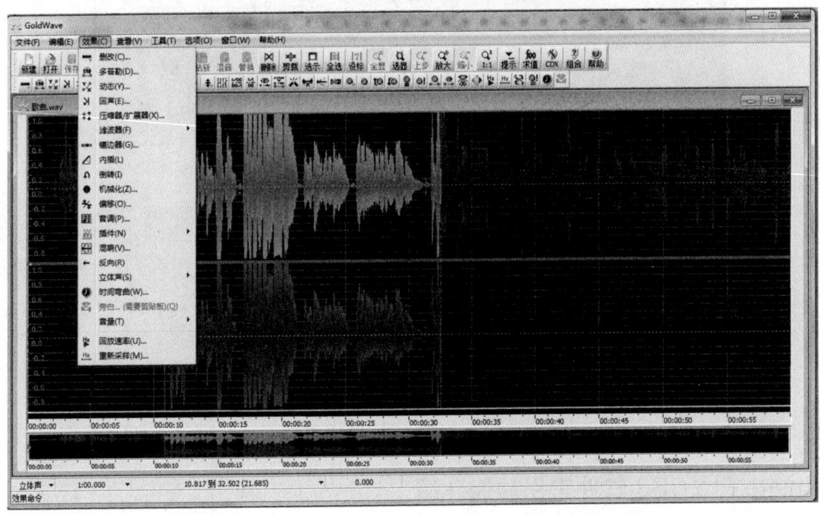

图 7-47　使用“效果”选项卡添加音频特殊效果

7.2.6.4　Premiere 软件介绍

常用的专业视频编辑和处理的软件为 Premiere 软件，下面简单介绍 Premiere Pro CS3 软件的界面及其功能。

1. Premiere Pro CS3 界面介绍

（1）打开 Premiere Pro CS3 软件，在欢迎界面单击“新建项目”按钮，如图 7-48 所示，即可新建一个视频项目文件。

（2）打开“新建项目”对话框，如图 7-49 所示，在该对话框中可以确定新建的视频文件类型。考虑到国内电视的制式为 PAL 制式，用户在新建视频文件时，可以选择“DV-PAL”或“HDV”文件夹中的某一项。如图 7-49 所示选择“HDV 720p25”选项，在窗口右侧显示该选项的相关参数意义，在窗口下方确定新建项目的存储路径和文件名。

（3）设置完成后单击“确定”按钮，进入软件编辑界面，Premiere Pro CS3 软件编辑界面如图 7-50 所示。

图 7-48　欢迎界面

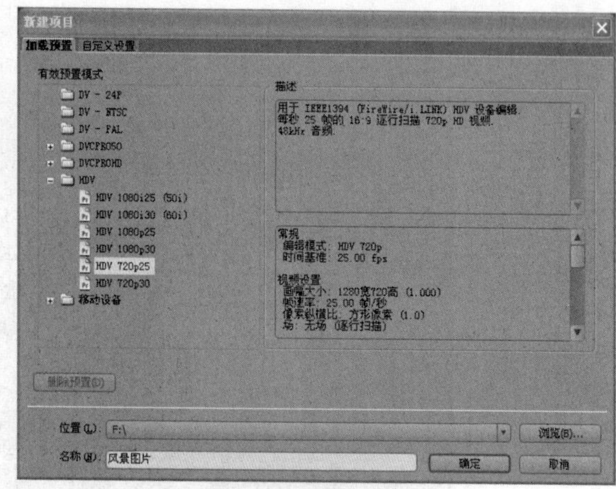

图 7-49　“新建项目”对话框

图 7-50　Premiere 软件编辑界面

2. Premiere Pro CS3 软件常用功能介绍

（1）视频剪辑

拖曳“项目列表”中准备好的素材视频到视频轨道 1 中，双击素材视频，则可以在“素材监视器”中观看素材视频的播放效果。如需对素材视频进行裁剪，则选择“工具箱”中的“剃刀”工具，在视频轨道 1 中的素材视频需要裁剪分离的时间点处单击。

如果需要组接两段素材视频，拖曳“项目列表”中的另一段素材视频到前一个素材视频的后方进行衔接即可。用同样的方式可以实现多个素材视频的组接，组接完成的效果如图 7-51 所示。

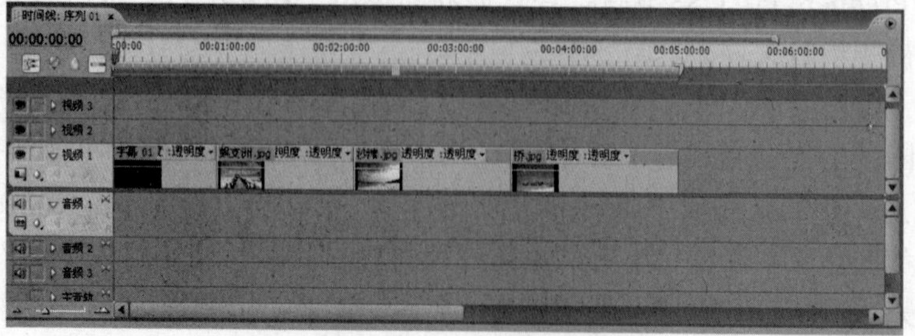

图 7-51　多个素材视频的组接效果

（2）视频特效制作

素材视频在使用时，有时需要添加视频特效。“视频效果控制”面板中提供了一些常用的视频特效，用户可按需选择。用户添加视频特效时，先浏览某一视频特效，如果对效果满意，则选择此视频特效并按住鼠标左键，将其拖曳到视频轨道中的某一个素材视频上，释放鼠标左键即可。

（3）视频过渡效果添加

在编辑完每一个素材视频后，为了使视频播放效果更生动自然，有时会在素材视频与素材视频衔接处添加过渡效果。单击编辑界面左下方的“效果”选项卡，打开“效果”面板，如图 7-52 所示。确认选择某一过渡效果后，用同样的方式拖曳该效果到视频轨道的两个素材视频之间后释放鼠标左键，即可在前后两个素材视频之间添加过渡效果。图 7-53 是为素材视频添加“翻页”效果后的转场画面。

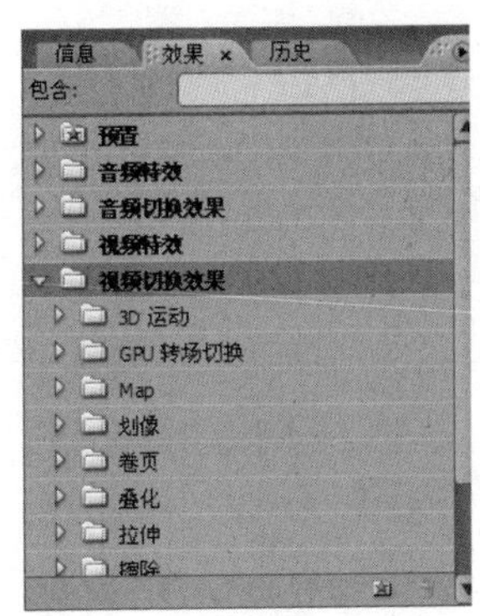

图 7-52 “效果”面板

图 7-53 “翻页”效果的转场画面

（4）视频文件的保存输出

若需要保存已经处理好的项目文件并将其输出为视频文件格式，则选择“文件”→“导出”→“影片”，打开“导出影片”对话框，如图 7-54 所示。默认情况下输出的影片类型为 AVI 格式。

如需输出其他格式的视频，单击“导出影片”对话框中的“设置”按钮，打开“导出影片设置”对话框，如图 7-55 所示，在“文件类型”下拉列表中可以选择导出影片的文件类型，确认输出视频文件类型后单击“确定”按钮即可输出指定格式的视频文件。

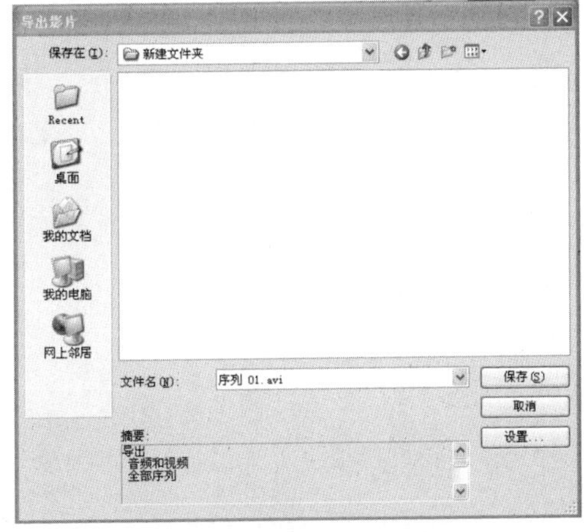

图 7-54 “导出影片”对话框

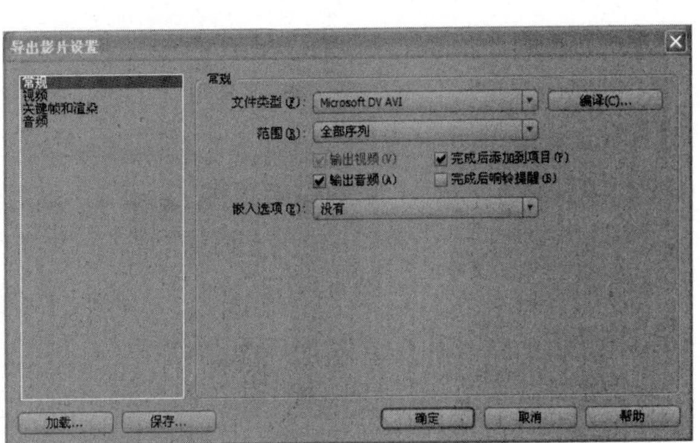

图 7-55 “导出影片设置”对话框

7.2.7 拓展训练

任何一款软件都不是万能的，不同种类的多媒体素材，需要使用相应的多媒体应用软件进行编辑，除了前面所列出的一些应用软件之外，在移动端和 PC 端还有其他一些非常实用便捷的软件，请大家认真筛选后下载安装，并熟练掌握其操作方法。

课后思考与练习

1. 媒体的概念是什么？
2. 多媒体素材有哪些类型？
3. 简述多媒体技术的关键技术。
4. 简述声音的数字化过程。
5. 列举常见的图像文件格式以及它们分别应用在哪些领域。
6. 简述图形和图像的区别。
7. 简述影响图像质量的因素。
8. 简述 Flash 软件中两种高级动画的制作思路。
9. 简述数字视频的优点。

参考文献

[1] 姜文波, 等. 大学计算机基础[M]. 3 版. 北京: 人民邮电出版社, 2012.
[2] 王贺明. 大学计算机基础[M]. 3 版. 北京: 清华大学出版社, 2011.
[3] 徐士良. 计算机公共基础[M]. 8 版. 北京: 清华大学出版社, 2016.
[4] 刘志勇, 等. 大学计算机基础教程[M]. 北京: 清华大学出版社, 2015.
[5] 李翠梅, 等. 大学计算机基础[M]. 北京: 清华大学出版社, 2014.
[6] 戴红, 等. 大学计算机基础[M]. 北京: 清华大学出版社, 2019.
[7] 翟萍, 等. 大学计算机基础（第 5 版）应用指导. 北京: 清华大学出版社, 2018.
[8] 黄蔚, 等. 计算机基础与高级办公应用[M]. 北京: 清华大学出版社, 2018.
[9] 徐红云, 等. 大学计算机基础教程[M]. 3 版. 北京: 清华大学出版社, 2018.
[10] 曹金璇, 等. 大学计算机基础[M]. 北京: 清华大学出版社, 2018.
[11] 马大勇, 等. 大学计算机基础[M]. 北京: 清华大学出版社, 2017.
[12] 文杰书院. 电脑入门基础教程（Windows 10+Office 2016 版）（微课版）[M]. 北京: 清华大学出版社, 2020.
[13] 林政, 等. 深入浅出：Windows 10 通用应用开发[M]. 2 版. 北京: 清华大学出版社, 2019.
[14] 刘艳, 等. 计算机应用基础项目式教程（Windows 10+Office 2016）[M]. 北京: 清华大学出版社, 2019.
[15] 高万萍, 等. 计算机应用基础教程（Windows 10,Office 2016）[M]. 北京: 清华大学出版社, 2019.
[16] 卢卫, 等. 计算机应用教程（第 10 版）（Windows 10 与 Office 2013 环境）[M]. 北京: 清华大学出版社, 2018.
[17] 曾爱林, 等. 计算机应用基础项目化教程（Windows 10+Office 2016）[M]. 北京: 高等教育出版社, 2019.
[18] 李书梅, 等. Windows 10 从入门到精通[M]. 北京: 机械工业出版社, 2016.
[19] 龙马高新教育. 新手学电脑从入门到精通: Windows 10+Word/Excel/PPT 2016[M]. 北京: 人民邮电出版社, 2020.
[20] 赵源源. 学电脑（Windows 10+Office 2019）从入门到精通（移动学习版）[M]. 北京: 人民邮电出版社, 2020.
[21] 杨章伟, 等. Office 2013 应用大全[M]. 北京: 机械工业出版社, 2013.
[22] 李彤. Office 2013 高效办公[M]. 北京: 电子工业出版社, 2015.
[23] 杰诚文化. 最新 Office 2013 高效办公三合一[M]. 北京: 中国青年出版社, 2013.
[24] 冉兆春, 张家文, 等. 大学计算机应用基础（Window 7+Office 2010）[M]. 北京: 人民邮电出版社, 2013.
[25] 赵兴安, 万径, 等. 计算机应用基础[M]. 西安: 西安电子科技大学出版社, 2014.
[26] 恒盛杰资讯. Office 2013 从入门到精通[M]. 北京: 机械工业出版社, 2013.

[27] 郭新房, 等. Office 2013 办公应用从新手到高手[M]. 北京: 清华大学出版社, 2014.
[28] 刘丽娟, 等. 大学计算机基础教程[M]. 北京: 中国原子能出版社, 2013.
[29] 郑健江, 等. 计算机应用基础项目式教程（Windows 10+Office 2016）[M]. 北京: 清华大学出版社, 2019.
[30] 丛国凤, 等. 计算机应用基础项目式教程（Windows 10+Office 2016）[M]. 北京: 清华大学出版社, 2019.
[31] 段红. 计算机应用基础教程（Windows 10+Office 2016）[M]. 北京: 清华大学出版社, 2018.
[32] 殷慧文. 新手学电脑 Windows 10+Office 2016 从入门到精通云课版[M]. 北京: 人民邮电出版社, 2019.
[33] 石利平, 蒋桂梅. 计算机应用基础实例教程[M]. 北京: 中国水利水电出版社, 2013.
[34] 张华, 李凌. 计算机应用基础教程[M]. 北京: 中国水利水电出版社, 2013.
[35] 熊燕, 等. 大学计算机基础（Windows 10+Office 2016）（微课版）[M]. 北京: 人民邮电出版社, 2020.
[36] 夏魁良, 等. Office 2016 办公应用案例教程[M]. 北京: 清华大学出版社, 2019.
[37] 侯丽梅, 等. Office 2016 办公软件高级应用实例教程[M]. 2 版. 北京: 机械工业出版社, 2020.
[38] 张红, 等. 计算机应用基础（Windows 10+Office 2016）[M]. 北京: 机械工业出版社, 2019.
[39] 徐洁云, 等. 办公自动化项目教程（Windows 10+Office 2016）[M]. 北京: 电子工业出版社, 2019.
[40] 陈承欢, 等. 办公软件高级应用任务驱动教程（Windows 10+Office 2016）. 北京: 电子工业出版社, 2018.
[41] 杨殿生, 等. 计算机文化基础教程（Windows 10+Office 2016）[M]. 4 版. 北京: 电子工业出版社, 2017.
[42] 曾爱林. 计算机应用基础项目化教程（Windows 10+Office 2016）[M]. 北京: 高等教育出版社, 2019.
[43] 丛国凤, 等. 计算机应用基础项目化教程（Windows 10+Office 2016）[M]. 北京: 清华大学出版社, 2019.
[44] 贾如春, 等. 计算机应用基础项目实用教程（Windows 10+Office 2016）[M]. 北京: 清华大学出版社, 2018.
[45] 刘春茂, 等. Windows 10+Office 2016 高效办公[M]. 北京: 清华大学出版社, 2018.
[46] 闫文英, 等. 电脑操作（Windows 10+Office 2016）入门与进阶[M]. 北京: 清华大学出版社, 2018.
[47] 谢华, 等. Office 2016 高效办公应用标准教程[M]. 北京: 清华大学出版社, 2017.
[48] 谢希仁. 计算机网络简明教程[M]. 2 版. 北京: 电子工业出版社, 2012.
[49] 徐敬东. 计算机网络[M]. 3 版. 北京: 清华大学出版社, 2013.
[50] 冯登国. 信息安全技术概论[M]. 北京: 电子工业出版社, 2009.
[51] 褚建立. 计算机网络技术实用教程[M]. 北京: 清华大学出版社, 2009.
[52] 黄斌. 计算机网络技术[M]. 海南: 海南出版社, 2013.
[53] 曹成伟, 等. 旅游商品电子商务[M]. 海南: 南海出版公司, 2016.
[54] 刘光然, 等. 多媒体技术与应用教程[M]. 2 版. 北京: 人民邮电出版社, 2012.
[55] 高玉德, 等. 多媒体技术与应用[M]. 北京: 清华大学出版社, 2013.
[56] 李绍彬, 等. 多媒体应用技术[M]. 北京: 清华大学出版社, 2014.